PETROLEUM • GEOLOGY • INTEGRATED

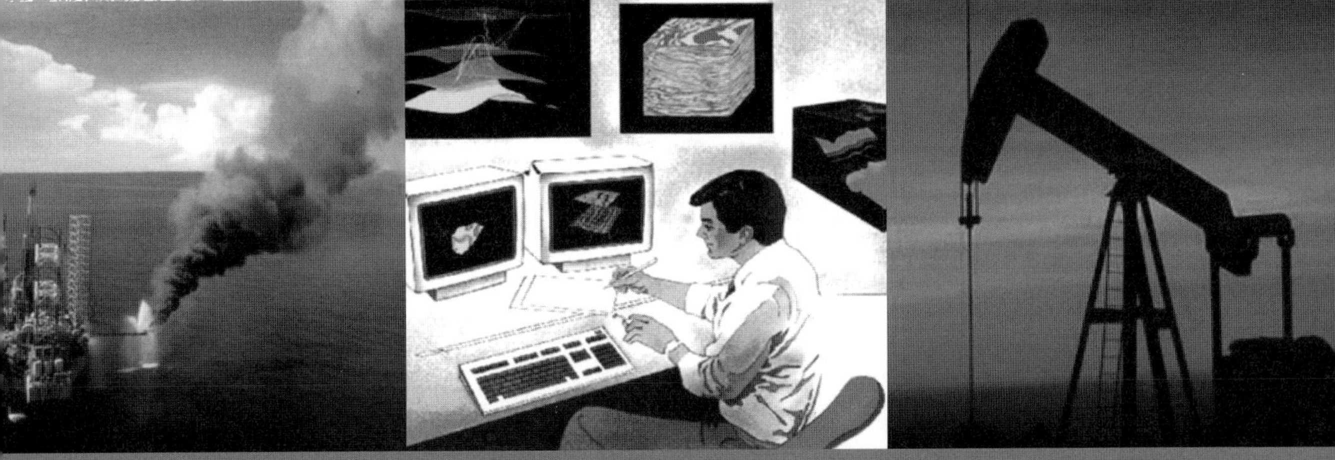

융합 석유지질

한종환 • 손병국 • 황인걸 • 유인창 • 이광훈
신국선 • 박희원 • 김현태 • 신승헌 공 저

도서출판
구미서관

저자소개

제 1장 : 석유 및 가스의 물리화학적 성질(한종환, 에너지홀딩스 그룹)
제 2장 : 근원암과 석유의 생성(손병국, 한국지질자원연구원)
제 3장 : 석유시스템(손병국, 한국지질자원연구원)
제 4장 : 퇴적환경 및 저류암(황인걸, 한국지질자원연구원)
제 5장 : 트랩 및 이동(한종환, 에너지홀딩스 그룹)
제 6장 : 퇴적분지 해석(유인창, 경북대학교 지질학과)
제 7장 : 탐사기술(이광훈, 부경대학교 에너지자원공학과)
제 8장 : 시추지질(신국선, 한국석유공사)
제 9장 : 석유시추(박희원, 에너지홀딩스 그룹)
제10장 : 저류층 물성 및 생산특성(박희원, 에너지홀딩스그룹)
제11장 : 신 석유 및 가스 자원(김현태, 한국지질자원연구원)
제12장 : 경제성 분석(신승헌, 에너지홀딩스 그룹)

융합석유지질

저 자 한종환외 8인
발행인 임 해 진
발행처 도서출판 구미서관
발 행 2013년 6월 20일 제1판 1쇄
2015년 1월 15일 제1판 2쇄
주 소 서울시 마포구 신촌로 2길 5-15 구미빌딩
Tel : (대)333-1101 Fax : 335-2201
등 록 1979년 6월 29일 No. 9-6호
ISBN 978-89-8225-913-5[93530]

홈페이지 http://www.goomibook.com

정 가 25,000원

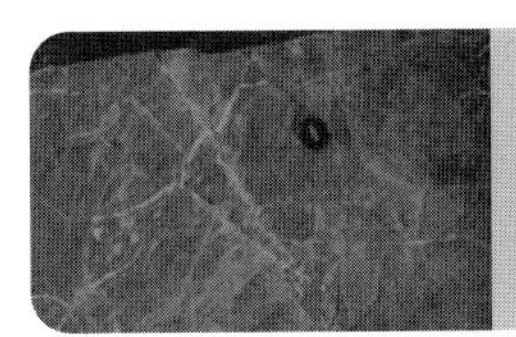

머리말

■ ■ ■

석유는 땅속으로부터 나온다. 얕은 지표부근에서 부터 지하 5,000m 깊이의 땅속에까지 존재한다. 또한 육상에서만이 아니라 수심 수 킬로미터 깊이의 해저에서도 발견된다.

한때 나무나 석탄을 주 연료로 사용해 왔던 인류는 오래 전부터 석유의 경제적 가치 및 유용성을 알고 석유를 찾기 위하여 많은 노력을 기울여 왔다.

이러한 석유를 찾기 위하여 모든 과학적이고 공학적인 개념과 기술이 개발되었으며 석유지질학적 개념도 눈부시게 발전하였다.

석유지질은 석유가 지하에서 어떻게 생성되는가로부터 시작하여 석유가 이동되어 어떤 형태로 존재하며 어떻게 찾아 생산하여 경제적 이득을 취하는가에 대한 전반적인 내용을 다룬다.

석유지질은 석유와 관련된 다른 많은 과학과 공학분야의 지식들이 융합적으로 이루어져 있는 과학 기술분야로서 그 자체로 독립된 학문이라기 보다는 지질학적 관찰과 경험적 지식을 토대로 한 기술 집약적 분야라 할 수 있다.

이를 이해하기 위해서는 지질학의 모든 분야는 물론 물리학, 화학, 생명과학과 열역학이나 유체역학과 같은 공학 분야의 지식도 필요로 한다. 그 외에도 석유지질에 종사하는 자는 현재의 시간과 공간을 초월하는 상상력을 발휘하여야 한다. 따라서 석유지질 분야에 종사하는 전문가는 창의적 과학자라기 보다는 오히려 경험적 기술자라고 보는 것이 옳다.

석유개발 산업이 발전 하면서 석유지질의 개념과 이론도 지속적으로 발전하여 왔다. 특히 새로운 석유 및 가스전이 발견되고 생산되어짐에 따라 수많은 탐사자료와 현장의 시추자료들을 통하여 과거에 정설로 여겨졌던 이론과 개념들이 새로이 바뀌고 따라서 석유지질의 분야는 더욱 세분화되며 아울러 서로 간 긴밀한 연관성을 갖게 되었다.

따라서 석유지질 분야는 지구물리, 저류공학 분야는 물론 경제성 평가에 까지 그 영향이 미치게 되었다. 특히 최근에 각광을 받고 있는 비전통 석유 및 가스자원에 대한 업계의 관심은 더욱 커지게 되었고 최근 들어서 이 분야의 석유지질학적 역할은 더욱 증대되어 가고 있다.

최근 석유개발 특히 해외개발 투자가 활발하여 석유개발 분야에 뜻을 둔 학생들이거나 석유개발 분야에 종사하는 사람들이 많은 국내 사정에 비추어 석유지질에 대한 새로운 개념을 다룬 한글판 책자가 전무한 것이 이 책자의 발간을 기획하게 된 동기라 할 수 있다.

이 책자는 한 두 사람에 의하여 집필되기보다는 각 분야에서 오랫동안 연구와 강의를 통하여 수요자의 요구를 잘 알고 있는 각 분야의 전문가(9인)에 의하여 별도의 항목별로 집필한 후에 전체적으로 통합한 것이다. 통합하는 과정에서 가장 어려웠던 점은 중복되는 내용을 가장 적절한 곳에 넣어야 하는 것과 서로 다르게 표현한 용어를 가장 일반적으로 통용되는 용어를 주축으로 일관성 있게 만들어 실무에서 동일하게 사용할 수 있도록 통일하고자 하는 것이었다. 또한 국문과 영문으로 된 용어를 가장 보편적으로 사용할 수 있도록 병기하고 필요시 한자로도 표기하였다.

이 책자가 다수의 집필진에 의하여 쓰여졌고 다소 획기적인 편집으로 인하여 다소 미비한 점이 없을 수 없음을 인정한다. 이에 대하여 기탄없는 지적을 환영하며 앞으로 지속적인 수정 · 보완을 통하여 보다 알찬 책자가 만들어 지기를 바라는 바이다. 끝으로 초기의 기획과 모든 편집작업에 있어 많은 기여를 해준 에너지 관련 서비스 기업인 에너지 홀딩스 그룹에도 감사를 드리며, 이 책의 출판을 맡아 수고하신 도서출판 구미서관 편집부 관계자 여러분께 감사드린다.

2013년 5월

집필위원 일동

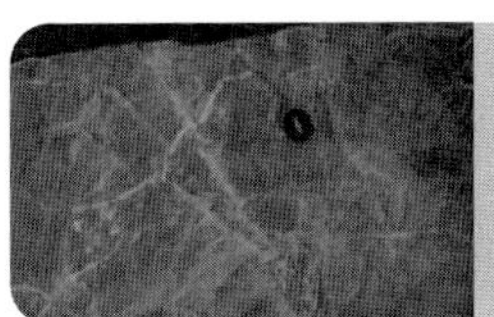

추천사

■ ■ ■

우리나라는 세계 4위의 에너지 수입국으로 에너지 자원의 97%, 금속광물자원의 99%를 수입에 의존하고 있고 수입한 에너지와 광물자원을 재가공하여 수출하는 형태의 산업구조를 가지고 있어서 에너지. 광물자원의 안정적인 확보는 국내 산업 및 경제활동에 미치는 영향이 절대적이다.

우리나라의 에너지자원개발은 1981년 인도네시아 마두라 유전 개발을 계기로 시작되어 약 30여년이라는 비교적 짧은 역사를 가지고 있지만 그동안 크고 작은 성과를 이루어 냈다. 국내의 경우로는 한국석유공사가 2004년 울산 앞바다 동해 해상에서 가스전을 발견하여 한국을 95번째의 산유국의 반열에 오르게 하였고 한국가스공사는 2011년 아프리카 모잠비크 해상 광구에서 초대형 가스전을 발견하였으며 대우인터내셔날과 한국가스공사는 미얀마 서부 해상에서 우리나라가 4년간 쓸 수 있는 대형 가스전을 발견하였다. 에너지자원의 불모지로 간주되었던 우리나라에서 이러한 성과가 만들어진 것은 정부의 해외자원개발 정책아래 산.학.연이 서로 협력하여 지난 30년간 국내외 에너지자원개발을 꾸준하게 추진한 결과이며 이 성과의 중심에는 국내의 석유탐사 및 개발 전문인력이 있다는 것을 아무도 부정하지 못할 것이다.

정부는 해외자원개발 기본계획을 통해 국내 자원개발 공기업의 자원개발 전문기업화 전략을 지속적으로 추진하고 있고 탐사, 개발, 생산, 유망광구 매입 등의 해외자원개발 투자 확대에 따라 2019년까지 자원개발 분야에 인력이 약 3,000여명이 필요할 것으로 예상하고 있다. 이런 수요에 발맞추어 국내외 자원개발을 위한 인재를 양성하기 위해서 자원개발특성화 대학을 통해서 매년 400여명의 인력을 지속적으로 양성할 계획이고 기초인력양성 사업을 통해서 탐사 및 지질분야의 특성화된 자원개발 인력을 배출해 낼 계획이다. 또한 자원개발 전문대학원 설립과 기타 자원개발 인력 양성 지원 확대 및 운영기관의 설립도 계획하고 있다. 에너지 자원분야는 지질자원 전문가뿐만 아니라 시추, 설비, 경제성 평가에 관련된 전문가가 필요하고 이런 분야의 전문가를 체계적으로 교육시킬 수 있는 교재와 교육 관련 인프라의 구축이 시급한 상황이다.

에너지자원개발과 관련 산업 그리고 전문인력 양성에 대한 대내외적인 환경은 이렇듯 매우 급박하게 돌아가고 있는데 비해 우리나라 에너지 자원분야의 전문적인 교육을 위한 우리말 전문서적의 출판은 활발하지 못했다. 돌이켜 보면 그동안 지질 및 자원에 대한 다른 분야의 우리말 전문서적은 출판되었지만 석유 및 가스자원 분야를 전문으로 다루는 우리말 전문서적은 지난 1993년에 출판된 "석유지질학" 이후에 출판이 되지 않았던 것이 사실이다. 이런 현실은 석유 탐사 및 개발 관련 학생 혹은 전문가들에게 강의를 하거나 혹은 석유산업 분야 관계자들에게 전문서적을 추천할 때 매우 안타깝게 생각하고 있던 부분이었다.

다행히 이번에 석유지질, 탐사, 개발, 시추, 생산 및 경제성 평가를 총 망라하는 "융합석유지질"이라는 우리말 전문서적이 출판되는 것은 에너지자원개발이 국가적인 사명으로 매우 절실한 시점에 있는 우리의 현실을 감안할 때 매우 반가운 소식이다.

이번에 출간되는 "융합석유지질"은 석유의 기본성질과 생성, 이동, 저장, 근원암, 저류층, 트랩, 퇴적분지 등 석유지질학의 기본적인 원칙과 탐사, 개발, 생산과 시추기술 등 현장에 적용할 수 있는 기술들을 다양하게 다루고 있을 뿐만 아니라 경제성 분석까지 포함하고 있어 석유산업의 모든 분야를 골고루 다루고 있다는 점에서 기존의 전문서적과 다른 차원의 전문서적이라고 할 수 있다. "융합석유지질"은 에너지 자원분야를 공부하는 학생 및 전공분야 전문가뿐만이 아니라 석유산업에 종사하는 모든 관련 전문가들이 석유탐사 및 개발, 생산, 그리고 경제성 평가를 배우고 정확히 이해하는 데 매우 중요한 지침서가 될 것이다.

아무쪼록 이번에 출판되는 우리말 석유자원 탐사 및 개발 전문서적인 "융합석유지질"을 통해서 우리나라의 젊은 인재들이 석유산업에 대한 좀 더 정확하고 실용적인 지식과 식견을 쌓아서 국내외 에너지자원개발이 한층 더 활발해 지고 석유산업 관련 전문가들은 석유의 탐사 및 개발 그리고 경제성 평가에 대한 이해를 더욱 공고히 할 수 있는 계기가 되기를 기원한다.

마지막으로 우리나라의 에너지자원 분야의 미래를 위해서 본 전문서적을 집필하는데 노력하신 산학연 집필진 여러분들의 노력에 깊은 감사의 말씀을 드린다.

2013년 5월

한국석유지질학회 회장 이영주

CONTENTS

제1장 석유 및 가스의 물리 화학적 성질

(Physical & Chemical Properties of Oil & Gas)

01_ 석유 및 가스의 물리 화학적 성질 (Physical & Chemical Properties of Oil & Gas)

1-1 석유 및 가스의 기본성분

석유나 천연가스는 기본적으로 탄화수소의 혼합물이다. 즉 탄소와 수소가 이 들을 구성하는 기본 요소인 것이다. 따라서 자연에서는 무수히 많은 탄화수소가 만들어져 있으며 실험실이나 화학공장에서도 많은 탄화수소가 만들어 진다. 탄화수소는 탄소원소 1~4개로 이뤄진 기체와 5~15개 이상의 탄소로 이뤄진 액체, 그 이상의 탄소원소를 포함하고 있는 고체상태로 존재한다(그림 1-1)

가장 간단하고 무색, 무취의 가스는 한 개의 탄소와 네 개의 수소로 이뤄진 메탄이다. 옥탄은 8개의 탄소, 18개의 수소로 이뤄졌으며, 벤젠은 6개의 탄소, 6개의 수소가 고리형태를 이루고 있다.

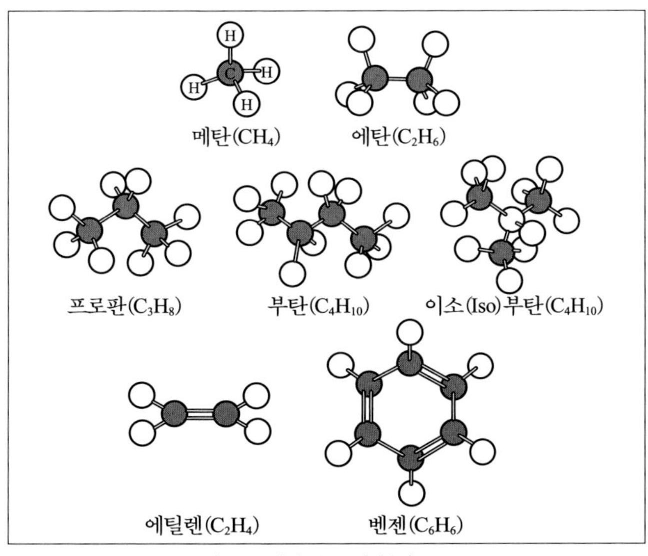

그림 1-1 탄화 수소의 분자구조

모든 원유의 주성분은 대부분 아래와 같이 3가지의 탄화수소 계열에 속한다.

(1) 파라핀(메탄) 계열

이 계열은 직선형 사슬의 탄화수소를 포함하고 있으며 일반적으로 C_nH_{2n+2}의 공식으로 나타낸다. 이 화합물은 가장 간단한 메탄인 CH_4로부터 그 위에 CH_2를 계속 더하여가면서 동종의 계열의 보다 무거운 분자를 갖는 화합물까지 모두 포함한다. 그 중에 에탄, 프로판과 n-부탄은 표준온도와 압력(STP: standard temperature & pressure)에서 기체상태이며 표준 온도와 압력에서 최초로 액체로 나타나는 탄화수소 화합물은 n-펜탄(C_5H_{12})이고 최초로 고체상태로 나타나는 화합물은 n-헥사디케인(n-hexadecane: $C_{16}H_{34}$)이다. 그리고 이것보다 더욱 무거운 분자량을 갖는 것은 파라핀 왁스이다. 현대 유기화학에서는 이 직선형 사슬을 갖는 탄화수소 계열을 n-알케인(n-alkanes)이라는 용어를 사용한다. 이 계열의 석유 종류는 정유업계의 가장 중요한 산물로서 다른 석유류에 비해 가장 비싼 것에 속한다. 기준이 되는 원유로는 "펜실베니아 원유(Pennsylvanian crude)"로서 대부분의 북미산 고생대 원유가 여기에 속한다.

(2) 나프틴(아스팔트) 계열

이 계열의 탄화수소는 일반적으로 C_nH_{2n}공식을 갖고 있으며 지방족 고리모양의 탄화수소로 이루어져 있으며 탄소 원자들이 환형(環形)을 이루며 결합되어 있는 화합물이다. 이것은 또한 씨클로 파라핀(cycloparaffin)이라고도 부른다. 이 중에 씨클로 프로판(cyclopropne, C_3H_6)과 씨클로 부탄(cyclobutane, C_4H_8)은 표준 온도와 압력에서 기체이며 최초의 액체는 씨클로 펜탄(cyclopentane, C_5H_{10})이고 대부분의 원유는 씨클로 헥산(cyclohexane, C_6H_{12})으로 되어있다. 이 계열의 원유는 아스팔트와 밀접하게 연관되어 있으며 1980년도에는 전 세계 원유의 15%까지 공급하였다. 이들은 베네쥬엘라, 멕시코, 캘리포니아와 걸프 코스트 그리고 러시아에서 나오는 것으로 "검은 석유(black oil)"라고 불리는 원유들이 여기에 속한다.

그러나 대부분의 원유는 파라핀 계열과 나프틴 계열의 혼합된 상태로 산출되며 특히 중동산 원유와 북해산 원유들은 대부분 이에 속한다.

(3) 방향족(아로마틱)계열

탄소 원자들이 이중고리(C=C)로 결합되어 있는 이 탄화수소는 C_nH_n로 표시되며 가장 기본적인 방향족 화합물의 분자구조는 벤젠(C_6H_6)으로서 보통 원유안에 1% 미만 포함되어 있다.

이 외에도 황, 질소, 산소의 화합물인 수지(樹脂, resin)가 있다.

1-2 천연가스

천연가스는 20° C(68° F)와 대기 압력 하에서 응축, 액화되지 않는 탄화수소이며 파라핀 계열의 첫 번째 4개의 탄화수소 즉 메탄부터 n-부탄까지 천연가스에 속한다. 거의 대부분 메탄으로 되어 있는 가스를 건성가스(dry gas)라고 하며 에탄(C_2H_6) 이상 더 무거운 분자들이 보통 4~5%가 넘을 때 이를 습성가스(wet gas)라고 한다.

거의 대부분 메탄으로 되어 있는 천연가스는 아래의 세 가지 중 하나라고 볼 수 있다.

(1) 석유가스(petroleum gas)

이는 석유의 생성 시 부산물로서 이러한 경우 가스는 지하에서 석유와 수반되어 나온다. 따라서 이를 수반가스(associated gas)라고 한다. 한편 석유 가스는 지하 깊은 곳의 온도에 의하여 석유가 열분해에 의하여 생성 될 수 있다. 이 가스는 석유를 수반하지 않는 비수반가스(non-associated gas)라고 한다.

(2) 석탄가스(coal gas)

이 가스는 석탄의 열분해에 의하여 형성되며 전 세계적으로 경제성이 있는 가스전이 많다.

(3) 박테리아가스(bacteria gas, 또는 biogenic gas)

이 가스는 지표 근처에서 유기물질이 비교적 저온에 의한 변질을 통해서 형성되며 이는 경제성 있는 석유와는 직접적인 관계는 없다. 이 가스는 대개 습지의 고인 물속의 식물이 부패될 때 만들어 진다.

석유의 부피에 대한 가스의 부피의 비율을 GOR(gas oil ratio)이라고 하며 북미에서는 이들이 저류층에 있을 때의 석유의 배럴(barrel)과 가스의 입방피트(cf)의 비율로서 나타낸다. 가스는 압축성이 높아 심부 지하층에서 석유로 응축되었던 가스의 부피는 그것이 지표상에 나오면 크게 팽창하는 경향이 있다.

1-3 액상 천연가스(natural gas liquids : NGL)

보통 10^6m^3의 습성가스로 부터 약 $150m^3$의 경제성 있는 액상 천연가스가 산출 된다. 액상 천연가스는 2가지의 형태로 산출된다.

(1) 컨덴세이트(condensate)

습성가스의 일부분이 표준온도와 압력상태(standard temperature & pressure)에서 액체로 된 상태이며 주로 펜탄(pentane, C_5H_{12})과 그 상위의 일부 탄화수소를 포함하며 약 10~40% 정도의 부탄(butane, C_4H_{10})도 여기에 포함된다.

(2) 액화 석유가스(liquefied petroleum gas, LPG)

이는 대부분 프로판(propane, C_3H_8)과 부탄(butane, C_4H_{10})으로 구성되며 표준온도와 압력상태에서는 가스 상태로 존재하나 쉽게 액화한다.

이 액화 석유가스(liquefied petroleum gas, LPG)는 액화 천연가스(liquefied natural gas, LNG)와 혼동하기 쉽다. 액화 천연가스는 거의 메탄으로서 −160°C(−260 °F)의 온도와 대기압력 하에서 거의 600분의 1이상으로 압축되어 저온 탱크 운반선을 통해 전 세계로 운반된다. 한편 LNG 1kg은 약 $1.5m^3$의 가스에 해당되며 LNG 1톤은 약 53Mcf 정도이다.

1-4 비탄화수소(non-hydrocarbon)

성분원유나 천연가스에서 발견되는 비탄화수소 성분으로는 유황, 질소, 산소와 그들의 화합물과 바나디움이나 니켈과 같은 중금속의 유기화합물들이 있다. 천연가스는 또한 헬륨, 아르곤 등을 포함하기도 한다.

(1) 유황과 그 화합물

유황은 비탄화수소의 성분으로서 매우 중요하며. 실제로 유황을 포함하지 않는 석유는 거의 없지만 또한 무게로 3% 이상을 포함하고 있는 것도 거의 없다. 일반적으로 유황은 경질유보다는, 무거운 분자량을 가지고 있거나 끓는점(비등점)이 높은 중질유(重質油), 수지(resin)

나 아스팔트 등에 더 많이 포함되어 있다. 원유내의 소량의 유황은 용액상태의 원소나 H_2S로 포함되어 있으나 많은 양의 유황성분은 탄소와 유기적으로 결합하여 복잡한 화합물을 만든다. 측정할 수 있을 정도의 H_2S 가스를 포함하고 있는 원유를 신원유(sour crude)라고 부른다. 그러나 유황이 H_2S 외의 다른 형태로 존재할 경우 그 원유는 고유황원유(high-sulfur crude)라고 부르며 신원유라고 부르지는 않는다. 유황의 양이 0.1~0.2% 정도로 적을 경우 이를 단원유(sweet crude)라고 부르며 이러한 종류의 원유는 알제리, 앙골라, 나이제리아 같은 아프리카 내의 분지에 집중되어 있다. 일반적으로 저유황 원유는 0.6% 이하의 유황을 포함하고 있으며 중유황 원유는 0.6~1.7%, 고유황 원유는 1.7% 이상의 유황을 포함하고 있다.

대개 고유황 원유는 백운석(dolomite)이나 경석고(anhydrite)의 저류암에서 많이 발견된다. 이러한 고유황 원유는 중동의 아라비안 중질 유전(Arabian "heavy" fields), 이란과 수에즈 지구대(graben)의 원유에서 볼 수 있으며 이곳에서의 유황성분은 2.8~4.9%까지 달한다. 캐나다 아타바스카(Athabasca)의 타르 사암(tar sands)에서 산출되는 퇴행(degraded) 원유인 경우 5.5%의 유황을 포함하고 있고 베네주엘라의 보스칸(Boscan)에서는 5.4%까지도 나타난다.

원유의 높은 유황성분은 정유업계나 소비자들에게는 매우 골치거리 였기 때문에 산업분야에서는 저유황 원유(단원유, sweet crude)를 많이 원하게 되므로 1060년대 후반부터는 전 세계의 저유황 원유의 매장량은 급격히 감소하여 중동이나 베네주엘라, 멕시코 같은 석유수출국들의 저유황 원유의 매장량은 고유황 원유의 1/5 내지 1/10로 줄어들었다. 일반적으로 타르 사암이나 오일 셰일로부터 생산되는 비재래형 원유들도 유황성분이 높다. H_2S가스를 포함하고 있는 신가스(sour gas)의 유황성분은 가스의 처리과정에서 추출해야 한다. 대개 H_2S가 높은 가스는 탄산염암(carbonate)이나 황산염암(sulfate)에서 산출된다. 석유나 가스 안에 H_2S가 100ppm를 초과할 경우 이는 인체에 매우 위험하며 또한 이는 지열이 높은 심부 시추일 경우 시추장비를 심하게 부식시키는 경향이 있다.

예로서 북미 퇴적분지 중 퍼미안(Permian)분지, 알버타(Alberta), 탐피코(Tampico)분지와 리퍼마-캠피치(Reforma-Campeche) 분지와 텍사스 팬핸들(Panhandle) 지역 그리고 우랄-볼가(Ural-Volga)지역의 퍼미안 지층과 프랑스의 아퀴탄(Aquitane) 분지의 쥬라기-백악기 지층에서의 원유는 상기한 양의 수 십배의 H_2S를 포함하고 있으며, 특히 미국 동남부 지역의 심부 쥬라기의 스맥오버(Smackover) 지층에서는 보통 30%의 H_2S가 산출되며 때때로 80~90%도 나타난다. 그 외에도 록키산맥의 오버트라스트 벨트(Overthrust belt) 탄산염암에서도 4,000m 지하에서 60~65%의 H_2S가 산출되었다.

(2) 질소

원유의 질소는 주로 아스팔트와 관련되어 있다. 대개 질소의 양이 0.2% 이상이면 이는 높은 양으로 생각된다. 이러한 양의 질소는 로스안젤스(Los Angeles), 마라카이보(Maracaibo), 탐피코(Tampico) 분지에서 산출된다. 특히 뉴멕시코(New Mexico) 주의 샌완(San Juan) 분지에 있는 고생대 지층에서는 80%가 넘는 고질소양의 가스가 산출된다. 이곳에서는 3.0~7.5%의 헬륨(helium) 가스도 같이 산출된다. 북해에서는 가스 안에 90%까지의 질소가 함유되어 있는 곳도 있다. 또한 파키스탄 가스전에서 질소가스는 많은 양의 탄산가스를 수반하기도 하며 러시아 오렌버그(Orenburg)분지의 페름기 저류층과 중국의 페름-트라이아스기의 저류층에서 많은 유황성분과 같이 산출되기도 한다, 질소가스는 가스 처리과정에서 낮은 온도에서 제거하여야 하며 경질유의 회수를 위한 주입제로 사용된다.

(3) 산소화합물

원유 안에 뚜렷한 구조를 갖고 있는 산소 화합물은 석탄산과 같은 콜탈(coal tar)의 성분인 페놀(phenol)이 있다.

천연가스에는 많은 양의 이산화탄소를 포함하기도 한다. 이산화탄소도 그 자체가 천연가스이나 산화상태에서 불연소성이다. 미국 유타주의 파라독스(Paradox) 분지의 석탄기에서 트라이아스기 까지의 저류층에서는 90%의 이산화탄소가 산출되며 와이오밍주의 오버트라스트 벨트(Overthrust Belt)의 고생대 석회암층에서는 80%의 이산화탄소가 산출되기도 한다.

(4) 다른 화학성분

천연가스는 수소, 헬륨(helium)과 알곤(argon)을 포함하고 있다. 어떤 경우에도 수소는 0.5% 이상 존재하지 않으며 거의 대부분 0.1% 이하로 나타난다.헬륨은 대기 중에 약 5ppm 정도 존재하는 것으로서 건성가스(dry gas) 중 특히 질소 성분이 많은 곳에서 같이 산출된다. 이 헬륨과 질소는 비활성(inert) 기체이다. 한편 헬륨과 이산화탄소의 산출양은 상호 역비례한다. 비록 질소를 많이 포함하고 있는 가스에 헬륨이 자주 들어 있기는 하지만 헬륨은 주로 연소성 가스와 수반되어 많이 산출 된다.

실제로 석유와 수반가스를 같이 생산하는 유가스전이 메탄만을 생산하는 건성가스전 보다 많은 헬륨을 함유하고 있다.

북미에서 헬륨이 많이 생산되고 있는 대부분의 저류암은 거대한 기반암이 융기한 지역 위에 발달되어 있다. 이러한 예는 미국 텍사스 북부의 팬핸들(Panhandle) 지역의 아마릴로 융기대(Amarillo uplift)에서 잘 볼 수 있다. 헬륨의 최소 상업성 한계가 0.3%인데 대해 2차 세계대전 이래 최대의 헬륨 생산지였던 이 지역의 헬륨 함유량은 평균 0.5%에 달한다. 대기 중에 약 0.93%정도 포함되어 있는 알곤(argon)은 천연가스 내에 0.1% 정도로 드믈게 포함되어 있다.

비활성 가스인 라돈(radon)은 라디움(radium)의 가스성 발산물로서 원유 내에 많이 포함되어 있다. 따라서 유전지대의 물속에는 보통 지하수보다 많은 라돈을 포함하고 있다.

(5) 원유내의 금속 성분

정유공장의 원유 분별 증류과정에서 증류탑의 가장 하부에 잔류되는 물질로서 고분자들로 이루어진 50 이상의 탄소수를 갖고 있는 탄화수소들이 있으며 이러한 것보다 더 무거운 것으로 아스팔트의 특성을 갖는 비탄화수소 물질들이 있다. 이러한 것들은 원유의 실제 불순물로서 유황 화합물, 아스팔틴(asphaltene)과 금속성분들이다.

이 중에 아스팔틴은 고체상의 비튜민(bitumen)에서 산출되는 고분자 혼합체로서 중질유의 경우 대부분의 금속성분을 함유하고 있다.

아스팔틴 안에서 금속성분과 결합되어 있는 분자를 포피린(pophyrins)이라고 하며 이는 원유 안에 있는 매우 특이한 성분이다. 이 포피린과 결합되어 산출 되는 금속으로 바나디움(vanadium)과 니켈(nickel)이 있다.

바나디움은 고유황성분의 아스팔트나 수지성 원유의 분류에서 보통 30~300ppm 정도 산출된다. 그러나 베네쥬엘라의 마라카이보 호수(Lake Maracaibo) 서쪽 지역의 보스칸(Boscan)에서 나오는 원유는 1,100ppm의 바나디움 성분 을 갖고 있으며 전 세계의 바나디움 수요량을 초과할 만한 양을 보유하고 있다. 바나디움은 고강도 저합금의 철로서 파이프라인을 만드는데 사용된다. 니켈은 보통 저유황 원유에서 20~85ppm 정도의 성분을 함유하고 있으며 미국 서부의 윈타(Uinta)의 원유는 니켈 포피린을 함유하고 있으며 왁스 성분이 매우 많다. 이들은 염분도가 많은 호수 기원의 오일 셰일로 부터 온 것으로 보인다. 바나디움에는 부식 식물성(humic) 물질보다 부식 유기물(sapropelic) 성분이 많아 바나디움/니켈의 비율은 고생대 원유에서는 1 이상이고 중생대와 신생대에서는 1 이하이다. 이는 중생대에서 고생대보다 보다 많은 부식 식물성 물질들이 유입되었기 때문이다.

1-5 석유의 물리적 성질

(1) 비중(specific gravity)

원유의 비중은 보통 0.73과 1.0 사이에 있다. 파라핀 계열의 원유는 일반적으로 경질이며 나프틴(아스팔트)계열의 원유는 거의 중질에 속한다.

원유의 비중은 관습적으로 그리스 문자, rho(ρ)를 사용한다. 이 비중은 이전에는 유럽의 부-메(Beaume) 수치로 비중계에서 직접 읽었다. 이러한 방법에서는 수치가 증가하면 비중이 증가하게 된다. 섭씨 15.6°C에서 표준화된 비중을 갖는 부-메치는 아래와 같은 수식으로 나타낸다.

$$Be = \frac{140}{\rho} - 130$$

이 부-메 수치는 오래 전 미국 석유협회(American Petroleum Institute, API)의 수치로 바뀌었다. 두 수치 사이의 관계는

API 값 =(1.01071 × Be) − 010714이며 비중으로 보면

$$\text{API 값} = \frac{141.5}{\rho} - 131.5$$

이 공식에 의하면 표준온도와 압력(STP)에서 물은 10° API가 된다.

API 비중, 상대적 밀도와 석유업계의 체적치 와의 상관관계는 아래와 같다

API 비중	30	33	36	LPG
상대밀도	0.876	0.860	0.845	0.570
배럴/롱톤	7.31	7.45	7.58	12±

일반적으로 API 비중이 30° 이상일 경우 경질유(輕質油, light)에 속하며 22°~30° 인 경우 중질유(中質油, medium), 그리고 22° 이하일 경우에는 중질유(重質油, heavy)로 분류된다.

그러나 이러한 분류가 전 세계적으로 동일하지는 않는다. 중질유(重質油)가 많이 나는 베네쥬엘라 같은 나라에서는 20° API의 원유도 중질유(中質油)로 분류하며 26° API도 경질유로 분류한다.

반대로 경질유가 많이 산출되는 중동지역에서는 API가 27° 인 원유도 중질유(重質油)로 간주한다.

전 세계적으로 평균치는 33.3° API이며 가장 선호하는 원유는 37° API로서 이는 상대밀도로서는 0.84에 해당된다. 이러한 원유의 주 생산지는 중동, 미국 중부와 아팔라치안 지역, 카나다 알버타, 리비아와 북해지역이다.

API가 40° 이 넘는 초경질유는 주로 알제리, 호주 남동쪽 분지, 인도네시아와 남미 안데스 지역 유전에서 산출된다.

한편 초중질유(超重質油, extra-heavy oil)는 미국 캘리포니아, 멕시코, 베네쥬엘라와 시실리 등에서 산출된다. 캘리포니아 산타마리아(Santa Maria) 분지의 신생대 마이오세의 파쇄 저류층에서 생산되는 원유는 6° API 이하이며 거의 8%의 유황성분을 함유하고 있다. 그러한 원유는 인공적으로 희석시키지 않으면 생산하기 어렵다. 일반적으로 API가 10° 을 초과하지 않는 것을 초중질유(extra-heavy oil)이라고 한다.

실제로 API가 12° 보다 중질인 경우 이를 세분하기 어려우며 50° API 이상의 원유는 석유라기 보다는 컨덴세이트이거나 증류액일 가능성이 높다.

(2) 점성(粘性, viscosity)

점성은 유체의 내부 마찰로서 형체의 변화에 대한 저항을 일으킨다.

점성은 관습적으로 희랍어의 eta, (η)로 표시하며 단위 시간마다 힘(stress)과 변형(shear)에 대한 비율로서 액체 안에서의 힘은 일정하지 않으며 시간에 비례한다.

점성은 액체와 탄성을 가지고 있는 고체를 구별할 수 있는 기본적인 물리적 특성이다. 탄성을 가진 고체는 탄성적 변형에 대하여 시간에 비례한 저항이 아닌 순간적인(instantaneous) 저항을 나타내고 이러한 저항을 그 고체의 강성(强性, rigidity)이라 한다. 그러나 액체는 강성을 가지고 있지 않다.

점성은 다음과 같은 비율로서 정의한다.

$$\frac{\text{힘}\times\text{거리}}{\text{면적}\times\text{속도}}$$

원유의 점성도는 관습적으로 센티푸와즈(cP, centipoises)를 사용하는데 1cP(10^{-2} poises)는 20°C에서의 물의 점성도이다. 그러나 이러한 CGS단위는 유체를 어떠한 속도를 갖고 움직이게 하는 힘을 측정하는 데에는 매우 불편하다. 따라서 점성도를 시간단위로 편리하게 측정하는 방법으로 SUS(Saybolt Universal Second)를 사용하는데 이는 하나의 철로 된 공이 그 액체를 통과하는 데 걸리는 시간으로 초 단위로 사용하며 아래와 같이 나타낸다.

SUS = viscosity in centipoise ×4.635 / relative density

표준 온도와 압력 하에서 SUS로 측정된 석유의 점성도는 약 1,000에서 50 정도이다. SI 국제단위에서는 점성도는 밀리파스칼(mPa, millipascal)-초, 즉 mPa-s로도 나타낸다.

점성도는 직접적으로 밀도에 따라 변한다. 그러므로 석유에 있어서 점성도는 탄소 원자수와 그 석유 안에 용해되어 있는 가스 양의 함수이다. 원유의 점성도와 API 비중에 따라 용해되어 있는 가스의 영향은 그림 1-2에서 볼 수 있다.

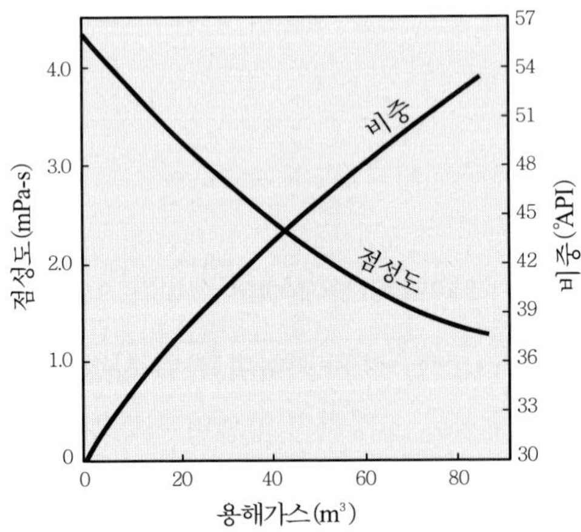

그림 1-2 원유의 점성도와 비중에 따라 그 안에 녹아있는 가스양의 상대적 현상(Oil & Gas Journal, 13 Jan. 1944)

원유 안에 많은 가스가 용해되어 있을수록 원유의 점성도는 점차적으로 감소되며 반대로 API 비중은 증가된다. 이러한 점은 원유 안에 용해되어 있는 가스의 가장 중요한 현상 중 하나이다.

대개 경유의 점성도는 30mPa-s(millipascal-seconds) 이하로서 전형적인 것들은 5.0과 0.6 사이에 있으며 가솔린이 이에 속한다. 중질(重質)의 아스팔트 원유의 점성도는 수천 mPa-s에 달한다. 예로서 베네쥬엘라 서쪽의 볼리바(Volivar) 해안 유전의 마이오세 원유의 점성도는 50,000mPa-s이며 카나다 알버타의 콜드 레이크(Cold Lake)의 초중질유(超重質油)의 점성도는 100,000mPa-s이다. 아타바스카(Athabasca)의 타르 샌드(tar sand) 중 점성도가 10^6mPa-s인 것도 있다. 현재 점성도가 10,000mPa-s 이상의 탄화수소는 '자연타르' (natural tar)라고 부른다.

아스팔트 양을 많이 포함하고 있는 원유는 점성이 높아 더운 기후에도 파이프라인으로 운반하기 어려운 경우도 있다. 이러한 예로는 서부 베네쥬엘라의 보스칸(Boscan)의 원유와 미국 캘리포니아에서 산출되는 원유 중에 이러한 것들이 있다. 북미 내륙지역의 추운 지방에서는 타르 샌드나 오일 셰일의 첫 번째 추출물로 점성이 높은 프라스틱성 물체가 나온다.

원유의 점성을 나타내는 유용한 지표는 유동점(pour point)이다. 아는 유체가 흐를 수 있는 최저 온도를 말한다. 파라핀 왁스의 양이 많은 원유는 40°C가 넘는 유동점을 갖는 경우가 흔하다. 이에 반해 중서부 지역에서 생산되는 원유는 유동점이 -36°C 이어서 극지의 기온에서도 잘 흐른다.

유동점이 높은 원유는 외견상 약간의 윤기가 나며 염분도가 낮은 지층수(formation water)와 관련되어 있다. 이러한 원유가 이동되어 트랩에 이르게 되면 온도가 낮아지게 되어 왁스는 결정화 되어 고분자의 왁스 잔류물로 분리되며 따라서 원유는 경질화 된다.

왁스가 많은 원유로는 미국 서부 윈타(Uinta) 분지, 베네쥬엘라 동부의 아나코(Anaco) 지역, 브라질의 르콘케이보(Reconcavo) 분지, 아르헨티나의 멘도자(Mendoza) 분지, 스코트랜드의 비트라이스(Beatrice) 유전과 카스피해 동쪽의 망기슐락 유전지대에서 생산 되는 것들이 있다. 이 망기슈락 유전지대에서 가장 큰 유전인 우젠(Uzen) 유전은 26%의 왁스를 포함하고 있다.

그리고 인도 북동지역의 상부 아쌈(Assam) 분지, 중국, 수마트라와 호주의 깁스랜드(Gipsland) 분지의 젊은 사암층에서 생산되는 원유들은 대부분 10~15%의 왁스를 포함하고 있다.

파라핀 계열과 아스팔트 계열의 원유는 지상이나 지상의 가까운 지점에서 많이 휘발(volatilization) 되어 굳어지는 경향이 있다, 이리하여 점성이 강해지면 고체화 되는데 이러한 현상을 농축(inspissation)이라 한다.

(3) 색깔과 굴절율

파라핀 계열의 원유는 일반적으로 밝은 색을 띠며 빛을 투과시키면 노랑이나 갈색을 보인다. 그러나 아스팔트 계열의 원유는 보통 갈색이나 흑색을 띠며 그러므로 이들을 '흑색오일(black oil)' 이라고 부르기도 한다.

원유의 굴절율은 상대적 밀도에 따라 다르며 대부분 1.42~1.48 사이에 있다. 낮은 굴절율인 경우 경질유에 속한다. 또한 굴절율은 온도가 낮아지면 작아진다.

굴절율은 파라핀 계열보다는 나프틴 계열이 높고 아로마틱 계열이 가장 높다.

제2장 근원암과 석유의 생성 (Source Rock & Petroleum Generation)

02_ 근원암과 석유의 생성 (Source Rock & Petroleum Generation)

2-1 석유의 생성

석유는 탄화수소를 주성분으로 하는 유기 화합물의 집합체이다. 현재 일반적으로 받아들여지고 있는 석유의 기원은 생물체를 구성하고 있는 탄소와 수소로부터 석유가 만들어졌다는 유기기원설(biogenic origin)이다. 일부 천문학자, 화학자, 지질학자들은 석유의 성인에 대하여 맨틀기원이나 우주기원과 같은 무기 기원설(abiogenic origin)을 주장하고 있지만, 이는 단지 화학성분으로서의 탄화수소의 성인이며, 경제적 가치가 있는 석유의 성인으로서는 지질학적 설득력이 결여되어 있다.

생물기원의 유기물을 함유한 세립의 이질암석이나 탄산염 암석은 석유의 근원암이 될 수 있으며, 일반적으로 석유나 가스를 생성하고 배출한 암석 또는 그러한 가능성을 가지고 있는 암석을 근원암으로 정의한다. 분지에 퇴적물과 함께 퇴적된 유기물은 매몰 심도가 증가하여 온도가 상승하는 동안 복잡한 구조를 가진 고분자 화합물로 변화되는 데, 이것을 케로젠이라고 한다. 매몰온도가 더욱 증가하게 되면 케로젠은 열분해 되어 석유로 변화된다.

그림 2-1은 이와 같은 석유화 과정을 잘 보여 주고 있다. 즉, 생물체를 구성하고 있는 리그닌, 탄수화물, 단백질, 지방질 등의 고분자 유기 화합물은 생물이 죽은 후 운반되어 해저나 호수에 퇴적되며, 미생물에 의해 분해되거나 가수분해 등을 받게 되어, 당, 아미노산, 지방산, 알코올 등의 단위체(monomer)가 된다. 그 후 이 단위체는 축중합이 일어나게 되어, 고분자 유기 화합물이 형성된다. 토양 중에서 볼 수 있는 풀빅산(fulvic acid), 휴민산(humic acid), 휴민(humin)이 이러한 고분자 유기 화합물이다.

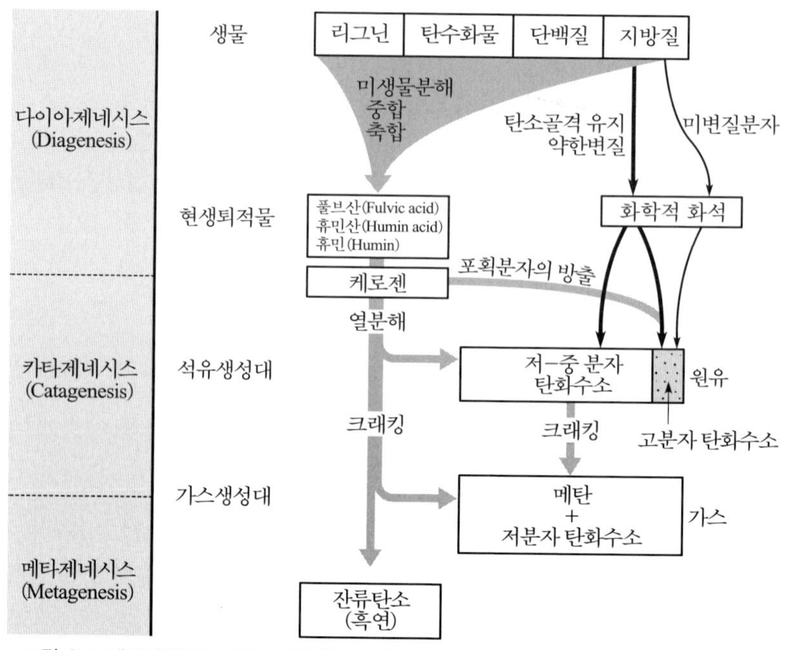

그림 2-1 매몰과정에서 온도가 증가함에 따라 나타나는 유기물의 변화와 석유화 과정 (Tissot and Welte, 1984)

이들 유기물은 퇴적물 내에서, 더욱 더 중합, 축합, 탈아미노, 탈탄산, 환원 등의 작용을 받게 되어, 보다 더 복잡한 구조의 고분자 화합물로 변화되게 되는 데, 이렇게 하여 형성된 고분자 유기 화합물을 케로젠(kerogen)이라고 한다. 케로젠이 형성되기까지의 과정이 속성작용 초기에 해당되며, 협의의 속성작용 즉 다이아제네시스(diagenesis)의 단계로 정의된다. 이때 형성된 고분자 유기화합물인 케로젠이 석유의 근원물질로 정의될 수 있다.

매몰이 한층 더 진행되어, 카타제네시스(catagenesis)라고 불리는 속성작용 후기의 단계에 들어가게 되면, 퇴적물의 온도는 상승해, 케로젠은 반대로 열분해를 받게 된다. 케로젠의 열분해에 의해 대량의 액상 탄화수소가 H_2O나 CO_2와 함께 급속하게 발생한다. 매몰심도가 더 깊어지고 온도가 상승하면, 열분해는 한층 더 진행되어, 케로젠으로 부터 발생한 탄화수소가, 다시 열분해(크래킹 ; cracking) 되는 등으로 해서, 습성가스(wet gas)나 컨덴세이트(condensate)가 생성된다.

매몰이 더욱 진행되어, 속성작용 말기의 메타제네시스(metagenesis)의 단계에 들어가게 되면, 열분해에 의해 케로젠의 탄화(carbonization)가 더욱 진행되어 최종적으로는 탄소 100%의 흑연(graphite)으로 변화하게 된다. 한편, 케로젠으로부터 발생한 탄화수소 가스도

재차 열분해를 반복하여 건성가스(dry gas)로 되고, 또 최종적으로는 메탄가스가 되어 버린다. 이러한 속성작용의 진행에 따르는 유기물의 변화를 유기물이 성숙된다고 말한다.

2-2 석유의 근원물질 - 케로젠(kerogen)

위에서 언급한 바와 같이 케로젠은 석유의 근원물질이며 복잡한 화학구조를 가진 고분자 화합물이다. 원래 케로젠은 스코틀랜드의 오일 셰일에 포함되어 있는 유기물에 대해서 붙여진 명칭이었다. 즉, 퇴적암 내에 존재하며, 유기용매에 용해되지 않는 고체이고, 건류에 의해서 석유 같은 기름을 생산하는 유기물을 케로젠이라고 하였다. 그러나 현재는 "퇴적암 또는 퇴적물 내에 존재하며, 상온 · 상압 하에서 유기용매에 녹지 않는 유기물"을 총칭해서 "케로젠"이라고 불리고 있다. 한편 케로젠과 같이 퇴적암 또는 퇴적물 내에 존재하지만, 유기용매로 녹여 낼 수 있는 가용성의 유기물은 "비투멘(bitumen)"이라고 총칭되고 있다.

케로젠을 구성하는 주 원소는 탄소, 수소, 산소이다. 이들 각각의 성분을 분석하여 세로축에 수소 대 탄소의 원자비(H/C), 가로축에 산소 대 탄소(O/C)의 원자비를 도시함으로써 그림 2-2와 같이 케로젠을 타입 I, 타입 II, 타입 III의 세 가지 타입으로 분류할 수 있다. 케로젠 타입을 분류하기 위한 이 그림을 "반 크레블렌(van Krevelen) 다이어그램"이라고 한다. 그림 2-2에서 볼 수 있는 것처럼 경로 I을 따라서 원소 조성 값이 나타나는 것을 타입 I 케로젠이라 한다. 타입 I 케로젠은 상대적으로 높은 H/C비와 낮은 O/C 비를 갖는 것이 특징이다. 이 타입의 케로젠은 지방족 고리 구조의 화합물이 많으며, 방향족 화합물과 N, S, O 등의 원자들은 적게 함유되어 있다. 타입 I 케로젠은 주로 조류(藻類)에서 유래한다. 복잡한 유기분자들이 속성작용 과정동안 분자간 연결고리가 절단되게 되어 탄화수소로 된 지방족 고리 화합물을 많이 함유하게 되며 석유의 생성능력이 지극히 높게 된다. 타입 III의 케로젠은 타입 I과 반대로 H/C값은 낮고, 높은 O/C 값을 갖는다. 이 타입은 다환 방향족환과 헤테로 원자가 많고, 지방족 고리 화합물은 별로 함유하고 있지 않다.

타입 III형의 케로젠은 주로 육상식물에서 유래되었다. 세 가지 타입 중에서 석유생성 능력이 가장 낮은 케로젠이다. 성숙작용이 진행된 상태에서는 가스상의 탄화수소를 대량으로 생성한다. 타입 II는 타입 I과 타입 III의 중간형이다. 이 형태의 케로젠은 식물성 및 동물성 플랑크톤, 박테리아 등의 혼합물이 환원조건의 환경에 퇴적되었을 경우에 형성된다. 세계적으로 대부분의 유전은 타입 II형에 속하는 경우가 일반적이다. 환원 환경에 퇴적하기 때문에,

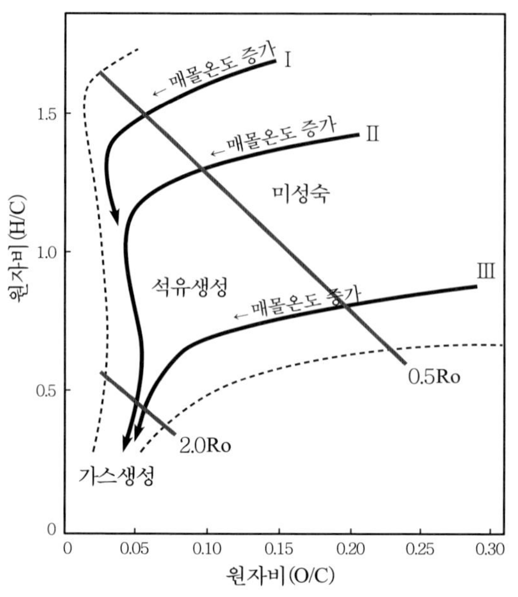

그림 2-2 반 크레블렌(van Kreblen) 다이어그램(Tissot and Welte, 1984)

유황(S) 성분을 많이 포함한 경우가 많다. 유황의 함유량이 6% 이상인 케로젠을 타입 II-S라고 한다. 케로젠 타입 II-S는 보통의 타입 II 케로젠 보다 낮은 온도에서 열분해 되기 때문에 매몰 속성작용과정에서도 통상의 타입 II 케로젠에 비하여 빠르게 석유를 생성한다. S-C나 S-S의 결합은, C-C의 결합과 비교해 결합력이 약해 열에 약하고 끊어지기 쉽다. 이 때문에, 유황을 많이 포함한 케로젠에서는 보통의 케로젠에 비해 열분해 되기 쉽고 따라서 석유의 생성도 보다 빠른 단계에서 일어나게 된다.

케로젠을 암석으로부터 분리하여 현미경으로 관찰하면 케로젠의 형태와 조직 등을 확인할 수 있다. 형태와 근원물질을 관찰하면 육상 식물의 목질부분에서 유래하는 석탄질-목질 케로젠(coaly and woody kerogen), 식물의 목질부분 이외의 기관이나, 포자, 화분, 수지 등에서 유래한 초본질 케로젠(herbaceous kerogen), 조직 구조를 갖지 않는 미세한 유기물이나 그 집합체인 부정형질 또는 무정형질 케로젠(amorphous kerogen)의 세 가지 형태로 분류할 수 있다. 이 중에 부정형질 케로젠이 석유의 생성 능력이 가장 높고, 석탄질-목질 케로젠이 석유생성능력이 가장 낮다.

2-3 케로젠의 성숙

케로젠이 성숙되어 가는 과정을 반 크레블렌(Van Krevelen) 다이어그램 상에서 보면, 각각 다른 타입의 케로젠은 다른 경로를 따라 성숙되어 가며 결국은 원점에 수렴한다(그림 2-2).

자세히 보면, 탄소 함유량이 상대적으로 증가되는 방향으로 케로젠의 성숙이 진행되는 것을 알 수 있다. 초기의 다이아제네시스 단계에서는 주로 산소 함유량이 감소하고, 카타제네시스와 메타제네시스의 단계에서는 주로 수소 함유량이 감소한다. 즉, 다이아제네시스의 단계에서는 C=O결합이 서서히 감소한다. 카타제네시스의 단계에 들어가면 지방족의 결합은 감소되며 방향족 결합이 증가하게 된다. 메타제네시스의 단계에서는, 방향족 결합이 최대로 증가하며 다른 결합은 현저하게 감소하게 된다. 이상의 원소 조성과 화학 구조의 변화로 부터 케로젠의 성숙과정 동안 나타나는 전체적인 현상은 다음과 같이 요약될 수 있다. 다이아제네시스의 단계에서, 케로젠 내의 헤테로 고리 화합물이나 작용기(functional group)가 절단되고 제거된다. 그 결과 CO_2, H_20, N, S, O 등의 성분을 포함한 화합물이 형성되어 케로젠으로부터 방출된다. 다음에 카타제네시스의 단계에 들어가면, 환형 탄화수소의 고리가 케로젠으로부터 절단되어 제거되어 나간다. 처음에 긴 사슬형의 탄화수소는 분자량이 점차 작아지게 되며, 케로젠으로부터 탄화수소 가스가 연속적으로 생성된다. 이것이, 석유 탄화수소 생성의 주요 단계이다. 메타제네시스의 단계까지 도달하면, 케로젠 내 방향족 시트의 재배열이 일어난다(그림 2-3).

방향족은 더욱 큰 그룹으로 변화하여, 방향족 시트가 평행하게 배열하기 시작한다. 이 단계에서는, 긴 지방족 고리 화합물은 케로젠 내에 존재하지 않는다. 또한, 케로젠으로 부터 생성된 탄화수소도 다시 절단되고 분해되어 버린다. 그 결과, 메타제네시스의 단계에서는, 메탄을 주로 한 건성 가스만이 형성되게 된다. 성숙이 더욱 진행되면 결국은 흑연의 구조에 가까워져 간다. 이러한 케로젠이 성숙되는 과정은 비가역적인 일차 반응이다. 한편, 케로젠을 함유한 퇴적암이 화성암의 관입에 의한 접촉 변성 작용(contact metamorphism)을 받는 경우에도, 똑같은 성숙작용이 진행된다. 이것은 유기물의 성숙작용을 규제하는 주요 인자는 온도와 시간임을 말해 준다.

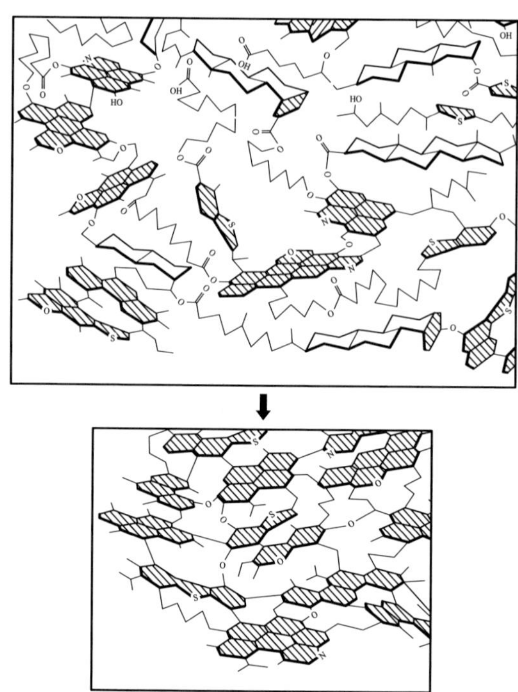

그림 2-3 케로젠의 성숙에 따른 화학구조 변화.
포화탄화수소 화합물의 양은 줄어들고 방향족 화합물의 양은 증가함.

2-4 근원암 평가

근원암 평가란 석유 근원암이 될 수 있을 것으로 생각되는 암석에 대해서 암석 내에 함유되어 있는 유기물의 종류와 양, 그리고 성숙도를 조사해서 근원암로서의 포텐셜을 평가하는 것을 말한다. 유기물의 양은 유기 탄소량, 비투멘량, 탄화수소양 등을 측정해 평가한다. 유기물 종류의 조사란 케로젠 타입을 조사하는 것을 말한다. 케로젠의 타입에 따라서 생성되는 탄화수소의 질이나 양에 큰 차이가 있기 때문에 케로젠의 타입을 이해하는 것이 근원암 평가에서 매우 중요하다. 앞에서 설명한 바와 같이 케로젠에는 세 가지 타입이 있고, 케로젠의 타입은 원소 조성에 의해 결정된다(그림 2-2).

원소 분석을 위해서는, 퇴적암으로부터 케로젠을 분리해야 하며 이를 위하여 불산과 염산 등을 사용하여 광물질을 녹여서 제거해야 하기 때문에 많은 시간과 노력이 요구된다. 그래서, 케로젠 타입을 추정할 수 있는 간단하고 편리한 방법이 사용되는데, 보통 현미경에 의하여 케로젠의 형태를 관찰하는 방법과 불활성 상태에서 케로젠을 가열하는 열분해 방법이 이용된다.

현미경 하에서 케로젠을 관찰하면, 조직과 형태에 의해, 무정형질(amorphous) 케로젠, 초본질(herbaceous) 케로젠, 석탄질-목질(coaly-woody) 케로젠의 3개 케로젠으로 크게 나누어진다. 이것을 원소조성으로부터 분류한 케로젠 타입과 대비시키면, 무정형질은 타입 I와 II형에, 초본질은 II와 III형에, 석탄질-목질의 성질은 타입 III형에 각각 해당될 수 있다.

열분해법은 분말 처리된 근원암 시료를 불활성 가스 상에서 온도를 서서히 상승 가열시킬 때 발생하는 분해 생성물의 종류와 양을 측정하여 케로젠의 형태, 양, 성숙도를 추정하는 방법이다. 열분해법은 비용이 적게 들고 근원암에 대한 정보를 빠르게 얻을 수 있기 때문에 석유탐사의 기본 도구가 되고 있다. 대표적인 열분해법은 프랑스 석유 연구소(IFP)에서 개발한 "록에발(Rock-Eval)법"으로 세계 각국에서 널리 이용되고 있다. 록에발 열분석기에 약 100mg의 시료를 넣고 가열하면 그림 2-4와 같이 S1, S2, S3 세 개의 피크가 나타난다.

제일 먼저 나타나는 S1 피크는 암석 내에 이미 존재하는 탄화수소가 측정된 것이고, 다음에 나타나는 S2 피크는 가열에 의하여 생성되어 나오는 탄화수소를 측정한 것으로 암석의 석유생성 포텐셜을 지시한다. S3 피크는 케로젠 내의 이산화탄소 함량을 측정한 것이다. S2 피크로부터 생성되어 나온 탄화수소 양을 총유기탄소 1g 당의 값(mgHC/gTOC)의 백분율로 표시한 것을 수소지소(HI)라 하며, S3에서 측정된 이산화탄소를 총유기탄소 1g당($mgCO_2/gTOC$) 백분율의 값으로 표시한 것을 산소지수(OI)라 한다.

이 수소지수와 산소지수 값을 그림 2-5와 같이 반 크레블렌(van Krevelen) 다이어그램과 유사한 다이어그램 상에서 케로젠의 타입과 성숙도를 추정할 수 있다. 이 다이어그램에서는 H/C 대신에 수소지수 HI를 사용하고 O/C 대신에 OI를 사용한다.

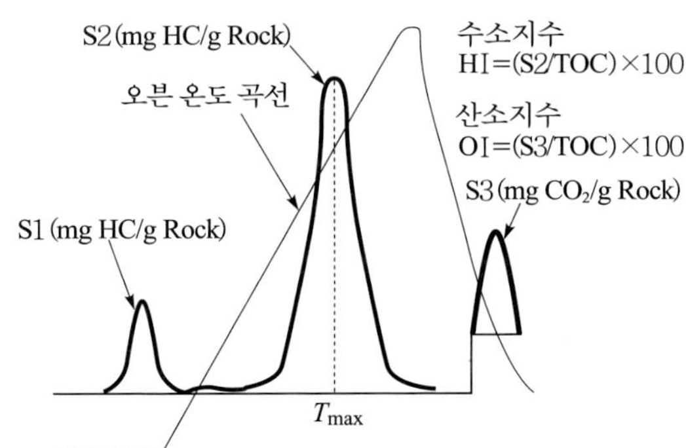

그림 2-4 록에발 열분석 동안에 나타나는 S1 S2 S3 피크와 수소지수(HI) 및 산소지수(OI)의 계산

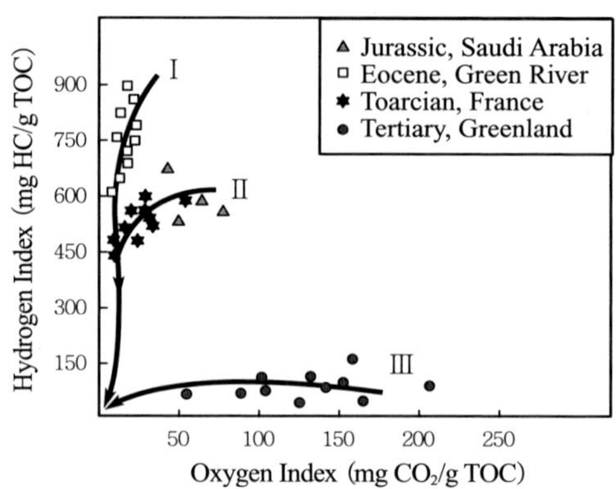

그림 2-5 수소지수(HI)와 산소지수(OI)를 이용한 반 크레블렌(van Krevlen) 다이어그램
각 타입의 대표 근원암이 도시 됨

한편, S2 피크가 최대점에 도달했을 때의 온도, 즉 탄화수소 발생량이 최대일 때의 열분해 온도를 T_{max} 온도로 정의하며, 이 T_{max} 온도는 열 성숙도의 지표로 사용될 수 있다. 일반적으로 T_{max} 온도가 435℃ 일 때를 석유생성 단계의 시작으로 보고 있다. 케로젠은 탄화수소가 생성되는 동안에 비투멘으로 변화하기 때문에 성숙도가 증가함에 따라 S2 피크는 작아지고 S1 피크는 증가하게 된다. 이때 S1과 S2를 합한 탄화수소 양에 대한 S1의 양(S1/(S1+S2))을 생산지수(PI) 혹은 전이율(transformation ratio)이라고 하며 성숙도가 증가할수록 PI 값이 커진다.

성숙도를 측정하는 방법 중에서 탄질물인 비트리나이트의 반사율(vitrinite reflectance)로부터 성숙도를 측정하는 방법이 성숙도 평가를 평가하는 방법 중에서 가장 신뢰성이 높다고 여겨지고 있으며 넓게 이용되고 있다. 비트리나이트란, 고등 식물의 목질부분에서 유래하는 석탄의 조직명이다. 비트리나이트는 미량이면서도 케로젠 내에도 존재하며, 유기물 성숙작용이 진행에 따라 반사율이 증가한다. 퇴적암 내에 있는 비트리나이트 입자를 추출하여 연마제를 사용하여 표면을 충분히 연마한 다음, 연마된 표면에 빛을 쪼여 반사된 빛의 양을 측정하는 방법이 비트리나이트 반사도 측정법이다. 반사도 값은 퍼센트(%Ro)로 표시되며, 이 반사도를 지표로 해서 열성숙도를 추정한다. 석유생성과 가스생성의 경계 값을 비트리나이트 반사도로 나타낼 수 있다. 즉, 그림 2-6과 같이 케로젠의 타입에 따라 이 경계값은 약간 다르게 나타나지만, 일반적으로 비트리나이트 반사도 0.5%Ro일 때를 석유생성이 시작되는 성숙도 값으로 받아들이고 있다. 또한, 비트리나이트 반사도 2.0%Ro를 건성가스의 시작 단계로 보고 있다.

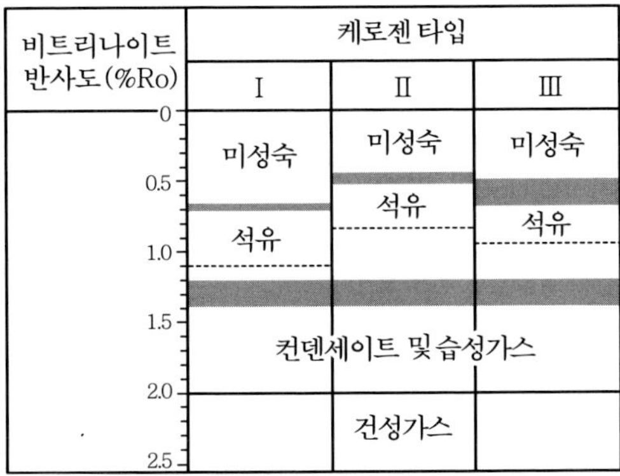

그림 2-6 비트리나이트 반사도 값과 비교한 석유와 가스의 생성 단계

기타, 식물의 포자 · 화분 · 잎으로부터 유래한 석탄조직인 엑티나이트의 형광스텍트럼(fluorescence of exinite) 강도나 최대 피크의 파장 등을 측정하는 방법이 있다. 또한, 암석에 포함되어 있는 화분(pollen)과 포자(spore)의 탄화도(색조)로부터 성숙도를 추정할 수도 있다. 유기물이 성숙됨에 따라 생물 현미경하에서 화분이나 포자의 색조는 황색→ 갈색→흑색으로 변화한다. 이 색조 변화를 지표로 한 열변질 지수(thermal alteration index)로써 성숙도를 측정한다. 그러나 어떤 한 가지 방법으로 완전하게 석유 근원암을 평가할 수는 없다. 따라서 몇 개의 방법을 조합해서 종합적으로 근원암을 평가하는 것이 중요하다.

2-5 원유-원유 및 원유-근원암 대비

발견된 저류층들 내에 존재하는 원유들이 동일한 근원암에서 생성되어 이동되어 온 것인지, 혹은 다른 근원암에서 이동되어 온 것인지를 저류층 내의 원유들 간에서 판단하는 것이 원유-원유 대비이고, 그림 2-7과 같이 석유가 어느 근원암에서 생성되어 이동되어 왔는지를 판단하는 것을 원유-근원암 대비라고 한다. 대비에 의하여 근원암층을 알 수 있고, 근원암층을 알았을 때 석유시스템의 틀이 설정될 수가 있다. 대비를 위하여 저류층 내의 원유 또는 근원암 내의 비투멘을 추출하여, 이들 내에 미량으로 존재하는 생물지표(biomarker)라고 불리는 n-알칸(n-alkane), 이소프레노이드(isoprenoids), 스테란(sterane), 트리터판(triterpane) 등의 포화탄화수소(saturated hydrocarbon) 성분을 분석하여 비교함으로써 원유-원유, 원유-근원암에 대한 대비를 실시한다.

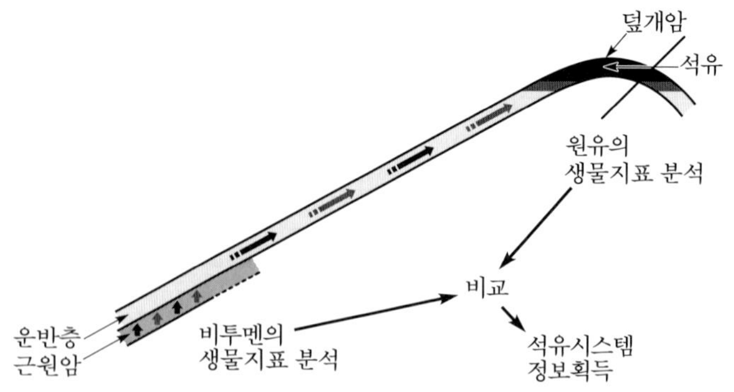

그림 2-7 원유-근원암 대비에 의한 석유시스템 정보 획득

n-알칸은 탄소가 긴 사슬형태상로 연속되어 있는 탄화수소 화합물이며, 이소프레노이드는 그림 2-8과 같이 n-알칸 사슬구조에 탄소 4개 마다 메틸기(CH3)가 붙은 탄화수소 화합물로 파이테인(phytane)과 프리스테인(pristane)이 중요한 생물지표이다. 또한, 탄소 6개를 가진 환이 3개, 탄소 5개를 가진 환이 1개인 것을 기본 구조로 하는 화합물이 스테란(sterane) 이고, 탄소 6개를 가진 환이 4개, 탄소 5개를 가진 환이 1개인 것을 기본 구조로 하는 화합물을 트리터판(triterpane)이라고 한다. 이들의 분석을 위해서는 가스크로마토그라피(gas chromatography)와 가스크로마토그라피에 질량분석기를 부가한 가스 크로마토그라피-매스 스펙트로메트리(gas chromatography-mass spectrometry)가 사용된다.

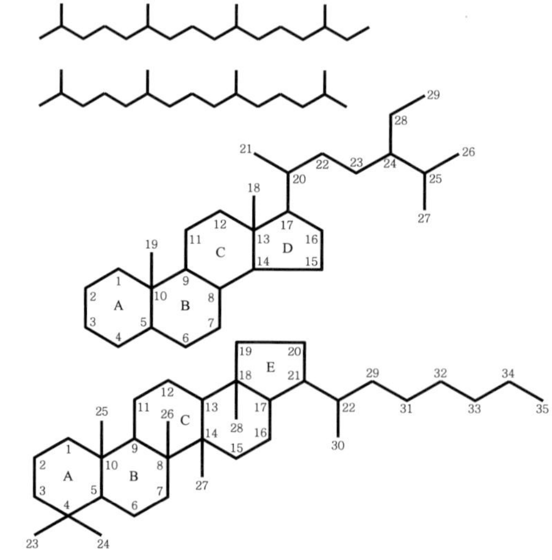

그림 2-8 파이테인(phytane), 프리스테인(pristane), 스테란(sterane), 트리터판(triterpane)의 기본적인 화학구조(Waple, 1985)

n-알칸과 이소프레노이드는 원유나 근원암 추출물을 가스 크로마토그라피로 분석하여 그림 2-9와 같은 가스크로마토그램을 얻어 해석한다. 가스크로마토그램에는 탄소 수가 적은 n-알칸부터 탄소 수가 많은 n-알칸 순으로 피크가 나타나며 전체적인 피크의 분포로부터 유기물이 퇴적된 환경을 유추할 수가 있다. 해양성 환경의 유기물에서 유래된 n-알칸은 그림 2-10에서, 위에 위치하는 두 가스크로마토그램의 패턴과 같이 나타나는 것이 일반적인데, 탄소 수가 적으며 탄소 수 17이나 22가 우세하게 나타나는 것이 특징이다. 일반적으로 해성기원의 n-알칸은 탄소 수가 22이하이다. 그러나 육상기원 유기물에서 유래한 것은 탄소수가 22이상이며, 그림 2-10에서 볼 수 있는 것 처럼 탄소 수 23, 25, 27, 29, 31과 같은 홀수 피크가 크게 나타난다. 그림 2-10의 마지막 피크 패턴과 같이 두 가지 기원의 유기물을 지시하는 경우도 있다. 이소프레노이드 중에서는 그림 2-9에서 보는 바와 같이 프리스테인(pristane)과 파이테인(phytane)이 생물지표로 사용된다. 프리스테인과 파이테인은 n-알칸과 함께 가스크로마토그라피를 사용하여 분석할 수 있으며 분석피크로부터 프리스테인과 파이테인의 양을 정량한다.

프리스테인은 탄소원자 수가 19개이며, 파이테인은 탄수원자 수가 20개이다. 일반적으로 파이테인에 대한 프리스테인의 비(pristane/phytane)는 근원암의 퇴적환경을 지시하는 것으로 알려져 있다. 즉, 파이테인에 대한 프리스테인의 비가 1 이상이 되면 산화조건이 우세한 환경에서 근원암이 퇴적된 것으로 해석될 수 있다.

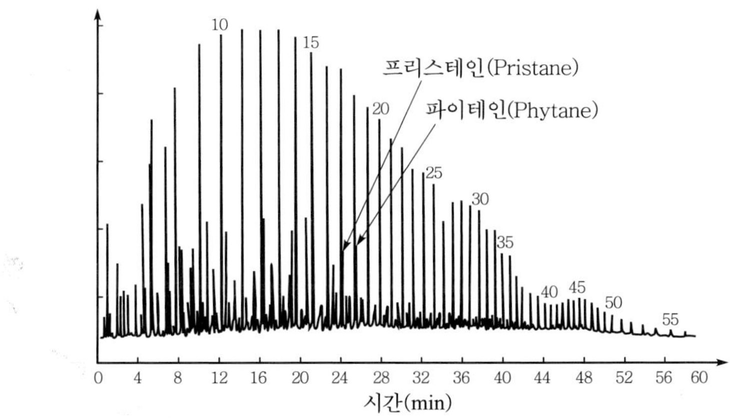

그림 2-9 해양기원의 무산소 증발암에서 유래한 원유 가스크로마토그램. 짝수개의 탄소를 가진 n-알칸조성이 우세하며, 1이하의 프리스테인/파이테인(pristane/phytane) 비를 보여줌(Waple, 1985)

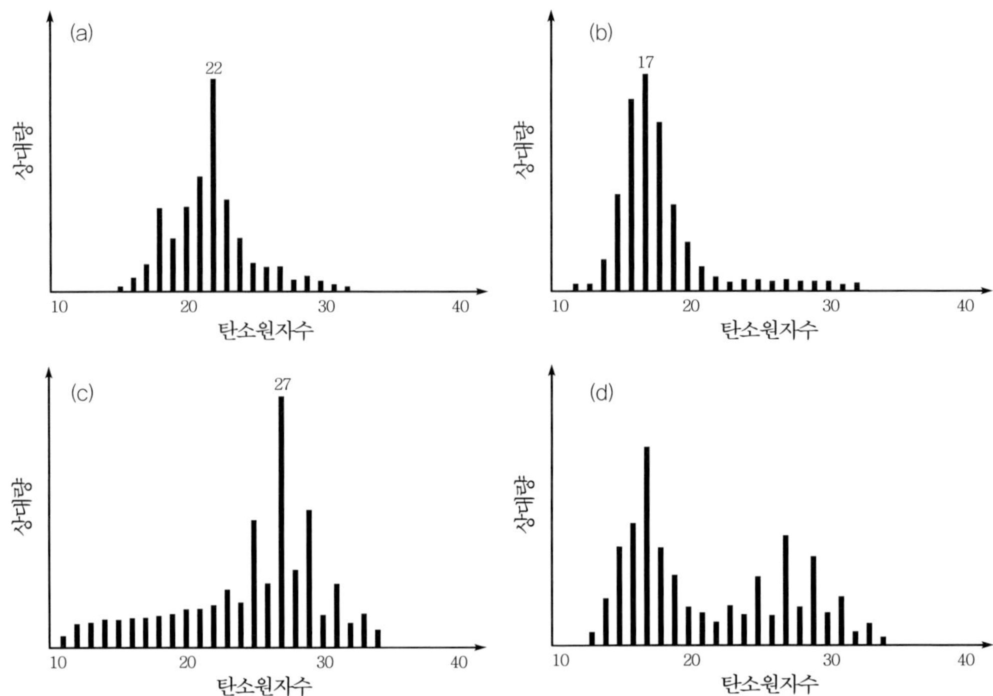

그림 2-10 n-알칸에 대한 가스크로마토그램의 피크분포와 퇴적환경, (a)와 (b)의 n-알칸 피크분포는 해양성 조류 (algae) 기원, (c)는 육상기원, (d)는 해양성조류와 육성기원이 혼합된 피크 분포(Waple, 1985)

스테란(sterane)과 트리터판(triterpane)은 가스크로마토그라피에 질량분석기를 부가시킨 가스 크로마토그라피-매스 스펙트로메트리(gas chromatography-mass spectrometry) 방법을 사용하여 분석한다. 이들의 분석 결과로부터 근원암의 퇴적환경에 대한 정보를 얻을 수 있으며 대비에도 사용된다. 스테란은 탄소 수가 27, 28, 29인 세 개의 다른 조성이 존재한다. 원유나 비투멘을 가스 크로마토그라피-매스 스펙트로메트리 방법으로 C27, C28, C29 성분 농도를 분석하여 그 비율을 삼각다이어그램에 도시하면 그림 2-11과 같이 탄화수소를 생성한 유기물의 퇴적환경에 대한 정보를 얻을 수 있다.

또한, 저류암의 원유와 근원암에서 추출한 비투멘의 스테란을 분석하여 그림의 C27-C28-C29 스테란 삼각다이어 그램에 도시하였을 때 원유와 비투멘이 동일영역에 속한다면 이때의 원유는 분석된 근원암에서 유래하였다는 것을 지시하여 준다. 이러한 생물지표에 의한 원유-근원암 대비는 석유시스템을 확인하고 설정하는 데 필수적으로 사용되고 있다.

콜레스테인(cholestane) C_{27} | 에르고스테인(Ergostane) C_{28} | 시토스테인(Sitostane) C_{29}

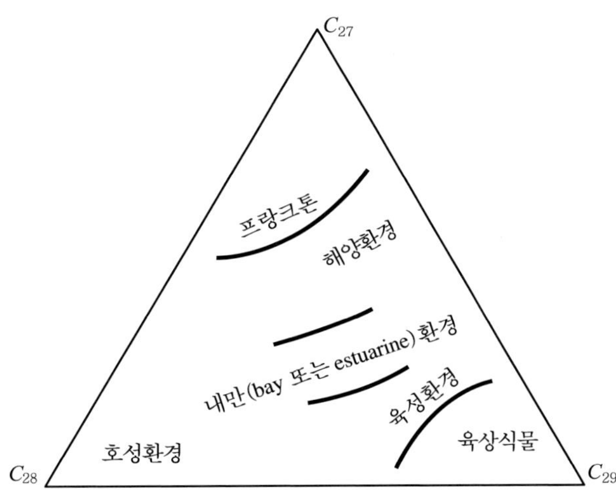

그림 2-11 스테란의 세가지 화학구조와 퇴적환경(Waple, 1985)

제3장 석유시스템
(Petroleum System)

3-1 석유시스템의 개념
3-2 석유시스템의 영역
3-3 석유시스템의 명명
3-4 석유시스템 분석법
3-5 석유시스템의 예

03_ 석유시스템 (Petroleum System)

3-1 석유시스템의 개념

석유탐사의 역사를 통하여 가장 중요한 석유지질학적 개념은 "배사구조 개념"이었다. 배사구조 개념이 나오기 이전에는 석유 유출물이 지표면에 나타나는 곳에서 시추가 수행되어 석유를 생산하였다. 배사구조는 그림 3-1에서 보는 바와 같이 낙타등 같이 굽어진 지층구조를 말하며 다공질 저류암층에 석유나 가스가 배태되어 있고 그 위층은 치밀한 암석의 지층으로 되어있어 석유와 가스가 상위지층으로 이동되지 못하고 트랩되어 있는 형태이다. 이러한 배사구조의 개념은 석유생산량을 획기적으로 증가시키는 계기가 되었으며 현대의 석유탐사에서도 배사구조를 찾는 것을 우선적으로 하고 있다. 그 후 탄성파탐사 및 해석기술이 급속도로 발전함에 따라 배사구조 이외의 다양한 트랩을 이해하게 되었고 이를 탐사에 적용되었다.

특히, 비슷한 형태와 기원을 가진 일련의 트랩에 대하여 "플레이"라는 용어의 개념을 가지고 탐사에 이용하였다. 또한 최근에는 저류된 석유와 근원암에 대한 유기지화학 탐사기술과 분지모델링 기술이 급속도로 발전하게 됨에 따라 "석유시스템"이라는 용어로 새롭게 정의된 석유지질학적 개념이 나타나게 되었다.

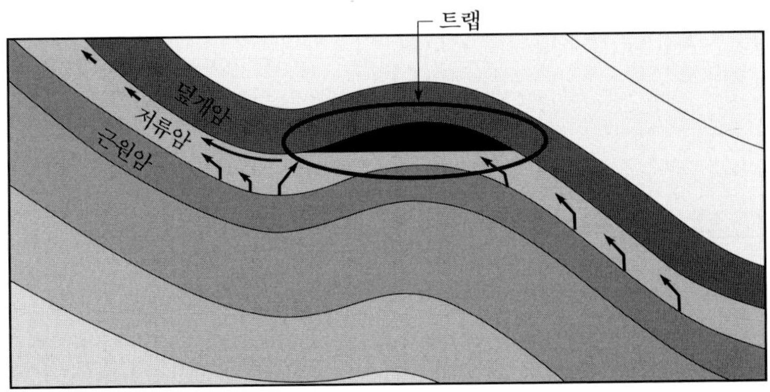

그림 3-1 배사구조의 개념

석유시스템은 "석유를 생성할 수 있는 성숙된 근원암과 생성된 석유가 근원암으로부터 배출되고 이동되어 집적되는데 필요한 모든 지질학적 요소와 과정을 포함하는 자연계 시스템"으로 정의된다. 그림 3-2에서 보는 바와 같이 필수적인 지질학적 요소는 1) 근원암, 2) 저류암, 3) 덮개암, 4) 하중암이고, 필수적인 지질학적인 과정으로는 1) 탄화수소의 생성-이동-집적과 2) 트랩형성 과정을 말한다. 이 지질학적 요소들과 과정이 시공간적으로 적합한 조건을 이루고 있을 때에 한해서 근원암에 함유된 유기물이 석유로 전환되고 이동하여서 석유집적체를 이룰 수가 있다.

기존의 배사구조 개념에서도 근원암, 저류암, 덮개암의 조건을 정의하고 있다. 그러나 석유시스템의 개념이 배사구조 개념과 구별되는 점은 성숙된 근원암을 석유배태의 가장 중요한 조건으로 하여, 근원암에서 석유가 생성되고 이동되어 집적되는 과정을 포함하고 있다는 점이다. 또한, 근원암을 매몰시킴으로써 온도와 압력을 상승시켜, 근원암이 성숙되는데 필요한, 근원암 상위에 존재하는 두꺼운 지층들을 하중암으로 명명하여 필수적인 지질요소로 설정하였다는 점이다.

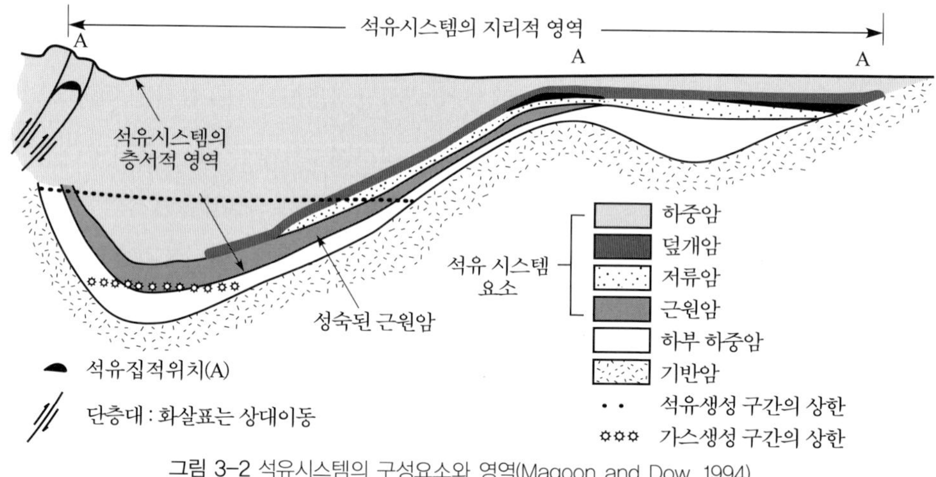

그림 3-2 석유시스템의 구성요소와 영역(Magoon and Dow, 1994)

3-2 석유시스템의 영역

그림 3-2와 같이 석유시스템의 영역은 하나의 성숙된 근원암층으로부터 석유가 배출되어 이동되고 트랩되는 모든 영역을 포함한다. 따라서 수직 층서상에서 보면 근원암층부터 지표에 이르는 영역, 수평적으로 보면 성숙된 근원암부터 저류암, 트랩, 덮개암을 포함하는 영역

인 것을 알 수 있다. 또한, 그림 3-3의 평면도 상에서 보면, 성숙된 근원암이 존재하는 곳과 이 성숙된 근원암에서 유래된 석유가 집적되어진 유전지역을 포함하는 지역이 하나의 석유시스템 영역으로 정의되고 있는 것을 알 수 있다. 한편, 그림에서 하나의 석유시스템 영역 내에 세가지 석유집적 형태를 보여주고 있는데, 이것을 "플레이"로서 정의할 수 있다. 즉 그림 3-2의 단면도에서 A로 표시된 석유집적체들은 서로 다른 집적 형태를 보여주고 있으며 이것을 각각 다른 플레이라고 할 수 있으며 그림 3-3의 평면상에서도 잘 볼 수가 있다. 따라서 그림에서 보는 석유시스템 영역 내에는 세 개의 다른 형태의 플레이가 존재한다고 말할 수 있다.

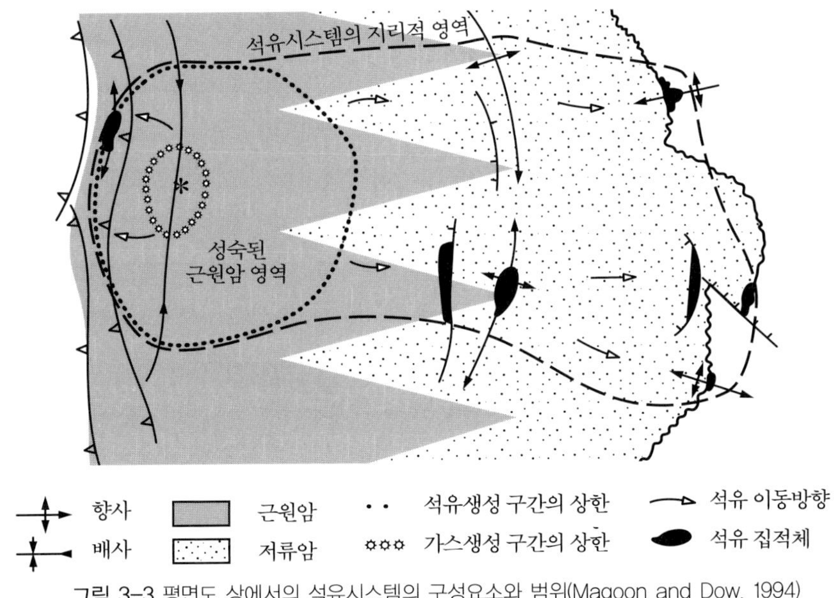

그림 3-3 평면도 상에서의 석유시스템의 구성요소와 범위(Magoon and Dow, 1994)

하나의 석유시스템이 정의되기 위해서는 하나의 성숙된 근원암이 존재하여야 한다. 그림 3-4의 그림 A와 같이 모든 지질학적 필수요소가 존재하더라도 성숙된 근원암이 존재하지 않을 경우는 석유의 배출과 이동 집적을 기대할 수 없다. 따라서 이와 같은 경우는 석유시스템이 존재하지 않는 경우가 된다. 그림 3-4의 그림 B는 근원암층이 충분한 매몰에 의하여 석유생성대에 도달하였으며 생성된 석유는 근원암으로부터 배출되어 저류암층에 집적되었다. 이 경우는 완전한 하나의 석유시스템으로 정의될 수 있다.

한편 그림 3-4의 그림 C와 같이 동일한 층서 단면에서 두 개의 석유시스템이 존재하는 경우도 있을 수 있다. 이 경우 그림에서 상위 트랩에 집적된 석유는 두 개의 근원암층 중에서 상위의 근원암에서 생성된 석유가 이동해서 집적된 것이고 하위 트랩에 집적된 석유는 하위의 근원암층에서 생성되어 이동되어 온 석유이다. 따라서 이 단면에서는 두 개의 석유시스템이 정의될 수 있다.

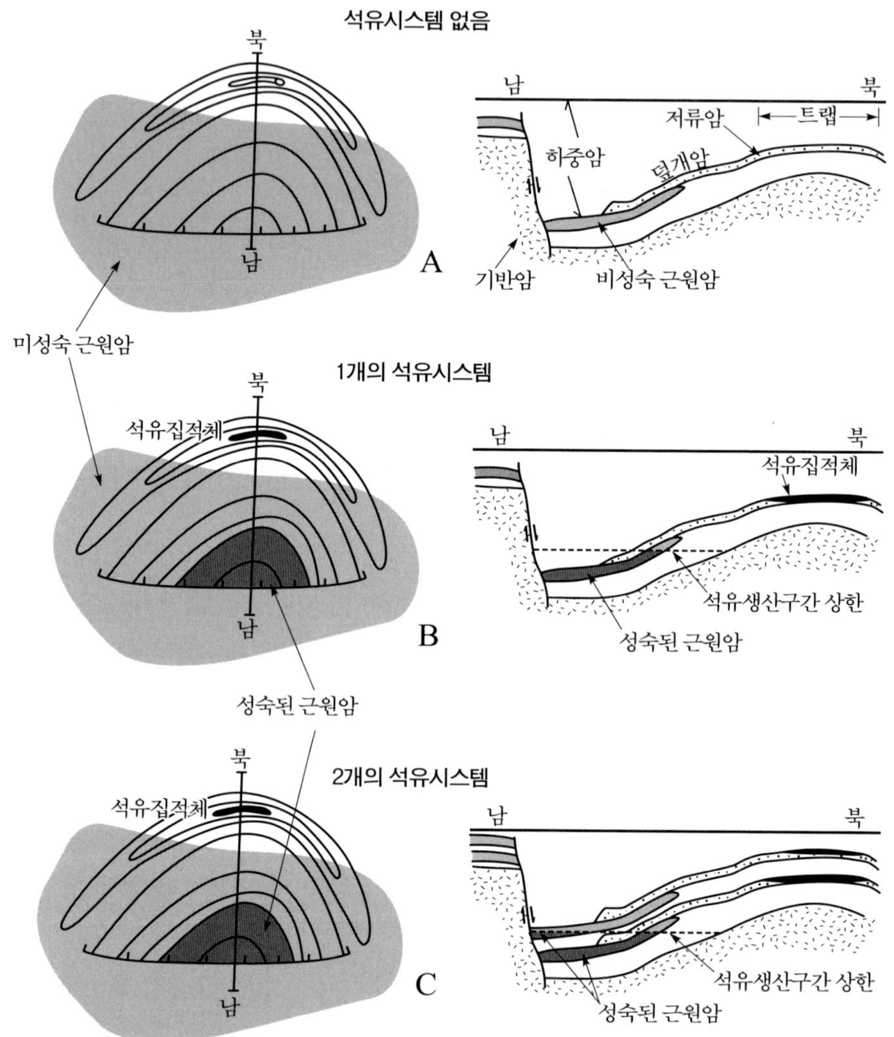

그림 3-4 석유시스템이 완성되기 위한 조건을 보여주는 그림(Magoon and Dow, 1994)

3-3 석유시스템의 명명

확인된 석유시스템에 대해서는 독특한 형태로 이름을 붙이게 된다. 석유를 생성한 근원암명을 먼저 쓰고 다음에 이 근원암에서 배출되어 이동된 석유가 집적되어 있는 저류암층의 이름을 쓰게 된다. 그리고 마지막에는 이 석유시스템의 불확정 정도(level of uncertainty)를 표시한다.

Phosphoria-Weber(!) petroleum system
근원암명-저류암명(불확정 정도) 석유시스템

석유시스템에서 하나의 근원암에서 생성된 석유는 이동되어 층서상 여러 저류암층에 저류될 수 있다. 따라서 석유시스템을 명명할 때는 이들 저류암층 중에서 가장 많은 석유를 저류하고 있는 대표 저류암층의 이름을 사용한다. 불확정 정도는 성숙된 근원암에서 배출되고 이동된 석유가 저류암에 트랩되었을 정도를 지시한다. 불확정 정도는 세가지 등급으로 나누고 각각에 특별한 심볼을 사용하게 된다. 심볼에는(!), (.),(?)가 있으며,(!)은 석유-근원암에 대한 유기지화학적 대비 결과가 매우 구체적이고 긍정적일 때 붙인다. (.)은 석유-근원암에 대한 구체적인 대비 결과는 없지만 여러가지 지화학적 증거가 존재할 경우에 붙일 수 있다. (?)은 구체적인 지화학적 증거는 없지만 지질학적, 지구물리학적 증거가 제시되었을 경우에 붙일 수 있다.

3-4 석유시스템 분석법

(1) 석유시스템의 확인

석유시스템 분석에서 가장 먼저 수행하여야 하는 것은 석유나 가스의 존재 여부를 확인하는 것이다. 유망구조를 시추하여 경제성 있는 석유가 발견되는 경우도 있지만, 석유나 가스의 유출(seepage)만 존재하여도 석유시스템이 존재한다는 증거이다. 또한, 시추에 의하여 오일징후나 가스징후가 확인 된 경우도 석유시스템의 존재를 말해 준다. 즉, 석유시스템이 성립되기 위해서는 탄화수소의 양과는 관계없이 탄화수소의 존재가 인지되어야 한다. 석유시스템의 존재가 인지된 후에는 지질 및 층서학적 조사와 유기지화학 조사에 의하여 석유의 성인적 관계를 고찰하여야 한다. 가장 중요한 것은 저류층에서 회수된 석유와 근원암에서 추출한 유기물의 지화학분석 결과를 대비하여 석유를 생성한 근원암을 확인하는 것이다. 석유에 존재하는 특정 유기화합물 성분이 근원암 추출물에서도 존재한다면 이 석유를 생성한 근원암이 확인된 것이고 석유시스템의 주요한 틀이 완성되게 된다. 이렇게 하여 석유의 산출과 성인적으로 관계된 근원암층이 확인되면 이 근원암층의 석유생성구간 및 지역을 확인하여 지도와 단면상에 위치와 영역을 표시한다.

(2) 매몰사 – 지열사 곡선 작성

석유시스템의 특징은 석유시스템의 요소와 과정을 공간적으로 기술할 뿐만 아니라 시간적으로도 기술한다는데 있다. 시간적 기술은 매몰사–지열사 곡선을 사용하여 구현한다. 그림 3-5에서 보는 바와 같이 가로축에는 지질학적 시대, 세로축에는 매몰심도를 표시하여 과거부터 현재에 이르는 동안의 매몰과정을 묘사한다. 또한, 매몰 동안의 온도변화를 계산하여 매몰곡선 위에 지열사 곡선을 표시한다. 매몰곡선과 지열곡선으로부터 석유생성구간을 알 수 있고, 석유시스템에서 석유의 생성–이동–집적이 가장 왕성하였던 시기, 즉 크리티컬 모멘트(critical moment)를 결정하는 데 도움을 줄 수 있다. 대부분의 석유는 크리티컬 모멘트 시기에 이동하며 트랩이 형성된 이후에 이동된 석유만이 트랩에 들어갈 수 있기 때문에 크리티컬 모멘트를 인지하는 것은 석유시스템 분석에서 매우 중요한 일이다.

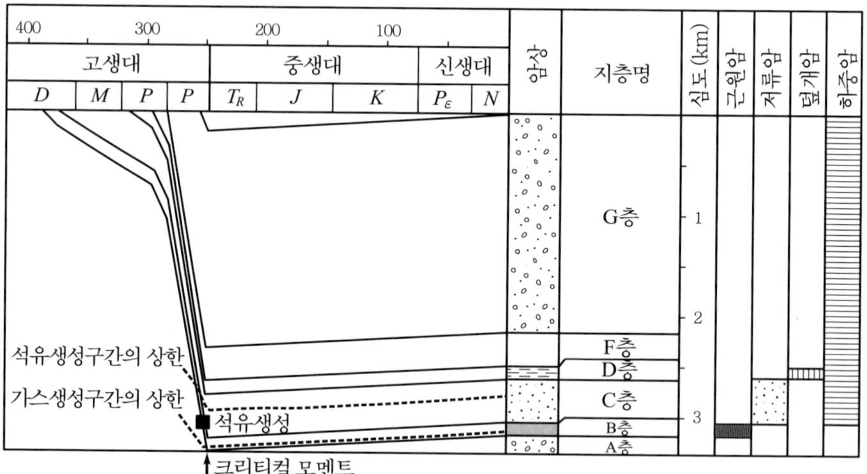

그림 3-5 매몰–지열사 곡선. 크리티컬 모멘트(critical moment)는 석유생성–이동–집적이 최대로 되는 지질시기(Magoon and Dow, 1994)

(3) 석유시스템 이벤트 챠트 작성

이벤트 챠트는 석유시스템의 지질학적 요소들과 과정을 시간적으로 보여주는 그림이다. 이 챠트는 각각의 지질학적 요소가 형성되는 시기와 석유가 생성되고 이동되는 시기를 보여준다. 그림 3-6과 같이 가로축을 지질학적 시간축으로 하여 각각의 석유시스템 요소와 과정이 발생한 시기를 나타낸다. 이벤트 챠트에서 트랩의 형성시기와 크리티컬 모멘트(critical moment)의 관계는 트랩에 석유가 존재할 것인가에 대한 관계를 잘 보여주고 있다. 즉, 트랩 형성 이전에 크리티컬 모멘트가 존재한다면, 트랩이 형성되기 이전에 석유의 생성과 이동이 일어났다는 것을 의미하기 때문에 트랩 내에 석유가 존재할 확률이 매우 낮다. 그러나 트랩형성 이후에 크리티컬 모멘트가 존재한다면 트랩 내에 석유가 존재할 가능성이 높아진다. 따라서 이벤트 챠트는 석유탐사의 위험성에 대한 귀중한 정보를 담고 있다고 할 수 있다.

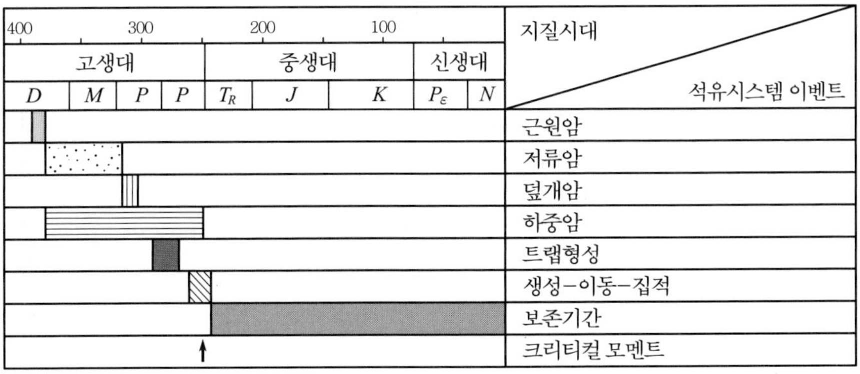

400 300 200 100 지질시대
고생대 중생대 신생대
D M P P T_R J K P_ε N 석유시스템 이벤트
근원암
저류암
덮개암
하중암
트랩형성
생성-이동-집적
보존기간
크리티컬 모멘트

그림 3-6 석유시스템 이벤트 챠트(Magoon and Dow, 1994)

(4) 석유시스템 모델링

석유시스템을 포괄적이고 정량적으로 분석하고 이해할 수 있는 방법이 컴퓨터를 이용한 석유시스템 모델링 방법이다. 석유시스템 모델링은 석유시스템의 요소와 석유의 생성, 이동, 집적에 대한 과정을 물리화학적인 법칙에 의한 수식으로 계산하여 가시화 하는 방법이다. 즉, 비선형 연립방정식을 컴퓨터상에서 해석함으로써 과거부터 현재까지의 진행과정을 전진 시뮬레이션에 의하여 재현한다.

현재 세계적으로 상용화되고 있는 소프트웨어는 BasinMod, PetroMod, Temispack 등이 있다. 그림 3-7과 같은 1D 모델링은 시추공이나 지표상 한 지점을 모델링을 하며, 한 지점에 대한 열성숙도, 매몰-지열사 곡선, 석유시스템 챠트, 탄화수소 생성량 등을 계산하여 가시화한다. 1D 모델링 결과로부터 근원암에서 탄화수소가 생성되고 배출되는 시기를 알 수 있어 크리티컬 모멘트(critical moment)를 설정할 수가 있다.

2D 모델링은 지질단면의 분석을 통해 지질 시간 동안 퇴적물의 매몰과정, 지질시대 동안 탄화수소가 움직이는 방향과 경로, 탄화수소가 집적된 위치 등을 계산하여 가시화한다. 2D 모델링은 그림 3-8에서와 같이 과거 지질시간에서 현재에 이르는 동안, 지층의 매몰, 탄화수소의 생성과 이동, 집적을 한 눈에 보여 준다. 모델링을 수행하기 위해서는 지질해석 및 분석 결과로부터 얻은 온도, 암석물성, 유기물 등에 대한 정보를 수치로써 모델링 소프트웨어에 입력하게 된다. 탄성파 탐사자료의 해석으로부터 얻은 각각의 지층에 대한 심도지도(depth map)와 각 지층에 대한 암상정보, 지화학정보를 사용하여 3D모델링도 실시할 수 있다.

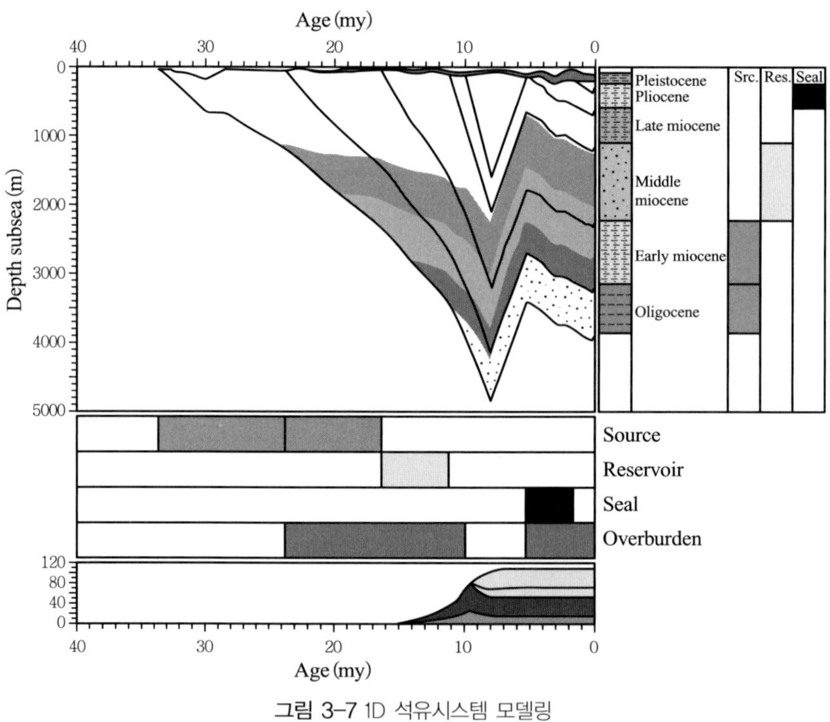

그림 3-7 1D 석유시스템 모델링

모델링에서 압력, 온도, 공극률, 케로젠 성숙도, 탄화수소의 생성과 이동 등과 같은 변수들이 지질학적 시간 동안 수많은 격자상에서 계산되므로 이러한 계산과정을 수행할 수 있는 대용량, 고속의 컴퓨터 시스템이 필수적이다. 최근에 컴퓨터의 용량과 계산속도가 획기적으로 발전됨에 따라 지층이 매몰되는 과정에서 일어나는 모든 물리화학적 현상과 반응, 그리고 석유의 생성, 이동을 빠른 속도로 계산할 수 있게 되었으며 3D모델링도 가능하게 되었다. 석유시스템 모델링을 수행함으로써 현재 발견된 유전뿐만 아니라 추후 발견 가능한 지역도 예측할 수 있기 때문에 이제는 석유탐사에서 통상적으로 사용되고 있다.

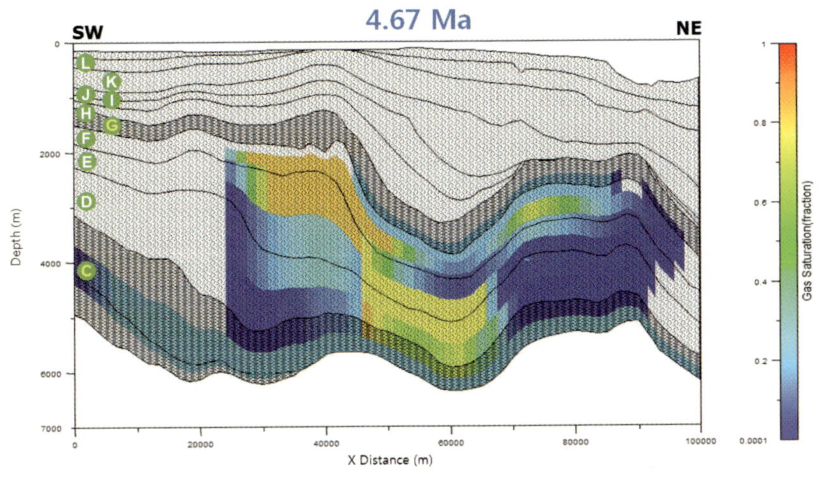

그림 3-8 2D 석유시스템 모델링

(5) 석유시스템 효율 결정

근원암에서 많은 양의 탄화수소가 생성되었더라도 지질시대를 거치는 동안 복잡한 지질학적 조건에 의하여 유실되거나 확산되어 실제로 경제성 있는 집적체가 형성되는 것은 쉽지 않다. 현재 집적구조내에 집적되어 있거나 집적되어 있을 것으로 추정되는 탄화수소의 총량을 근원암에서 생성된 탄화수소의 양으로 나누어 백분율로 표시한 것을 석유시스템 효율(generation-accumulation efficiency)이라고 한다.

석유시스템의 효율성은 근원암층의 성숙된 부분에서 생성된 총 탄화수소량과 석유시스템 내의 저류암에서 발견된 석유나 가스의 총량을 비교함으로써 알 수가 있다. 예를 들면, 근원암에서 생성된 총 탄화수소량이 58×10^{12}bbl이고, 저류층에 트랩된 탄화수소의 양이 122×10^{10}bbl이라면 석유시스템효율은 $(122\times10^{10}/58\times10^{12})\times100$에 의하여 2.1%가 된다. 근원암에서 생성된 탄화수소의 총량은 근원암의 분포와 유기 지화학분석, 석유시스템 모델링으로부터 계산할 수 있으며, 집적된 양은 표 3-1의 예와 같이 유전에서 확인된 매장량과 자원량으로부터 계산될 수 있다.

표 3-1 하나의 석유시스템 영역에 대한 매장량과 자원량. 총합된 양은 근원암에서 생성된 양과 비교하여 석유시스템의 효율을 결정

필드명	발견년도	저류암	비중 (°API)	누적 석유생산량 ($\times 10^6$ bbl)		잔류매장량 ($\times 10^6$ bbl)
Big Oil	1954	Boar Ss	32	310		90
Raven	1956	Boar Ss	31	120		12
Owens	1959	Boar Ss	33	110		19
Just	1966	Boar Ss	34	160		36
Hardy	1989	Boar Ss	29	85		89
Lucky	1990	Boar Ss	15	5		70
Marginal	1990	Boar Ss	18	12		65
Teapot	1992	Boar Ss	21	9		34
Total				811	+	415

3-5 석유시스템의 예

(1) Mandal-Ekofisk(!) 석유시스템

Mandal-Ekofisk(!) 석유시스템은 영국, 노르웨이, 덴마크로 둘러 쌓여 있는 북해의 열개분지(failed rift basin)인 Central Graben에 형성된 석유시스템이다. 그림 3-9와 같이 이 석유시스템에는 39개의 유전에 214억 배럴의 원유와 39조4000억 ft^3의 가스가 존재한다. 이 석유시스템은 데본기에서 제3기에 이르는 수 많은 저류암층을 가지고 있지만 후기 백악기의 Ekofisk층에서 85%의 석유가 산출되고 있다. 원유-근원암에 대한 지화학 분석 대비에 의하여 하부 백악기의 Mandal층이 근원암층인 것이 확인되었다. 따라서 불확정정도의 등급은(!)로 정의될 수 있으며 Mandal-Ekofisk(!) 석유시스템으로 명명된다. 분지의 열개시기에 퇴적된 암석이 근원암이 되었으며, 열개이후에 저류암, 덮개암, 하중암이 퇴적되었다.

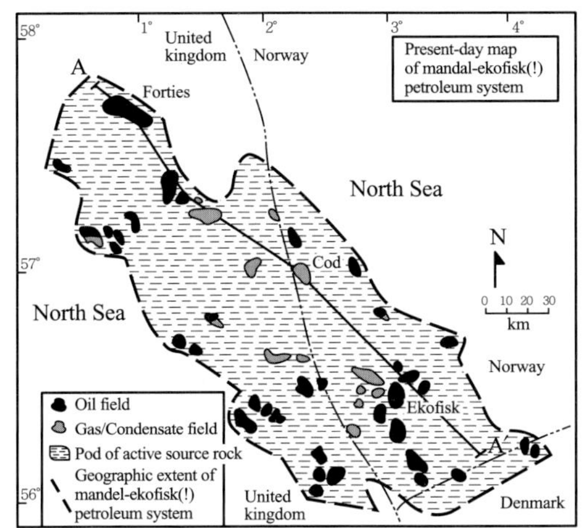

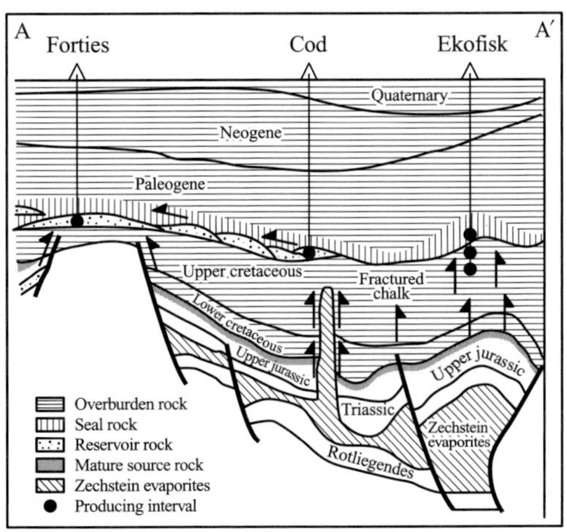

그림 3-9 Mandal-Ekofisk(!)시스템의 영역 및 단면도(Magoon and Beaumont, 1999)

그림 3-10과 같이 매몰-지열곡선에 의하면 이 석유시스템의 근원암인 Mandal층에서 석유생성이 70-20Ma 동안 계속되었으며, 30Ma에 석유생성이 극대화 되었기 때문에 30Ma를 크리티컬 모멘트로 선택할 수가 있다.

Ekofisk저류층에 존재하는 원유와 근원암층인 Mandal층에서 추출한 유기물을 비교분석한 결과 그림 3-11과 같이 동일한 종류의 생물지표(biomarker)가 나타나며, 이것은 Ekofisk의 원유는 Mandal층에서 유래하였음을 지시한다.

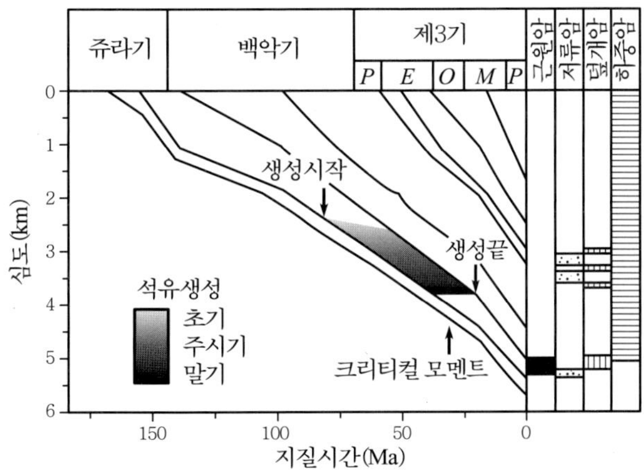

그림 3-10 Mandal-Ekofisk(!) 석유시스템의 매몰-지열사 곡선(Magoon and Beaumont, 1999)

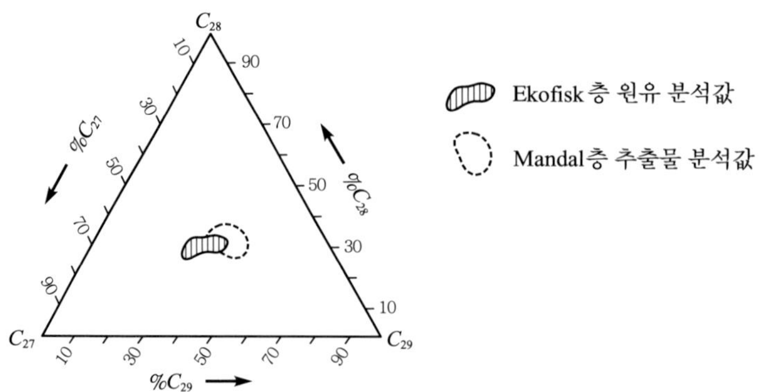

그림 3-11 Ekofisk층내의 원유와 Mandal근원암층에서 추출한 비투멘의 스테란 분석 (Magoon and Beaumont, 1999)

석유시스템 이벤트 챠트에는 모든 필수 지질학적 요소와 과정이 존재한다. 그림 3-12의 이벤트 챠트에서 보면 쥬라기말과 백악기 초기에 근원암인 Mandal층이 형성되었으며, 대부분의 하중암은 열개 이후 백악기에서 신생대 동안에 형성되었다. 덮개암은 페름기에서 신제3기에 걸쳐 존재하는 것을 알 수 있다. 트랩의 형성시기는 백악기 부터이며, 석유의 생성-이동-집적이 극대화 된 시기인 크리티컬 모멘트(critical moment)는 약 30Ma이다. 따라서 트랩형성 이후에 크리티컬 모멘트(critical moment)가 존재하므로 탄화수소의 집적이 가능하였다.

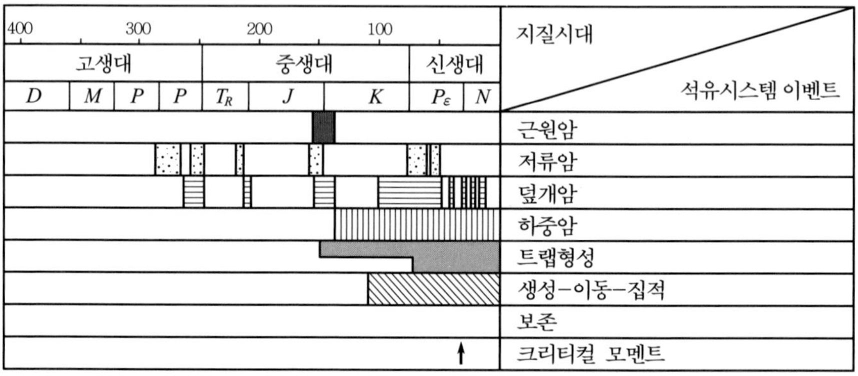

400 300 200 100	지질시대 / 석유시스템 이벤트
고생대 (D, M, P, P) / 중생대 (T_R, J, K) / 신생대 (P_ε, N)	
	근원암
	저류암
	덮개암
	하중암
	트랩형성
	생성-이동-집적
	보존
↑	크리티컬 모멘트

그림 3-12 Mendal-Ekofisk(!) 석유시스템의 이벤트 챠트(Magoon and Beaumont, 1999)

(2) Ellesmerian(!) 석유시스템

Ellesmerian(!) 석유시스템은 미국 앨라스카의 North Slope에 형성된 석유시스템이다. 이 석유시스템에는 770억 배럴의 석유가 존재하는 것으로 알려져 있다. 석유저류층의 형성연대는 미시시피안에서 제3기 초기에 이른다. 그러나, 주요 근원암과 대부분의 저류암이 Ellesmerian 층군에 존재하기 때문에 Ellesmerian(!) 석유시스템으로 명명되었다. 근원암은 해성기원의 세일이며, 세일근원암의 총 유기탄소 함량과 수소지수로부터 계산된 석유생성량은 8조 배럴에 이른다. 이것은 석유시스템 효율이 약 1%임을 지시한다. 최근의 연구는 1% 효율의 석유가 Ellesmerian(!) 석유시스템에 더 매장되어 있을 것임을 시사하고 있기도 하다.

North Slope은 쥬라기 동안에 수동형 대륙주변부(passive continental margin)에서 융기대 전면분지로 진화되어 간다. 쥬라기 이전에는 수동형 대륙주변부 조건에 고생대와 중생대 지층들이 퇴적되었었다. 고생대와 중생대 퇴적층은 석탄기의 탄산염대지 석회암과 페름기와 쥬라기 동안의 대륙붕내지는 분지 중심부 쇄설암으로 구성되어 있다. 쥬라기와 백악기 동안에 호상열도 충돌하면서 passive margin환경은 융기대 전면분지 환경으로 바뀌게 된다. 중기 쥬라기에 퇴적물로 채워지면서 융기대 전면분지가 만들어 진다. 인근의 Brooks Range의 조산운동 퇴적물질이 풍화되어 이동되어 융기대 전면분지를 채우게 된다.

그림 3-13에서 Ellesmerian(!) 석유시스템의 영역을 점선으로 보여주고 있다. 영역의 경계는 성숙된 근원암 영역과 석유집적지를 포함한 지역이다.

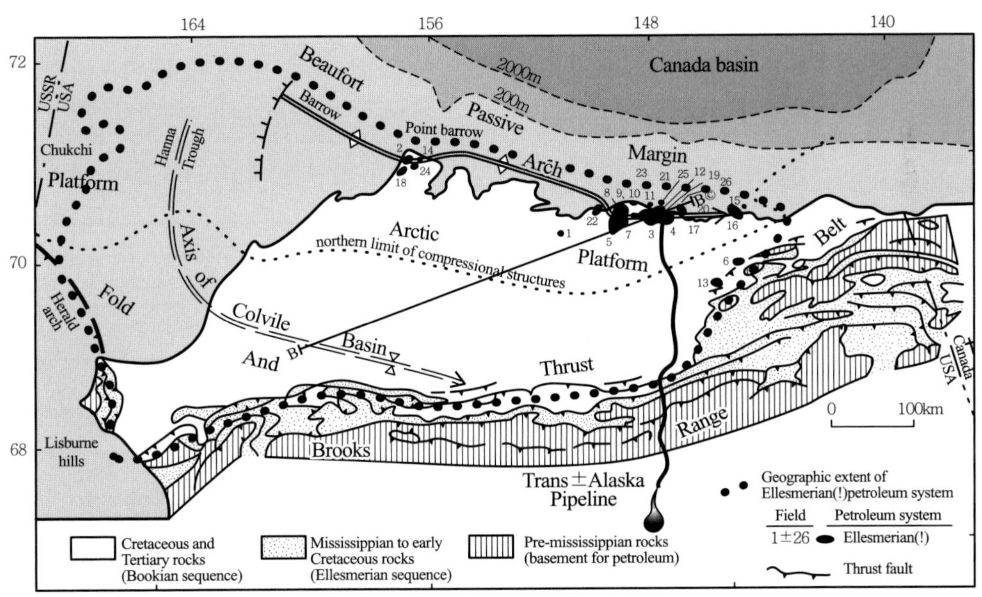

그림 3-13 Ellesmerian(!) 석유시스템의 영역(점선 안쪽 지역)(Magoon and Beaumont, 1999)

또한 그림 3-14는 두 개의 중요한 근원암인 Shublik층과 Kingak 셰일층의 열성숙도를 보여준다. 유망구조는 주로 미성숙 근원암 지역 상부에 위치함을 알 수 있다.

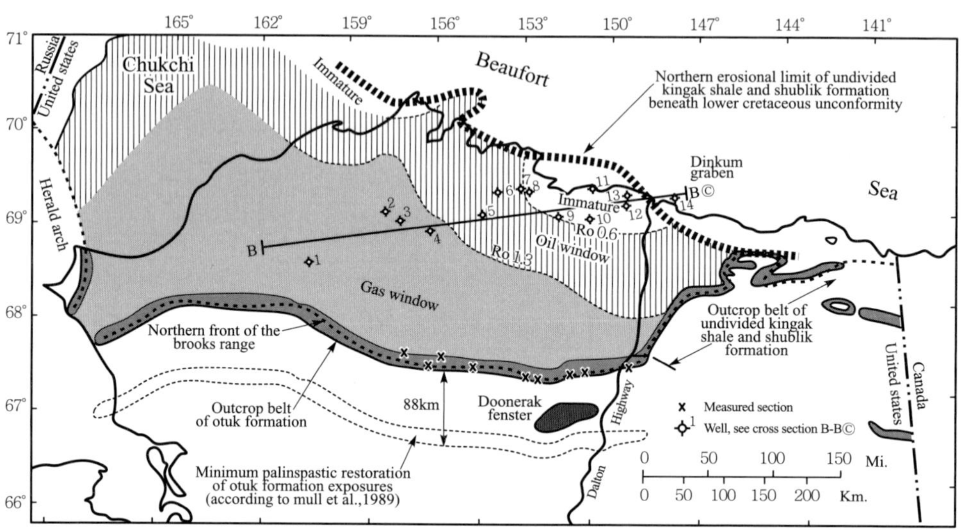

그림 3-14 Ellesmerian(!) 석유시스템 근원암의 열 성숙도(Ro 값으로 표시)(Magoon and Beaumont, 1999)

그림 3-15의 Ellesmerian(!) 석유시스템 단면도는 구조, 층서, 유전지역, 비트리나이트 반사도 값을 보여주고 있다.

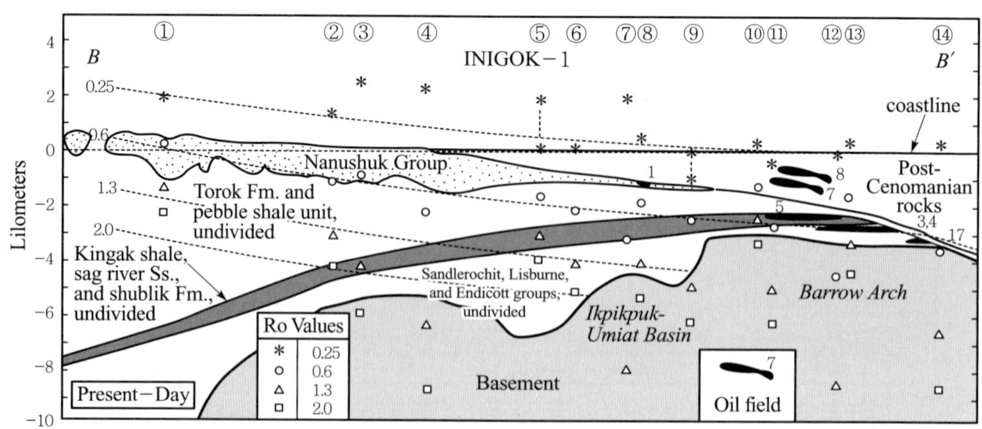

그림 3-15 Ellesmerian(!) 석유시스템 지역의 단면도(그림 3-14의 B-B′)(Magoon and Beaumont, 1999)

그림 3-16은 시추공 INIGOK-1공의 매몰-지열사 곡선을 보여준다. 백악기 초기에 퇴적율이 크게 증가하는 것을 볼 수 있으며, 석유생성이 가장 왕성했던 시기는 후기백악기이고, 크리티컬 모멘트(critical moment)도 후기 백악기(약 75 Ma)임을 알 수 있다.

그림 3-17은 Prudhoe Bay 유전의 주 저류암에 들어 있는 석유와 셰일에서 추출한 비투멘의 생물지표(biomarker)를 비교한 그림이다. 주 저류층인 Sadlerochit Group의 원유에 대한 가스크로마토그라피-매스스펙트로메트리(GC-MS)그림은 Shublik셰일, Kingak셰일 Hue셰일 등의 비투멘 추출물의 가스크로마토그라피-매스스펙트로메트리(GC-MS)그림과 매우 잘 일치함을 알 수 있다. 또한, 탄소동위원소 조성은 Prudhoe Bay 유전의 석유와 Shubik셰일, Kingak셰일과 잘 일치함을 보여준다. 그러나 Hue셰일과는 일치하지 않는다.

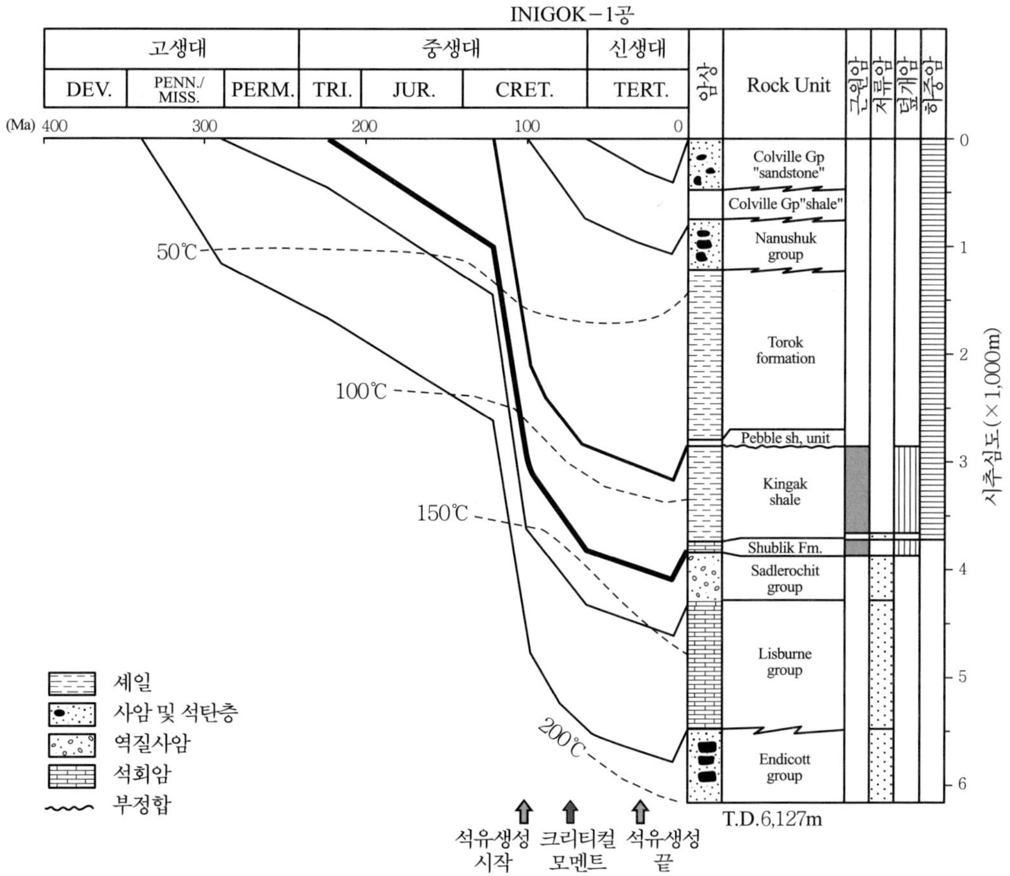

그림 3-16 Ellesmerian(!) 석유시스템의 내 Inigok 시추공의 매몰-지열사 곡선(Magoon and Beaumont, 1999)

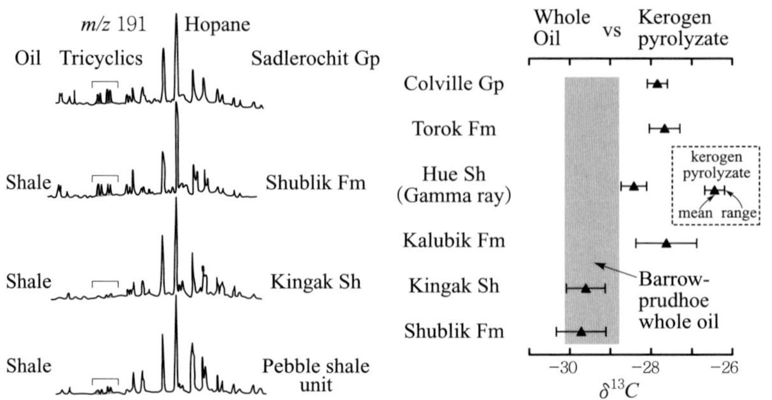

그림 3-17 Ellesmerian(!) 석유시스템의 원유와 근원암에서 추출한 비투멘의 GC-MS 다이어그램과 탄소동위원소 조성(Magoon and Beaumont, 1999)

그림 3-18의 Ellesmerian(!) 석유시스템 챠트는 석유시스템 각각의 구성원소와 과정이 지질시간대에 따라 표시되어 있다. 주 집적구조 형성시기는 석유가 생성되고 이동된 시기보다 나중임을 보여준다. 또한 석유 생성-이동-집적의 시기는 2단계로 나누어지는 데 이것은 재이동을 의미한다. 한편, 크리티컬 모멘트의 시기는 지역적으로 다르게 나타난다.

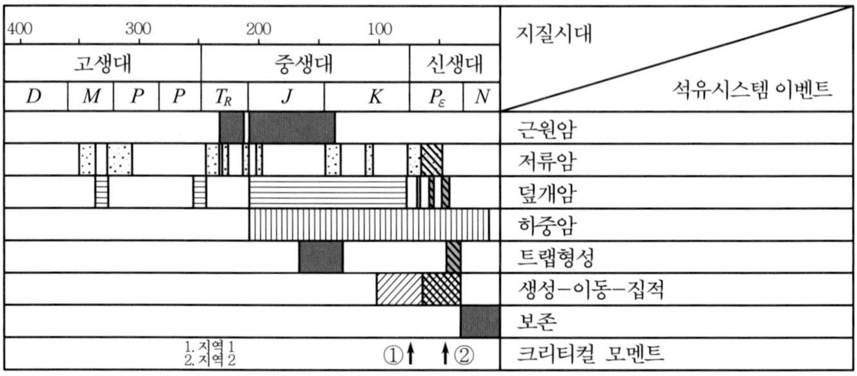

400 300 200 100	지질시대 / 석유시스템 이벤트
고생대 · 중생대 · 신생대	
D · M · P · P · T_R · J · K · P_ε · N	
	근원암
	저류암
	덮개암
	하중암
	트랩형성
	생성-이동-집적
	보존
1. 지역 1 · 2. 지역 2 · ① · ②	크리티컬 모멘트

그림 3-18 Ellesmerian(!) 석유시스템의 이벤트 챠트(Magoon and Beaumont, 1999)

표 3-2의 매장량 및 자원량으로부터 Ellesmerian(!) 석유시스템의 규모를 알 수 있다. 근원암에서 생성된 석유의 총 부피에 의하여 규모가 결정된다. 표에서 구조형태 A로 표시된 것은 구조트랩이고 B는 층서트랩, C는 층서-구조 복합트랩을 지시한다.

표 3-2. Ellesmerian(!) 석유시스템 영역에 대한 매장량과 자원량

지도 번호	집적체명	저류층 심도 (m)	트랩 형태	집적량		누적 생산량		매장량	
				석유 (Bbbl)	가스 (Bcf)	석유 (Bbbl)	가스 (Bcf)	석유 (Bbbl)	가스 (Bcf)
1	Fish Creek	915	B?	<<1	—	—	—	?	?
2	SOuth Barrow	685	A	—	<<1	—	20	—	5
3	Prudhoe Bay	2440	C	23	27	7026	11951	2700	232441
4	Prudhoe Bay	2685	C	3	3	64	382	101	406
5	Kuparuk River	1830	C	-4	2	723	814	780	634
6	Kavik	1435	A	—	1	—	—	—	?
7	West Sak		B?	20	1	1	—	—	—
8	Ugnu		B?	15	—	—	—	—	—
9	Milne Point		A	<1	<<1	—	—	—	?
10	Milne Point		A	<1	<<1	16	6	84	?
11	Gwydyr Bay		A	<1	<<1	—	—	60	?
12	North Prudhoe		A	<1	<<1	—	—	75	?
13	Kemik	2625	A	—	<1	—	—	—	?
14	East Barrow		A	—	<<1	—	6	—	6
15	Flaxman Island	3810	B?	?	?	—	—	?	?
16	Point Thomson	3960	C	<1	6	—	—	350	5000
17	Endicott		C	1	<2	118	127	272	907
18	Walakpa		B?	—	<<1	—	—	—	?
19	Niakuk		C	<1	<<1	—	—	58	30
20	Tern Island		C	?	?	—	—	?	?
21	Sel Island		A	<1	<1	—	—	150	?
22	Colville Delta	1950	C	?	?	—	—	?	?
23	Sandpieper		A	?	?	—	—	?	?
24	Sikulik		A	—	<<1	—	—	—	?
25	Point McIntyre		C	1	?	—	—	-300	?
26	Sag Delta North		C	<1	<<1	2	2	?	?
총 량				>67	>39	7950	13308	4930	30423

제4장 퇴적환경 및 저류암
(Sedimentary Environment & Reservoir Rock)

04_ 퇴적환경 및 저류암 (Sedimentary Environment & Reservoir Rock)

탄화수소는 유기물을 풍부하게 함유한 셰일, 석탄 및 석회암 등의 퇴적암이 근원암이며, 대부분의 저류암 및 덮개암도 퇴적암으로 구성되어 있다. 근원암, 저류암 및 덮개암의 두께, 질, 위치는 퇴적환경과 퇴적작용 그리고 이를 조절하는 퇴적분지의 조구조운동, 퇴적물 공급량 및 해수면 변화에 의해 조절된다. 따라서 석유 탐사에 있어 퇴적작용 및 퇴적환경에 대한 종합적인 이해가 필요하며, 석유의 개발 및 생산에 있어서도 회수률을 최대화하기 위해서 저류구간의 3차원적 분포양상과 내부 구조에 대한 이해가 필요하다. 이 장에서는 근원암 저류암 그리고 덮개암의 위치 및 질을 결정하는 퇴적환경과 퇴적작용 그리고 퇴적상에 대해 살펴보고자 한다.

4-1 선상지

(1) 서론

선상지는 좁은 계곡을 통해 내려온 조립질 퇴적물이 경사가 줄어드는 지역에서 급격히 퍼져 부채꼴의 형태를 이루며 퇴적된 환경을 말한다(그림 4-1). 대규모의 단층작용으로 형성된 급경사지에 주로 형성되며, 빙하지역에서는 U-자형 계곡에 직각 혹은 사각으로 흐르는 하천에 의해서도 형성된다.

선상지는 일반적으로 아건조 기후 지역(semi-arid region)의 단층 사면 하부에서 가장 잘 발달한다. 이 지역은 활발한 기계적 삭박 작용으로 많은 양의 조립질 퇴적물이 형성되며, 초목이 적고 가끔 일어나는 대홍수로 인해 삭박 작용이 매우 잘 일어나므로 조립질 선상지가 잘 발달된다. 좁고 경사가 급한 하천을 통해 내려오는 유수는 경사가 줄어드는 지점에서 급격히 유속이 감소하며, 이로 인해 조립질 퇴적물이 퇴적되어 부채꼴의 지형을 보인다(그림 4-1).

습윤한 열대 지역(humid tropical)은 기계적 풍화보다 화학적 풍화가 우세하며, 울창한 초목으로 인해 사면이 보호되므로 조립질 퇴적물이 잘 형성되지 않아 선상지의 발달은 미약하다. 그러나 고산지대 근처에서는 태풍 때 일어나는 홍수로 조립질 퇴적물이 운반되어 선상지를 형성하기도 한다. 빙하 인근 지역은 지류가 주 계곡으로 들어가는 곳에 많이 분포하며, 퇴적물의 삭박은 심한 기후 변화 및 봄철에 빠른 속도로 빙하가 녹아 일어나는 홍수기 때에 잘 일어난다.

(a) 단층면 상부 해발 약 1500m에서 단층면 하부(해발 약 -50m) 지점을 내려다보며 촬영한 사진으로 부채꼴 모양으로 발달하고 있다.

(b) 단층면 하부(해발 약 -50m)에서 촬영한 선상지의 측면 사진으로 쐐기 모양의 지형을 보인다.

그림 4-1 급사면 하부의 평지에서 유속이 급격히 감소하며 부채꼴 모양으로 퇴적된 선상지(미국 Death Valley).

선상지 상류는 유수에 의해 형성된 괴상 역암(퇴적상 Gm)이 우세하다. Bull(1972)은 유수에 의한 퇴적상을 지형에 따라 하도에서 형성된 퇴적물(channel deposit), 판상으로 분포하는 판류 퇴적물(sheetflood deposit), 그리고 체질 효과에 의한 퇴적물(sieve deposit)로 구분하였다. 판류에 의한 퇴적물은 주로 얕은 하도나 역으로 이루어진 사주에 퇴적되므로 하도 퇴적물과 유사하다. 체질 효과에 의한 퇴적물은 상대적으로 매우 드물게 나타나며, 근원지에서 사질 및 이질 퇴적물의 공급이 적은 역암 로브(gravel lobe)에서 형성된다. 유수에 의한 괴상 역암(퇴적상 Gm)은 하류로 갈수록 점차 직교 사층리를 보이는 역암(퇴적상 Gp)으로 변해가며, 이것은 유수의 운반력이 하류로 갈수록 줄어들어 입도에 비해 수심이 깊어지기 때문이다. 층리를 보이는 사암(퇴적상 Sh)과 괴상 혹은 층리를 보이는 이암(퇴적상 Fm, Fl)이 하류에서 협재하기도 한다.

그림 4-2 선상지 환경에서 형성된 쇄설류 퇴적물. 역의 형태는 각형 또는 아각형이며, 역 사이에는 이질로 구성된 기질이 있다. 전체적으로 역점이층리를 보이며, 역들은 장축이 상류쪽(사진에서 왼쪽)으로 기울어진 미늘조직(imbrication)을 보인다(미국 Death Valley).

쇄설류에 의한 괴상 역암(퇴적상 Gms)은 아건조 기후 및 빙하 인근 지역의 선상지 퇴적물에 특징적으로 분포하며, 이는 급경사 지역, 초목에 의해 기반암이 보호되지 않는 환경, 짧은 기간에 많은 양의 물이 공급되는 기후 그리고 역과 이질 기질이 동시에 공급되는 지역에서 잘 발달된다. 이 퇴적상은 층리가 발달하지 않고, 괴상, 역점이층리 및 점이층리를 보이며, 역들은 이질 기질에 떠있는 조직(matrix-supported)을 보인다(그림 4-2).

(2) 퇴적작용

일반적으로 조립질 퇴적물은 선상지(fan)와 인근 망상하천(braided stream) 및 망상평원(braidplain)에서 퇴적된다. 선상지는 좁은 계곡을 통해 내려오는 하천이 평지나 주계곡과 만나면서 형성되는 퇴적 환경이다(그림 4-1). 협곡을 통해 내려오거나 사태에 의해 내려온 퇴적물이 산 아래에 쌓인 애추(崖錐; talus cone or scree cone) 환경도 선상지 퇴적계에 포함된다. 선상지에서의 퇴적은 좁고 경사가 급한 하천을 통해 내려오는 유수가 경사가 줄어드는 지점에서 급격이 유속이 감소하여 조립질 퇴적물이 퇴적되는 작용이 가장 중요하다.

이 지역은 부채꼴의 지형이 특징이며, 퇴적물 운반 방향은 선상지 꼭지점(fan apex)을 중심으로 방사상의 분포를 보인다(그림 4-1). 선상지 하부로 갈수록 퇴적물의 입도는 줄어드는 반면, 역의 원마도는 증가한다. 급경사면에서 퇴적물이 공급된 관계로 쇄설류에 의한 퇴적물(퇴적상 Gms)이 우세하며, 이들은 선상지의 상부에 특히 우세하다.

선상지에 비해 망상하천과 망상평원의 수로는 전체적으로 평행한 분포를 보이며, 입도는 하류로 갈수록 줄어들지만 선상지에 비해 줄어드는 정도가 작다. 쇄설류 퇴적물(퇴적상 Gms)은 거의 없고, 홍수기 때의 유수에 의한 괴상 또는 희미한 층리의 역암(퇴적상 Gm), 사층리의 역암(퇴적상 Gt, Gp)이 우세하다(그림 4-3). 이와 같은 망상하천과 망상평원은 선상지와 연관된 퇴적환경으로 일부 퇴적학자들은 이 환경을 선상지의 일부로 간주하기도 한다.

그러나 이 환경은 부채꼴의 지형, 방사상의 수로 분포 등의 특징을 보이는 선상지와는 다르다. 선상지가 망상하천에 직각으로 분포하며, 망상하천의 지류 역할을 하는 경우 선상지의 기울기는 망상하천에 비해 매우 급하다. 그러나 산 아래에 분포하는 수 개의 교호하는 선상지는 일반적으로 하류로 가면서 망상하천으로 변하며, 이 경우 기울기, 분포 형태, 퇴적상으로 선상지와 망상 하천을 구분하기는 매우 힘들다.

Schumm(1977)은 선상지를 쇄설류가 우세한 건조형 선상지(dry-type alluvial fan)와 지속적으로 흐르는 하천에 의해 형성된 습윤형 선상지(wet-type alluvial fan)로 구분하였다. 일반적으로 건조형 선상지는 작고, 경사가 급하며, 습윤형 선상지는 규모가 크다. 지구조 운동으로 지형의 기복이 매우 심한 경우 선상지는 호소 환경이나 해양 환경으로 직접 전진하여

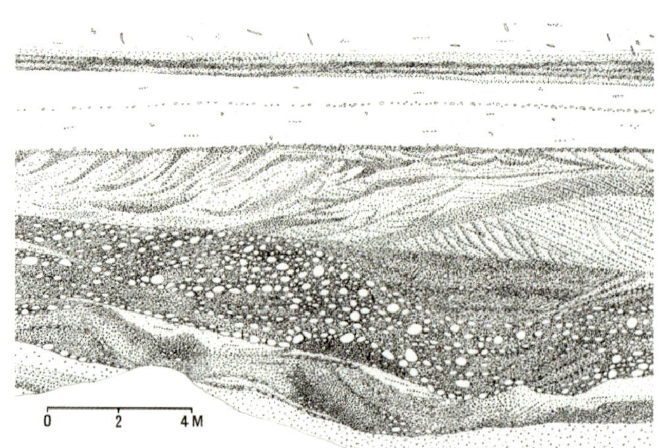

그림 4-3 포항분지 도음산 선상지 삼각주의 선상지 환경에 발달한 망상하천 퇴적물(Hwang and Chough, 1990). 망상하천 퇴적물은 주로 괴상(퇴적상 Gm), 수평층리(퇴적상 Gs), 곡사층리(퇴적상 Gt)를 보이는 역암으로 구성되어 있으며, 사주의 상부에서는 직교 사층리(퇴적상 Gt)를 보이는 역질사암으로 구성되어 있다. 망상 평원은 괴상의 이암(Fm)으로 구성되어 있다. 전체적으로 상향 세립화 경향을 보인다.

삼각주를 형성한다. 이 퇴적체는 선상지 삼각주(fan delta)라고 한다(그림 4-4).

우리나라의 포항분지에서 여러 선상지 삼각주가 발달된 것을 확인 하였으며(Hwang, 1993), 경상계 퇴적층 일부(진안분지, 격포분지, 해남분지 등)에서도 분지 주변부에 선상지 삼각주가 발달한 것이 확인되고 있다. 선상지 삼각주는 육상, 천해, 심해 퇴적작용이 동시에 작용하여 매우 복잡한 퇴적상을 보이고 있다(Hwang, 1993).

건조한 기후에서 형성된 선상지는 인근지역에 근원암이 퇴적되는 습지, 호수 및 해양 환경이 분포하기 어려워 석유 형성이 힘들다. 또한 이 기후에서 퇴적된 선상지에는 쇄설류 퇴적물이 우세하다. 쇄설류 퇴적물은 비록 조립질 역암으로 이루어져 있으나 이질의 기질이 많아 공극률 및 유체투과률이 매우 낮아 저류암 역할을 하기 힘들다(그림 4-2). 습윤형 선상지 인근

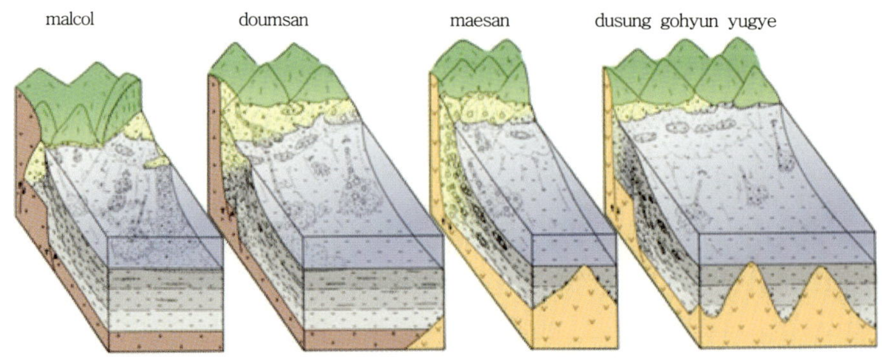

그림 4-4 포항분지에 발달한 선상지 삼각주(Hwang and Chough, 1990). 선상지 삼각주는 선상지가 바다나 호수 인근에 발달하여 삼각주와 같은 형태를 보이는 것을 말한다.

에는 근원암이 퇴적되는 습지, 호수 등이 발달하므로 근원암 위험도는 낮은 편이다. 퇴적물은 주로 망상하천에 퇴적된 조립질 역암 및 사암이 분포하므로 매우 양호한 저류암이 형성된다(그림 4-3).

또한 이 역암 및 사암은 수십-수백 m 이상의 두께로 퇴적되었고, 수평적 연장성이 수 km에 달할 정도로 매우 넓게 분포하므로, 만약 습윤형 선상지 퇴적층에 석유가 집적되었을 경우 초대형 유전이 발견될 가능성도 있다. 그러나, 선상지는 분지 주변부에 분포하는 관계로 지속적으로 조립질 퇴적물이 공급되어 세립질 덮개암의 형성이 어렵다. 또한, 분지 주변부에는 단층지대가 발달하므로 비록 세립질 이암이 선상지 상부에 퇴적되었더라도 단층작용으로 파괴되어 덮개 작용을 하지 못할 가능성이 높다. 선상지 삼각주 역시 인근지역에 호수 및 해양 환경에서 퇴적된 두꺼운 이암이 분포하므로 근원암은 매우 양호하게 발달할 수 있고, 저류암의 질도 매우 양호하나, 덮개암의 형성이 어려워 석유의 집적이 어렵다.

4-2 하천

하천은 그 형상에 따라 곧은 하천(straight river), 사행천(meander river), 망상하천(braided river), 이합천(離合川, anastomosed river) 등으로 구분되는데, 하나의 하천계 내에는 이들 뿐만 아니라 중간 형태의 하천까지 연속적인 변이(continuum)로서 존재한다.

(1) 사행천(meander river)

사행천의 주요 퇴적작용은 그림 4-5에 설명되어 있다. 저류암 역할을 하는 사질퇴적물은 주하도에서 주로 쌓이고, 근원암 및 덮개암 역할을 하는 이질 퇴적물은 자연제방과 범람원에 퇴적된다.

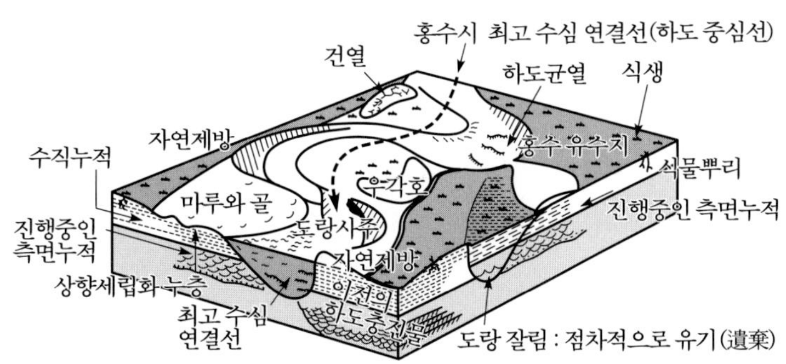

그림 4-5 사행천의 주요 지형과 퇴적작용. 사행고리 바깥쪽에서는 침식이 일어나고, 우각사주에서는 측면누적이 일어나면서 상향 세립화 경향을 보인다(Walker and Cant, 1984).

1) 하도와 우각사주(Point bar)

나선형 와류의 형태로 흐르는 유수에 의해 사행고리의 바깥쪽에서는 침식이 일어나고 안쪽에서는 우각사주(point bar)가 형성되면서 퇴적이 일어난다(그림 4-5). 사질 퇴적물은 우각사주의 측면 및 하류에서 퇴적된다. 하천의 가장 밑바닥에는 잔류퇴적물(lag deposit)이 분포하며, 이는 사행고리의 바깥쪽에서 침식이 일어난 후 이동되지 않고 남은 것이다. 잔류퇴적물은 주로 역(礫)으로 이루어져 있으며, 범람원에서 초기 속성작용을 받은 이암편 혹은 수분을 포함한 큰 나무토막 등도 분포한다. 잔류퇴적물 상부에는 밑짐으로 운반된 사질 퇴적물이 사구의 형태를 보이며 분포한다. 이 사구의 이동에 의해 곡사층리(谷斜層理, trough cross-bedding)를 보이는 사암이 퇴적된다. 하천의 얕은 부분, 즉 우각사주의 중간 부분에서는 연흔(ripple)이 형성되며, 이로 인해 작은 크기의 곡사층리를 보이는 사암이 퇴적된다. 우각사주에서 퇴적이 지속되며 측면이동이 일어나면 잔류 퇴적물 위에 큰 규모의 곡사층리를 보이는 조립질 사암이 놓이고 그 위에 작은 규모의 곡사층리를 보이는 세립질 사암이 퇴적되어 전체적으로 상향 세립화 경향을 보이게 된다(그림 4-6). 유속이 빠르거나 수심이 얕은 경우 혹은 퇴적물의 입도가 작으면 연흔이나 사구가 발달하지 않고 수평층리를 보이는 사암이 퇴적된다(그림 4-6(e)). 사행고리 바깥쪽의 침식과 우각사주의 퇴적으로 인해 우각사주는 측면방향 및 하류방향으로 이동하게 된다. 따라서 상향세립화 경향을 보이는 사암층은 우각사주의 '측면누적(lateral accretion) 작용' 에 의해 보존된다.

2) 수직누적 퇴적물

주하도 바깥쪽의 범람원, 우각호 및 자연제방에는 홍수기에 자연제방을 넘어서 범람하는 유수에 의해 운반된 세립질 퇴적물이 누적된다. 이 지역에서 일어나는 퇴적작용은 우각사주에서 일어나는 측면누적작용에 반하여 퇴적물이 수직으로 누적되므로 '수직누적작용(垂直累積作用, vertical accretion)이라고 부른다. 주하도 근처에는 범람하는 유수에 의해 실트질 퇴적물이 누적되면서 사층리를 형성한다. 주하도에서 먼 지역에서는 세립질의 이암이 퇴적되며, 홍수기에 물이 마르면 건열(乾裂)이 형성된다(그림 4-6(c)). 범람원과 자연제방에는 초목이 자라서 나무뿌리 흔적화석이 흔하며(그림 4-6(d)), 습윤한 지역에서는 초목이 우거져 탄질 퇴적물이 형성된다. 아건조 지역에서는 지하수의 변화와 증발에 의해 칼리쉬 단괴(caliche nodule)가 만들어진다(그림 4-6(b)). 바람에 의해 이동되는 황토(黃土, loess)가 누적되기도 하며 사막 근처에서는 이동하는 사구에 의해 사층리를 보이는 사질 퇴적물이 쌓이는 경우도 있다.

기후가 습윤한 지역의 범람원에서 퇴적된 이암은 주로 습지 환경에서 퇴적되어 유기물을 다량으로 함유하고 있고 일부는 석탄층도 포함하여 양호한 근원암 역할을 한다. 그러나, 건조한 지역에서는 범람원 환경에 숲이 형성되지 않고 산화작용이 일어나 이암은 일반적으로 적색 혹은 적갈색을 띠게 된다. 이 경우 유기물은 대부분 산화되어 근원암 역할을 하지 못한다.

홍수기에 자연제방이 급격히 유실되면서 그 틈을 꼭지점으로 하여 방사상으로 분포하는 사암체가 퇴적된다. 이 퇴적체는 틈상퇴적체(crevasse splay)라고 불리며, 하부 침식면 위에 수평 층리를 보이는 사암 및 사층리를 보이는 세립사암이 퇴적된다. 붕괴된 제방의 인근 지역에는 소규모의 하천퇴적물이 형성되기도 한다.

3) 사행천의 퇴적상 모형

사행천 퇴적층은 하도에서 퇴적된 조립질 사암층(측면누적층) 상부에 자연제방 및 범람원 환경에서 퇴적된 세립질 퇴적물(측면누적층)이 쌓여서 '상향 세립화 경향'을 보이는 것

그림 4-6 사행천의 우각사주에서 측면누적으로 퇴적된 상향 세립화 경향을 보이는 사암과 자연제방 및 범람원 환경에서 퇴적된 이암으로 이루어진 수직누적 퇴적체. (a) 사행천 퇴적 주상도(Allen, 1970), (b) 건조한 기후의 범람원 환경에서 퇴적된 적색 이암과 칼리쉬 단괴(경상분지 대구지역), (c) 이암 내에 발달한 건열(경상분지 함안지역), (d) 범람원 환경의 식물뿌리 흔적화석(포항분지), (e) 직교 사층리 및 수평층리가 발달한 우각사주 상부 퇴적층(미국 유타주).

이 특징이다(그림 4-6). 자세히 보면, 하도의 침식면 위에는 역으로 이루어진 잔류 퇴적물이 있고, 그 위에 곡사층리를 보이는 두꺼운 조립사암이 있으며, 하도퇴적물 상부는 곡사층리를 보이는 세립사암으로 구성된다. 유속, 수심 및 입도의 변화에 따라 형성된 수평층리를 보이는 사암층도 여러 곳에 분포한다(그림 4-6). 하도가 다른 곳으로 이동하면 홍수기에 범람한 실트질 및 이질 퇴적물이 수직으로 누적된다. 여기에는 나무뿌리 생흔화석, 건열 및 칼리쉬 단괴가 분포한다(그림 4-6). 사행천에서는 우각사주 사암체가 양호한 저류암 역할을 한다. 사암체의 상부 및 측면에 분포하는 범람원에서 퇴적된 세립퇴적물은 양호한 수직 및 수평 덮개작용을 한다. 사암체의 하부는 조립질 사암으로 구성되어 공극률 및 유체투과률이 양호하나, 상부로 갈수록 사암의 입도가 줄어들기 때문에 저류암의 질은 상부로 갈수록 나빠지는 경향을 보인다.

4) 사암체의 형태와 범람원 퇴적물의 누적

세립 퇴적물은 침식작용을 잘 받지 않기 때문에 시간이 지나면 이질 퇴적물은 자연제방이나 범람원에 두껍게 누적되어 하천의 유수가 다른 곳으로 흐르지 않게 하는 역할을 한다. 이에 따라 하상(河床)이 주변의 범람원보다 높아지는 천정천(天井川)이 형성된다(그림 4-7). 이와 같은 작용은 대홍수기에 자연제방이 터져 먼저 형성된 사행천 전체가 유기되고 새로운 사행천이 저지대로 옮겨질 때까지 계속해서 일어난다. 하도의 사질퇴적물은 두꺼운 이질 퇴적물에 둘러싸인 긴 구두끈 모양(shoestring geometry)을 보이게 된다. 새로운 하도에서 퇴적물이 계속 누적되면, 먼저 형성되었던 하도지역은 상대적으로 낮아져 새로운

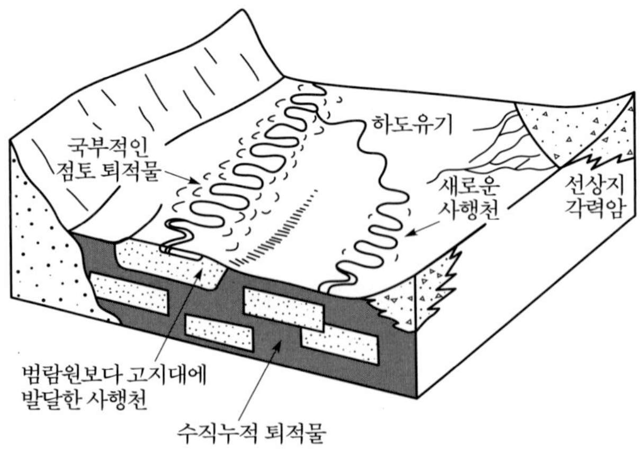

그림 4-7 사행천과 범람원에서의 퇴적물 누적 양상. 사행천에서의 퇴적이 지속되면 하상이 주변의 범람원 보다 높은 천정천이 형성되고 결국 자연제방이 터져 새로운 사행천이 형성된다(Allen, 1965).

하도에서 범람하는 세립질 퇴적물이 사질 퇴적물 위에 쌓이게 된다. 따라서 퇴적물이 계속 해서 공급되고 분지가 침강하면, 두꺼운 이질 퇴적물 사이에 여러 개의 우각사주 퇴적물이 형성된다(그림 4-7).

사암체의 형태는 하천의 유량, 경사 및 기후에 의해 조절된다. 즉 경사가 급하고 유량이 적으며, 기후가 습윤하여 범람원에 숲이 우거진 지역은 깊고 좁은 하도가 형성되며(그림 4-8), 경사가 낮고 유량이 많고, 기후가 건조하여 범람원에 숲이 적어 하도의 수평이동이 용이한 지역에서는 판상의 사암체가 형성된다(그림 4-8).

사암체의 수직 누적현상은 분지의 침강, 해수면 변화 및 퇴적물 공급량 변화에 따른 퇴적 가능 공간(accommodation space)의 형성에 따라 변한다. 즉 퇴적공간이 증가하면 범람원 환경에 두꺼운 이암이 퇴적되어 우각 사주의 이동에 의해 형성된 사암체는 이암 사이에 분리되어 나타난다. 반면 퇴적공간의 증가가 미미한 경우 기존에 퇴적되었던 이암은 새로 형성된 하도에 의해 침식되어 먼저 퇴적되었던 사암체의 상부 혹은 측면에 새로운 사암체가 퇴적되기도 한다. 이 경우 수십 개의 사암체가 누적되어 수직 및 수평적 연장성이 매우 양호한 사암 복합체가 형성된다(그림 4-8).

또한 분지에 공급되는 사질 퇴적물과 이질 퇴적물의 비율에 따라 하도 퇴적물의 조성이 달라진다. 즉 사질 퇴적물의 공급이 많은 지역에서의 우각사주 사암체는 주로 사암으로 구성되었고 수직 및 수평 누적이 양호하여 두껍고 수평적 연장성이 양호한 사암 복합체를 형성하는 반면 세립질 퇴적물의 공급이 우세한 하천에서는 사질 퇴적물과 이질 퇴적물이 교호하며, 범람원에서는 이질 퇴적물의 퇴적이 많이 일어나 각 하도 퇴적체는 범람원 퇴적체와 분리되어 소규모로 분포한다(그림 4-8).

사암체의 수평 및 수직 누적 현상은 유전의 탐사 및 개발에 지대한 영향을 준다. 즉 퇴적공간이 빠르게 증가하고 세립퇴적물의 공급이 많은 습윤한 지역에서는 단위 사암체의 폭이 좁고 서로 단절되어 나타나며, 사암체 내에 이암이 분포하므로 저류암의 질이 낮은 소규모의 유전이 형성된다. 이 경우 초기 탐사에서 성공하였더라도 인근지역에 시추하면 실패할 가능성이 매우 높다. 반면 퇴적공간 형성이 느리거나 다량의 조립 퇴적물이 공급되는 경우 사암체의 수평 및 수직 누적이 양호하여 두껍고 수평적 연장성이 양호한 대규모 유전이 분포할 가능성이 높다.

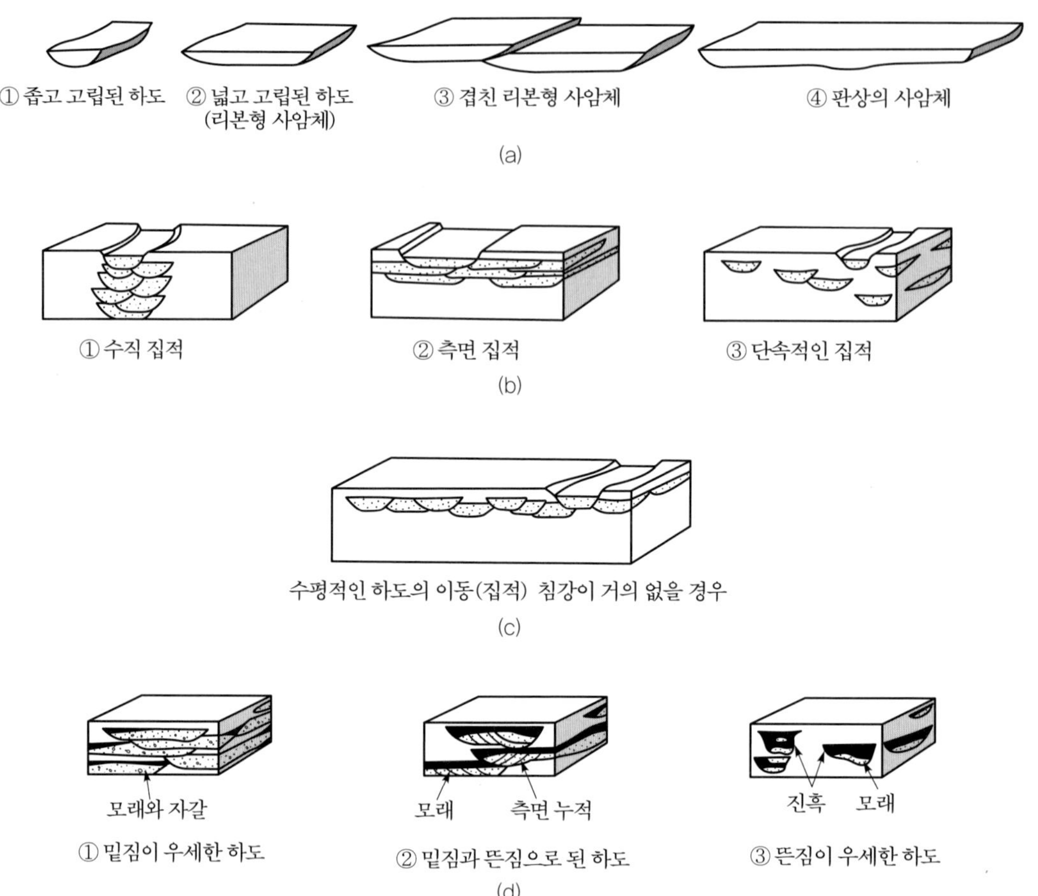

그림 4-8 사암체의 다양한 형태에 대한 모식도. 하도의 크기(a), 양상(b), 분지의 침강에 따른 하도의 이동의 차이 (b, c) 및 퇴적물의 입도(d)에 의해 사암체의 형태 및 내부조직을 결정된다(Galloway, 1985).

(2) 망상하천(braided river)

망상하천은 일반적으로 선상지의 하류에 분포하며, 하류로 갈수록 경사가 줄어들고 퇴적물의 입도가 감소하면서 사행천으로 변한다. 또한 망상하천은 아건조 혹은 건조 기후 지역에서 흔히 나타나며, 해수면이 하강하여 다량의 사질 퇴적물이 공급되는 경우 및 수량의 변화가 매우 심한 지역에서 흔히 나타난다. 망상하천은 사행천에 비해 경사가 크고 조립질 퇴적물이 많으며, 자연제방은 쉽게 침식되는 경향을 보인다.

1) 사주와 하도

망상하천 내에는 소규모의 층면구조(bedform)에서부터, 단위사주(unit bar), 사주 복합체(bar complex), 그리고 숲이 우거진 대규모의 섬 등과 같은 다양한 크기의 사주와 그 사이를 흐르면서 갈라지거나 합쳐지는 그물망 형태의 분포를 보이는 하도가 형성되어 있다(그림 4-9). 하천의 밑면에는 잔류 퇴적물이 있고, 그 상부에는 역 혹은 조립사가 밑짐으로 운반된다. 하도의 깊이와 넓이는 자주 변한다. 역질 하도에는 괴상 혹은 희미한 층리를 보이는 역암이 퇴적되며(그림 4-3), 사질 하도에는 사구가 이동하며 곡사층리를 보이는 사암이 퇴적되기도 한다. 홍수기 때만 잠기는 얕은 하도나 사주의 상부에는 작은 사구나 직선형의 정선을 가지는 모래파(straight crested sandwave), 직교사주(transverse bar) 혹은 사교사주(diagonal bar)가 발달하며, 이로 인해 직교 사층리를 보이는 역암 혹은 사암이 퇴적되기도 한다. 작은 하도를 통해 공급된 퇴적물이 넓고 깊은 지역으로 전진하면서 소삼각주(microdelta)를 만드는 경우도 있다. 하도 및 사주에서 퇴적된 역암 및 이암은 다음 홍수기에 심하게 침식되어 고기 퇴적층에는 내부에 많은 침식면이 나타난다. 이질 퇴적상은 매우 드물지만 초목이 우거진 대규모 사주 혹은 섬, 또는 유기된 하도에 공급된 세립질 퇴적물이 건조기에 침전되어 매우 얇게 나타난다. 그러나 이 퇴적상은 다음 홍수기에 대부분 삭박되어 고기 퇴적층에서 보존되는 경우는 거의 없다.

사행천에 비해서 수직누적 퇴적물은 극히 드물게 형성되며 제대로 보존되지도 않는다.

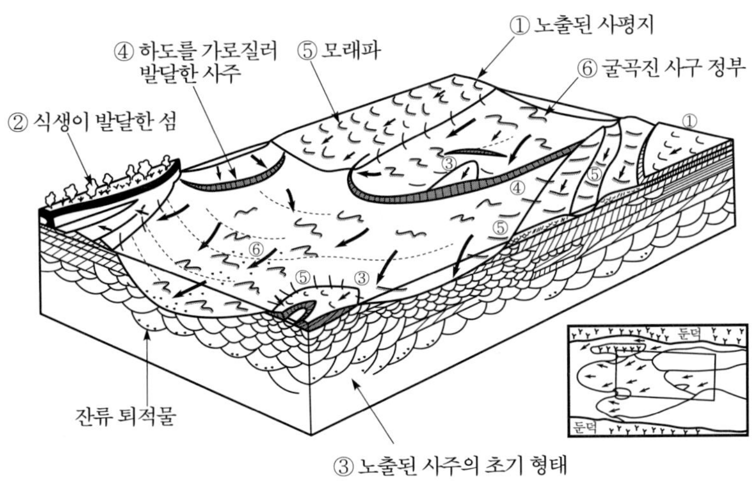

그림 4-9 망상하천의 퇴적작용과 퇴적층을 도식화한 그림. 다양한 크기의 연흔, 사주, 모래파, 사평지, 섬이 분포한다(Walker and Cant, 1984).

단지 대규모 홍수기에 범람원에 세립질 퇴적물이 침전되나, 망상하천이 발달한 지역에서는 자연제방 및 범람원이 제대로 형성되지 않으므로 세립질 퇴적물은 거의 없는 편이다.

2) 퇴적모형

역질 망상하천 퇴적층의 최하부는 침식면 위에 잔류 퇴적물이 발달하며, 그 상부에 하도에서 퇴적된 괴상 혹은 희미한 층리를 보이는 역암이 놓인다. 그 상부에는 사주의 상부에서 퇴적된 사층리를 보이는 역암 및 사암이 분포하여 상향 세립화 경향을 보이기도 하나, 사주 상부에서 퇴적된 층은 다음 홍수기에 침식되고 역암이 다시 퇴적되어 상하부의 퇴적물 입도의 차이가 없는 두꺼운 역암체가 퇴적된다(그림 4-10). 역암체 내부에 상향 세립화 경향을 보이는 역암/사암이 침식면을 가지며 누적된 경우도 있다.

사질 망상하천 퇴적층의 최하부는 침식면 위에 잔류 퇴적물인 역암이 놓이며, 하도 내부

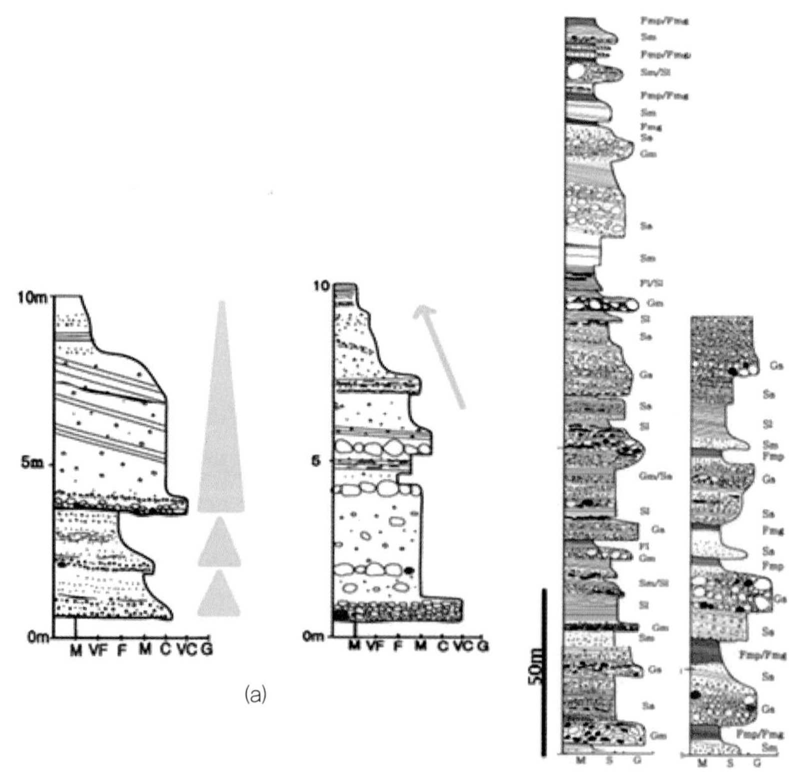

그림 4-10 경상북도 의성지역 시추코아에서 확인되는 사질 망상하천(a) 및 역질 망상하천(b) 퇴적층의 주상도(이상유, 황인걸, 2012).

에서 퇴적된 곡사층리를 보이는 사암이 분포한다. 그 상부는 사주의 상부에서 퇴적된 직교사층리 및 곡사층리를 보이는 사암 및 범람원에서 퇴적된 이암이 쌓여 상향 세립화 경향을 보이기도 한다(그림 4-10). 사질 망상하천 퇴적층 역시 다음 홍수기에 상위층이 침식되어 수매의 역암 및 사암층이 침식면을 가지며 교호하는 형태로 퇴적되기도 한다.

망상하천 퇴적층은 주로 역암 및 조립질 사암이 두껍게 누적되어 매우 양호한 저류암이 형성된다. 그러나 세립 퇴적물로 이루어진 범람원 환경 퇴적층이 적게 분포하여 근원암 및 덮개암의 형성은 불량한 편이다. 그러나, 분지가 조구조 운동, 해수면 변화 등에 의해 하위 지층에 양호한 근원암이 분포하거나 근웜암에서부터 단층 및 파쇄대가 연결되어 탄화수소의 이동이 가능한 경우, 그리고 분지의 급격한 침강에 의해 상위 지층에 두꺼운 덮개암이 존재하는 경우에는 대규모의 유전이 형성될 가능성이 있다.

(3) 이합천(anastomosed river)

이합천은 경사가 낮고 비교적 좁고 깊으며, 직선형 또는 만곡하는 수개의 수규모 하천이 서로 그물망처럼 연결되어 있는 하천이다(그림 4-11(a)). 자연제방은 세립퇴적물로 구성되어 있으며 초목이 우거져 침식에 강한 것이 특징이다. 하도 사이에는 숲이 우거진 섬, 자연제방 및 저습지로 구성된 범람원이 분포한다(그림 4-11). 망상하천에 비해 하도는 안정되어 있으며, 세립질 퇴적물이 퇴적되는 지역이 넓은 것이 특징이다.

(a)

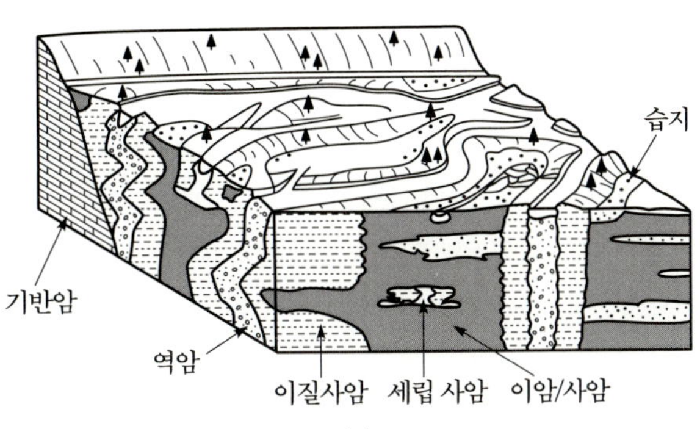

(b)

그림 4-11 이합천의 주요지형 미국 알래스카 (a) 및 퇴적층을 모식화 한 그림 (b), 하도의 수평이동이 적으므로 두꺼운 하도 퇴적물이 누적되며, 주위에는 저습지 퇴적물이 누적된다(Smith and Smith, 1980).

이합천은 아래와 같은 6개의 소환경으로 구분된다.

1) 소택지(peat bog) : 탄질 퇴적물이 수 cm에서 수 m 두께로 누적.
2) 배후늪지(backswamp) : 이질사(泥質砂) 및 사질니(砂質泥)로 구성되며, 유기물이 많음.
3) 홍수기에 형성되는 연못(floodpond) : 엽층리를 보이는 이질사 혹은 사질니로 구성되며 유기물의 함량은 적음.
4) 자연제방(levee) : 사질 실트 혹은 실트로 구성되며 나무뿌리 흔적 화석이 흔함. 이 환경은 저습지 환경(소택지, 늪 배후지, 호수)으로 점이적으로 변함.
5) 틈상 퇴적체(crevasse splay): 얇은 사질 혹은 역질 퇴적물이 누적.
6) 하도(channel) : 두꺼운 역암 및 사암으로 구성.

이합천에는 소택지, 배후늪지, 호수 등에서 두꺼운 석탄 및 유기물이 퇴적되어 매우 양호한 근원암이 분포한다. 하도 퇴적층은 역암 혹은 조립질 사암으로 구성되어 있어 양호한 저류암이 된다. 이합천에서는 하도의 수평이동이 거의 일어나지 않으므로 저류암을 형성하는 하도 퇴적물은 좁고 두꺼운 형태의 끈 모양으로 퇴적된 것이 특징이다. 따라서 탐사 시추시 매우 두껍고 양호한 저류층이 발견되나, 인근지역을 시추할 경우 저류암이 분포하지 않는 경우도 흔하다.

4-3 호수

대부분의 호수는 단층작용이나 지각의 만곡(彎曲, wrapping) 등과 같은 조구조운동에 의해 형성된다. 이 외에 칼데라에 의해 형성된 호수, 사태에 의해 집수계의 일부가 막혀서 형성된 경우, 혹은 빙하에 의해 형성된 것도 있다. 호수는 지표의 약 1%를 차지하며, 물은 강수, 빙하가 녹은 물, 지하수의 침출에 의해 공급되지만 대부분은 강수에 의해 유입되므로 호수의 퇴적작용은 기후의 영향을 많이 받는다. 호수는 크게 유출수로(流出水路)가 있는 수문학적으로 열린 호수와 유출수로가 없는 닫힌 호수로 구분된다(그림 4-12).

호수의 수문학적 특징은 호숫물의 화학적 조성에 영향을 주고, 이것은 다시 호수 내의 퇴적작용, 즉 쇄설성 퇴적작용과 화학적 혹은 생화학적 퇴적작용에 영향을 준다. 수문학적으로 닫힌 호수는 화학적, 생화학적 퇴적이 우세하고 증발암이 흔하다. 반면 수문학적으로 열린 호수는 매우 다양한 퇴적상으로 구성된다(그림 4-12). 이외에도 호수의 수심, 호수 주변부의 경사, 호수의 크기 및 형태, 그리고 기후가 호수의 퇴적작용에 많은 영향을 준다. 증발암이 우세한 호수 환경은 일반적으로 석유의 생성 및 집적이 어려우므로 이 장에서는 쇄설성 퇴적물이 우세한 깊은 호수에 대해서 집중적으로 고찰할 예정이다.

(1) 호수의 물리, 화학적 특성

호숫물의 화학적 특성은 호수로 유입되는 유수의 조성, 유량의 계절적 변화, 수문학적 특성에 따라 심하게 변한다. 용해된 고형물질이 0.5%이상이면 염기성호(鹽基性湖)라고 하고 그 이하이면 담수호라고 하는데 현생 호수의 60%는 담수호이다. 영양염류(營養塩類)가 적고 생산성이 낮은 호수를 빈영양호(貧營養湖, oligotrophic lake)라고 하는데 이런 호수에는 산소가 풍부하여 산화작용이 일어난다. 반면 영양염류가 높은 부영양호(富營養湖, eutrophic lake)는 수괴의 하층부에 산소가 결핍되어 환원작용이 일어난다. 온대 혹은 열대지방의 깊은 호수에서는 상층부에서는 온도가 따뜻하고 하층부에서는 매우 낮다. 그 사이에 수온의 변화가 급격히 일어나는 수온약층(水溫躍層, thermocline or metalimnion)이 분포한다. 열대지방의 깊은 호수에서는 하층수와 상층수가 순환되지 않는다. 이로 인해 상층부에서 광합성으로 형성된 유기물은 호수의 깊은 곳으로 침전하며 부패되어 하층수에는 다량의 영양염류가 분포하며, 산소가 결핍된 상태가 지속된다. 반면 온대지역에서는 늦은 가을부터 초봄에 상층수의 온도가 내려가면서 밀도가 하층수보다 증가하게 되어 순환이 일어난다. 봄과 가을에 영양염류가 풍부한 상층수에서 다량의 플랑크톤이 증식하고 이들은 저층에 퇴적되면 유기물이 풍부한 이암이 형성된다(그림 4-13).

이 이암은 매우 양호한 석유 근원암 역할을 한다. 최근에 들어와 셰일 가스(shale gas) 및 셰일 오일(shale oil)이 개발되면서 매우 중요한 에너지 자원이 되고 있다. 반면 얕은 호수는 상층수와 하층수의 순환이 잘 일어나므로 산화 환경이 형성되어 유기물의 함량은 낮은 편이다. 건조한 기후에서 형성된 호수는 증발암이 많고 퇴적된 유기물은 산화되어 근원암의 퇴적이 어렵다.

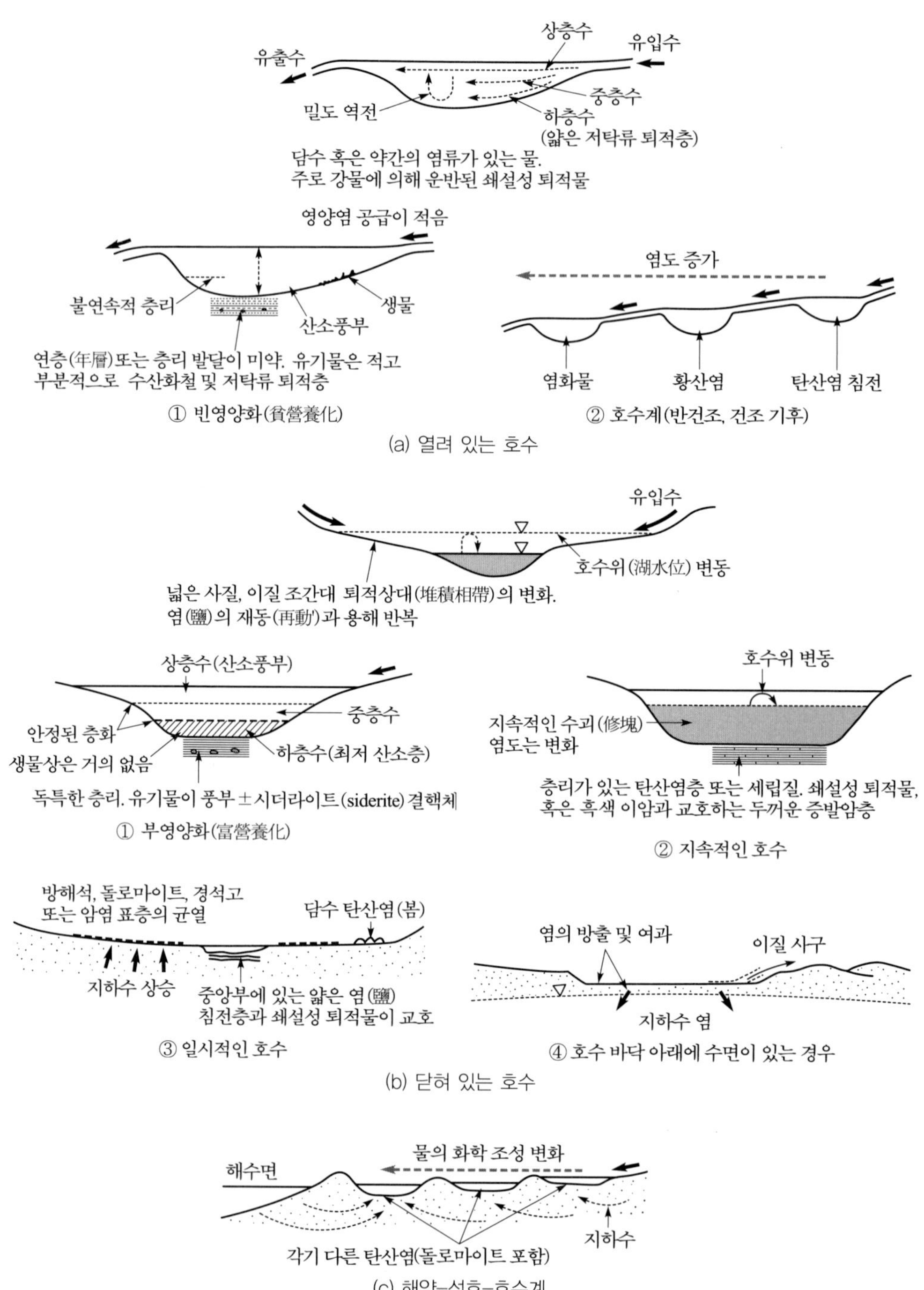

그림 4-12 열려있는 호수(a)와 닫혀있는 호수(b)의 퇴적과정 모형(Einsele, 2000).

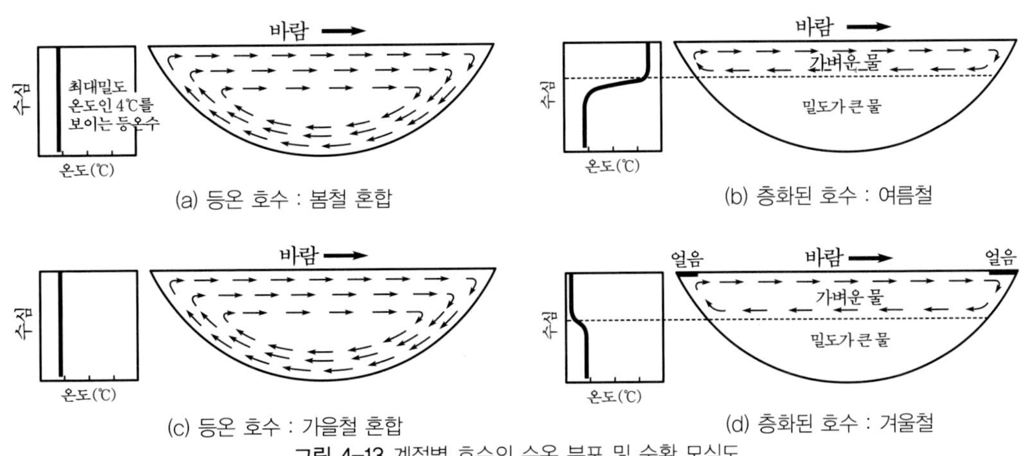

(a) 등온 호수 : 봄철 혼합

(b) 층화된 호수 : 여름철

(c) 등온 호수 : 가을철 혼합

(d) 층화된 호수 : 겨울철

그림 4-13 계절별 호수의 수온 분포 및 순환 모식도.

(2) 호성퇴적층

호성 퇴적층은 크게 쇄설성 퇴적물과 화학적 퇴적물로 구성된다. 쇄설성 퇴적은 호수로 유입되는 유입수와 호숫물의 밀도에 의해 조절된다. 즉 호숫물의 염도가 높은 경우 유입수는 밀도가 작아 호숫물 위로 이동하는 표층류를 형성한다(그림 4-14).

이 경우 강에서 운반되는 밑짐 퇴적물은 강어귀에서 퇴적되어 대규모의 삼각주를 형성하며 상향 조립화 경향을 보이는 이암, 사암 및 역암이 퇴적된다. 삼각주가 지속적으로 전진하면 삼각주 퇴적층 상부에 하성 퇴적층이 놓이게 된다. 분지 주변부에 퇴적된 삼각주 퇴적층은 상부에 두꺼운 사암 저류층을 포함하고 있어 양호한 저류암 역할을 한다. 기후 변화에 따라 호수면이 상승하거나 하강하면서 삼각주 사암과 호성 이암이 교호할 경우 근원암, 저류암 및 덮개암이 퇴적되므로 양호한 석유시스템이 형성된다. 호수의 내부는 주로 유기물이 풍부한 이암이 퇴적되나, 홍수기에 운반된 세립질 퇴적물이 표층류로 호수 중심부까지 이동되어 얇은 실트층이 교호한다. 이를 연층(年層, varve)이라고 한다. 호숫물이 담수인 경우, 홍수기에 유입되는 하천수는 퇴적물을 다량으로 포함하여 호수 밑바닥을 따라 흐르며 저층류를 형성한다(그림 4-14).

이 저층류는 심해 환경에서 흔히 나타나는 저탁류 퇴적물과 같이 호수 중심부에 점이층리를 보이는 사암을 퇴적시킨다. 이 경우에도 호수주변부에는 밑짐으로 운반된 퇴적물이 집적되어 삼각주가 형성된다. 화학적 침전물은 유입수의 화학조성 및 기후변화에 따라 암염, 석고, 석회암 등 다양한 증발암이 퇴적된다.

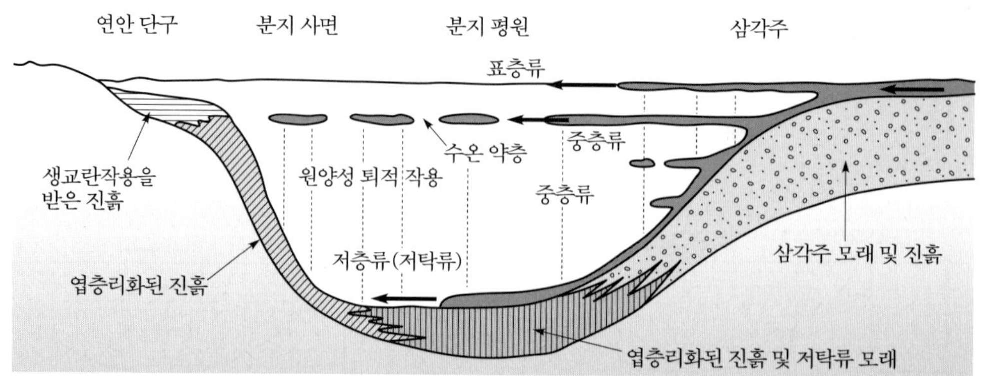

그림 4-14 호수로 유입되는 퇴적물의 운반경로 및 퇴적물 분포의 단면(Sturm and Matter, 1978).

4-4 삼각주(delta)

삼각주는 강에 의해 공급된 퇴적물이 천해 혹은 호수에 진입하면서 급격히 퇴적되어 강어귀에서 돌출하여 그리스 문자 Δ(delta)와 같은 지형을 보여 명명된 것이다. 삼각주는 현재 지표상에서 퇴적이 가장 활발히 일어나는 곳으로 육상 퇴적계와 해양(혹은 호성)퇴적계가 연속적으로 일어나는 지역이다. 퇴적물 이동이나 퇴적작용은 하천, 대륙붕, 대륙사면 및 심해 선상지 퇴적계의 퇴적작용과 연계되어 있다. 즉 삼각주의 육상에서 하천을 통해 공급되는 퇴적물은 해안선 인근에서 파도와 조석 같은 해양성 퇴적작용에 의해 다른 지역으로 퇴적물이 재이동된다. 이에 따라 삼각주는 크게 하천작용이 우세한 삼각주, 파도작용이 우세한 삼각주 그리고 조석작용이 우세한 삼각주로 구분된다(그림 4-15). 또한 하천에서 공급되는 퇴적물이 많거나 해수면이 하강하여 대륙붕의 폭이 좁아지면 삼각주가 대륙붕을 지나 대륙사면으로 전진 구축한다. 이때 대륙사면에는 심해저 하도가 형성되고 대륙대에서는 심해저 선상지가 형성된다. 여러 형태 및 퇴적상을 보이는 삼각주는 다음 장에서 언급되는 쇄설성 연안 및 심해저 퇴적계의 퇴적작용과 연계하여 이해하여야 하며, 이 장에서는 삼각주의 전형적인 퇴적작용에 대해서만 언급하겠다.

삼각주에는 외해, 전삼각주 및 삼각주 전면에 유기물이 풍부한 셰일이 퇴적되어 양호한 근원암이 형성된다. 또한 삼각주 평원에 분포하는 석탄 및 탄질셰일, 그리고 석호, 만 등에서 퇴적된 유기물이 풍부한 셰일도 양호한 근원암 역할을 한다. 삼각주 평원의 하천 및 강어귀에서 퇴적된 사암, 파도와 조석이 우세한 삼각주에서 형성된 해빈 및 조석 사주에 분포하는 사암도 양호한 저류암 역할을 한다.

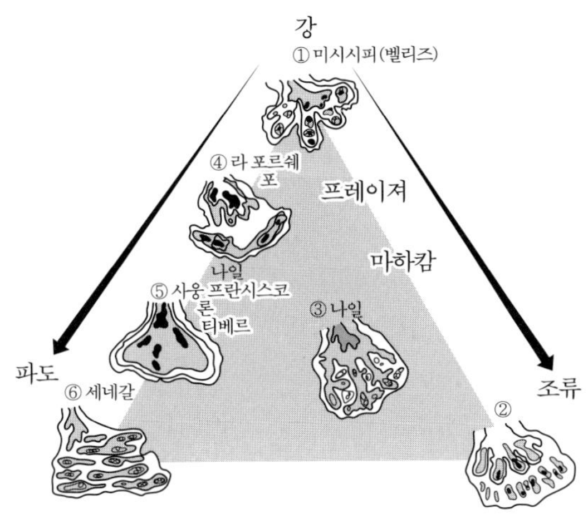

그림 14-15 강, 파도 및 조류의 작용에 따른 삼각주의 형태 변화(Galloway, 1975).

(1) 퇴적작용

삼각주는 삼각주 평원(delta plain), 삼각주 전면(delta front) 및 전삼각주(prodelta)로 구성된다(그림 4-16). 강에서 퇴적물이 공급되면 삼각주가 외해로 전진하며, 이에 따라 외해에서 퇴적된 이암의 상부에 전삼각주(prodelta)에서 퇴적된 실트질 퇴적물이 누적된다. 그 상부에는 삼각주 전면에서 퇴적된 실트질 및 사질 퇴적물이 놓이며, 최상부에는 강어귀의 사주에서 형성된 사질 퇴적물, 저습지에서 퇴적된 탄질 퇴적물 및 이질 퇴적물, 하도에서 퇴적된 사질 퇴적물, 풍성기원 사질 퇴적물 등이 놓인다(그림 4-16). 삼각주가 외해로 전진 구축하면 이와 같은 상향 조립화 경향을 보이는 이암 및 사암이 형성된다.

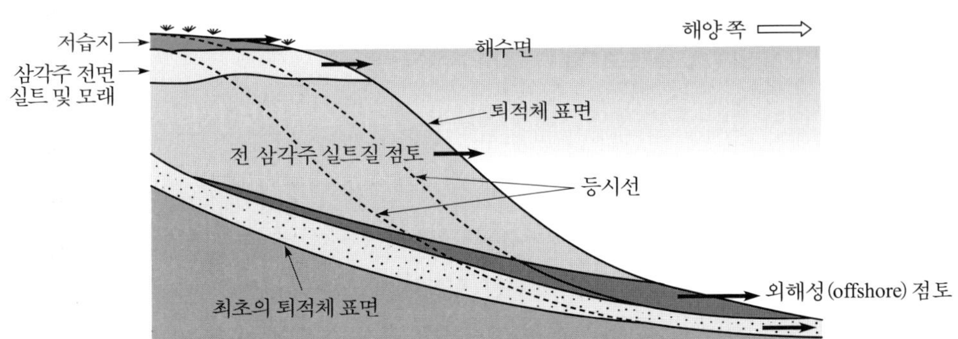

그림 4-16 삼각주 환경이 해양쪽으로 전진하는 형태를 모식화 한 그림(Scruton, 1960). 삼각주가 전진하면서 외해에서 퇴적된 점토 상부에 전삼각주의 실트질 점토, 삼각주 전면의 실트, 삼각주 표면의 모래가 퇴적되어 전반적인 상향 조립화 경향을 보인다.

삼각주 평원은 주계곡에서 유입되는 하천이 여러 개의 지류(distributary channel)로 분리되어 방사상의 분포를 보인다. 지류 중 일부는 다량의 유수가 운반되나 일부는 유기된 상태로 분포한다. 주 지류가 바다나 호수로 진입하면 강어귀에서 로브가 형성된다. 유입되는 강의 위치가 변함에 따라 여러 개의 로브(lobe)로 분포하기도 한다. 이 경우 한 로브가 형성될 때 앞서 형성된 로브는 성장이 멈추어 물 밑에 잠기게 되고 파도와 조석작용에 의해 부분적인 제동을 받는다. 사질 퇴적물은 유입되는 강줄기 및 강어귀의 로브에서 퇴적되며, 주변부인 범람원 및 습지에는 세립질 이암 및 석탄이 퇴적된다.

하천의 작용이 우세한 삼각주는 빠른 속도로 외해로 전진한다(그림 4-15). 천해까지 연장된 지류(支流)의 해저제방 어귀에는 정체된 해수와 유출수의 마찰력이 가장 강하며 이곳에서 유출수의 운반력은 급격히 감소한다. 밑짐으로 운반된 조립질 퇴적물은 지류 어귀의 사주에서 빠른 속도로 침전되며, 퇴적물의 입도는 외해로 갈수록 줄어든다. 뜬짐으로 운반되는 퇴적물이 많은 경우 지류는 사행천과 같은 형태로 발달하여 안정되어 있다. 조류와 파도의 영향이 적은 경우 외해쪽으로 연장되어 해안선과 직각인 사질 퇴적체에서 조립퇴적물이 빠른 속도로 퇴적된다(그림 4-15).

여러 지류에 의해 형성된 사질퇴적체는 새의 발과 같은 형태로 분포하며 이를 '조족형(鳥足形, bird-foot) 삼각주'라고 부른다. 지류 사이에는 파도나 조석의 영향이 적은 저에너지 환경의 만(灣)이 형성된다. 이곳에서는 이질 퇴적물이 쌓이며 결국 저습지 환경으로 변한다. 지류가 계속해서 외해로 성장하면 하천의 기울기가 점차 감소하여 유출수의 운반력이 점차 감소하게 된다. 이 상태에 이르면 홍수기에 상류 육상의 자연제방이 붕괴되어 하도의 유기가 일어나며, 강물은 하도가 터진 곳을 따라 좀 더 짧고 기울기가 급한 상태로 바다로 연결된다. 이전에 형성된 지류를 따라 유입되던 강물의 대부분은 새로운 지류를 따라 흐르며 새 지류 전면에는 새로운 로브가 형성된다.

파도의 작용이 우세한 삼각주에서는 강어귀에 퇴적된 사질 퇴적체가 계속되는 파도의 영향으로 해안선에 평행한 사주로 변한다(그림 4-15). 사주에서의 퇴적양상은 연안 해수의 순환에 의해 변화한다. 파도가 연안에 경사져 들어오면 강한 연안류가 형성되어 삼각주 전체의 지형은 비대칭적인 모양이 된다. 해변의 사주는 측면으로 성장하여 지류 사이의 만을 막아 석호(lagoon)가 형성된다. 석호(lagoon)에는 세립질 퇴적물이 쌓인다. 조수 간만의 차이가 큰 경우 밀물과 썰물 때 지류를 통해 공급된 퇴적물은 조류에 의해 재동된다. 지류의 어귀나 바다쪽에는 조류의 방향과 동일한 사주가 형성되며 사주 사이에는 침식으로 형성된 하도가 형성된다.

해안선에 직각으로 길게 발달한 사주와 하도는 조석작용이 우세한 삼각주의 대표적인 지형이다(그림 4-15). 삼각주의 육지쪽은 세립질 퇴적물이 누적되는 조간대 환경으로 이루어져 있다.

삼각주 지역은 퇴적이 빨리 진행되므로 퇴적물은 일반적으로 불안정한 상태에 있다. 따라서 퇴적물의 하중으로 인한 퇴적층의 교란이나 경사진 면에서 중력에 의한 사태작용이 자주 일어난다. 이러한 작용은 특히 퇴적물의 공급량이 많고 하천작용이 우세한 삼각주에서 자주 일어난다. 특징적인 구조로는 퇴적물의 하중 때문에 단층면의 외해쪽이 침강하면서 형성되는 성장단층(growth fault)이 있다. 이 단층의 바다쪽은 침강이 일어나기 때문에 주위보다 퇴적층의 두께가 두꺼우며 상대적으로 조립질 퇴적층이 형성된다. 삼각주의 전면은 퇴적물이 누적되어 경사가 급해지고 또한 빠른 속도로 실트질 퇴적물이 누적되기 때문에 함몰사태 흔적(slump scar), 사태 암괴(slide block), 함몰사태 습곡(slump fold), 말린 구조(convolute structure) 등이 흔하다. 전삼각주 및 삼각주 전면의 하부에 퇴적된 이질 퇴적물은 상위의 삼각주 표면에 퇴적된 조립질 퇴적체에 비해 수분을 많이 함유하여 밀도가 낮으므로 이암맥(mud diapir)의 형태로 상승한다. 이암맥에 의해 상부퇴적층의 교란이 일어나면 소규모의 배사구조가 형성되기도 하며, 일부는 해저면 위로 올라와 둔덕이 형성된다.

대규모의 삼각주가 심해로 전진하는 멕시코만(Gulf of Mexico) 지역에서는 이암맥(mud diapir) 즉 점토 다이어피어가 상승하면서 형성된 배사구조에 석유가 집적된 경우도 있다. 또한 이암맥에 의해 대륙사면(삼각주 전면) 내에 둔덕이 형성된 경우 소규모의 분지가 형성되어 저탁류로 이동된 조립질 퇴적물이 두껍게 퇴적되기도 한다. 이 사암은 소규모의 층서트랩을 형성하기도 한다.

(2) 삼각주의 윤회

삼각주가 외해로 계속해서 전진하면, 퇴적물을 공급하는 하천의 기울기는 점차 감소하여 유속이 느려지게 된다. 홍수기에 하천의 상류에서 자연제방이 붕괴하면 유수는 새로운 경로를 통하여 가장 가까운 바다로 흘러가게 되며, 먼저 형성되었던 하천과 삼각주의 로브는 유기된다(그림 4-17). 따라서 새로운 삼각주 로브가 형성되며, 먼저 형성되었던 로브 퇴적층의 상부는 파도와 조석의 작용을 받아 재동된다. 퇴적물의 압밀작용(壓密作用, compaction), 분지의 침강 및 해수면의 상승 등의 요인으로 해안선은 점차 육지쪽으로 후퇴하며, 이에 따라 이전에 형성되었던 로브 퇴적체 상부에는 다시 외해에서 퇴적된 이암이 쌓이게 된다(그림 4-17). 오랜 시간이 지나 다시 하천이 퇴적물을 공급하면 새로운 삼각주 로브가 형성된다(그림 4-17).

삼각주 퇴적층의 저류암은 상향조립화 경향을 보이며, 이에 따라 저류층의 상부로 갈수록 공극률 및 유체투과률이 양호해지는 경향이 있다. 하성퇴적층에 비하여 삼각주 로브의 강어귀에서 퇴적되는 사암체는 넓은 지역에 펴져 분포하므로 석유의 탐사와 개발이 매우 용이한 편이다. 삼각주의 로브가 전진하고 유기되는 과정이 반복되면서 근원암, 저류암 및 덮개암의 석유시스템 형성이 용이하며, 또한 수매의 두꺼운 삼각주 로브 퇴적체가 수직으로 누적된 경우가 흔하여 수매의 저류구간이 나타나기도 한다. 또한 삼각주 평원에는 두꺼운 석탄층이 형성되며 이는 매우 중요한 에너지원이 되고 있다. 최근에 이 석탄층은 석탄층가스(CBM, coal bed methane) 개발에 매우 중요한 대상이 되고 있다.

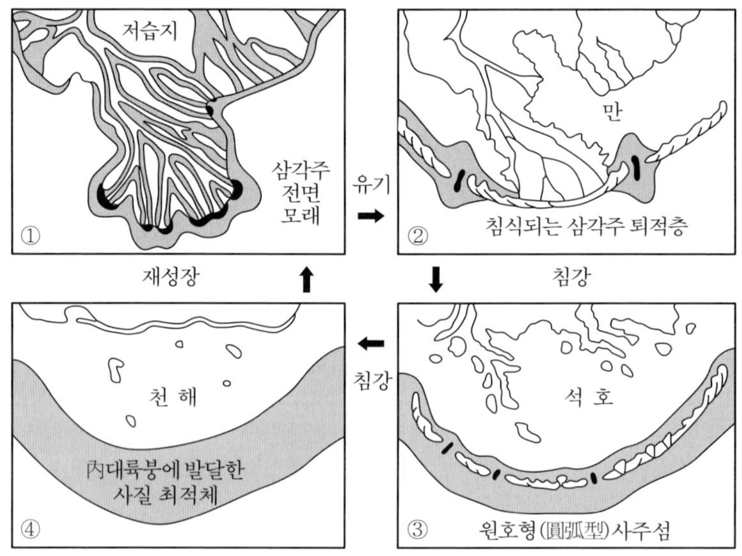

그림 4-17 삼각주의 성장과 유기 그리고 침강 및 재성장을 도식화한 삼각주 윤회 모식도(Boyd et al., 1989).

4-5 쇄설성 연안

쇄설성 연안(碎屑性 沿岸)의 퇴적작용은 퇴적물의 공급량, 파도, 조류, 연안류의 세기, 기후, 해수면 변화 및 지구조 운동 등에 의해 영향을 받는다. 그 중 연안의 퇴적작용과 지형은 조수간만의 차이에 의한 영향을 많이 받으며 이에 따라 쇄설성 연안의 퇴적환경을 대조차(大潮差, 4m, macrotidal), 중조차(中潮差, 2~4m, mesotidal) 및 소조차(小潮差, 〈2m, microtidal) 지역으로 구분할 수 있다. 대조차 지역은 넓게 발달한 조간대 환경이 특징이며, 조수의 작용이 약하고 파도의 작용이 우세한 연안은 해안선을 따라 길고 평행하게 발달한 사주가 형성된다.

(1) 파도 작용이 우세한 연안

1) 해빈 및 사주섬

해빈(beach)과 사주섬(barrier island)은 사질 퇴적물이 해안선에 평행하게, 좁고 긴 띠 모양으로 누적된 곳이다. 해빈은 육지와 붙어있고 사주섬은 육지와의 사이에 석호가 있는 것이 특징이다. 사주섬은 몇 개의 조수통로에 의해 잘려져 있다. 해빈과 사주섬이 발달하기 위해서는 다음과 같은 조건이 필요하다.

(i) 조립퇴적물이 강이나 연안류를 따라 계속해서 공급되며,
(ii) 조류의 영향보다 파도의 영향이 큰 경우(소조차 및 중조차 환경),
(iii) 해안선이 안정되어 있고 해안의 경사가 낮은 곳.

2) 파도의 작용

외해에서 파도에 의해 움직이는 유체의 유선(流線, flow line)은 원형의 궤도를 보이며, 해저면에 접근하면 반경이 줄어들어 해저면에는 영향을 주지 않는다(그림 4-18). 파도가 해안선에 접근하면 수심이 감소함에 따라 퇴적물 표면의 마찰력이 증가하여 파형은 타원형으로 변하며, 해저면에서는 직선 왕복 운동을 보인다(그림 4-18). 파도의 정부는 점차 뾰족하게 되고 파도의 해안쪽 사면은 바다쪽 사면에 비해 급해진다. 이 지역을 여울목(shoaling zone)이라고 부른다(그림 4-18). 해저면에서는 육지쪽으로 움직이는 수류가 강하며, 바다쪽으로 움직이는 수류는 약하여 퇴적물은 육지쪽으로 이동된다. 육지쪽으로 점차 전진하면서 파도의 높이는 점차 증가하고 결국 부서지게 된다. 이 지역을 파쇄대(破碎帶, break zone)라고 한다(그림 4-18). 이 지역에서 파도의 에너지가 강하여 조립질사가 일시적으로 타원형 경로로 튀며, 세립질 퇴적물은 뜨게 된다. 육지 쪽으로 이동되는 강한 흐름으로 인해 조립질 퇴적물은 육지쪽으로 이동한다. 이 강한 흐름은 평균해수면 위까지 연장되며 이 지역을 세파대(洗波帶, swash zone)라고 한다(그림 4-18).

파도가 해안선에 사각으로 들어오면 육지쪽으로 향하는 수류는 해안선에 사각으로 들어오며, 중력에 의해 바다쪽으로 움직이는 수류(backwash)는 해안선에 직각으로 흘러 해안선을 따라 흐르는 연안류(longshore current)가 형성된다(그림 4-18). 따라서 조립퇴적물은 톱니모양으로 해안선을 따라 이동된다. 연안류가 모이는 지점에서는 바다로 향하는 이안류(rip current)가 형성되며, 이에 따라 조립퇴적물은 바다 쪽으로 이동되어 로브(lobe) 형태를 보이는 사암체를 형성한다.

평상시에 파도는 파고가 낮고 주기가 길다. 이 시기의 파도는 연안의 얕은 곳에만 영향을 주고 퇴적물의 이동량은 적다. 육지쪽으로 향하는 수류가 강하며 이에 따라 퇴적물은 해빈면(beachface)에 누적된다. 폭풍시기에는 파도의 에너지가 강하고, 파고가 높으며, 주기는 짧다. 이 파도는 연안의 깊은 곳까지 영향을 주고 많은 양의 퇴적물을 외해로 이동시켜 해안선에서는 침식이 일어난다.

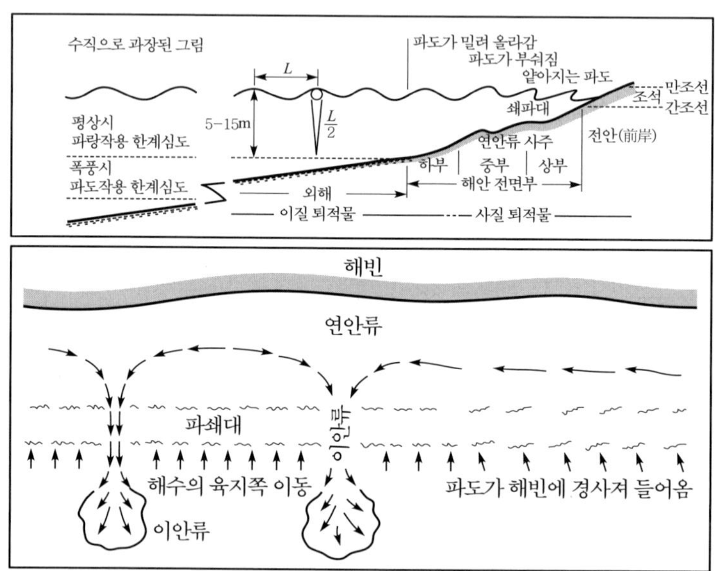

그림 4-18 파도의 작용이 우세한 연안에서의 퇴적 소환경, 파도의 형태 변화 및 파도에 의한 조류의 형성과정 (Ingle, 1966, Shepard and Inman, 1950).

3) 해빈의 퇴적

해빈은 해안선과 평행하게 발달한 풍성사구(風成砂丘, eolian dune) → 후안(後岸, backshore) → 전안(前岸, foreshore) → 해안전면부(海岸前面部, shoreface) → 외안(外岸, offshore)의 소환경으로 구성되어 있다(그림 4-18). 풍성사구는 평균해수면 상부의 전안 및 후안의 상부에 분포하는 모래로 구성된 사구이다. 폭풍 시기에 해빈의 상부로 이동된 모래가 바람에 의해 이동되면서 형성된 것으로 분급이 양호한 모래가 급경사를 보이는 사층리를 보이며 퇴적된다. 후안은 만조기에 해수면 상부에 분포하는 소환경으로 바람에 의해 운반된 퇴적물로 구성되어 있다. 후안의 바다 쪽에는 수평 혹은 육지쪽으로 약간 기울어진 정단(汀段, berm)이라는 구릉이 있고, 이 지점을 경계로 바다 쪽으로 급격하게 경사진 전안 소환경과 구분된다(그림 4-18). 이 지점은 최대 만조기 때 혹은 폭풍 때 해일로 조립질 퇴적물이 공급되며, 수평 혹은 육지 쪽으로 약간 기울어진 수평층리를 보이는 사질 퇴적물이 퇴적된다. 전안(前岸, foreshore)은 최고 해수면과 최저 해수면 사이에 있는 지역으로 해빈에서 가장 경사가 급한 지역이다. 이 지역은 파도에 의해 씻기는 세파대(洗波帶, swash zone)이며, 파도에 의해 운반되는 강한 수류(swash)와 중력에 의해 내려가는 뒷물결(backwash)이 형성된다(그림 4-18). 여기에는 바다쪽으로 기울어진 평행엽층리를 보이는 사질 퇴적물이 누적된다.

해안전면부(海岸前面部, shoreface)는 간조기 해안선 아래에서부터 수심 10~20m 까지 파도의 영향을 받는 지역을 지칭한다. 이 지역은 파도의 작용이 우세하며, 퇴적물 표면에 분산되는 파도의 에너지는 수심이 깊어질수록 약해지므로 퇴적물의 입도나 표면구조가 지역에 따라 달라진다. 상부 해안 전면부는 파도대와 쇄파대 사이에 분포하는 지역으로 육지 쪽으로 이동하는 수류, 연안류를 따라 해안선에 평행하게 이동하는 수류 및 이안류에 의해 바다 쪽으로 이동하는 수류 등 다양한 수류의 영향을 받는다(그림 4-18).

이에 따라 여러 방향으로 이동하는 곡사층리를 보이는 조립사나 역이 퇴적되며, 육지 쪽 혹은 바다 쪽으로 완만하게 기운 평상 사층리 및 평행층리가 형성된다. 중부 해안전면부는 여울목(shoaling zone)과 쇄파대 사이의 지역으로 해안선과 평행한 한 개 내지 여러 개의 사주로 구성되어 있다. 분급이 양호한 중립사 및 세립사가 우세하며 실트 혹은 조개껍질 층이 협재하기도 한다. 저각도의 쐐기형 엽층리나 연흔에 의한 엽층리 및 곡사층리 등의 퇴적구조가 우세하다. 하부 해안전면부는 파도의 에너지가 약하며 외해의 퇴적작용도 동시에 일어난다(그림 4-18). 따라서 이 지역의 퇴적물은 주로 세립사로 구성되어 있으며, 실트나 이질사 퇴적물도 분포한다. 대부분의 퇴적층은 생교란을 받아 괴상으로 나타난다. 외해에는 두꺼운 이질 퇴적물이 누적된다.

해빈 및 사주섬에 퇴적된 사암은 오랜기간 동안 파도작용을 받아 분급이 매우 양호하고 둥근 형태의 석영질 모래로 구성되어 있다. 양호한 분급과 둥근 형태로 인해 공극률 및 유체투과률이 매우 높아 양호한 저류암 역할을 하며, 석영질 모래로 구성되어 있어 압밀 작용 및 속성작용을 거의 받지 않으므로 심부에 매몰되어도 매우 양호한 저류 특성이 보존된다. 천해에 퇴적된 이암 및 석호환경에서 퇴적된 이암 및 석탄은 매우 양호한 근원암 역할을 한다.

4) 사주섬 및 석호

석호에 의해 육지와 분리되어 있는 사주섬(barrier island)은 해안선에 평행하며 길게 분포하여, 파도의 작용을 막아준다. 사주섬은 수개의 조석수로에 의해 잘려져 있으며, 수로는 석호 혹은 석호 내에 분포하는 조간대 환경과 외해를 연결하는 통로가 된다(그림 4-19). 밀물이 우세한 곳에서는 육지 쪽, 썰물이 우세한 지역은 바다 쪽에 조수삼각주(tidal delta)가 형성된다. 썰물에 의한 조수 삼각주는 파도작용과 연안류의 영향을 받지만 밀물에 의해 육지 쪽에 발달한 조수 삼각주는 외해의 영향을 받지 않는다. 석호에 분포하는 조간대에는 소규모의 조수로(tidal channel)가 발달한다. 조수통로는 사행천과 같은 측면 누적(lateral accretion) 퇴적물로 구성되어 있다. 조수통로의 측면이동은 연안류의 방향과 같으며, 연안류에 의해 이동된 조립 퇴적물은 연안류의 상류에 측면 누적되고 하류 쪽에서는 침식이 일어난다(그림 4-19).

사행천과 같이 최하부에는 침식 잔류물이 퇴적되고 하도의 하부에서는 육지 혹은 바다 쪽으로 기울어진 대규모의 평상 사층리 및 곡사층리를 보이는 사질 퇴적물이 형성된다. 하도의 얕은 부분은 소규모 내지 중간규모의 평상사층리, 곡사층리 및 수평층리를 보이는 사질 퇴적물이 누적되며 전체적으로 상향 세립화 경향을 보인다. 사행천에 비해 사질 퇴적물 내에는 조석작용이 약한 시기에 침전된 얇은 이질 퇴적물이 사암 사이에 분포한다.

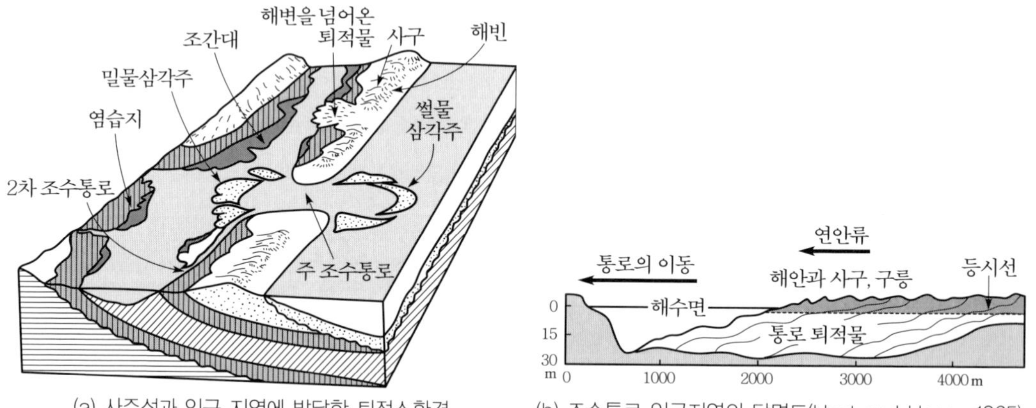

(a) 사주섬과 인근 지역에 발달한 퇴적소환경 (b) 조수통로 인근지역의 단면도(Hoyt and Henry, 1965)

그림 4-19 사주섬은 수개의 조수통로에 의해 절단되며, 육지 쪽 및 바다 쪽에는 각각 밀물 및 썰물 삼각주가 발달되어 있다. 육지쪽에는 석호, 조간대 및 염습지 환경도 분포한다.

조수통로 인근에 발달한 조석삼각주는 밀물 작용이 우세한 지역에서 형성된 밀물 삼각주와 썰물 작용이 우세한 썰물 삼각주로 구분된다. 밀물 삼각주의 최하부는 석호 퇴적물 상부에 육지 혹은 바다 쪽으로 경사진 사구에 의한 퇴적물이 놓이며, 그 상부는 사구에 의해 형성된 바다 쪽으로 기울어진 곡사층리 퇴적물과 육지 쪽으로 기울어진 모래파(sand wave)에 의해 형성된 육지 쪽으로 기울어진 평상 사층리를 보이는 사질 퇴적물이 교호한다. 이와 같은 밀물 삼각주는 약 10m의 두께를 가진다. 썰물 삼각주는 바다 쪽으로 기울어진 사층리를 보이는 사질 퇴적물이 많고 파도의 영향을 받아 여러 방향으로 경사진 사층리도 흔하다.

사주섬에 발달한 조석 수로 및 조석 삼각주 퇴적층은 사층리를 보이는 사암 내부에 얇은 이암 박층이 분포하여 공극률 및 유체투과률이 해빈 및 사주섬 퇴적층에 비해 매우 낮다. 사주섬과 조석 수로, 조석 삼각주의 복합체 내에서 이와 같은 저류암 질의 차이로 인해 동일 유전 내에서 일부 시추공은 생산성이 매우 양호하고 일부는 불량한 특성을 보여 개발 및 생산에 어려움이 따른다. 즉 사주섬 퇴적층은 생산성이 매우 양호하여 일찍 고갈되고 조석사주 및 삼각주 퇴적층에서는 생산성이 불량하여 적은 양의 석유가 생산되나 생산 기간은 오랫동안 지속되는 경향을 보인다.

석호 퇴적물은 사질, 실트질, 이질 및 탄질 퇴적물이 교호하는 것이 특징이다. 사질 퇴적물은 폭풍 때 사주섬을 넘어와 판상으로 퇴적되기도 하며(washover sheet), 밀물 삼각주와 조수로에서 퇴적되기도 한다. 세립퇴적물은 석호 내부와 인근의 조간대 지역에서 퇴적된다. 탄질 퇴적물은 석호 주위에 발달한 저습지 혹은 소택지에서 형성된다. 실트질 및 이질 퇴적물에는 패각 퇴적물이 흔하며 일부는 굴껍질 등이 모여 패각석회석(coquina)를 형성하기도 한다.

(2) 파도의 작용이 우세한 대륙붕

대륙붕에는 일반적으로 이질 퇴적물이 우세하다. 강에 의해 공급된 이질 및 실트질 퇴적물은 강어귀에서 수십 km 까지 뜬짐의 상태로 이동되며, 뜬짐으로 이동된 퇴적물은 해수를 여과하여 생활하는 생물에 의해 섭취되고 배설물로 뭉쳐져서 퇴적된다. 대륙붕에 퇴적된 이질 퇴적물은 생교란에 의해 심하게 파괴되어 퇴적구조가 보존되지 않는다. 그러나 퇴적물 표면 상부에 분포하는 해수에 용존산소가 없는 경우 저서성 생물이 살지 않으며, 따라서 일차 퇴적구조가 보존되기도 한다.

대륙붕에서 폭풍의 영향은 매우 드물게 작용하지만 이 시기에 형성된 해류는 유속이 매우 빨라 대륙붕 퇴적층의 침식 및 이동에 큰 영향을 미친다. 폭풍 기간 동안 대기와 해수면 사이에는 강한 마찰력이 생겨 표층의 해수는 바람이 부는 방향으로 이동한다. 육지 쪽으로 바람이 불어올 경우 해안선 쪽의 해수면은 상대적으로 높아진다(그림 4-20). 또한 해안선 쪽의 대기압이 바다 쪽보다 낮은 경우에도 해안선 지역의 수위는 바다 쪽보다 높아진다. 이 경우 해수의 수압 차이로 인해 해저면을 따라 바다로 이동하는 해류가 형성되며 이 해류는 전향력(Coriolis force)에 의해 직각으로 꺾여 해안선과 평행하게 흐른다(그림 4-20).

이 해류는 해빈에서 침식된 다량의 사질 퇴적물을 포함하며, 폭풍 시기의 강한 파도에 의해 유속이 파도와 같은 주기로 변하여 진동하는 해류가 된다. 이와 같은 해류에 의해 언덕 사층리(hummocky cross-bedding)을 보이는 사암이 외해로 이동되어 대륙붕 이암과 교호하는 사암이 퇴적된다(그림 4-21). 천해에서는 이질 퇴적물이 없는 오목사층리(swaly cross-bedding)을 보이는 사암이 퇴적되기도 한다(그림 4-21).

(3) 조석작용이 우세한 연안 및 대륙붕

조석의 영향은 조석 간만의 차가 4m 이상인 곳에서 흔히 나타나며, 조간대, 염하구, 삼각주 및 대륙붕 지역에서는 이 영향으로 퇴적상 및 지형이 변한다. 그러나 지형적 영향으로 파도의 작용이 약한 곳에서는 중조차 내지 소조차 환경에서도 조수의 영향이 강하게 나타나기도 한다.

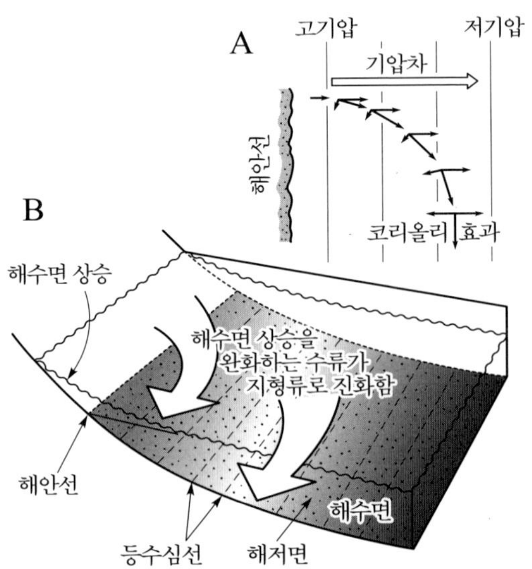

그림 4-20 폭풍 때 형성되는 해안선 근처의 수위 상승과 이에 따른 지형류(地衡流, geostrophic current)의 이동 (Walker and Plint, 1992).

(a)

(b)

그림 4-21 (a) 외해에서 퇴적된 이암 사이에 분포하는 언덕사층리(hummocky cross-bedding)(미국 유타주 Book Cliff)와 (b) 주로 사암으로 이루어진 오목사층리(swaly cross-bedding).

1) 조석작용

조석은 달과 태양의 만유인력으로 형성되는 해수면의 주기적인 변화로 정의된다. 달에 의한 만유인력과 원심력에 의해 달이 있는 쪽과 반대쪽에 해수가 몰리게 되며, 일반적으로 지구의 자전과 달의 공전으로 인해 12시간 25분 정도의 주기로 해수면이 상승하거나 하강한다. 달과 태양의 상호작용이 일어나 달, 태양 및 지구가 일직선으로 놓인 경우 태양의 기조력이 합쳐져 조차는 평균보다 크게 된다. 이 시기를 대조(大潮, spring tide)라고 한다. 달과 태양이 직각으로 놓이면 조차는 평균조차보다 작아지는데, 이를 소조(小潮, neap tide)라고 한다. 하루에 2번 일어나는 조석은 14.77일을 주기로 28번의 조석이 일어나며, 대조기와 소조기가 반복된다. 지형적인 영향으로 1일에 1회 일어나는 조석도 있다.

달과 태양에 의한 기조력은 그 크기가 미약하여 외해에서의 조차는 1m 내외에 지나지 않는다. 그러나 대륙붕에서는 조수가 외해에서 대륙붕으로 들어가면서 수심이 얕아지고, 조수의 힘이 특정한 지역으로 몰리게 되면 조차가 커진다. 특히 조석이 대륙붕에서 지형적 영향으로 공명작용을 일으키면 조차가 매우 커지게 된다. 조류의 방향과 속도는 한 조석주기 동안 체계적으로 변한다. 외해 쪽으로 열려있는 대륙붕에서는 전향력(Coriolis force)에 의해 조차가 없는 무조점(無潮點, null point 혹은 amphidromic point)을 중심으로 조파(潮波)가 회전한다(그림 4-22). 북반구에서는 무조점을 중심으로 반시계 방향으로 돌고, 이와 같은 조파는 정체기(slack-water period)없이 계속해서 일어난다. 조차는 무조점에서 멀어질수록 커진다(그림 4-22). 특정한 지점에서 조류 벡터의 끝부분을 연결하면 타원형을 보인다(그림 4-23).

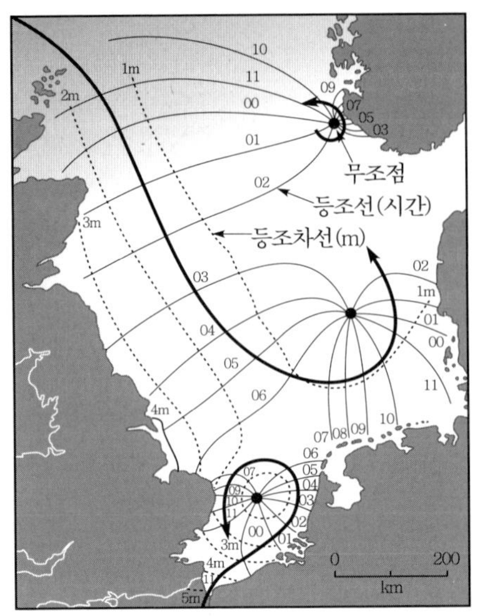

그림 4-22 북해의 조파 회전축. 실선은 조석이 동시에 일어나는 지점을 연결한 선으로 조파의 회전축을 중심으로 북반구에서는 반시계방향으로 회전한다. 조차는 조파의 회전축에서 멀어질수록 증가한다 (Houbolt, 1968).

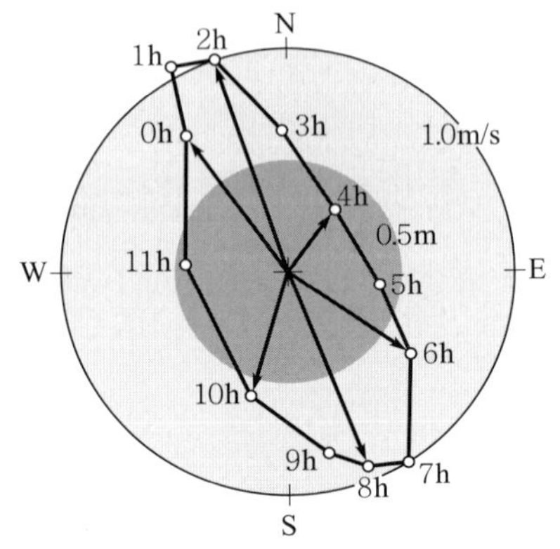

그림 4-23 특정지점에서의 시간에 따른 조류의 방향과 속도를 나타내는 벡터를 연결한 선. 벡터의 끝부분을 연결한 선은 타원형을 보인다(Stewart and Jordan, 1964).

조류의 유속은 한 지점을 통과해야하는 해수의 양에 의해 조절된다. 강한 조류는 조차가 클 경우 일어나지만 조차가 크지 않은 경우에도 만이나 염하구의 입구가 넓이에 비해 좁은 경우 유속이 매우 빠르게 된다. 일반적으로 조류의 유속은 해안선으로 가면서 수심이 얕아지면 조차가 커지고 또한 조수가 통과하는 단면이 줄어들기 때문에 해안선 근처에서 가장 빠르다. 염하구나 조수통로(tidal inlet)와 같은 지형적인 영향이 있는 곳에서는 유속이 더욱 빨라지게 된다. 특정 지점에서 조류의 유속이나 이동되는 기간은 밀물 때와 썰물 때가 같아야 하지만, 대부분의 연안에서는 전향력과 해저면의 지형으로 인해 특정 지점에서 밀물과 썰물 때 이동되는 해수의 양, 유속, 기간은 서로 다르게 된다. 따라서 특정 지점에서 퇴적물의 전체적인 이동방향은 조류의 유속이 상대적으로 강한 방향으로 이동된다. 연안에서는 지형에 따라 밀물 혹은 썰물이 우세한 지점이 발달되므로 퇴적물의 이동은 매우 복잡한 양상을 보이게 된다.

2) 조류에 의한 퇴적구조

조류의 유속과 방향은 주기적으로 변하기 때문에 조수에 의해 형성되는 퇴적층은 몇 가지 특징적인 구조를 보이게 된다. 사구는 유속이 가장 빠를 때만 이동되므로 사구에 의해 형성된 사층리는 일정한 간격의 불연속면이 있다. 유속이 가장 빠를 때 사구는 주조류(主潮流)의 방향으로 전진하여 경사진 전면층을 형성한다(그림 4-24). 뜬짐이 많은 경우, 정체기가 되면 이질 퇴적물이 사구의 경사면에 얇게 퇴적된다. 부조류(副潮流)가 먼저 형성된 사구의 경사면을 침식하면 재동면(reactivation surface)이 형성된다. 부조류에 의해 이동되는 퇴적물의 양은 주조류에 비해 적고 유속이 작아 얇은 모래연흔 퇴적물이 부조류 방향으로 이동하게 된다(그림 4-24). 다시 정체기가 되면 얇은 이질 퇴적물이 사구 및 연흔을 피복한다. 이와 같이 조석의 한주기 동안 주조류 및 부조류에 의해 퇴적된 층(두개의 이질 퇴적물 혹은 재동된 경사면 포함)을 조석 퇴적물 묶음(tidal bundle)이라 한다. 대조기(大潮期) 및 소조기(小潮期) 주기로 변하는 조수의 유속변화로 인해 조석퇴적물 묶음은 주기적인 두께 변화를 보인다(그림 4-25).

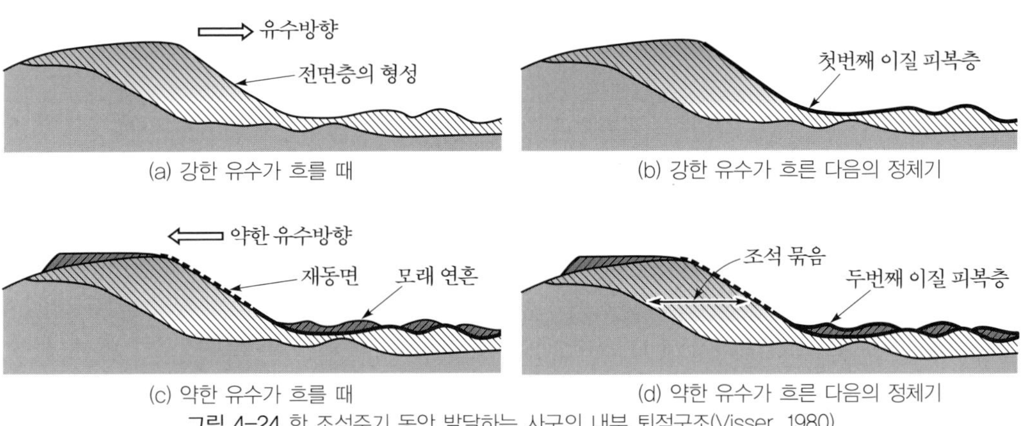

그림 4-24 한 조석주기 동안 발달하는 사구의 내부 퇴적구조(Visser, 1980).

청어뼈 사층리(herringbone cross bedding)는 위, 아래 짝의 사층이 서로 다른 방향으로 기울어진 사층리로서 밀물과 썰물에 의한 사구의 이동으로 형성된다(그림 4-26). 그러나 조간대의 대부분 지역에서는 밀물 혹은 썰물 중에서 어느 한 방향으로의 수류가 우세하기 때문에 흔히 나타나지는 않는다.

유속이 느린 대부분의 조간대에서는 사구보다 연흔이 많이 분포한다. 이 경우 연흔은 조

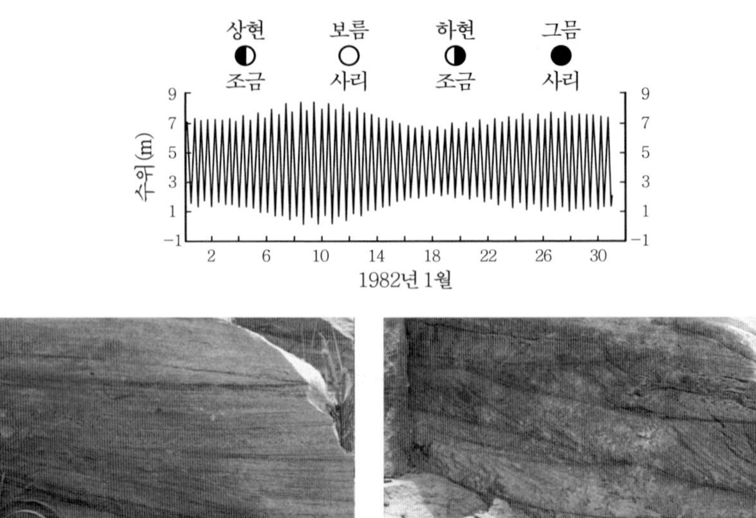

그림 4-25 대조기와 소조기의 주기로 변하는 조류의 속도 변화에 따른 사층리 내의 주기적인 이암 및 사암 엽리의 두께 변화(신안군 흑산도).

그림 4-26 청어뼈 사층리(herringbone cross-bedding)(신안군 흑산도). 조석작용에 의해 서로 다른 방향의 사층리가 중첩되어 있다.

류의 유속이 가장 빠를 때 이동되고, 유속이 감소하면 이질 퇴적물이 침전된다. 반대 방향의 부조류가 사질 퇴적물을 이동시킬 정도로 강하면 먼저 형성된 이질 퇴적물 상부에 다른 방향으로 경사진 연흔 사층리가 형성되고 유속이 줄어들면 그 상부에 다시 이질 퇴적물이 침전된다. 그러나 대부분의 경우 부조류는 사질 퇴적물을 이동시키지 못하므로 한 조석주기 동안 하나의 사질 퇴적층이 형성되고 그 상부에는 밀물과 썰물 사이 정체기에 침전된 이질 퇴적물이 합쳐져 나타난다. 사질 퇴적물이 많은 것을 우상층리(羽狀層理, flaser bedding), 사질 퇴적물과 이질 퇴적물이 비슷한 두께로 퇴적된 것을 파형층리(波形層理,

wavy bedding) 그리고 이질 퇴적물이 우세한 경우는 렌즈형 층리(lenticular bedding)라고 한다(그림 4-27).

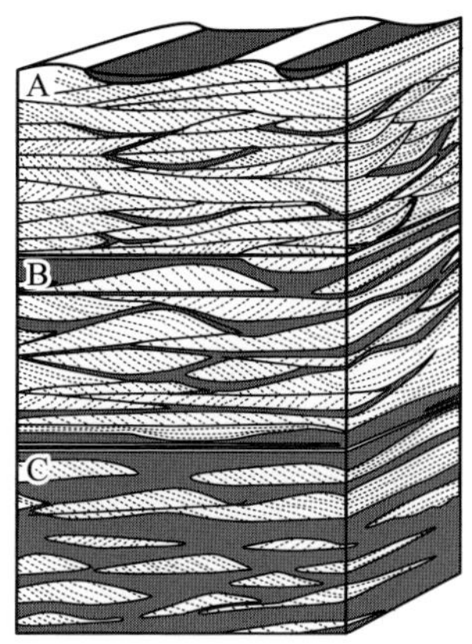

(d)

그림 4-27 (a) 우상 층리(flaser bedding), (b) 파형층리(wavy bedding), (c) 렌즈형 층리(lenticular bedding)를 도식화 한 그림(Reineck and Singh, 1980), 및 렌즈형 층리 및 파형층리를 보여주는 노두 사진 (d) (말레이시아 랑카위섬).

3) 조간대 퇴적작용

조간대 환경은 만조선의 상부인 조상대(潮上帶, supratidal), 만조선과 간조선 사이의 조간대(潮間帶, intertidal) 및 만조선 아래의 천해에 분포하는 조하대(潮下帶, subtidal) 소환경으로 구분된다(그림 4-28). 조하대의 바깥에는 밀물과 썰물 때 조류의 방향이 바뀌는 조수로(潮水路)가 분포한다. 조수로에서는 육지 쪽으로 갈수록 유속이 줄어든다. 따라서, 수로 근처의 퇴적물은 조립사로 구성되어 있으며 만조선으로 갈수록 퇴적물의 입도는 줄어든다. 조간대 지역은 하부로부터 상부로 갈수록 유속이 줄어들면서 사질 평지(sand flat), 혼합평지(mixed flat) 그리고 펄밭(mud flat)으로 변해간다(그림 4-28).

조간대의 하부에 분포하는 사질 평지의 유속이 빠른 곳에서는 사구의 이동에 의한 사층리 퇴적층이 있고, 유속이 느린 곳에서는 연흔의 이동에 의한 사층리가 분포한다. 사층리의 두께와 퇴적물의 입도는 육지 쪽으로 갈수록 줄어든다. 혼합 평지로 가면서 이질 퇴적물이 많아지고 펄밭에서는 엽층리를 보이는 이질퇴적물이 우세하다. 따라서, 혼합평지에서는 우상층리(flaser bedding)가 우세하고 펄밭으로 갈수록 렌즈형 층리(lenticular bedding)가 우세해진다. 조상대 지역에서는 초목이 우거진 염습지(鹽濕地, salt marsh)가 있으며, 나무뿌리 생흔에 의해 일차퇴적구조는 지워진다. 여기에는 탄질 퇴적물이 형성되며, 조간대의 상부와 조상대의 하부에는 건열(乾裂)이 많이 형성된다.

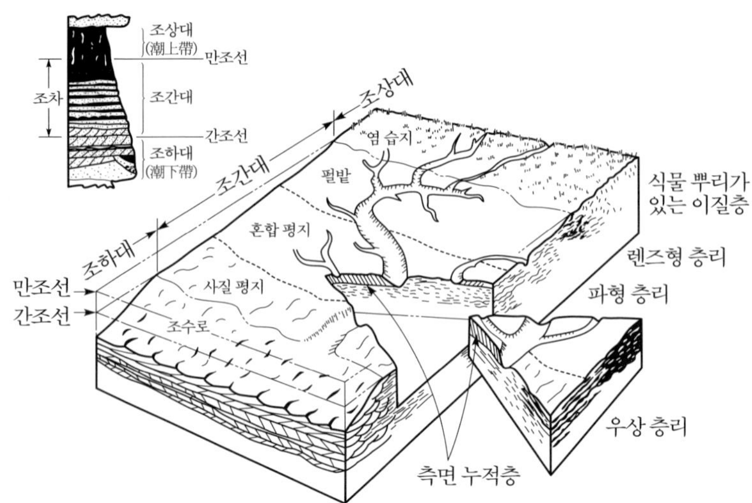

그림 4-28 조간대의 소 퇴적환경 분포도(Dalrymple et al, 1992). 쇄설성 조간대는 조상대로 가면서 점차 사질 평지, 혼합평지, 펄밭, 염습지 순서로 세립화 된다. 조간대의 전진 퇴적으로 상향 세립화 경향을 보이는 사암 및 이암이 퇴적된다. 퇴적구조는 육지쪽으로 점차 감소하는 조류의 속력을 반영한다.

조간대의 펄밭에는 사행(蛇行)하는 작은 수로가 발달되며, 이들은 바다쪽으로 가면서 합쳐지고 넓어져 주하도와 연결된다. 수로의 하부는 조개의 파편 혹은 속성작용으로 굳어진 이암편이 잔류퇴적물로 분포하며 그 상부에 우각사주(point bar)의 측면 누적에 의한 사암층이 분포한다. 사주의 이동에 의해 조석리듬층(tidal rhythmite)과 같은 사질 퇴적물과 이질 퇴적물이 교호한다.

조간대 퇴적층이 바다로 전진하면 상향세립화 경향을 보이게 된다(그림 4-28). 즉 하도에 의한 침식면과 잔류 퇴적물 상부에 우각사주의 측면 이동에 의한 사층리가 퇴적된다. 사구에 의한 사층리, 청어뼈 사층리, 파도에 의한 사질 퇴적물이 조간대 및 조하대 퇴적층에 분포한다. 그 상부에는 사질 평원, 혼합평원, 펄밭에서 퇴적된 사구퇴적물, 우상층리 및 렌즈형 층리가 놓인다. 소규모 수로에서 형성된 우각사주 퇴적층도 분포한다. 최상부에는 조상대의 염습지에서 퇴적된 탄층, 고토양 등이 퇴적된다. 조간대 퇴적층은 조석 하도 및 사질 평원에서 퇴적된 사암체가 저류암 역할을 한다. 그러나 이 사암체는 분급이 불량하고 조류의 정체기에 형성된 얇은 이암층이 분포하여 석유의 개발 및 생산에 불리한 조건을 가진다. 조석작용이 강한 지역에 분포하는 조하대에서는 대규모의 조수로가 발달하며, 여기에 퇴적된 사암체는 상대적으로 양호한 저류암 특성을 보인다. 최근에 들어와 캐나다의 알버타주 및 콜럼비아의 오리노코 유전에서 대규모의 오일 샌드가 개발되고 있다. 이 지역에서는 조석작용을 받는 조간대 및 조하대에 발달한 대규모의 조수로 사암이 저류암 역할을 한다. 여기에서도 사암체 사이에 분포하는 이암층 때문에 개발에 많은 어려움이 발생하고 있다.

(4) 염하구(estuary)

염하구는 해수면이 낮은 시기에 대륙붕 내에 발달한 침식계곡(incised valley)에 해수면이 상승하면서 형성된다. 퇴적물의 공급량이 해수면 상승에 비해 적고 조석작용이 일어나는 대륙붕에서 흔하다. 강에 의해 상류에서 공급된 퇴적물과 재동(reactivated) 된 천해 퇴적물이 동시에 공급되며, 퇴적물의 입도는 상류로 갈수록 증가한다. 강한 조류가 염하구의 상류까지 작용하며, 이에 따라 염하구 주위에는 조간대와 염습지가 발달한다(그림 4-29).

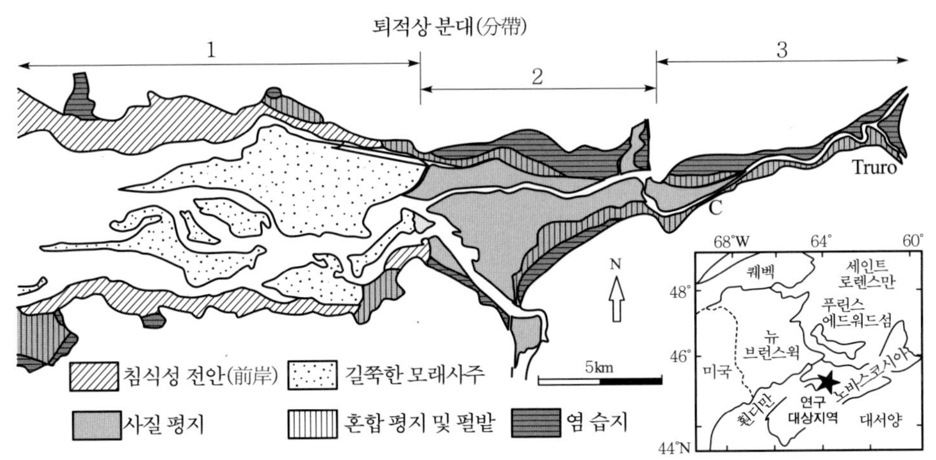

그림 4-29 염하구 인근지역의 퇴적상 분포도. 분포대 1 : 길쭉한 모래 사구, 모래 사주는 펄밭이나 염습지로 둘러 싸여 있다. 분포대 2 : 상부유권의 모래평지. 분포대 3 : 조류-하류 점이대(Darlymple et. al., 1990).

바다 쪽에는 밀물 및 썰물이 우세한 수로 사이 염하구에 평행한 사구가 발달된다. 사주의 상부에는 사구가 분포하며, 사층리를 보이는 사질 퇴적물로 구성되어 있다. 사주의 측면이동으로 상향세립화 경향을 보이는 사질 퇴적물이 형성된다. 조류의 유속은 염하구로 진입할수록 증가하며, 사주의 상류 쪽에는 수평층리를 보이는 사질 평지가 형성된다. 좀 더 상류에서는 조석의 영향을 받는 강으로 변하며, 이곳에서는 사층리를 보이는 사질 퇴적물 사이에 이질 퇴적물이 교호하는 퇴적층이 형성된다. 주위의 이질 평원에는 조석리듬층이 발달하고 사행하는 지류에는 측면누적층이 발달한다. 조석의 영향을 받지 않는 상류 지역은 강의 퇴적작용으

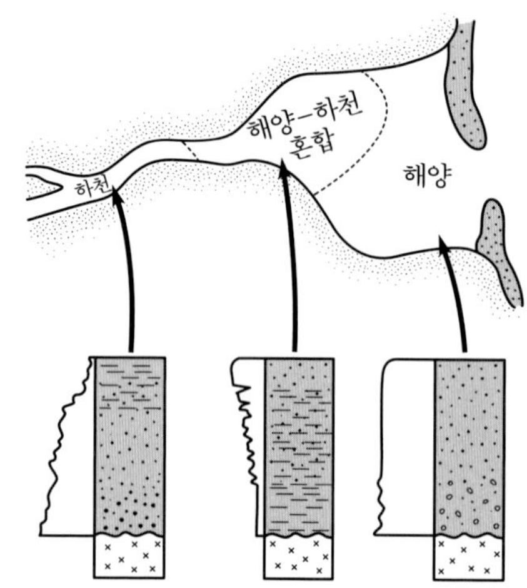

그림 4-30 파도의 작용이 우세한 지역에 발달한 염하구(Darlymple et al., 1992). 파도의 작용에 의한 사주가 발달하며 사주의 수호 인근에는 밀물 및 썰물 삼각주가 발달한다. 강어귀에서는 소규모의 삼각주가 발달하기도 한다.

로 조립 퇴적물이 형성된다.

파도의 영향을 받는 지역에는 염하구 입구에 해안선과 평행한 사주가 발달된다(그림 4-30). 사주에는 수개의 조석수로가 발달하며 여기에는 밀물 삼각주 및 썰물 삼각주가 형성된다. 사주의 육지 쪽에는 석호 및 조간대가 발달하고 강에서 조립질 퇴적물이 많이 공급될 경우 석호 내에 삼각주가 발달하기도 한다(그림 4-30). 해수면의 상승이 단속적으로 일어나는 경우 염하구는 단속적으로 상류로 이동하며, 이에 따라 침식계곡에는 사주/삼각주 복합체가 천해에서 퇴적된 이암 사이에 분리되어 나타나기도 한다.

파도에 의한 시구 및 삼각주 복합체가 발달한 염하구에서는 양호한 저류층이 형성된다. 침식계곡에서 해수면이 상승하는 도중에 일어난 정체기에 형성된 사주 및 삼각주 복합체는 중, 소규모의 유전을 형성하여 미국 및 캐나다에서 개발되고 있다. 염하구에서 퇴적된 유기물이 풍부한 셰일 및 저류층의 질이 불량한 조간대 사암 등도 최근 수평시추 및 수압파쇄기술의 발달로 셰일 가스, 셰일 오일 및 치밀 오일 개발의 중요한 대상이 되고 있다.

4-6 심해 퇴적계

심해지역은 육상에서 하천 등을 통해 운반된 세립질 이암 혹은 생물기원의 규질연니(硅質軟泥, siliceous ooze) 및 석회질 연니(石灰質 軟泥, calcareous ooze)가 퇴적된다. 그러나, 대륙사면에서 사태, 저탁류와 같은 중력류(sediment gravity flow)가 형성되면 조립질 퇴적물이 심해 협곡을 통해 심해 선상지로 공급된다. 조립질 퇴적물은 심해 하도 복합체 및 로브에 퇴적된다. 심해 선상지의 퇴적작용은 해수면 변화와 관련이 깊어 저해수면 시기에 활발히 성장하고, 고해수면 시기에는 잘 발달하지 않는 것이 특징이다. 심해 선상지 퇴적층은 일반적으로 수심이 깊은 심해지역에 분포하여 탐사 및 개발이 거의 이루어지지 않았으나, 최근에 들어와 심해 시추기술의 발달로 활발한 탐사가 이루어지고 있다. 심해 환경은 이질 퇴적물이 두껍게 누적되므로 근원암 및 덮개암으로 인한 탐사 위험도는 없다. 특히 심해저 하도에는 저탁류에 의해 역암 및 사암이 퇴적되며, 일반적으로 수km의 폭과 수십-수백 m의 두께의 사암체가 분포하여 매우 양호한 저류암을 형성한다.

(1) 중력류

대륙사면에 다량의 쇄설성 퇴적물이 누적되면 이 지층은 불안정하여 중력에 의해 하부로 이동하며 사태(slide/slump)가 일어난다(그림 4-31, 4-32(a). 이와 같은 현상은 저해수면 시기에 대륙붕단에서 다량의 쇄설성 퇴적물이 공급될 경우 흔히 나타나며, 고해수면 시기에도 삼각주가 대륙붕단까지 전진한 경우 일어날 수도 있다. 또한 지진 등에 의해 지층이 교란되어도 대규모 사태가 형성되기도 한다. 사태에 의해 대륙사면의 상부에는 대규모의 사태흔(slump scar)이 형성되며, 사태로 이동되는 퇴적물은 교란되거나 교란되지 않은 상태로 좁고 긴 통로를 통하여 사면 하부로 이동된다. 이러한 사태 작용이 지속적으로 일어나면 대륙사면에는 대규모의 심해 협곡이 형성된다. 사면의 하부에서 이동된 퇴적물은 교란되어 대규모의 습곡, 횡와습곡, 스러스트 구조를 보이며 (slump fold)(그림 4-32(a)), 일부는 층의 교란이 거의 없이 퇴적되기도 한다(slide block).

사태로 형성된 퇴적물이 사면 하부로 이동하면서 해수와 섞여 수분을 함유하게 되면 원래의 지층은 모두 파괴되고 이는 쇄설류(碎屑流, debris flow)의 형태로 이동된다(그림 4-32(b)). 쇄설류 퇴적물은 역과 모래 및 이질 퇴적물이 섞여 있으며, 괴상 혹은 역점이 층리를

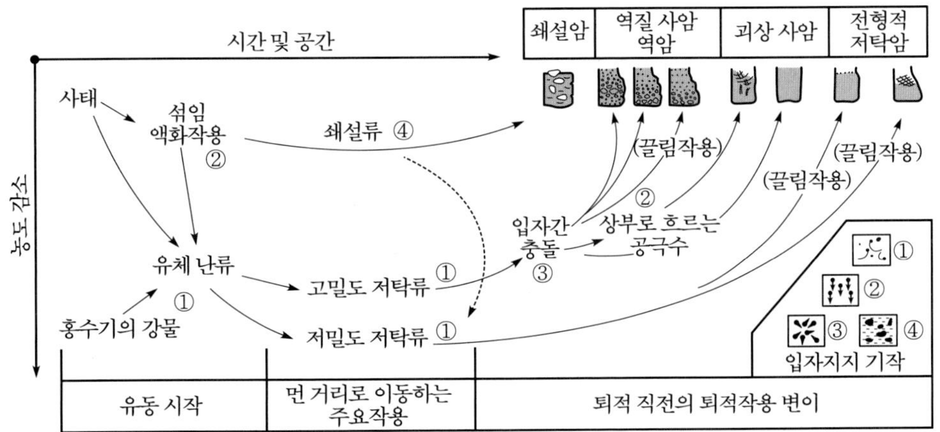

그림 4-31 중력류 형성에 대한 모식도(Walker, 1978). 이 모식도는 중력류가 흐르는 시공간, 입자의 농도, 그리고 입자를 지지하는 기작(supporting mechanism)에 따라 변하는 중력류의 여러 형태를 보여주고 있다. ① 난류(fluid turbulence), ② 액화(liquefaction), ③ 입자간의 충돌(grain friction), ④ 기질의 양력(buoyancy of matrix).

보인다. 이 퇴적상은 대륙사면 혹은 대륙대 환경에 분포하며, 일부 쇄설류 퇴적층은 대륙대에서 로브의 형태로 퇴적되기도 한다.

쇄설류 퇴적물이 이동되면서 해수와의 마찰력으로 수분을 더욱 많이 함유하고 난류(turbulence)가 형성되면 쇄설류에 포함된 이질 쇄설물은 부유되어 저밀도 저탁류(low density turbidiry current)로 이동되고, 역질 및 사질 퇴적물은 사질 쇄설류(sandy debris flow)(그림 4-32(c)) 및 고밀도 저탁류(high density turbidity current)(그림 4-32(d))로 이동된다. 사질 쇄설류 퇴적물은 괴상, 역점이층리 및 점이층리를 보이며, 심해하도의 상류에 퇴적된다(그림 4-32(c)). 고밀도 저탁류는 점이층리를 보이는 역질 사암 및 사암으로 구성되며, 이는 심해저 하도의 상류에 퇴적된다. 저탁류 퇴적층의 하부는 괴상 혹은 점이층리를 보이는 조립사로 구성되어 있으며(Ta)(그림 4-32(d)), 그 상부는 상부 유권(upper flow regime) 하에서 형성된 수평층리를 보이는 조립사로 구성되어 있다(Tb)(그림 4-32(d)). 사층리, 상승 연흔사층리(climbing ripple), 퇴적동시성 교란이 흔히 나타나는 세립질 사암 구간(그림 4-32(e))

그림 4-32 중력류에 의한 퇴적물, (a) 사태흔(slump scar) 및 교란된 지층(포항분지), (b) 쇄설류에 의해 퇴적된 역점이 층리를 보이는 역(포항분지). 역들은 이질 기질에 의해 지지되어 있다. (c) 사질 쇄설류에 의해 하도 형태로 퇴적된 역암(포항분지), (d) 고밀도 저탁류에 의해 퇴적된 괴상, 점이층리(Ta) 및 수평층리(Tb)를 보이는 사암(일본 니카타 분지), (e) 저밀도 저탁류에 의해 퇴적된 사층리, 수평층리 및 회선상교란(convolution)(Tc)을 보이는 사암(포항분지), (f) 저밀도 저탁류에 의해 퇴적된 수평층리(Td)를 보이는 사암과 이암(Te)(포항분지).

과 그 상부에는 하부 유권(lower flow regime) 하에서 퇴적된 수평엽리를 보이는 세립사가 퇴적된다(Td). 저탁류 퇴적층의 최상부는 세립질 이질 퇴적물로 구성되어 있으며(Te), 이는 저탁류가 흐른 후 부유퇴적물이 침전된 것이다(그림 4-32(f)). 심해 선상지의 상부에서는 괴상, 점이층리(Ta) 및 수평엽리(Tb)를 보이는 저탁류 퇴적층이 흔하며, 유속이 감소함에 따라 심해 하도의 하류 혹은 자연제방 인근지역에는 저밀도 저탁류 퇴적층(Tc, Td, Te)이 형성된다.

(2) 심해 선상지

심해저 협곡을 통해 대륙대로 이동된 중력류는 경사가 줄어들면서 심해 선상지를 형성한다. 심해저 하도에는 자연제방이 있으며, 자연제방은 하류로 갈수록 높이가 낮아지고 하도의 깊이도 얕아져 하도의 끝부분에서는 로브가 형성된다(그림 4-33). 삼각주와 같이 하도의 유기와 이에 따른 로브의 이동으로 인해 넓은 심해저 선상지가 형성된다.

심해저 하도에는 사질 쇄설류 및 고밀도 저탁류에 의해 이동된 역질 및 사질 퇴적물이 우세하며 이질 퇴적물도 협재한다. 사행천과 같은 우각사주가 형성되어 측면이동을 하는 경우도 흔하다(그림 4-33). 하도 퇴적물은 매우 두껍게 발달하며, 하류로 갈수록 그 두께는 얇아진다. 자연제방은 하도에서 멀어질수록 두께가 감소하는 쐐기형의 지형을 보인다. 하류로 가면서 자연제방의 높이는 점차 감소하고 하도성 퇴적층의 두께도 점차 감소하여 로브가 형성된다.

로브 퇴적층은 판상의 사암과 이암이 교호하는 것이 특징이다(그림 4-34). 하도에 의해 저

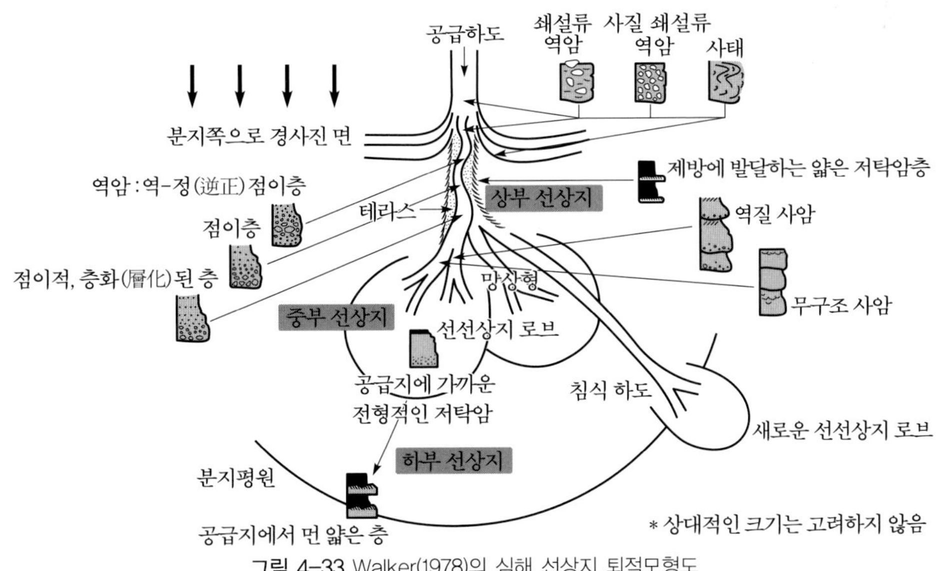

그림 4-33 Walker(1978)의 심해 선상지 퇴적모형도.

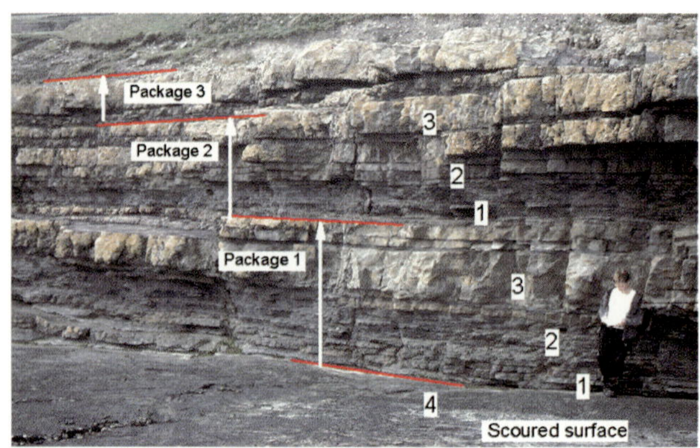

그림 4-34 심해하도의 전면에서 퇴적된 로브 퇴적체(Posamentier & Walker, 2006). 사암과 이암은 판상이며, 상향 조립화 경향을 보인다.

탁류 퇴적물이 지속적으로 공급되면 로브 퇴적체는 전진하여 상향조립화 경향을 보인다(그림 4-34). 하도가 유기되면 로브의 상부에는 원양성 이질 퇴적물이 쌓인다. 로브 퇴적층에는 하도에서 퇴적된 것과 같은 두꺼운 고밀도 저탁류 사질 퇴적물은 적으며, 저밀도 저탁류에 의해 운반된 중립 및 세립사가 퇴적된다.

심해 선상지는 제방이 있는 하도가 발달한 상부 선상지, 그리고 하도가 분기하면서 수개의 지류와 로브가 분포하는 선선상지(先扇狀地, suprafan)로 구성된 중부 선상지, 그리고 지형적 특성이 없고 원양성 퇴적물 사이에 얇은 저탁류 퇴적층이 분포하는 하부 선상지로 구분된다(그림 4-33). 전체적으로 부채 모양을 하고 있다.

(3) 해수면 변화와 심해 선상지의 발달

심해선상지가 형성되기 위해서는 다량의 쇄설성 퇴적물이 대륙사면 지역으로 공급되어야 한다. 고해수면 시기에 강에서 운반된 퇴적물은 삼각주 혹은 대륙붕 내에 퇴적되어 심해 선상지가 잘 발달하지 못한다. 해수면이 하강하면서 기존에 대륙붕에서 퇴적된 고화되지 않은 퇴적물이 재동되면, 대륙붕단 인근에 다량의 쇄설성 퇴적물을 퇴적되어 대륙사면의 경사가 급해진다. 이로 인해 대륙사면에서는 사태가 자주 일어나며 심해협곡이 발달하고 심해협곡을 통해 대륙대로 공급된 쇄설성 퇴적물은 심해 선상지에 퇴적된다. 이 퇴적물은 저탁류로 심해까지 운반되어 이전의 저해수면 시기에 형성되었던 심해 선상지 상부에 쌓이게 된다. 해수면이 계속해서 낮아지거나 낮아진 상태로 유지될 경우 심해 선상지에서는 하도와 자연제방이 형성된다. 계속해서 퇴적이 일어나면 하도는 넓어지고, 자연제방은 높아진다. 사질 퇴적물은 하도를 통과하여 심해선상지 중부에 로브를 형성하며 퇴적된다.

해수면 상승이 시작되면 하도 및 자연제방은 유기되고 하도에는 반원양성 이질 퇴적물이 쌓인다. 고해수면 시기에는 원양성 퇴적물이 하도 및 자연제방 상부에 쌓인다. 그러나 고해수면 시기에도 삼각주가 빠른 속도로 대륙사면까지 성장하면 심해로 다량의 조립질 퇴적물이 공급된다. 따라서 고해수면 시기에도 심해저 선상지가 성장할 수 있다.

4-7 탄산염 퇴적환경

해양에서의 탄산염 퇴적은 쇄설성 퇴적물과는 달리 탄산염의 화학적 침전 및 생물에 의해 형성된다. 탄산염이 우세한 퇴적환경은 석회질 퇴적물의 형성이 매우 왕성하게 일어나고 보존되는 지역에 분포하며, 쇄설성 퇴적물의 공급이 적어야 한다. 탄산염 퇴적물은 일반적으로 열대 지역에서 잘 형성되나 일부는 온대 혹은 한대 기후에서도 형성된다. 대부분의 탄산염 퇴적물은 천해 환경에서 신진대사에 석회질 물질을 사용하는 생물에 의해 형성된다. 태양의 광선이 통과하는 유광층(有光層, photic zone)에서는 광합성을 하는 식물이 자라며, 이는 플랑크톤 혹은 저서생물의 먹이가 된다. 천해에서는 해저면에 군집을 이루는 저서성 동물(특히 산호)이 가장 중요한 탄산염 골격을 형성하는 생물이다.

석회질 생물의 성장 및 화학적 침전으로 형성된 탄산염 퇴적물이 파쇄되어 해양의 퇴적작용을 받으면, 쇄설성 퇴적물과 같은 퇴적작용을 받는다. 생물에 의해 형성된 탄산염암은 해저면에서 급격한 경사면을 가지며 성장한다. 탄산염 퇴적물의 경우 쇄설성퇴적물에 비해 교결작용(cementation)이 일찍 발생하여 암석화되므로 파도나 유수에 의해 쉽게 파괴되지 않는다.

(1) 탄산염 경사지(carbonate ramp)

탄산염 경사지는 낮은 각도로 경사진 대륙붕으로 대륙사면이 형성되지 않은 곳이다(그림 4-35). 현생 환경에서 이런 지역은 분포하지 않으나 고기 퇴적층에서는 흔히 나타난다. 육지 인근지역에서는 고에너지에 의해 형성된 입자암(粒子岩, grainstone)이 퇴적된다. 외해 쪽에도 이와 같은 입자암이 퇴적되나, 탄산염 경사지에서는 대규모의 산호초나 중력류에 의해 대륙사면으로 이동되는 퇴적층은 존재하지 않는다. 근해에서는 고에너지 환경에서 형성된 자갈, 모래 혹은 골격 물질로 이루어진 여울목(shoal)이 형성되어 외해의 강한 파도작용을 막아주며, 그 내부 즉 육지와의 사이에는 석호, 연안, 조간대가 형성된다(그림 4-35). 사주의 뒤쪽에는 염도가 변하는 곳에서도 살 수 있는 생물 군집이 형성된다. 해빈 혹은 사주의 바다 쪽, 즉 경사지의 안쪽(inner ramp)에서는 탄산염 생성이 왕성히 일어나 사주의 뒤쪽 또는 경사지의 외부 및 심해에 탄산염 퇴적물을 공급한다.

따뜻한 해양에서는 생물학적 탄산염 생성 이외에도 어란석(oolite) 및 소구상(小球狀, pellet) 석회암이 형성된다. 어란석은 탄산염 침전이 일어나는 해안선 인근에서 파도에 의해 앞뒤로 움직이는 유수에 의해 탄산염이 작은 퇴적 핵을 중심으로 침전되어 동심원상의 구조를 보이며 형성된다. 석회질 이질 퇴적물에 포함된 유기물을 섭취하여 생존하는 생물이 서식하면 이들의 소화기관을 통해 사질 퇴적물 크기의 소구상(小球狀, pellet) 석회암이 형성된다. 경사지의 안쪽에서는 고화된 해저면(hard ground)이 특징적으로 발달된다. 일상적인 파도 작용 혹은 폭풍에 의해 생물기원의 모래 혹은 큰 골격물질이 해안선을 따라 이동하거나 심해로 운반된다. 가끔 일어나는 대규모의 폭풍에 의해 사질 혹은 이질의 탄산염 퇴적물이 경사지의 심부 혹은 분지 내부까지 운반되어 심해기원의 석회질 이암 혹은 이회암과 교호하며 퇴적되기도 한다. 심해에서는 원양성 퇴적이 일어나 유공충(foraminifera) 혹은 초미화석(nannofossil)으로 구성된 연니(軟泥, ooze)가 퇴적되기도 한다. 그러나 어떤 지역에서는 연안으로부터 분리된 탄산염 성장체(carbonate buildup)가 형성되기도 한다(그림 4-35).

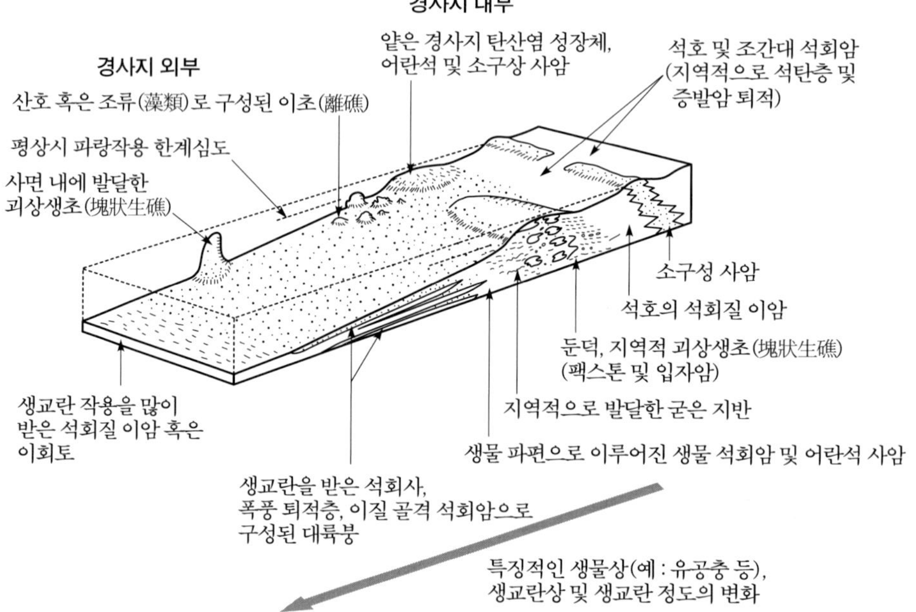

그림 4-35 탄산염 경사지(carbonate ramp)의 퇴적 모형도. 경사지 내부에 발달한 탄산염 사주에 의해 석호-조간대 환경과 외해로 연결된 경사지가 구분된다(Read, 1982).

(2) 산호초 및 복합 산호초 성장체

산호초는 골격을 형성하는 생물체에 의해 탄산칼슘이 급격히 생성되면서 만들어진 것으로 쇄설성 퇴적물의 공급이 적은 지역에서 형성되며 산호초의 내부에는 파도나 유수의 작용이 약한 석호가 형성된다(그림 4-36). 다른 퇴적체에 비해 산호초의 외형 및 성장 양상은 생물체와 그 군집 및 초기 교결작용 등에 의해 조절된다. 이 환경에서 물리적 퇴적작용은 간접적 혹은 부가적인 역할만 한다. 석회질 조류(藻類, algae)나 산호는 미세한 조류와 공생하므로 광합성을 위해서는 태양광이 필요하다. 따라서 산호는 기본적으로 50~80m 이내의 유광층(photic zone)에서만 성장하며, 특히 해수면 아래 수 m 지역에서 가장 빠르게 성장한다.

현생 산호는 따뜻한 열대 혹은 아열대 지역에서 염도의 변화가 거의 없는 지역에서 형성된다. 특히 산호는 해수를 걸러 먹이를 섭취하는데 세립질 퇴적물이 유입되면 먹이를 섭취하는 기관이 막혀 죽으므로, 이질 퇴적물이 공급되는 지역에서는 성장할 수 없다. 강 근처에서는 담수가 공급되어 해수의 염도가 변하고 이질 퇴적물이 공급되므로 성장이 불가능하다.

산호초의 내부는 단단한 골격을 형성하는 산호뿐만 아니라 조개껍질, 덜 단단한 저서생물들이 공생하기 때문에 복잡한 구조를 가진다. 또한 파도에 의해 물리적으로 파쇄된 골격, 생물에 의한 침식, 미세석회진흙(micrite) 등이 산호로 이루어진 골격 사이에 퇴적된다. 파도에 의해 파쇄된 골격 혹은 세립질 파쇄물은 산호초의 육지쪽으로 운반되어 퇴적되거나 바다 쪽으로 운반되어 사면을 지나 심해까지 운반되어 퇴적되기도 한다(그림 4-36).

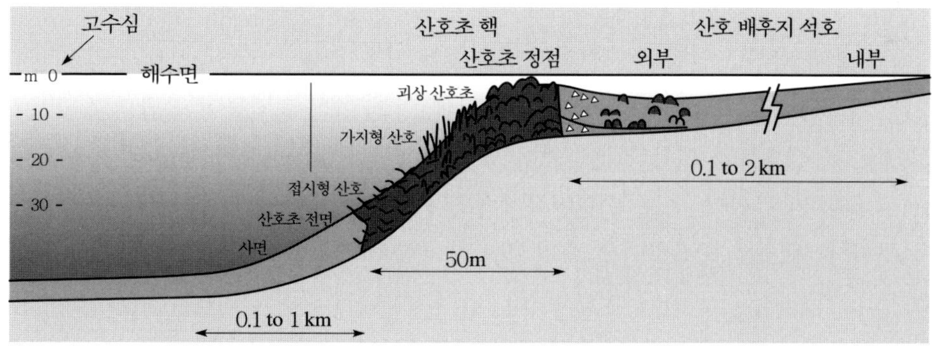

그림 4-36 산호초와 인근 지역에서의 퇴적작용 모식도(Pomar et al, 2004).

(3) 산호초의 형태

산호초를 구성하는 생물체는 지역에 따라 다양하게 나타나며, 진화에 따라 시기별로도 매우 다양하게 존재한다. 그러나 산호초는 그 형태에 따라 구분된다.

1) 평평한 이질평원

이질 평원은 1km에서 수km의 폭을 가지며, 주변의 해저면에 비해 수십 cm에서 수m 정도 밖에 높지 않은 평평한 지역이다. 이질평원은 조류(algae), 해초(sea grass), 분지(分枝)하며 성장하는 산호, 연체동물 등과 같이 한 곳에 머물러 성장하는 생물체에 의해 형성된다. 탄산염 둔덕에서는 초기 교결작용에 의해 풍화에 잘 견디는 단단한 해저면이 형성된다. 탄산염 둔덕이 해안에서 어느 정도 떨어진 곳에서 계속해서 성장하면 산호초에 둘러싸인 탄산염 대지와는 다른 형태의 대지(platform)가 형성된다.

2) 산호초 둔덕 및 이질 둔덕

평평하고 긴 형태로 나타나거나 급한 경사를 가진 원추형으로 아직까지 산호초의 형태를 갖추지 못한 지역이 이에 해당된다. 크기는 매우 다양하나 일반적으로 100m 이상의 폭을 가진다. 일반적으로 탄산염대지에서 완만히 경사진 지역, 산호초의 석호에서 잔잔한 지역, 대륙붕 혹은 심해에서도 형성된다. 이질 둔덕은 분급이 불량한 생물기원 석회질 이질 퇴적물로 구성되어 있으며, 수지상(樹枝狀)으로 자라는 부착생물의 골격(해면, 조류, 이끼 벌레류, 작은 산호, 이매패류 등)이 소량으로 분포한다.

3) 거초, 보초, 환초, 이초

대륙과 붙어 외해로 연장되며 형성된 산호초를 거초(裾礁, fringing reef)라고 한다(그림 4-37). 거초는 이들이 성장하는 대륙에서 강에 의한 이질 퇴적물이 공급되지 않는 지역에서 형성된다. 산호초가 대륙과 분리되어 그 사이에 석호(lagoon)가 형성된 것을 보초(堡礁, barrier reef)라고 한다. 보초의 연안쪽에 발달한 석호 환경에는 외해의 파도작용이 영향을 주지 못한다. 보초는 대륙붕단을 따라 발달하기도 하며, 대표적으로 오스트레일리아의 대보초(Great Barrier Reef)가 대표적이다. 남태평양에서 흔히 나타나는 환초(環礁, atoll)는 보초의 일종으로 침강하는 화산섬 주위에 산호초가 형성되어 원형으로 발달한 것이다. 화산섬이 해수면 아래로 침강하면 결국 고리 형태를 보이는 환초가 형성된다. 타원형의 이초(離礁, patch reef)는 대륙붕에서 무작위로 형성되는 산호초로 일반적으로 석호 내부 혹은 보초가 없는 대륙붕에서 형성된다(그림 4-37). 이초는 바하마 지역의 대륙붕에서 흔히 관찰된다. 해수면이 빨리 상승하면 이초는 매우 빠르게 성장하여 수십 m 이상의 높이로 형성된다. 이초는 일반적으로 형성되는 면적이 좁으며, 이는 빠르게 상승하는 해수면과 같은 속도로 매우 빠른 속도로 산호초가 성장해야 하기 때문이다.

탄산염의 대부분은 생물체에 의해 형성되므로 석회암 자체가 근원암이 된다. 특히 석회질 조류 매트(algal mat)는 매우 양호한 근원암이다. 탄산염 대륙붕 지역에서는 산호초에 가장 양호한 공극이 존재한다. 이 공극은 산호의 골격 사이에 분포하는 것으로 공극률과 유체투과률이 매우 높아 전 세계 석회암 저류층의 대부분을 차지한다. 산호초 주위에 퇴적된 산호 애추도 석회질 산호 골격으로 이루어져 양호한 저류층이 형성된다. 또한, 산호초의 중심부는 퇴적된 이후 압밀작용의 영향을 거의 받지 않아 원래의 공극을 유지하는 경우가 많다. 탄산염질 경사지(carbonate ramp)의 고에너지 환경, 산호초 사이에 분포하는 어란석(oolite)은 입도가 크고 분급이 매우 양호하여 양호한 저류층을 형성하며, 소구상 석회암(pellite)도 사암 입자 크기로 퇴적되므로 양호한 저류층이 된다.

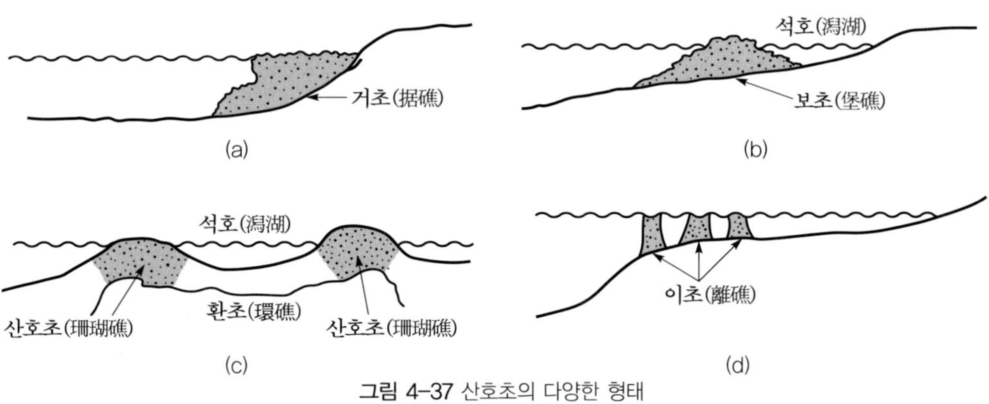

그림 4-37 산호초의 다양한 형태

4) 복합 산호초 성장체

탄산염 대륙붕 혹은 탄산염 대지는 복잡한 구조로 이루어져 있다. 산호초 전면(reef front) 혹은 산호대(reef belt), 산호대 전면(forefeef)의 사면에 발달한 산호애추(reef talus), 산호 대지 및 석호를 포함하는 산호배후지(back reef) 등이 주요 구성요소이다. 탄산염 대륙붕에는 해안선 이질 퇴적물 지대, 조간대 등도 분포하며 이들은 모두 탄산염 복합체에 포함된다.

5) 석호 퇴적물

보초(barrier reef)와 육지 사이에는 석호(lagoon)가 분포한다. 이 환경은 외해의 파도 작용을 받지 않으며, 해수의 증발이 일어나 해수에 녹아있는 탄산염의 농도가 높아지며 증발암이 침전된다. 석호에서 육성 쇄설기원 퇴적물은 흔하지 않으나 어떤 경우 증발암 및 석회암과 교호하기도 한다. 석고나 암염층이 석회암 및 쇄설성 이암층과 교호하기도 한다.

(4) 속성작용

산호초나 기타 석회질 퇴적물은 퇴적이 일어나면서 바로 변화가 시작되고 매몰되기 이전에도 변화를 겪는다. 중요한 속성작용으로는 1) 용해작용에 의한 공극형성으로 탄산염 대지가 육상에 노출되어 대수층 상부에 위치하면 일어난다. 2) 교결작용으로 탄산염 사이의 공간에 새로운 광물이 성장하면서 암석화 작용이 일어난다. 3) 교대작용으로 단일 결정 혹은 작은 결정으로 이루어진 광물이 큰 결정을 가지는 다른 탄산염 광물로 변하는 작용이 있다.

이와 같은 탄산염 퇴적체의 속성작용은 다음과 같은 이유로 잘 일어난다.

① 탄산염 골격을 이루는 물질이 매우 잘 용해되고 특히 아라고나이트나 마그네슘을 함유한 탄산염은 열역학적으로 불안정하여 물리 화학적 변화가 일어나면 쉽게 다른 광물로 변하기 때문이다.

② 탄산염 성장체, 산호애추, 골격을 이루는 모래는 공극률과 유체투과률이 높아 지하수에 의한 변질이 매우 용이하기 때문이다.

③ 탄산염 성장체 내부에 발달한 내부 배수체계로서 유체투과률이 높은 부분을 따라 공극수가 수평으로 혹은 상부로 쉽게 이동할 수 있고, 또한 빗물이 하부로 잘 이동하기 때문이다.

④ 탄산염 대지가 해수면 변화에 의해 육지에 노출되면 공극수의 화학조성이 급격히 변한다.

⑤ 탄산염 성장체의 상부 혹은 측면에서 해수와 공극수가 빠르게 섞이기 때문이다.

1) 교질물

탄산염암은 여러 타입의 교질물에 의해 교결작용을 받는다.

① 초기 해양 교질물

섬유질 혹은 이회토질 마그네슘 탄산염 혹은 아라고나이트로서 산호초 전면, 사면 및 탄산염 성장체의 상부에서 해수와 접촉한 상태로 형성된다. 이에 의한 교결작용은 미생물에 의한 막의 형성으로 마그네슘 탄산염의 침전이 더욱 증가하기도 한다. 이 교결 작용에 의해 산호초의 골격을 이루는 물질 또는 모래로 이루어진 둔덕이 기계적 풍화에 견딜 수 있을 정도로 단단해 진다.

② 초기 육성 교질물

스파라이트질 혹은 이회토질의 저 마그네슘 탄산염은 탄산염 대지가 해수면이 낮아지면서 노출되어 민물의 영향을 받는 경우 성장한다. 탄산염 대지가 노출되거나 다시 침수되면서 육성 및 해성 교결작용은 반복된다.

③ 후기 탄산염 교질물

조립질의 스파라이트 결정으로 철질 이온의 함량이 증가한다.

폐쇄된 속성계에서 교질물로 채워지는 공간은 불안정한 탄산염 광물의 용해로 형성된다. 퇴적물 하중이 증가하면 이 작용으로 인해 입자간 접촉면에 압력에 의한 용해작용(pressure dissolution)이 일어나며 이와 같은 작용은 더욱 증가한다. 결과적으로 탄산염 퇴적물은 더욱 단단해지고 전체적으로 치밀해진다. 산호의 중심부는 주변부의 세립퇴적물로 이루어진 곳에 비해 압축작용을 적게 받는다. 이로 인해 산호초는 더욱 돌출하며, 주변의 공극수가 배출되는 통로 역할을 한다. 공극이 채워짐과 동시에 재결정화 작용이 일어난다. 골격을 이루는 아라고나이트나 다른 종류의 탄산염암으로 이루어진 세립 결정질 퇴적물은 조립질 석회암으로 교대된다. 고 마그네슘 탄산염이 녹으면서 방출된 마그네슘으로 인해 석회암 퇴적체에서 대규모 돌로마이트화 작용이 일어난다.

2) 돌로마이트화 작용(dolomitization)

탄산칼슘($CaCO_3$)으로 이루어진 석회암이 돌로마이트($CaMg(CO_3)_2$)으로 변하는 것을 돌로마이트화 작용이라고 한다. 석회질 탄산염 성장체에서 대규모의 돌로마이트화 작용은 해수와 접촉으로 공극수가 순환하면서 Ca^{++} 이온이 Mg^{++} 이온으로 바뀌면서 발생한다. 이와 같은 이유로 산호초는 초기 혹은 후기 돌로마이트화 작용을 잘 받는다. 해수와의 경계지점에서는 해수가 퇴적물 내로 주입된다. 일반적으로 해수는 Mg/Ca의 비율이 5.2로 마그네슘을 무한정 제공할 수 있다. 따라서 해수와 접촉하고 있는 부분이나 해수와 화학적 조성이 같은 공극수로 인해 퇴적된 탄산염 광물의 일부에서는 Ca^{++}이온이 Mg^{++} 이온으로 바뀐 상태로 존재한다. 파도나 조석작용으로 해수가 퇴적물에 주입되면 초기 돌로마이트화 작용이 일어난다. 또한 석호나 열대지방의 조간대환경(sabkha)에서는 해수의 증발이 일어나며, 고염도의 해수에서 석고가 침전된다. 석고가 침전되면서 해수내 Ca^{++} 이온농도가 감소하고, 남아있는 해수에서는 Mg/Ca의 비율이 더욱 증가하게 된다. 증발로 인해 해수의 밀도가 증가하여 해수가 퇴적층 하부로 내려가고, 이에 따라 석고가 돌로마이트로 변하기도 한다. 해수와 지하수가 만나는 지점에서도 탄산칼슘은 돌로마이트로 변하기도 한다. 석회암이 심부로 매몰되고 퇴적물 하중이 증가하면 Mg가 풍부한 공극수가 방출되면서 일부 지역에서 돌로마이트화 작용이 일어난다. 석회암이 돌로마이트로 변하면 석회암의 부피는 약 12% 줄어든다. 이로 인해 공극이 형성되기도 한다(그림 4-38).

3) 석회암의 2차 공극

석회암은 용해작용, 교결작용, 돌로마이트화 작용을 받으며 다양한 형태의 공극이 형성되거나 사라지기도 한다(그림 4-38). 용해작용은 공극을 형성시킨다. 그러나 어느 한쪽에서 용해작용이 일어나면 인접한 다른 쪽에서 탄산염에 의한 교결작용이 일어난다. 교결작용은 공극을 감소시키는 작용을 한다. 퇴적이 일어난 후 원래 형성된 공극이 교결작용을 받으면 고화된 치밀한 석회석이 형성된다. 그 후 공극 사이의 입자 혹은 골격이 용해되면 몰드 공극(mouldic pore)이 형성되기도 한다(그림 4-38(c)). 돌로마이트화 작용을 받으면 공극이 12% 정도 증가한다(그림 4-38(d)). 돌로마이트화 작용은 치밀하게 퇴적된 석회질 이암에서도 일어나므로 여기서도 양호한 저류층이 형성될 수 있다. 초기 돌로마이트화 작용을 받은 산호초는 매우 단단하여 압밀작용에 의한 공극률 감소를 줄이는 역할을 한다.

탄산염암의 속성작용은 광범위하게 일어나므로 최종적인 공극은 퇴적환경과 연관성이 있을 수도 있고 없을 수도 있다. 쇄설성 퇴적암과는 달리 원래 형성된 1차 공극은 완전히 파괴되고 상당한 규모의 새로운 2차 공극이 형성되고 한다. 따라서 퇴적환경을 해석을 통하여 1차 공극이 가장 잘 형성될 수 있는 산호초와 같은 지역에 탐사 시추를 하여도 어떤 경우 공극이 없어 실패하는 경우도 있으며, 예상치 못한 지역에서 성공하는 경우도 흔하다.

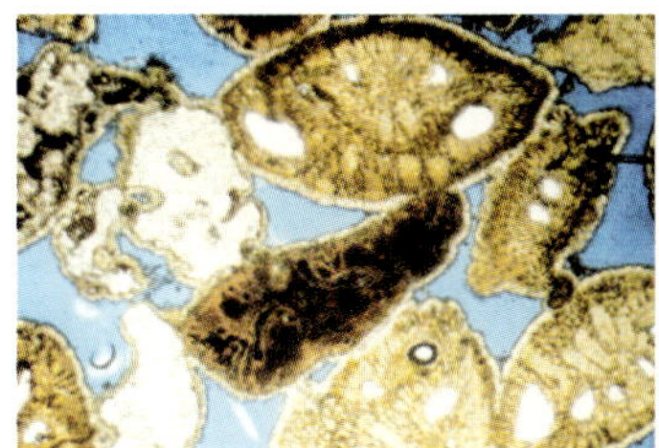
(a) 입자간 공극

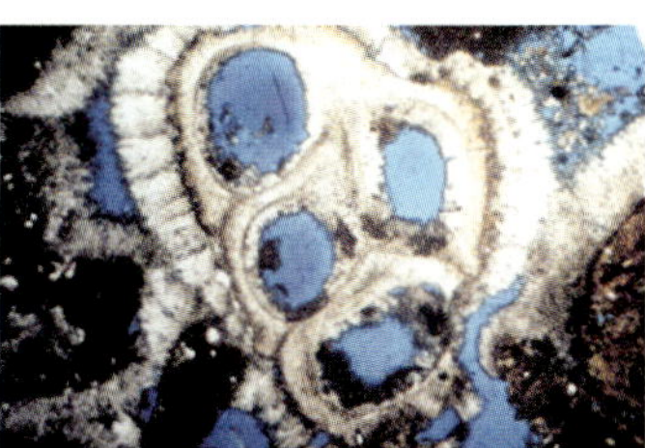
(b) 탄산염 골격 사이의 공극

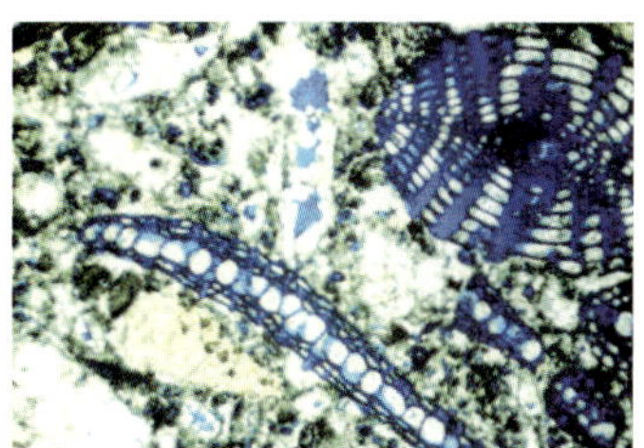
(c) 몰드 공극

(d) 돌로마이트와 작용에 의한 공극

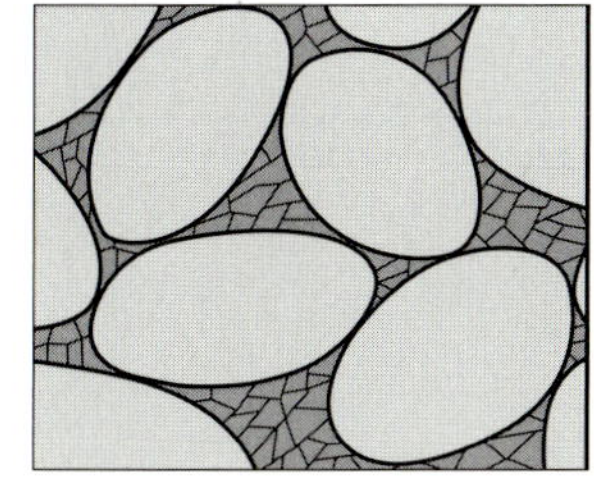
(e) 돌로마이트화 작용에 의한 몰드 공극

그림 4-38 탄산염에서 나타나는 다양한 공극의 형태.

제5장 트랩 및 이동
(Trap & Migration)

5-1 트랩
5-2 트랩의 분류
5-3 구조트랩
5-4 층서트랩
5-5 수력학적트랩
5-6 복합적트랩
5-7 이동
5-8 타이밍

05_ 트랩 및 이동 (Trap & Migration)

5-1 트랩

(1) 서론

트랩은 석유나 가스가 외부로 이동하지 않도록 상층부가 불투수성 암석으로 덮혀 있어 석유나 가스의 집적이 이루어질 수 있도록 되어 있는 지질구조를 말한다

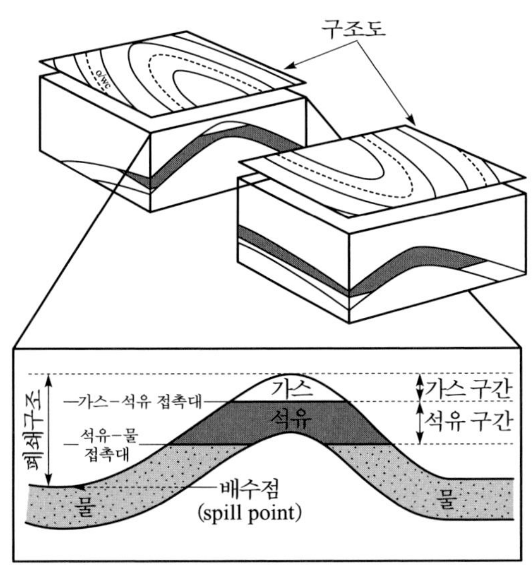

그림 5-1 배사 구조 트랩의 형태, 상부 구조도 및 각 명칭

트랩은 지하에 3차원의 형태를 가지고 있기 때문에 여러가지 방법으로 실제 트랩 의 모습을 나타낸다. 가장 쉽고 많이 사용하는 방법으로 그림 5-1에서 보는 바와 같이 트랩 상부면의 구조도(structural map)가 있으며 이는 등심선(contour)으로 그려진다. 다음에는 block diagram으로 입체적으로 그려지기도 한다.

여기에서는 간단한 배사구조 트랩의 각 명칭을 설명하고자 한다.

1) 정부(또는 최정점, crest, 頂部) : 트랩에 있어 가장 높은 부분
2) 배수점(spill point, 配水点) : 저류암이 배사 또는 돔을 형성하고 있을 경우 사방으로 향하는 지층향사가 반전하는 점 가운데 가장 높은 점으로 실제적으로 석유나 가스를 포함할 수 있는 구조의 깊이로서 폐쇄구조의 면적을 계산하는데 사용된다.
3) 폐쇄구조(closure 또는 structural closure): 습곡, 돔, 기타 지질 구조적 트랩에 있어서 정부(최정점)으로부터 이 구조를 싸고 있는 최하부의 등심선까지의 수직거리로서 석유나 가스 저류층의 평가에 사용된다.
4) 생산구간(pay zone): 상업성이 있을 만큼 충분한 양의 석유를 함유하고 있는 두꺼운 지층내의 생산구역을 말하며 이는 총생산구역과 순생산구역으로 나뉜다.
   * 총생산구간(gross pay zone) : 수직적으로 볼때 최상부의 함유층부터 최하부의 함유층의 기저까지의 전 두께를 말한다.
   * 순생산구간(net pay zone) : 총생산구간 중에 석유나 가스를 함유하고 있는 저류층만을 말한다.
5) 석유-물 접촉대(OWC-oil/water contact) : 저류층내에서 물과 석유가 접촉 하고 있는 수평면을 말한다.
6) 저수 구간(bottom water zone) : 저류층 내에서 석유가 부존되어 있는 바로 아래의 지층수로 채워진 구간을 말한다.
7) 변두리 구간(edge zone) : 저층수 구간의 바깥쪽 구간을 말한다.

(2) 트랩의 형성작용(trapping mechanism)

트랩은 석유나 가스를 받아 들이는 것과 그것이 밖으로 유출 되는 것을 막아주는 두 가지 역할을 한다. 석유나 가스는 이동성이 있기 때문에 트랩은 이들이 계속적으로 이동하며 진행하는 일을 중단 시키는 일을 한다.

트랩이 형성되기 위해서는 여러 가지 지층들 중에서 우선적으로 공극이 많은(porous) 지층이 불투수성(impervious)인 지층에 의하여 부분적으로라도 둘러 싸여 있거나 막혀 있어야 한다.

물은 첫 번째로 석유나 가스를 트랩 속으로 들어오게 하는 중요한 매체이다. 대부분의 트랩들은 원칙적으로 물을 포함(water-wet)하고 있다. 전 세계적으로 수많은 석유나 가스전의 생산 기록을 보면 석유나 가스가 서서히 고갈되는 동안 그 공간을 물이 채워지는 것을 볼 수

있다. 반대로 트랩에 석유나 가스가 채워지게 되면 물은 지하에서 다른 곳으로 밀려나게 되고 나중에 공간이 생기면 다시 채워지게 된다. 트랩은 그 안의 공간 내에서 유체가 활발하게 교체 되는 곳이다.

트랩을 덮고 있는 암석(roof rock)과 트랩 주위에 있는 암석(wall rock)이 저류층 내의 압력 하에서 석유나 가스 뿐만 아니라 물을 통과시킬 수 없는 경우에 원래 그 저류암내에 있던 물은 석유나 가스가 들어오므로서 밑으로 밀려 내려 가게 되어 그 곳에는 저수(bottom water)층이 형성된다. 만일 주변 암석의 투수성이 높으면 그 곳에 물이 포화(water-saturated) 되고 석유 가스는 주변의 물(edge water)에 의하여 둘러싸인 형태가 된다.

트랩의 형성작용에 대한 여러 가지 분류 중 W.B.Heroy(1941)는 트랩의 성인을 퇴적(depositional), 속성작용(diagenesis), 변형작용(deformation)에 따라 형성된다고 하였다. 즉 (a) 저류층은 습곡과 같은 지역적인 층의 변형작용에 의하여 폐쇄되어(closed) 형성되며 (b) 저류층은 암석내의 여러 가지의 다른 공극율 때문에 형성되기도 하며 위와 같은 특징들이 서로 결합되어 형성된다고 생각하였다.

Otto Wilhelm(1945)은 트랩의 외부 경계(boundary)모습과 그 성인에 따라 아래와 같이 다섯 가지로 분류하였다.

1) 볼록형(convex) 트랩 저류층 : 습곡작용이나 지층의 두께의 차이에 의해 볼록면체의 형태를 갖는다. 이 저류층은 주변 모든 방향의 암석층과 같은 공극율을 갖고 있으므로 주변수(edge water)층에 의하여 둘러 싸여 있다.
2) 투수성(permeability) 트랩 저류층 : 저류층의 대부분이 투수율이 매우 낮은 암석의 벽으로 둘러싸여 있다.
3) 핀치아웃(pinchout) 트랩 저류층 : 산호초 등을 포함한 렌즈상 구조에 의하여 형성되며 저류층의 두께가 완전히 얇아져 없어진다.
4) 단층 트랩 저류층 : 저류층이 단층에 의하여 경계되어 진다.
5) 피어스먼트(piercement) 트랩 저류층 : 암염 다이어피어(diapir)나 화산 넥(neck)에 의하여 형성된다.

5-2 트랩의 분류

트랩은 매우 다양한 형태를 가지고 있으므로 관점에 따라 여러 가지로 분류되어 왔다(그림 5-2).

Otto Wilhelm(1945)의 외형적 모습의 성인에 따라 다섯 가지로 분류한 것 외에도 Harding & Lowell(1979)은 특별히 구조트랩을 기반암의 존재여부에 따라 기반암의 영향을 받은 트랩과 기반암의 영향없이 분리된(decollement 또는 detached) 트랩으로 나누었다.

그러나 가장 알기 쉬운 일반적인 트랩의 분류는 크게 구조(structural), 층서(stratigraphic)와 이 들의 복합형태인 것(combination)으로 대별된다.

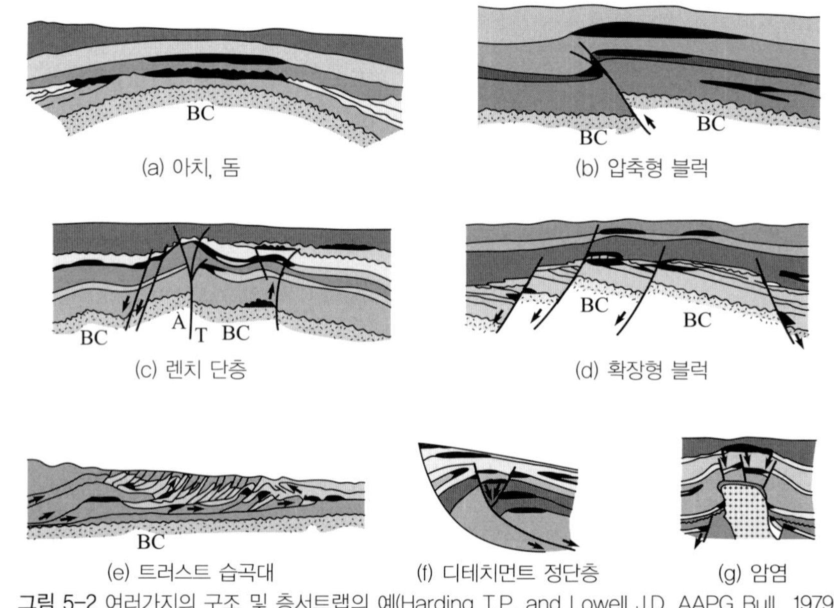

그림 5-2 여러가지의 구조 및 층서트랩의 예(Harding T.P. and Lowell J.D. AAPG Bull., 1979)

첫째로 퇴적층이 쌓인 후 이차적인 구조 운동, 즉 습곡, 단층, drape 등에 의하여 형성된 트랩을 구조트랩(structural trap)이라 하며 여기에는 크게 배사구조를 갖는 습곡 트랩과 여러 형태의 단층으로 이루어진 단층 트랩이 있다. 이는 대부분 Wilhelm의 분류상 볼록(convex) 트랩에 속하며 필수적으로 단층 발달과 연관되어 있다.

둘째로 구조적인 변형과 상관없이 층서의 변화에 따라 암층의 투수율이 변한 경우. 즉 주로 퇴적작용과 관련되어 형성된 트랩을 층서트랩(stratigraphic trap)이라 한다.

한편 위 두 가지의 경우가 복합적으로 발생하는 복합적트랩(combination trap)이 있으며 전 세계적으로 대규모의 유전들은 복합 트랩에 속한다. 일반적으로 복합적트랩은 층서트랩인 경우이며 약간의 구조적 보완내지는 변형이 가해지는 경우가 대부분이다. 그 외에도 물의 흐름으로 인해 석유나 가스가 모여 있으면 수력학적트랩(hydrodynamic trap)이라 한다.

표 5-1 트랩의 분류

1. 구조트랩	습곡(배사구조) 트랩	버클(buckle) 트라스트(thrust) 습곡형 트랩
		휨(bending) 습곡형 트랩
		버클과 휨 복합형 트랩
	단층트랩	대규모 정단층 트랩
		경사진 단층 지괴(tilted fault block) 트랩
		성장(growth) 단층 트랩
2. 층서트랩		광역적 암상 변화에 의한 트랩 –웨지아웃(wedgeout) 트랩
		핀치아웃(pinchout) 트랩
		암초(reef)
		광역 부정합(regional unconformity)에 의한 트랩
		고립형(isolated) 또는 렌스상(lenticular) 사암 트랩
		피어스먼트(piercement) 트랩
		암염 다이어피어(diapir) 트랩
		화산 넥(neck) 트랩
3. 수력학적(hydrodynamic) 트랩		지하수의 흐름에 의하여 형성된 트랩
4. 복합트랩		상기의 두가지 이상이 복합적으로 형성된 트랩

5-3 구조트랩(structural trap)

(1) 습곡(배사구조) 트랩

석유나 가스는 물보다 가볍기 때문에 저류층 내에서 위치에너지가 가장 작은 곳 즉 높은 곳으로 이동하려는 경향이 있다. 이러한 개념은 1800 년대 석유개발 초기의 기본개념이 되어 '배사구조 이론' (anticlinal theory)이 만들어졌고 그 후 석유개발을 성공적으로 이끄는 기본 원리가 되었다.

따라서 1970년대에 발견된 대규모 유전들의 85% 정도, 그리고 적어도 90% 정도의 가스전이 이러한 배사구조트랩에 속하며 특히 현대 석유산업의 시작이었던 미국 펜실베니아주 유전의 저류층이 이러한 형태이다.

실제로 배사구조는 하나의 습곡의 형태이며 가장 이상적인 구조는 단독적인 돔(dome) 형태이거나 구조적으로 높은 곳(structural high)으로 배사구조는 조구조적(tectonic) 생성원인과는 관계없이 단지 층들이 비교적 높은 중앙의 정점으로부터 기하학적으로 경사져 내려가는 것을 말한다. 그것은 매우 다양한 모양을 가지고 있으나 공통적으로 폐쇄구조(closure)를 형성하고 있으며 그 구조의 배수점(spill point) 상부에 석유나 가스가 집적된다.

그림 5-3은 가장 단순한 배사구조트랩을 보여주는 구조도로서 폐쇄 구조와 석유와 물과의 경계면을 잘 보여주고 있다. 그 구조도에서 석유와 물과의 경계면은 배수점과 일치하는 것으로 볼 수 있다 .

폐쇄구조는 반드시 3차원적으로 폐쇄되어 있어야만 되며 어느 한쪽이라도 완전히 폐쇄되어 있지 않고 열려 있으면 석유나 가스는 인근 구조로 이동하게 된다. 그 정부(crest)에는 대개 가스가 존재하거나 석유가 들어 있으며 정부에 가스가 있는 경우에 그 하부에는 석유가 있으며 배수점까지 차 있다. 석유나 가스가 폐쇄구조를 채우지 못 할 경우 그 자리에 물이 차게 된다.

습곡(배사구조)트랩은 형태와 성인적에 따라 크게 세 가지로 나누어 볼 수 있다.

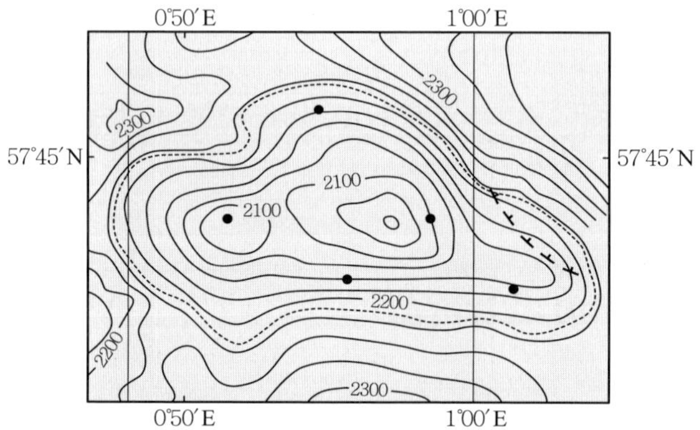

그림 5-3 북해 UK., 퍼티스(Forties) 유전의 구조도로서 전형적인 배사구조를 나타낸다. 팔레오세의 저류층의 등심선(contour)은 해저로 부터 25m 간격이며 점선은 석유와 물의 경계면(oil/water contact)이며 폐쇄구조의 가장 최저등심선이 약 −2,210m이므로 폐쇄구조의 최대 두께는 150m 이상이다. 실제 유전의 최장거리는 18km에 이르며 검은 점은 시추공이다(Thomas A.N., et al., AAPG Bull., 1974).

1) 버클(buckle) 트라스트(thrust) 습곡형 트랩

기반암과 관계없이 단지 횡압력에 의하여 층들이 수평적으로 짧아지는 현상을 나타내는 것으로서 하부나 상부로 갈수록 절단되거나 사라진다. 이는 마치 마루위에 놓인 카페트를 옆에서 미는 것과 같은 효과를 나타낸다. 그리하여 때로는 이러한 배사구조를 양탄자 습곡(rug fold)이라고도 부른다.

이러한 습곡형 구조의 규모는 구조를 이루고 있는 층들의 점성(viscosity)의 차이에 따라 변한다. 지층은 완전히 단단한 고체가 아니라 점성을 가지고 있는 물체이므로 그 층이 구조 운동을 받을 때 비교적 강한 지층이 약한 지층보다 구조 형성에 주도적인 역할을 한다. 이러한 상태에서 버클형 습곡의 파장(wavelength)은 주 지층의 두께와 점성에 달려있다. 전형적인 버클형 습곡의 파장과 지층의 두께의 비율은 10:1 정도이다.

이러한 형태의 대규모 유전의 예는 중동 자그로스(Zagros) 산맥 전면부의 이란-이락 습곡대에서 볼 수 있다.

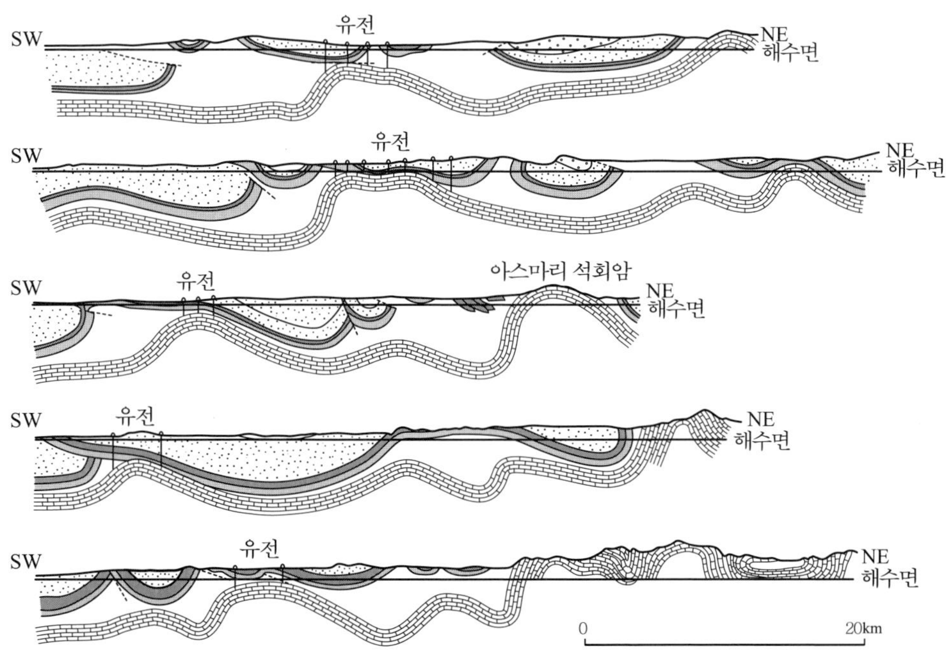

그림 5-4 이란-이락 유전 습곡대로서 Asmari석회암(벽돌무늬)이 버클형 습곡을 보이고 있으며 그 위에 증발암(무늬없는 부분)이 덮개암으로서 쌓여있다.(Lees, G.M., 1953, The science of petroleum, vol 6, Oxford University Press)

그림 5-4에서 보는 바와 같이 오리고-마이오세 아스마리 석회암 층이 두께가 약 300m에 달하고 파장이 10-20km이며 진폭이 2-5km인 거대한 버클형 습곡을 만들고 있다. 석회암 상부에는 매우 약한 증발암(evaporite)이 있으나 강한 횡압력에 의하여 정부(crest)지역에서 멀리 압력이 작은 지역으로 밀려나 있다.

버클 트라스트 습곡 배사구의 앞쪽(forward limb)은 급경사이며 심지어는 뒤집어진 형태를 갖고 두께가 얇아지기도 하며 때때로 여러 개의 단층에 의해 절단되기도 한다. 이러한 형태의 배사구조는 아파라치안 오클라호마 습곡대(그림 5-5)와 북러시아의 티만-페코라(Timan-Pechora) 분지의 고생대의 구조에서도 볼 수 있다. 이 외에도 베네쥬엘라의 오리노코(Orinoco) 분지의 북쪽 사면, 캘리포니아 분지들의 제삼기 지층에서도 볼 수 있다.

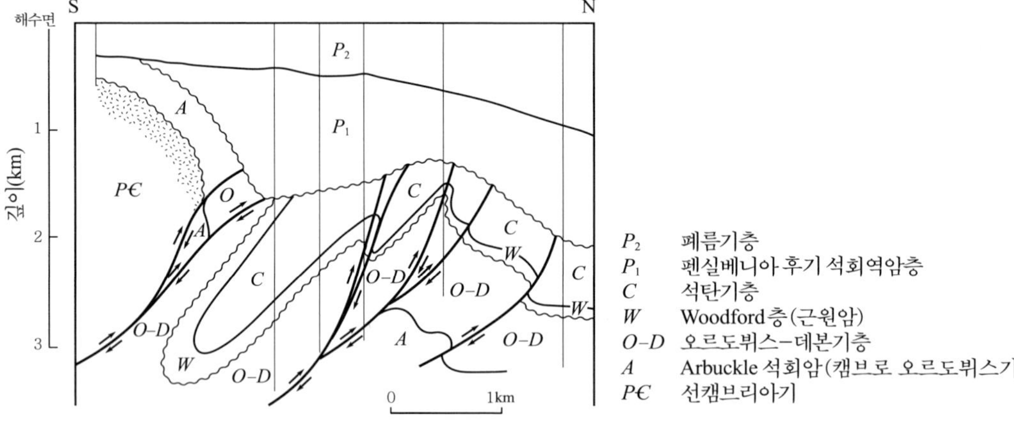

그림 5-5 남부 오클라호마 Arbuckle uplift의 단면도로서 고생대 하부 지층의 Eola 유전지역의 버클트라스트 단층과 overfolded 트랩을 보여준다(Swesnik, R.M. & Green, T.H. AAPG Bull., 1950)

이러한 트랩의 또 다른 예로 이란 남부에 있는 대규모 Kangan 가스전은 두 개의 지질시대가 결합되어 있다. 저류층은 고생대 페름기이나 구조는 제삼기 플라이오세에 만들어졌다. 이곳에는 두껍고 단단한 층의 거대한 습곡이 심하게 파쇄되어 있음을 볼 수 있다(그림 5-6).

버클 트라스트 습곡트랩은 공통적으로 구조 축에 횡적으로 교차되는 단층에 의해 절단되는 경향이 있다. 그러나 그러한 단층은 트랩의 저류용량(capacity)과는 관련이 없으며 구조를 여러 개의 작은 소구조로 분리시켜 석유나 가스를 단층의 상단부에 트랩시키는 역할을 한다.

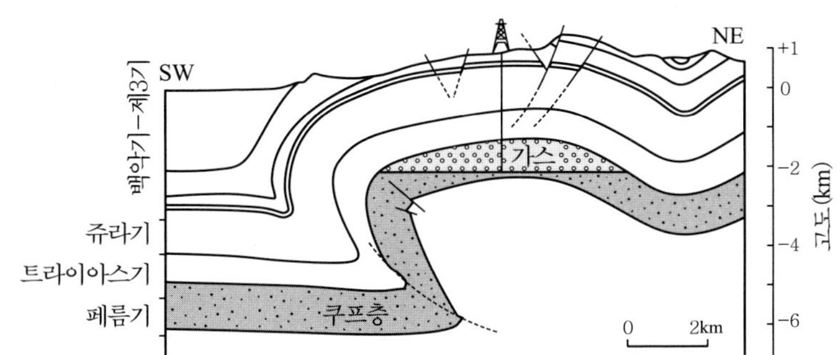

그림 5-6 이란 남부의 Kangan 가스전으로 폭이 약 4km에 달하는 버클 트라스트 습곡트랩을 보여준다. (Reyre, D., Rév. Assoc. Francaise des Techniciens du Pétrole; Paris, 1975)

퇴적속도가 빠르며 비교적 약한 제3기 지층인 경우 그림 5-7과 같이 뒤집어지고 낮은 폐쇄 습곡구조를 만든다. 이곳에는 교차되어 접촉되어 있는 여러 개의 습곡이 발달되어 있는데 이러한 습곡을 만들 공간은 다수의 트라스트 단층들에 의해 만들어진다. 이러한 트랩들은 매우 복잡하나 독립적으로 보면 그리 크지 않다. 대개 구조적으로 횡압력을 받은 제3기 분지에 많이 발달되어 있다. 예로서는 미 캘리포니아 육해상 벤트라(Ventra) 분지, 남부 트리니대드(Trinidad), 동유럽의 코카시안(Caucasian), 카르파티안(Carpathian) 분지들, 그리고 이태리의 포 밸리(Po Valley) 등이다.

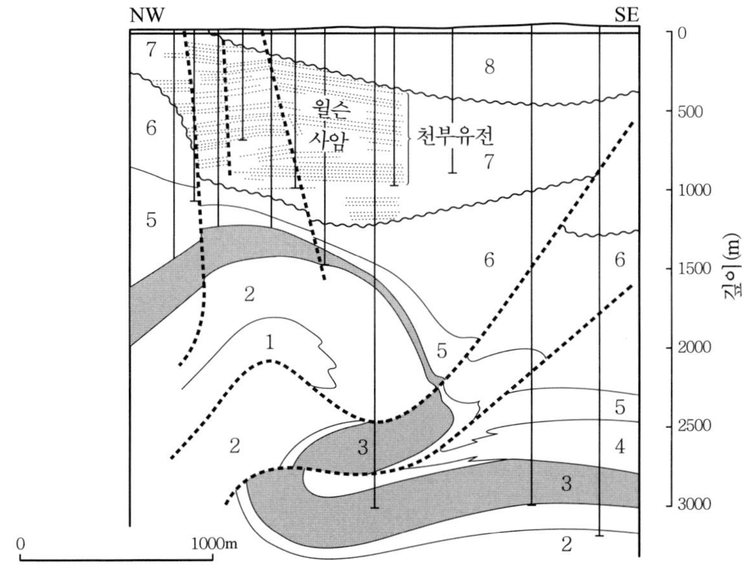

그림 5-7 Trinidad의 East Penal 유전의 하부 마이오세의 산유 저류층인 Herrera 사암층이 버클 트라스트 습곡에 의하여 3번 교차되어 있다.(Ablewhite, K & G.E. Higgins, 4th Carribean Geology Conference, 1965(1968); and P. Bitteri, AAPG Bull.,1958)

또한 이 트랩에서 쉽게 볼 수 있는 구조가 불어로 데꼴망(decollement), 그리고 영어로 디테치먼트(detachment, 박리, 剝離)라는 단층으로서 이는 거의 수평에 가까운 작은 경사의 트라스트 단층으로서 그리 깊지 않은 곳에서 나타난다. 이는 얕은 곳에서부터 시작하여 지표까지 연장되는 경우가 있으며 지표 가까이에서는 이 단층은 경사가 커지고 깊은 곳에서는 배사구조의 상부를 절단하기도 한다. 일반적으로 이러한 트라스트는 심부에서 하부의 단단한 층과 상부의 약한 층 사이의 층리면의 박리작용으로부터 시작된다. 대개 변형을 받은 화산열도 후면(back-arc) 분지의 전면부(foreland)를 따라 점성도가 다른 층들과 접하고 있을 때 트라스트와 배사습곡이 결합(thrust-fold assemblages)된 구조가 형성된다. 이러한 곳에서 나타나는 기본 구조는 언더트라스트(underthrust)이며 이는 단단한 층들이 측면으로 밀려서 위쪽으로 비늘 모양으로 겹겹으로 쌓이는 모습을 갖는다(그림 5-8). 이러한 예는 캐나다 록키산맥과 미국 측 연장상에 있는 미서부의 오버트라스트 융기대(Overthrust Belt)에서 볼 수 있다(그림 5-9).

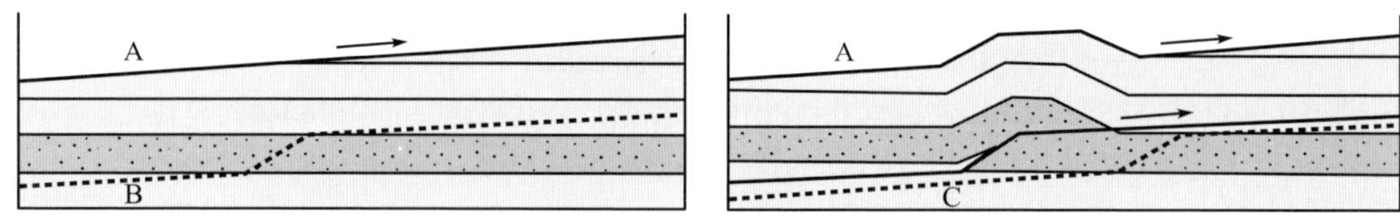

그림 5-8 층리면을 따라 발달된 트라스트 단층으로 습곡된 트랩이 발달되는 과정(Jones, P.B., AAPG Bull., 1971)

이러한 구조에서는 석유나 가스는 대부분 상반(hanging-wall)에 트랩되며 큰 구조트랩을 이루고 있다.

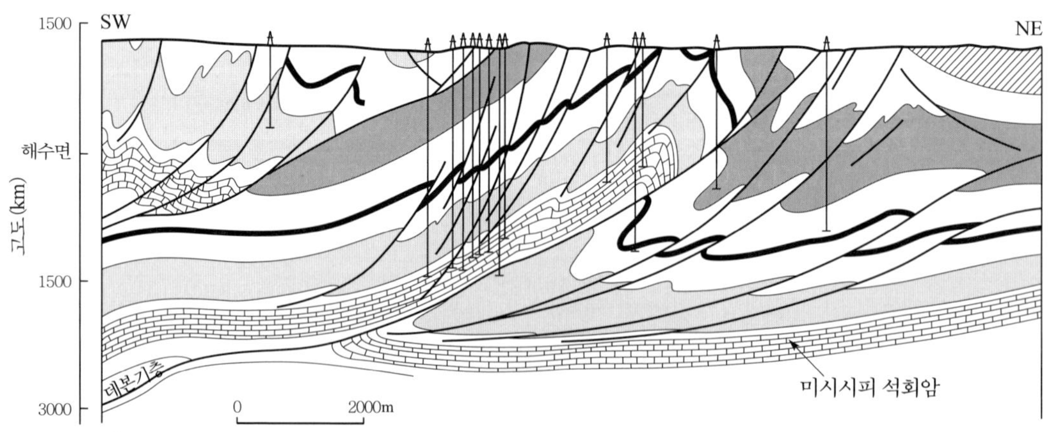

그림 5-9 Alberta Rocky Mountain의 Turner Valley 석유 가스전에서 층리면 트라스트 단층에 의하여 저류층인 고생대 석회암의 버클 트라스트 습곡 트랩이 형성(Fox F.G. AAPG Bull., 1959)

2) 휨 습곡(bending fold)형 트랩

힘 습곡형 트랩은 접선에 따라 작용하는 압축작용(tangential compression)에 의하여 만들어진 버클 트라스트 습곡형 트랩과 달리 수직적인 차별운동(differential vertical movement)에 의하여 만들어진 습곡 트랩으로 대체로 버클형 트랩보다 훨씬 크다.

이 트랩에서 나타나는 대표적인 구조는 드래입(drape)으로서 이는 하부층이나 기반암등의 융기부(uplift) 위에 만들어지는 파장이 매우 큰 습곡을 의미한다. 대개 이러한 습곡은 대륙지각 즉 지질 기반암층의 확장(extension)에 의한 열개작용(rifting)과 이에 따른 지구(graben)에 의한 차별적 침강(differential subsidence)의 결과이다. 드래잎 구조에서는 침강된 지각 안에 있는 단층 불럭 등이 나뉘어지고 그들은 대부분 지구의 침강된 부분의 반대쪽으로 회전한다. 이곳의 융기된 블록위의 놓인 지층들이 아치(arch)를 만들며 이러한 작용이 계속될 경우 아치의 상부는 점차로 얇아짐을 볼 수 있다.

이 습곡트랩은 성인에 따라 2가지로 나뉘어 볼 수 있다.

① 압축형 휨 습곡(compressional bending folds)

이 트랩은 조산운동(orogeny)의 영향을 받은 곳, 특히 화산열도 후면(back-arc) 분지의 전면부(foreland) 에서 발달되는 대상(belt, 帶狀)구조로서 돔(dome)모양의 구조가 일직선상으로 발달되어 있다. 이곳에서 발달된 단층은 크지 않아 표면까지 도달하지 않고 드레입

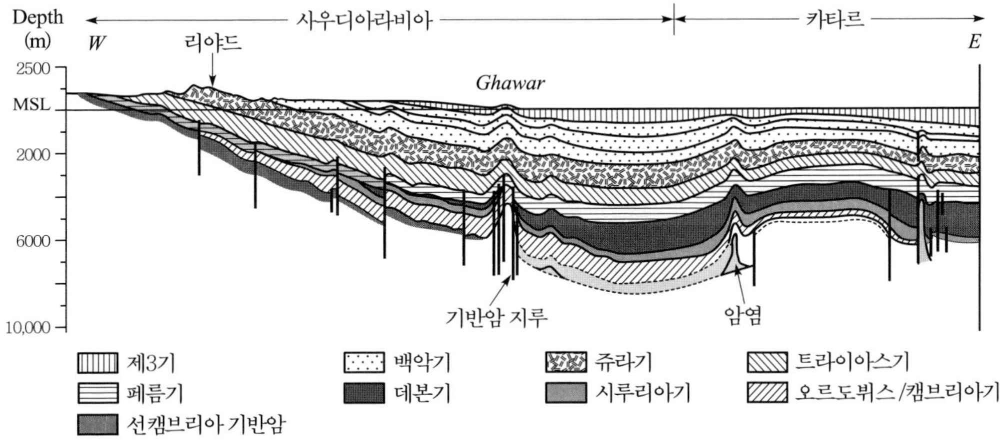

그림 5-10 사우디아라비아의 Ghawar 유전으로 세계 최대 생산유전이다. 기반암의 단층이 중간에 중단되어 상부에 긴 드레입(drape) 트랩이 발달 되었다.

구조를 절단하지 않으므로 대규모 트랩이 형성된다 이 트랩의 대표적 예는 세계적으로 최대 유전으로 알려진 사우디아라비아의 가와르(Ghawar) 유전이 있다(그림 5-10). 그외에도 미국 중부 록키삼맥, 베네주엘라의 마라카이보와 오리노코 분지, 프랑스의 아퀴탄(Aquitane)분지와 러시아의 티만-페코라(Timan-Pechora)분지에서도 볼 수 있다.

② 확장형 휨 습곡(extensional bending fold)

이는 일반적으로 정단층에 의하여 둘러싸인 지루(horst)와 기울어진 블록(tilted block)에 의하여 만들어진다. 이들은 거의 모든 지구(graben)와 인리형(pull-apart)분지에서 볼 수 있다. 그 예로는 바이킹(Viking), 수에즈(Suez), 서어트(Sirte), 레콘케이보(Reconcavo, 그림 5-11)와 담피엘(Dampier)분지 등에서 잘 볼 수 있다. 이러한 지구(graben)와 인리형 분지는 발산형(divergent) 지각 경계(plate boundary)나 미발달된 축(failed arm)의 확장(extension), 소위 올로코진(aulocogen)과 밀접한 관계를 갖고 있다.

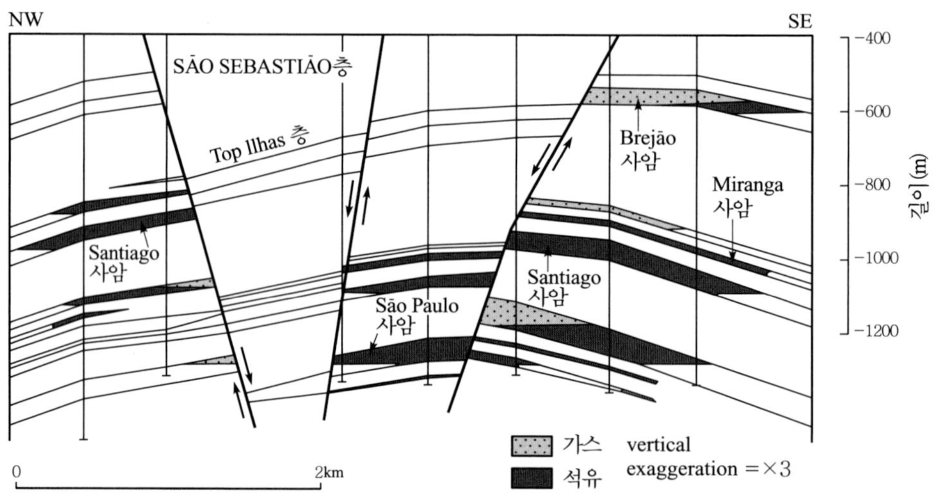

그림 5-11 브라질 레콘케이보(Reconcavo) 분지의 Miranga 유전의 예로서 정단층에 의한 확장성 휨 습곡을 보여주며 동시에 단층트랩도 발달하였다(Ghignone J.I. & G. D. Andrade, AAPG Memoir 14, 1970).

3) 버클과 휨 습곡의 복합 트랩

일반적으로 휨 습곡 트랩은 성인적으로 경사가 큰 정단층이나 역단층과 연관되어 있으며 일반적으로 퇴적 분지가 만들어지는 초기과정에서 나타나는 것들이다. 그러나 버클 습곡 트랩은 성인적으로 트라스트 단층과 관련되어 있으며 분지발달의 마지막 단계라 할 수 있다. 대개 대규모 트랩들은 버클과 휨 습곡의 결합 하에서 만들어진다. 즉 복합트랩이 만들어 지는 분지는 초기에 확장에 의한 단층발달 후에 압축작용에 의하여 지층들이 변형되고 결과적으로 짧아지게 되기 때문이다.

이러한 과정은 두 개의 지각판(plate)이나 지괴(crust block)들이 비스듬하게 사각(oblique)으로 만나는 곳 즉 주향이동 단층(strike-slip fault)에 인접한 변형대를 따라 발달된다. 이러한 단층이 발달된 곳을 변형 경계(transform boundary)라고 부르며 일명 렌치 단층(wrench fault)대라 한다. 이러한 지층은 시대에 상관없이 모든 암석과 구조를 절단하여 상부로 갈수록 여러 개의 이차적 단층으로 나누어져 얕은 곳까지 계속되며 지표상에서는 거의 파쇄대로서 나타나며 그곳에 단층면을 따라 하천이나 계곡이 형성되기도 한다. 단면도에서는 하부의 깊은 곳에서 하나로 시작된 단층이 상부로 가면서 갈라져 여러 개의 소규모 단층으로 분기되어 그 모습대로 화속구조(flower structure, 花束)를 보인다. 그러나 실제로 대규모의 주향이동 단층은 그 자체가 대규모 유전의 형성과는 직접적인 관계가 없는 것으로 알려졌다.

한편 사각 확장(oblique extension)은 트랜스텐션(transtension)이라고도 부르며 마름모꼴(rhomb-shaped)의 분지를 만들고 정단층 운동요소를 갖는 단층에 의하여 둘러싸여 있다. 이러한 단층 주변부의 아래로 떨어진 곳(하반)에 두꺼운 퇴적층들이 발달 된다.

반면 사각 압축(oblique compression)이 우세한 곳에는 트랜스프래션(transpression)의 변형이 일어나며 원래의 정단층은 역단층으로 되어 분지를 닫으며 원래 아래로 떨어진 곳에 있었던 지층들은 상반(hanging-wall) 배사구조를 형성하게 된다.

주 렌치 단층에 부수적으로 발생하는 여러 가지 구조 들이 실험실에서 증명(그림 5-12) 되었으며 이러한 구조는 정밀 야외 조사에서도 확인할 수 있다.

이들은 신테틱(synthetic)과 안티테틱(antithetic) 균열대로부터 시작하여 확장형(extensional) 정단층과 압축형(compressional) 트라스트 단층으로 인하여 생긴 드레입(drape) 습곡을 형성하며 거의 단층이 없는 비대칭 버클 배사구조를 만든다. 그러나 이는 트랩을 직접 만들지는 않고 기존의 확장과 압축작용으로 만들어진 트랩을 단지 주향이동 단층을 따라서 수평적으로 이동시키는 역할을 한다.

대표적인 것으로는 미국 캘리포니아의 로스앤젤스(Los Angeles)분지와 산호아퀸 밸리(San Joaquin Valley)분지로서 이들은 산 안드리아스(San Andreas)단층과 인접되어 있으며 곳곳에 소규모의 평행한 단층들에 의해 단절되어 있고 연속적으로 형성된 제형(梯形, en echelon) 배사구조의 유전 들이 발달되어 있다(그림 5-13).

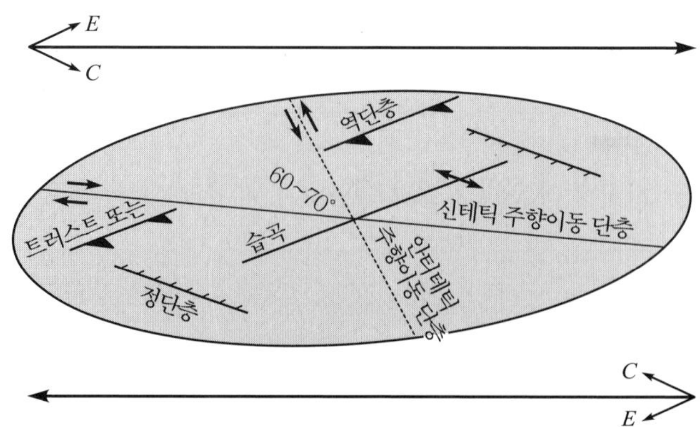

그림 5-12 렌치성 변형으로부터 생기는 힘과 복합적인 구조들을 보이는 응력 타원(strain ellipse)에 관한 실험 결과로서 우편향 움직임을 나타내고 있다. C는 렌칭작용으로부터 기인한 압축형 벡터(compressional vector)이며 E는 확장성 벡터(extensional vector)를 의미한다(Harding, T.P., AAPG Bull., 1974).

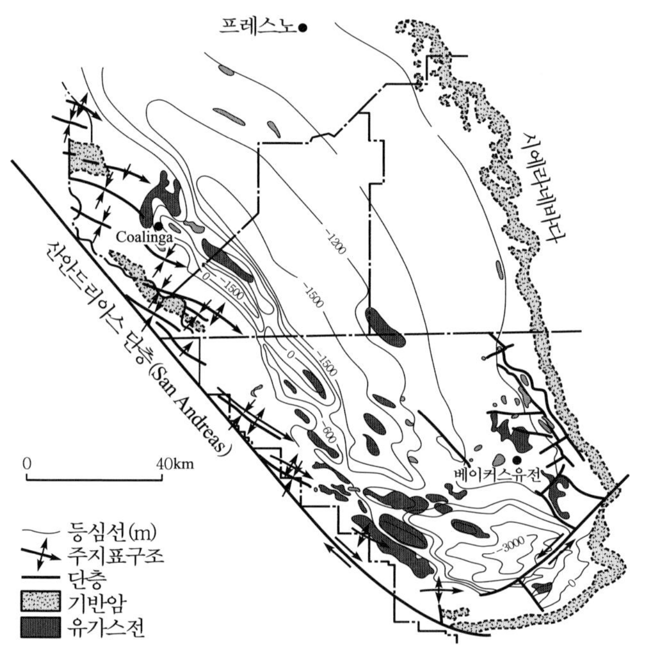

그림 5-13 캘리포니아 San Joaquin Valley 분지내 배사구조의 습곡을 따라 유전이 발달되어 있다. (Bazeley, W., AAPG Memoir 16, 1972)

(2) 단층트랩

석유나 가스는 단층작용을 받은 저류암내에 집적되는 경우가 있는데 경사 방향에 단층이 발달하여 이 단층으로 막힌 저류층 내에 석유가 집적되는 것으로 이를 단층트랩(fault trap)이라 한다. 석유는 암층 내에서 단층면을 따라서 상부를 향해 이동하는데, 이동 중에 투수율이 좋지 않은 층에 막혀 더 이상 위로 올라가지 못하게 되어 그곳에 유가스전을 형성하게 된다.

단층 트랩의 대표적인 것으로 지루(horst)와 기울어진(tilted) 단층 블록이 있다. 그러나 완만한 경사를 갖는 저류층이 단층에 의하여 짤려 있는 것이 일반적인 형태이다. 특히 단층이 부정합면과 연관되어 있으면 부정합면은 트랩의 지붕(roof rock)을 이루고 단층은 석유의 이동을 막아주므로 좋은 유전을 형성하게 된다(그림 5-14).

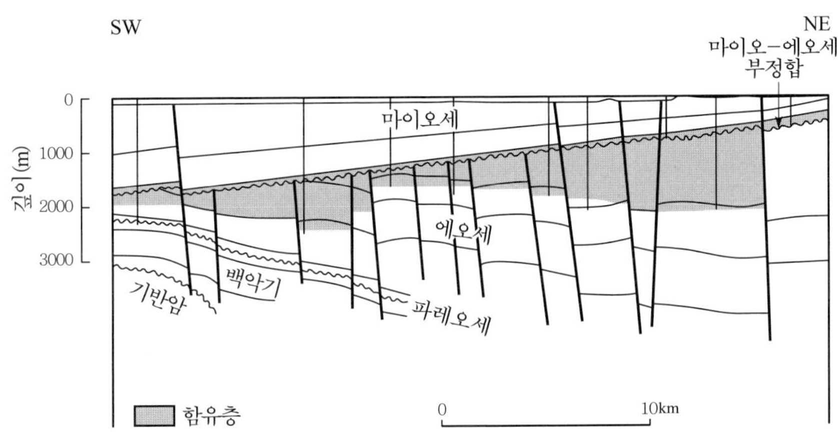

그림 5-14 Venezuela Maracaibo 분지의 Bolivar Coastal 유전 단면(Borger H.D. and E.F. Lenert, 5th World Petroleum Congress, 1959)

석유나 가스의 트랩을 만드는데 있어 단층 작용은 다른 형태의 트랩형성과 매우 밀접하게 관련되어 있다. 대부분 단층은 드레입(drape) 구조, 차별적 퇴적(differential deposition), 볼록(concvex) 구조의 시간적 성장, 지층의 절단(truncation), 부정합면 트랩의 형성, 지구(horst)의 융기(uplift) 등과도 관련되어 있다.

1) 대규모 정단층 트랩

단층이 다른 트랩과 관계없이 석유층(pool)을 덮는(sealing) 가장 단순한 트랩의 형태는 저류층이 직접 단층에 의하여 불투수성 암석과 접하는 것이다.

단층이 그 자체로 저류층의 주변을 폐쇄하여 트랩을 형성하는 경우 트랩은 대부분 정단층에 의하여 발달되며 단층의 하반을 향한 경사를 갖는 것으로 브라질의 Recncavo 분지의 Mianga 유전(그림 5-11)에서 잘 볼 수 있다.

그러나 단층작용은 습곡이나 지루(horst) 블럭과 같은 또 다른 구조를 만드는 역할도 한다. 때로는 이러한 단층에 의하여 만들어진 다른 구조가 단층 그 자체보다 실제로 더 나은 트랩이 되기도 하며 단층은 오히려 습곡과 같은 구조의 부수적인 산물인 경우도 많다.

2) 경사진 단층 지괴(tilted fault block), 지루(horst)와 지구(graben)

대규모 정단층 트랩은 원래 성인적으로 확장형(extensional)으로 석유지질 측면에서 보면 크게 두 가지 형태가 있다.

첫 번째는 단층으로 둘러싸인 지구(graben)나 반지구(half-graben)이다. 이러한 형태의 단층 블록군들은 위에서 평면적으로 볼때는 지그재그 모양이나 장사방형(rhomboidal)의 격자모양으로 매우 복잡하며 단면에서는 매우 단순하게 보인다. 단층의 경사면은 양쪽 모두 지구의 경계면을 따라 발달되며 거의 대부분 정단층이며 역단층이나 압축성 습곡은 존재하지 않는다.

이곳에서는 하부로 내려갈수록 경사진 단층 지괴가 나타나며(그림 5-11) 상부에서는 단층에 의하여 끌린 굴곡(fault-drag flexure)이 나타난다. 이러한 굴곡은 상부의 단층의 영향을 받지 않은 드래입 굴곡(drape flexure)과 연결된다(그림 5-15). 대표적인 예로서는 북해 UK지역의 Brent trend와 북해 스코트랜드와 놀웨이 지역의 Viking graben, 수에즈(Suez) 지구와 브라질의 르콘카이보(Reconcavo) 분지가 있다.

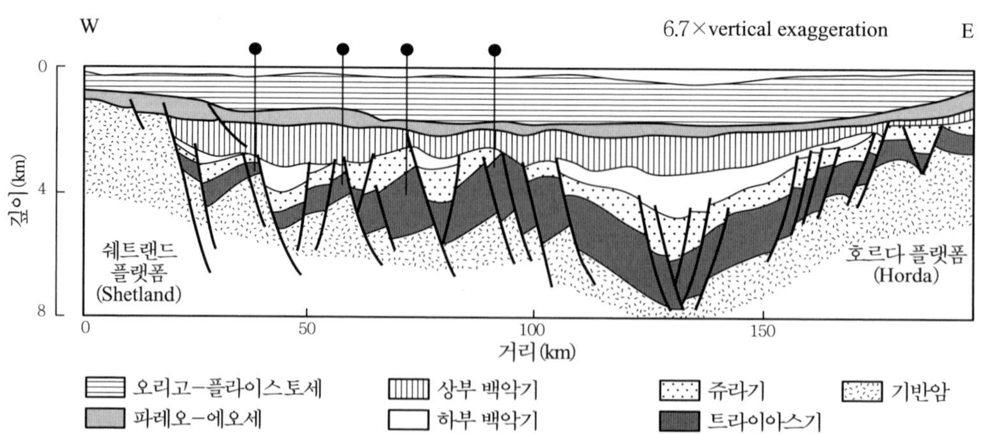

그림 5-15 북해 스코트랜드와 놀웨이 사이의 Viking graben의 단면으로 상부에 여러 층에 의해 덮혀있다.(Kirk R.H., AAPG Memoir 30, 1981)

3) 성장단층(growth fault) - 신테틱(synthetic), 안티테틱(antithetic) 단층 - 롤오버(roll-over) 배사구조

성장단층은 퇴적분지에서 흔히 볼 수 있는 구조로서 그들은 분지가 형성되는 과정의 한 부분이다. 그들은 대부분 퇴적과 거의 같은 시기에 발생되는 경우가 많으며 침강하는 분지쪽으로 경사진 스푼 또는 삽 모양의(listric) 단층으로 일명 신테틱(synthetic), 또는 분지 하향성(down-to-the-basin), 해안 하향성(down-to-the-coast) 단층이라고도 한다. 이러한 단층은 미국 걸프 코스트(US Gulf Coast)와 나이저(Niger) 삼각주 지역에 잘 발달되어 있다(그림 5-16).

이러한 신테틱 단층은 거의 성장단층이다. 이 단층은 초기에 분지 내에 퇴적물이 쌓이면서 지각이 분지 쪽으로 굽어지면서 시작된다. 이 단층은 퇴적이 진행되면서 계속됨으로서 단층의 낙차(throw)는 하부로 갈수록 증가하여 단층 하반부의 퇴적층 두께가 상반부보다 점점 더 두꺼워진다. 한편 이러한 단층의 전체적인 경사에 반대 방향으로, 즉 육지 쪽으로 경사를 갖는 단층이 발달하게 되는데 이를 안티테틱(anthithetic) 단층이라 한다. 이 단층은 거의 성장을 보이지 않고 단지 퇴적물에 의한 확장을 위하여 적응하는 것으로만 보이지만 때로는 성장을 나타내며 실제 나이저 삼각주에서는 하부의 셰일 릿지(ridge 또는 diapir)의 육지쪽 경계를 이루는 단층으로 나타난다. 그러한 곳에서 분지쪽 경계는 신테틱 즉 분지 하향성 단층이 된다(그림 5-16). 미국 걸프 해안에서는 셰일 외에 암염이 이러한 역할을 하기도 한다.

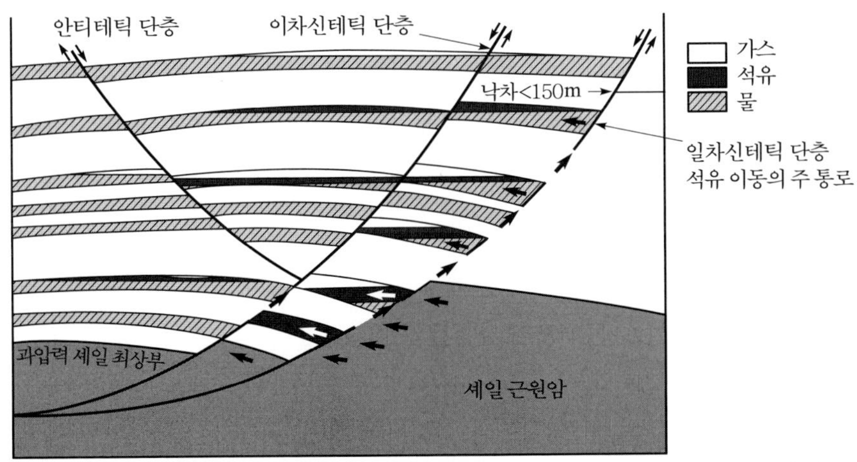

그림 5-16 나이저 삼각주의 성장단층(Onu Egbogah E. and Lambert-Aikhionbare D.O., Oil Gas J., 14 April 1980; after Weber K.J. and Daukoru E., 1975)

이러한 성장단층에서의 신테틱과 안티테틱 단층의 발달은 1968년 Ernst Cloos에 의하여 실험실에서 현생 퇴적물로 실험되었다.

전반적으로 분지쪽으로 경사하고 있는 성장단층의 하반에 많은 유전 들이 발달되어 있지만 그들이 단지 단층에 의해서만 트랩을 형성하고 있는 경우는 드물다.

성장 단층에서 지금까지 알려진 가장 중요하고 일반적으로 볼 수 있는 부수적인 트랩 과정(supplementary trapping mechanism)은 롤오버(rollover) 배사구조이다. 성장단층이 심부 지층 내에서 시작되면 그것은 상부로 전파되며 분지쪽으로 가면서 경사가 심해진다. 동시에 아래쪽으로 움직이는 층들은 단층면을 따라 회전하며 당겨지게 된다. 암층이 단층과 동시적이거나 액체를 많이 포함하고 있으면 그들은 연장성을 유지하며 배사구조를 형성하게 된다. 그곳에서 일어나는 드래그는 일반적인 드래그의 방향 과 정반대의 방향으로 이것을 역드래그(reverse drag)라 한다(그림 5-17).

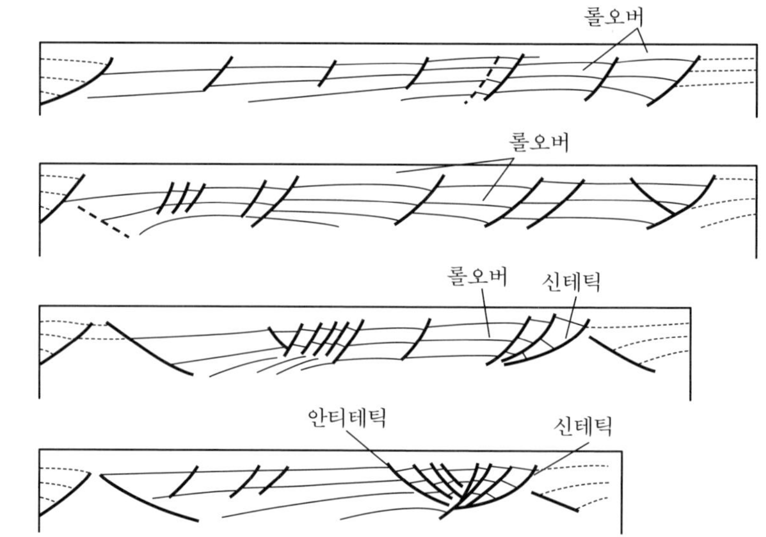

그림 5-17 퇴적동시성 신테틱과 안티테틱 단층으로 신테틱 단층은 하반에서 롤오버 구조와 연관되어 있다(Evamy B.D. et al, AAPG Bull, 1978)

5-4 층서트랩

층서트랩은 구조트랩과는 근본적으로 다르며 이 트랩을 이루는 가장 중요한 요소는 저류암의 층서적 변화나 암상의 변화에 의한 것으로서 이는 퇴적상의 변화, 속성작용에 의한 국부적인 공극율과 투수율의 변화, 그리고 저류암이 층서적으로 상부에 부정합과 같은 불연속면과 접촉하는 경우에 형성된다.

층서트랩은 우선 그 크기나 지리적 분포로 볼때 구조트랩과는 매우 다르다. 첫 번째로는 크기가 양극화 현상을 보여준다. 세계에서 가장 큰 석유 및 가스전의 일부가 층서트랩으로 되어 있다. 서구에서 가장 대규모 유전으로 알려진 베네주엘라의 볼리바르 코스탈(Bolivar Coastal) 유전은 단층 트랩이면서 또한 부정합에 의한 층서트랩으로 기존 가채매장량은 약 300억 배럴에 달한다(그림 5-14).

그림에서 보는 바와 같이 하부 에오세층은 그 상부가 침식에 의하여 부정합면으로 침식되어 있고 한편 상부의 마이오세 지층은 그 침식된 부정합면 상부에 존재하며 하부의 에오세층과 반대방향의 경사를 갖는다.

또한 북미 대륙에서 가장 큰 동부 텍사스(East Texas) 유전도 대표적인 층서트랩으로서 그 면적이 약 650km^{2}에 이르며 저류 사암층이 부정합면에 의하여 침식 삭박(erosional truncation) 되어서 생긴 것이다. 이와 유사한 예로 오클라호마 시티(Oklahoma City) 유전 내 오르도비스기 윌콕스(Wilcox) 함유층이 있다(그림 5-18). 또한 가장 큰 층서트랩 가스전으로서 텍사스 팬 핸들(Pan handle)의 휴거톤(Hugoton) 가스전은 그 면적이 1.8×10^{4}km^{2}에 달한다. 그 외에도 그레이트 레이크(Great Lakes) 남부의 리마-인디아나(Lima-Indiana)유전과 캐나다에서 가장 큰 육상 유전인 펨비나(Pembina)도 이에 속한다. 반면 소규모의 층서트랩도 무수히 많다.

두 번째로는 지리적인 분포가 매우 특이하다. 층서트랩의 거의 90% 이상이 미국에 있으며 중간 규모까지 생각한다면 거의 95% 정도가 북미에 있는 것으로 알려졌다. 그러나 이러한 사실은 북미지역에는 그 어느 지역보다 많은 시추자료가 있어 확인될 수 있기 때문으로 생각할 수 있다.

대개 카나다(Canadian), 발틱(Baltic), 가이아나(Guyana) 순상지(shield) 같이 얕고 단단한 기반암 위에는 비교적 단순한 층서트랩 즉 광역적인 암상 변화, 산호초, 해저 사주(offshore bar)와 같은 고립된 사암체(isolated sandbodies), 광역 저각도 부정합(low-

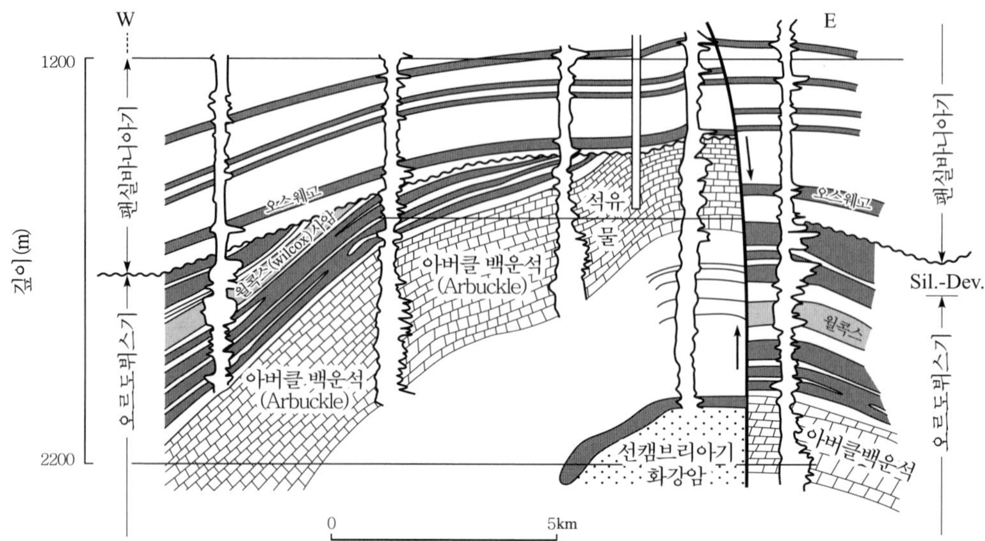

그림 5-18 오클라호마 시티(Oklahoma City) 유전의 펜실바니아기 이전층이 배사구조와 부정합면의 복합적인 관계로 형성된 모습을 보여준다(Gatewood L.E., AAPG Memoir 14, 1970)

angle unconformity) 등이 발달되었다.

층서트랩은 그 성인상 형태상으로 매우 다양하나 크게 아래와 같이 분류할 수 있다.

(1) 광역적 암상 변화–웨지아웃(wedgeout) 트랩

웨지아웃 트랩에는 퇴적 웨지 아웃(depositional) 트랩과 침식(erosional) 웨지 아웃 트랩이 있다. 가장 간단한 퇴적 웨지 아웃 트랩은 석회암보다는 수평적으로 투수율이 더 높은 사암에 존재한다. 이것은 해안이나 사주(bar)에 퇴적된 사암체가 퇴적 주향면을 따라 상부로 가면서 점차로 얇아지며(그림 5-18) 그러한 퇴적물들이 투수율이 작은 삼각주 평원(delta plain), 습지(lagoon)의 셰일이나 심해성 셰일층을 포함하고 있는 저탁류층(turbidite)과 만나게 되면 그 곳에 트랩이 형성된다.

이에 반해 침식 웨지아웃 트랩은 부정합면에 의하여 침식된 하부의 퇴적층 위에 얇게 퇴적되어 있는 웨지상의 트랩으로 매우 여러 곳에서 흔하게 볼 수 있으며 예로서는 남부 오클라호마의 석탄기 지층의 유전, 베네쥬엘라의 볼리바르 코스탈 유전, 알버타의 아타바스카 타르 샌드(Athabasca tar sand)와 베네쥬엘라 동부의 오리노코 타르 벨트(Orinoco tar belt)에서도 볼 수 있다.

(2) 투수성 핀치아웃(permeability pinchout) 트랩

이것은 저류층의 두께와 관계없이 동일 지층내에서의 투수성의 감소로 인하여 형성된다. 이는 쇄설성 암석이나 탄산염질 암석에서 모두 볼 수 있으며 사암 저류층인 경우 상향으로 갈수록 사암이 점차로 셰일화 되거나 이차적인 속성 작용(cementation)에 의하여 투수성이 감소될 때 형성된다. 탄산염질암에서는 돌로마이트에서 석회암으로 전이되거나 석회암에서 증발암으로 전이되는 곳에서 매우 뚜렷하게 나타난다.

예로서는 미국 신시내티 아치(Cincinnati arch)와 윌리스톤(Williston) 분지의 고생대 오르도뷔스기 돌로마이트층에서 볼 수 있으며 그 층은 셰일, 미세석회진흙(micrite)과 경석고(anhydrite)에 의하여 덮혀있다. 대규모 유전으로 알려진 서부 텍사스의 페름기 유전은 석회암이 증발암으로 전이되는 곳에 형성되었으며 이 증발암이 덮개암의 역할을 하고 있다.

(3) 암초(reef)

암초는 일반적으로 연안 혹은 대양의 항해 중에 좌초의 위험 요소가 되는 얕은 수심(최대 수심 20m)의 암석이나 산호류를 말한다. 석유지질학에서는 일반적으로 유기질 암초(organic reef), 그 중에서도 산호초(coral reef)를 대표적으로 가리키며 이는 다공질 석회암으로 형성되어 있기 때문에 석유, 천연가스의 저류암으로 되는 경우가 많다. 형태에 따라 여러 곳에 고립하여 산재해 있는 형태의 이초(patch reef, 離礁), 위로 솟은 형태의 첨초(pinnacle reef, 尖礁) 등으로 분류된다.

일반적으로 유기질 암초는 여러 가지 부수적인 트랩 형성 요건을 갖추고 있다. 주변을 둘러싼 공극율이 좋은 쇄설성 퇴적물들, 최정부의 암상 변화, 암초위에 쌓인 퇴적층의 드래입(drape) 배사구조들이 그러한 것 들이다. 유기질 암초는 그 자체로서 양호한 저류암일 뿐 아니라 좋은 덮개암 역할도 한다.

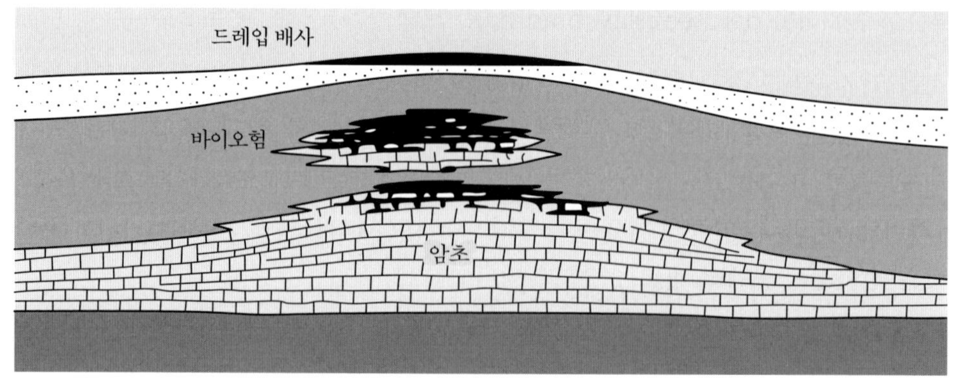

그림 5-19 석회암 암초위에 바이오험(bioherm)과 그 상부에 발달된 구조들

유기질 암초는 크기에 있어서 매우 다양하며 호주 동쪽 해안에 있는 대규모 보초(barrier reef, 堡礁)로 부터 커다란 환초(atoll, 環礁), 독립적인 바이어험(bioherm, 그림 5-19)과 단지 수백 평방미터에 불과하는 작은 것들 까지 있다.

대부분의 암초는 크기가 크건 작든 간에 조류(algae, 藻類), 산호, 패류(molluscs) 들의 군체(colonies)와 지금은 멸종된 스트로마토포로이드(stromatoporoid), 공생하는 갯나리류(symbiotic crinoid), 완족류(brachiopods), 유공충(foraminifera) 등의 생물들의 집합체로 구성되어 있다.

유기질 암초는 본래 저류암이면서 그 자체가 트랩이다. 따라서 석유나 가스의 저류량(capacity)은 그들의 암석 성분(lithology)에 따라 결정된다. 화석의 용해에 의하여 일차적인 공극이 증대되면서 유기질 암초는 특이한 내부 조직(texture)를 갖게 된다. 그들은 층리나 다른 본래의 구조와는 관계없이 기다란 모양의 투수성이 높은 홈들로 이루어진 그물망 모양으로 발달되어 있거나 또는 균열이나 움뿍 패인 구멍들로 많이 발달되어 있다. 그러한 조직들로 인하여 유기질 암초는 그 자체로 자연적인 좋은 저류층이 된다.

그러나 유기질 암초의 트랩으로서의 중요한 점은 이들이 자연 상에서 상부로 성장하며 불룩한 모양(natural convexity)을 갖는 점이다. 해양생물들은 수심과의 일정한 관계를 유지하기 위하여 암초의 상부와 아울러 바깥쪽으로 군락을 이루며 성장하여 치밀하지 않고 압축되지 않아 공극이 많은 조직을 갖는 구조물을 만든다(그림 5-20). 암초는 자체적으로 공극율이 매우 크나, 기존의 공극을 지나던 물이 석회암을 백운석(dolomite)으로 변형시키는 작용을 통해 기존의 공극을 더 크게 만들기도 한다.

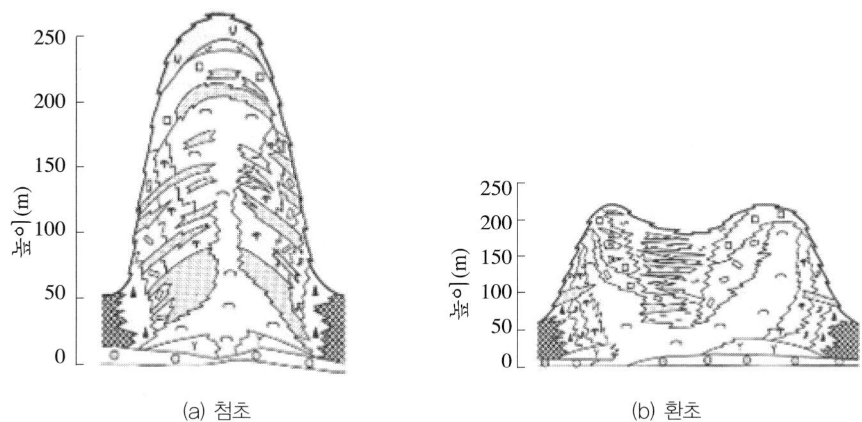

(a) 첨초　　　　　　　　(b) 환초

그림 5-20 캐나다 알버타의 두 개의 유기질 암초로서 (a)는 첨초(pinnacle reef)이며 (b)는 환초(atoll reef)이다(Barss D.L., et al., AAPG Memoir 14, 1970).

유기질 암초의 주변에는 암초로부터 떨어져 나온 석회암질의 파편들이 둘러싸여 있으며 이러한 물질들은 암초로 구성된 물질보다 더 압축되어 단단해 진다.

한편 이러한 유기질 암초는 해침(transgression)시에는 진흙(mud)이나 이회질(泥灰質, marl)물질이 덮개암으로 덮혀 있게 되고 해퇴(regression)시에는 증발암이나 암초 뒤쪽의 석호(潟湖, lagoon)로부터 온 이회질 물질들이 덮개암 역할을 한다. 해침 시의 예로는 서부 캐나다의 데본기 후기의 암초가 있고 해퇴 시의 예는 페르시아 걸프 분지의 제3기의 보초나 환초들이 있다.

유기질 암초는 모든 지질시대에 걸쳐서 나타난다. 그들은 특히 데본기, 페름기, 백악기와 제3기 후기와 현생에서도 형성된다. 1947년 데본기 암초 유전이 발견되었고(Leduc 유전) 앨버타의 Redwater 유전은 데본기 암초 유전의 대표적인 예이다.

이러한 암초들로 이루어진 대규모 유전은 서부 텍사스 퍼미안(Permian) 분지의 켈리-스나이더(Kelly-Snyder) 유전(그림 5-21), 멕시코의 골든레인(Golden Lane), 그리고 이락의 키르쿡(Kirkuk)유전들이 있으나 이외에는 대개 소규모로 발달되어 있다.

또한 유기질 암초는 그 자체로서 근원암의 역할은 하지 못하고 단지 저류암으로서 다른 곳에서 생성된 석유나 가스를 담는 용기 역할을 하고 때로는 석유나 가스가 빠져나가는 통로가 될 수도 있다.

캐나다의 앨버타에서 록키 산맥의 동부 가장자리를 따라 생산되는 석유는 데본기 환초와 비투과성 암초로 이뤄진 구조에서 발견된 것이 많다. 이 암초의 외부에는, 주로 유기물로 이뤄진 암초와 암설(岩屑) 등이 분포하고, 암초의 중앙은 전형적으로 미세석회진흙(micrite)이며 저류암은 아니다. 주로 석유는 기울어진 암초의 상단에서 발견되는데 이 곳의 한 유전의 경우 8억5천만배럴의 석유가 매장되어 있는 것으로 알려졌다.

이 경우 보다 조금 작은 규모의 암초도 트랩을 만들 수 있다.

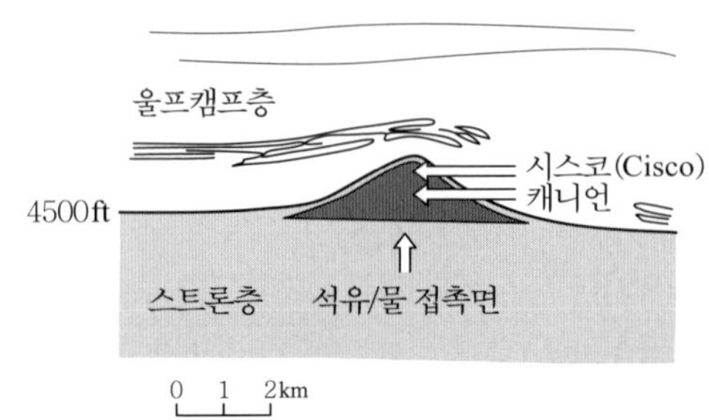

그림 5-21 미국 서부 텍사스 퍼미안 분지의 Kelly-Snyder 유전의 단면

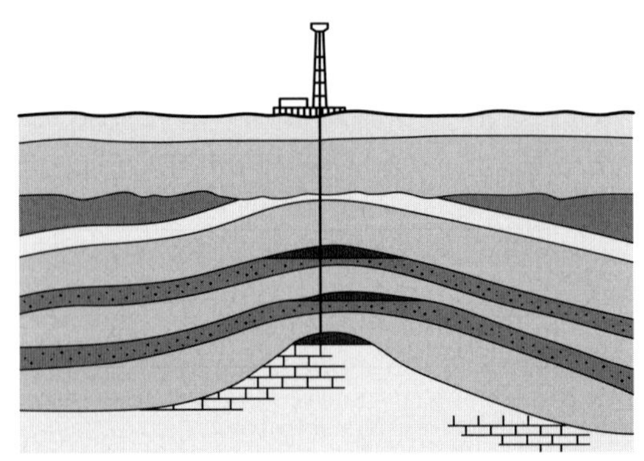

그림 5-22 reef 상부 지층의 다짐작용에 의한 배사구조(드레입)

한편, 석유 생산에 있어서 암초들 외에 그것을 덮고 있는 다짐 배사구조(compaction anticlines) 역시 상당히 중요하다(그림 5-22). 다짐 배사구조는 단단한 암석을 묻음으로써, 언덕이나 해령을 만드는데, 석회암 암초나 기반암 언덕이 그 예이다. 지하의 암초가 모래나 진흙에 의해서 점점 깊이 묻힐수록, 암초의 윗부분 보다는 옆 부분의 두께가 두꺼워지고, 전체적으로 암초 윗부분의 퇴적물들이 느슨해져 있는 암초구조에 다짐작용을 한다.(만일 석회암으로 이뤄져 있다면 그 다짐은 거의 없다). 다짐작용이 심할수록 암초의 옆부분에 퇴적물이 두껍게 쌓이므로, 암초 위로 폭이 넓은 배사구조가 형성된다. 여기에 덮혀 있는 퇴적암 중에

저류암이 있다면 트랩이 형성된다.

그림 5-23의 말발굽 모양의 환초로는, 텍사스 서부에 있는 고생대 후기(펜실바니아기-페름기)에 형성된 암초가 있다. 암초의 길이는 약 100~150km에 이르며, 상단 부분에 유전들이 발달되어 있다. 이 중 가장 규모가 큰 것이 바로 Kelly-Snyder 유전인데, 이 유전은 10억 배럴의 매장량을 가지고 있으며 대부분의 생산은 암초 자체로부터 이루어지나 암초를 덮고 있는 다짐배사구조로부터도 생산을 하고 있다.

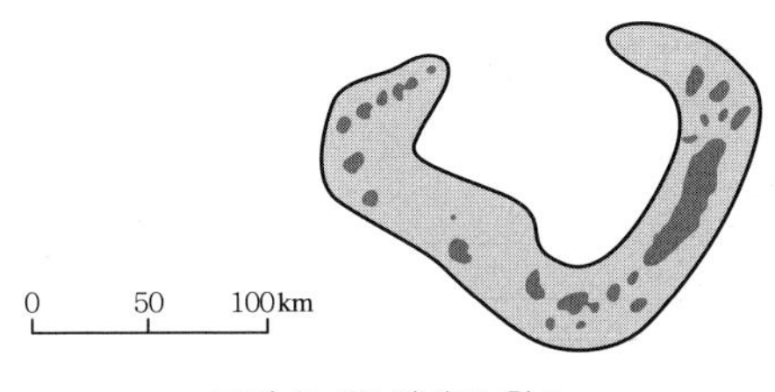

그림 5-23 말발굽 환초

(4) 광역 부정합(regional unconformity)

부정합이란 암석층준이 퇴적이 없거나 침식된 면에 의하여 중단된 것을 말한다. 그 면의 상부 지층과 하부 지층의 경사가 다를 때 이를 경사 부정합(angular unconformity)이라고 하며 상하부 지층의 경사가 평행하나 그 상하부를 나누는 면을 비정합면(discontinuity)이라고 한다. 한편 뚜렷한 면은 보이지 않으나 화석에 의하여 큰 층서적 중단이 있음이 증명될 때 이를 유사정합(paraconformity)이라고 한다.

이들 중 경사 부정합은 지역적으로 주로 분지의 주변부에 잘 발달되어 있다. 분지의 중심부에서는 층들이 연속적이나 그 층들이 주변부로 갈수록 아치(arch)나 융기에 의하여 퇴적이 중단된다. 많은 대표적인 층서트랩이나 절단(truncation) 트랩들이 이러한 과정에서 생긴다.

부정합면은 단층과 같이 하부에 있는 저류층에 대해 덮개암 역할을 하는 동시에 석유나 가스가 외부로 빠져나가는 통로 역할도 한다. 따라서 부정합과 관련된 트랩은 부정합면의 하부(subcrop)에 발달되는 경우와 상부(supercrop)에 형성되는 경우가 있는데 대부분이 하부에서 형성된다. 일반적으로 하부에 트랩된 석유는 부정합면으로부터 같은 분지의 다른 곳으로 이동된 석유보다 중질인 경우가 일반적이다.

부정합면 하부의 사암층에 형성된 유전의 예는 매우 많다. 예로서는 수에즈 지구(Suez

graben), 미국 걸프 코스트 루이지아나(그림 5-24), 북해(그림 5-25)와 미국 중부 대륙(Mid-Continent) 지역이 있다. 부정합면 상하부에 같이 형성된 대규모 트랩으로는 베네주엘라의 볼리바르 코스탈(Bolivar Coastal) 유전(그림 5-14)이 있다.

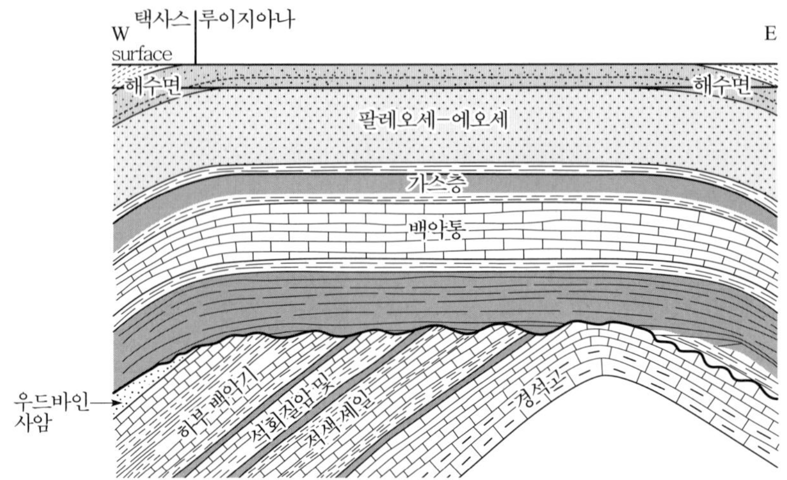

그림 5-24 북서 루이지아나의 Caddo 유전(Fletcher C.D., AAPG, Spe. pub., 1929)

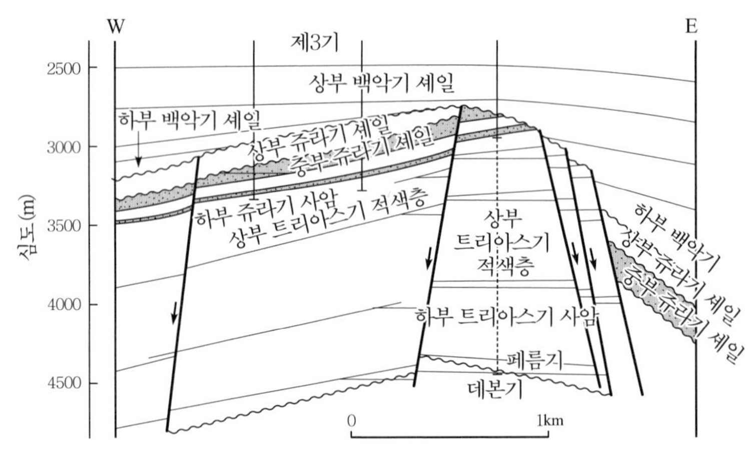

그림 5-25 Ninian 유전, UK, North Sea(Courtesy of Chevron Overseas Petroleum Inc.)

탄산염암 유전의 부정합 트랩은 매우 많으며 대부분 부정합면 하부에 형성된다. 이러한 예로는 서부 텍사스 센트랄 분지의 프랫폼을 따라 발달된 고생대 지층내의 엘렌버거(Ellenburger) 유전(그림 5-26)과 캐나다 사스캇치완(Saskatchewan)의 윌리스톤(Williston) 분지의 유전에서 볼 수 있다. 특히 윌리스톤(Williston) 분지의 경우는 증발암이 덮개암 역할을 하는 것이 특징이다. 이곳의 탄산염질 저류암은 암염층과 경석고층으로 교호되어 있다.

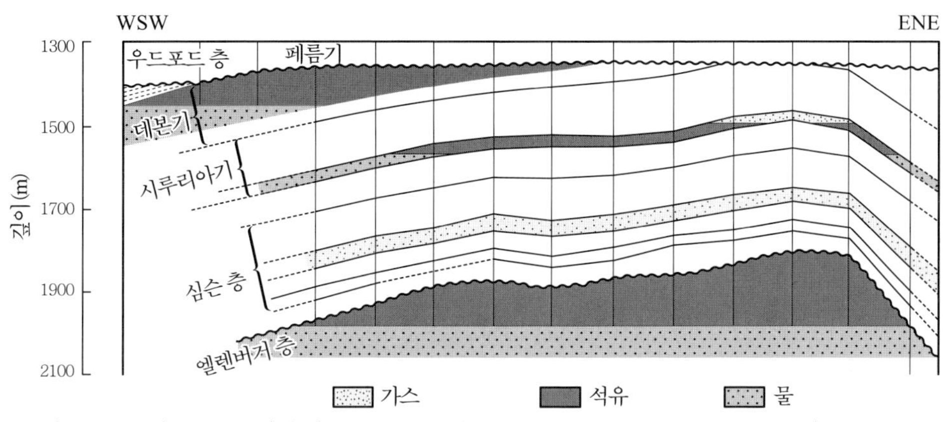

그림 5-26 TXL(Ellenburger) 유전, Central Basin Platform, Permian Basin, West Texas(Cooper C.G. and Ferris B.J., University of Texas Publication 5716, 1957)

많은 경우에 부정합 트랩은 여러 다른 트랩의 형성과도 관련 되었으며 보통 구조트랩 이라고 생각되는 곳에서도 매우 중요한 역할을 하고 있다. 실제 배사구조로서 알려진 많은 트랩의 형성과정이 부정합과 관련된 경우가 많다. 이러한 트랩으로는 푸르도 베이(Prudhoe Bay), 오클라호마 씨티(Oklahoma City), 알제리의 하씨 메사우드(Hassi Messaoud) 등 대규모 유전들이 있다.

실제로 지구(graben)와 지루(horst)가 단층에 의하여 둘러싸여 대규모 유전이 형성된 경우에도 트랩이 단층에 의하여 형성되기 보다는 부정합면에 의하여 봉합(sealing) 되어 있는 경우가 더 많다.

(5) 고립형(isolated) 또는 렌스상(lenticular) 사암 트랩

이러한 트랩은 보통 사암으로 되어 있는 완전히 폐쇄된 시스템 트랩으로 사암이 우세한 퇴적환경에는 이러한 트랩은 꽤 흔한 편이다. 또한 이러한 트랩안의 석유는 대개 자유수(free water)가 없어 생산성이 높은 좋은 유전을 만든다. 또한 이들은 분지내에 구조적으로 낮은 곳에 위치하므로 고압하에 있는 경우가 많다.

이러한 종류의 트랩은 대개 규모가 작으며 현재까지 상당수가 미국 내에서 발견되었다. 그에 대한 이유는 그러한 규모의 작은 유전이나 가스전의 개발이 미국에서는 경제성이 있기 때문이다.

이러한 사암은 퇴적 환경상 해안의 천해지역에 퇴적된 베어리어 바(barrier-bar), 포인트 바(point- bar)나 하천의 수로와 삼각주의 일부 지역에 발달된다. 이러한 트랩 중에 슈스트링(shoestring)의 형태를 갖는 사암층이 있는데 이는 일반적으로 셰일 층내에 있는 길고 좁은 렌즈 모양의 모래층을 말하며 이 구조는 해안선, 강의 수로, 삼각주에서 퇴적된다(그림 5-27). 이 트랩에서는 근원암과 저류암이 특히 가깝기 때문에 슈스트링 사암층에는 석유와 가스가 함께 채워진 경우가 많다. 미국 Kansas의 Bush City 유전은 슈스트링 사암층으로 길이는 약 20km, 폭은 400m, 두께는 약 17m이며, Cherokee 셰일 층에 완전히 둘러 쌓여 있다. 이 유전은 강 수로를 따라 발달되어 있다.

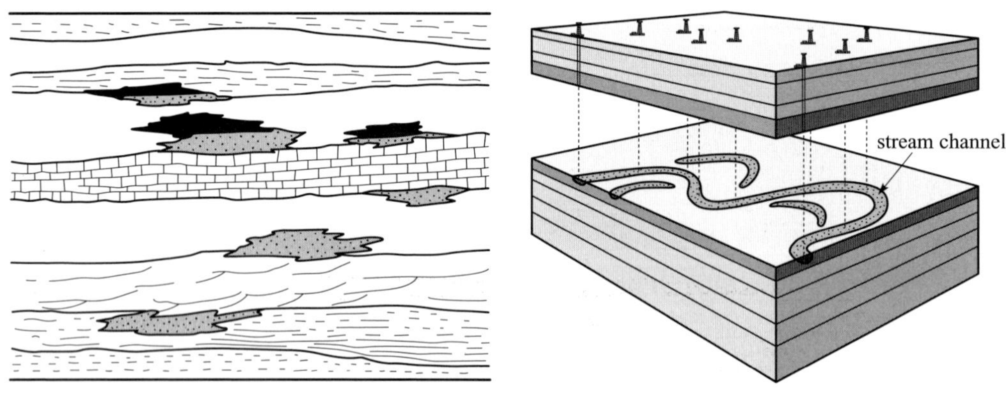

그림 5-27 렌스상 사암 트랩과 슈스트링 사암(shoestring sand) 트랩

(6) 피어스먼트(piercement) 트랩

이 트랩에는 암염 다이어피어(diapir)와 셰일, 이질물(mud) 또는 점토(clay) 다이어피어가 있으며 이 중에 대표적인 것은 암염 돔(dome) 또는 암염 다이어피어 트랩이라고 불리는 것으로 암염이 지층을 뚫고 상부로 올라 오면서 그 상부 또는 주변부에 트랩을 형성하는 것이다.

초기에 지각이 확장되기 시작하면서 분지가 만들어 지고 점점 깊어지는 그 분지내에 가장 먼저 퇴적되는 것이 소금이다. 따라서 두꺼운 암염층은 보통 석유가 많이 부존되어 있는 지층들의 최하부에 존재한다. 분지 하부의 기반암체가 움직이게 됨에 따라 소금은 유동하기 시작하며 베개(pillow), 구릉(swell), 벽(wall) 모양으로 시작하여 최후에는 돔(dome) 모양을 형성한다.

암염후기(post-salt)층이 비교적 단단한 탄산염암인 경우 암염층은 다이어피릭(diapiric)하지 않고 즉 원통형 모양으로 지표를 향하여 올라 오지 않는다. 두꺼운 암염층은 단지 넓은 아치모양의 돔형태를 만들며 매우 양호한 트랩을 형성한다. 그리고 상부의 탄산염질암들도 확장되는 힘(extension)을 받아 심하게 깨어져 매우 좋은 저류암이 된다(그림 5-28).

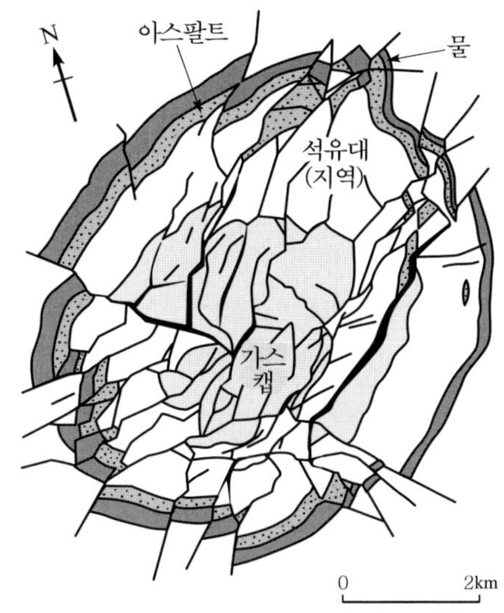

그림 5-28 Texas Gulf Coast 분지의 Hawkins 석유 및 가스전으로 하부 암염 돔의 융기로 인하여 심한 파쇄가 일어났다(King R.L. and Lee W.J., Journal Petroleum Technology, 1976)

그러나 암염후기 지층이 사암이나 셰일인 경우 암염층은 쉽게 상부층을 뚫고 올라온다. 이러한 다이어피리즘(diapirism) 즉 피어스먼트는 북중미의 걸프 코스트(Gulf Coast), 카스피해 북부 엠바(Emba) 분지와 서부 아프리카의 가봉(Gabon)분지(그림 5-29)와 같은 발산형 분지의 주변부(divergent margin)에 발달하는 특징적인 구조이다.

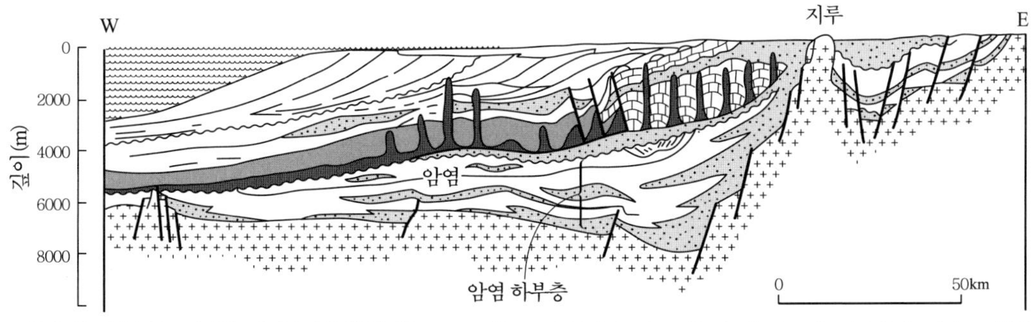

그림 5-29 서부 아프리카의 가봉분지의 암염돔(Cassan J.P. et al., Bull Centres Rech. Explor. Prod. Elf-Aquitaine, 1981)

암염돔에는 아래 그림 5-30에서 보는 바와 같이 매우 복잡하고 불규칙적인 여러 가지의 석유 및 가스 트랩이 발달되어 있다.

1) 암염돔 위에 폐쇄된 구조로서, 암염을 수반한 황산염암의 박테리아에 의한 환원작용에 의하여 형성된 유황과 관련되어 있다.
2) 암염돔 상부에 인장형 단층에 의하여 형성된 트랩이다.
3) 암염돔의 덮개암(caprock)에 형성된 트랩으로서 보통 석고나 경석고를 함유하고 있는 석회암으로 되어있다.
4) 암염돔 주위에 치켜 올려진 주변 퇴적물이나 주변의 단층 불럭으로 대개 암염의 최상부 밑의 오버항(overhang)에 수직적이거나 뒤집혀진 상태로 나타난다.
5) 암염돔의 분지쪽에 발달하는 층서적 핀치아웃(pinchout) 트랩이다.
6) 암염의 이동에 따라 잔류된 곳에 발달된 드레입이나 거북구조(turtle structure)로서 매우 좋은 트랩을 형성한다(그림에서는 보이지 않는다).

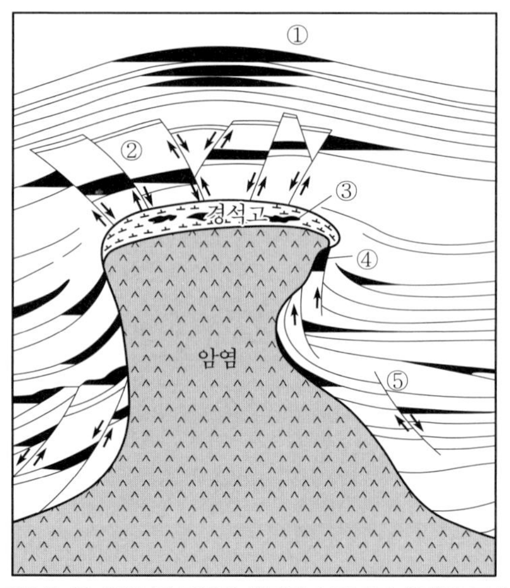

그림 5-30 암염 돔 주위에 발달된 여러가지 형태의 트랩

암염 배사구조와 유사한 것으로 점토(clay) 또는 이질물(泥質物, mud) 다이어피어가 있다. 부드럽고 물이나 가스를 포함하고 있는 이질물은 압력 하에서 요변성(thixotropic, 搖變性)을 갖게 되며 암염 처럼 배사구조의 중심부(core)를 따라 관입하여 화산체(mud volcano) 모양이 형성된다. 이러한 다이어피어가 활발하게 일어나는 지역은 그 지역에 여전히 퇴적물의 압

축작용이 일어나고 있음을 암시하며 그러한 현상이 있는 뚜렷한 지역은 대개 퇴적이 두꺼우나 약한 제3기 쇄설성 퇴적물이 쌓이는 지역이다.

점토 다이어피어 즉 점토 화산체는 암염 다이어피어와 형태는 유사하나 그 특성이 암염과는 다르게 나타난다. 점토는 암염처럼 녹지 않고 그 안에 층리(layering)를 보존하고 있으며 화석을 포함하고 있다. 점토 다이어피어는 다음과 같은 몇 가지 특징들을 가지고 있다. 우선 중앙부는 매우 급한 경사를 보이나 주변부로 갈수록 완만해 지며, 약한 비대칭을 보인다. 또한 층의 뒤집혀짐으로(overturning) 뚜렷한 방향성이 없으며, 점토내부에 분쇄(crushing), 전단(shearing, 剪斷)과 활면화(slickensiding, 滑面化) 등을 나타내고 점토맥(clay dyke, 粘土脈)들의 발달과 다양한 미고생물 화석들을 포함하고 있다.

특히 점토 다이어피어는 구조적으로 약하거나 휘어진 부분 즉 배사구조의 축 이나 그러한 축이 단층에 의하여 짤리운 곳에 잘 발달된다.

가장 유명한 점토 다이어피어, 즉 점토 화산체는 바쿠(Baku) 유전지역에 있는 것으로 코카사스(Caucasus)산맥의 동쪽 끝에서부터 카스피해로 이어지는 지역에 있는 것으로(그림 5-31). 과거 약 100년 이상 동안 파쇄된 점토로부터 석유를 생산하여 왔으며 이곳에서 타는 가스는 조로아스타 종교의 원천이 되었다.

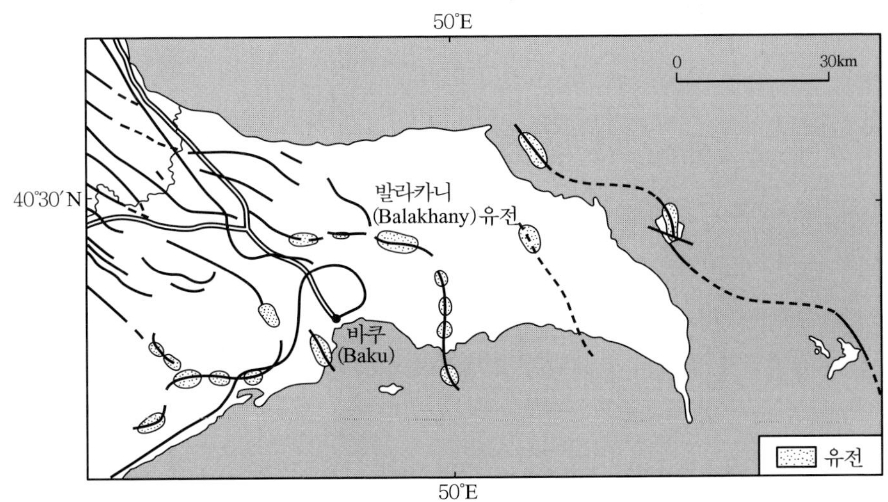

그림 5-31 카스피해 서쪽의 Apsheron 반도의 유전들로서 점토 화산체와 관련되었다. (Nalivkin D.V., 1973, Geology of the USSR(1962); Edinburgh: Oliver & Boyd)

또한 이에 못지않게 유명한 것으로 트리니다드(Trinidad)의 점토 다이어피러,즉 점토 화산체(그림 5-32)로서 이 점토는 신생대 팔레오세의 것이다. 비록 점토가 생산지역에서 많은 구조를 관입하고 있기는 하나 그들이 자체로서 트랩의 역활을 하지는 않는다.

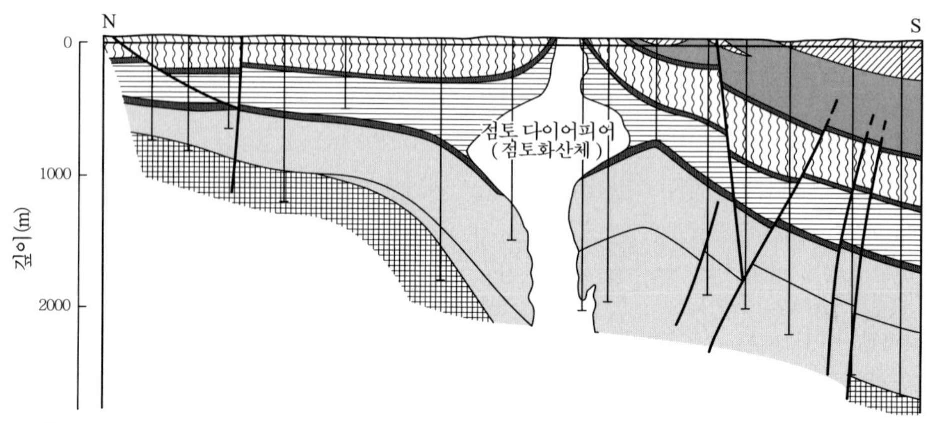

그림 5-32 Trinidad, Forest Reserve 유전의 단면으로 점토화산체의 관입을 보여준다.(Bower T.H., 4th Carribean Geology Conference, 1965, 1968)

한편 텍사스-루이지아나 걸프해안이나 나이저 델타의 점토 다이어피어는 성장 단층의 발달과 함께 형성되어 피어스먼트 보다는 성장단층의 하부에 능선(ridge)모양으로 발달되어 있으며 상승작용으로 형성된 배사구조에 석유가 트랩되어 있다.

(7) 고지형적(paleogeomorphic) 트랩

특별히 한 지역내에 퇴적면 위로 불룩 튀어나온 트랩을 많이 볼 수 있는데 이는 그 하부에 묻혀진 언덕(buried hill)이나 지하 산맥(ridge)이 있는 경우이며 다른 예로는 저류층들이 강뚝(river bank)이나 하부 지층을 절개(incised)한 채널층과 인접되어 있으며 또한 많은 경우 저류층이 그 자체 침식면에 의하여 절단되어 있으며 부정합 트랩과 관련되어 있는 것도 있다(그림 5-33).

고지형적 트랩 용어는 1966년 루돌프 마틴(Rudolf Martin)에 의하여 처음 불려졌다. 이들이 불룩한 형태를 가지고 있지 않을 경우 시추하기 전에는 찾아내기 어렵기 때문에 북미 이외 지역에서는 발견된 것이 많지 않다. 이것은 단지 지형적인 원인이라는 특성을 갖는 트랩이다.

이 트랩은 크게 두가지로 나누어 볼 수 있다. 첫째는 최초의 퇴적면 위로 올라온 돌출물과 관련된 것과 퇴적면 하부의 침식된 함몰(depression)과 관련된 것이 있다. 전자의 경우 석유나 가스는 대개 돌출물의 측면에 접한 보다 후기의 지층(younger strata)내에 부존되어 있다. 좋은 예로는 미국 중부 중앙 캔사스(Central Kansas) 융기대의 측면을 따라 발달된 유전과 결정질 암체인 아마릴로(Amarillo) 융기대를 따라 발달된 텍사스 북부 팬핸들(Panhandle) 지역의 석유 및 가스전이다. 그 외에도 부정합면 위에 쌓인 기반 사암(basal sandstone)이 있으며 이것의 예로는 알버타의 피스리버(Peace River) 중질유전으로 하부 백악기 사암층이 고생대(Mississippian) 석회암의 침식된 케스타(cuesta)에 쐐기 모양으로 접하고 있다.

후자의 것으로는 석유나 가스 트랩이 침식된 지형 그 자체 내에 형성되어 있는 것이다(그림 5-35). 예로는 캘리포니아의 톤톤(Thornton) 가스전, 몬타나주의 벨크릭(Bell creek)유전, 캐나다의 사스카치완(Saskatchewan)의 윌리 스톤(Williston)분지의 고생대 석회암 유전에서 볼 수 있다.

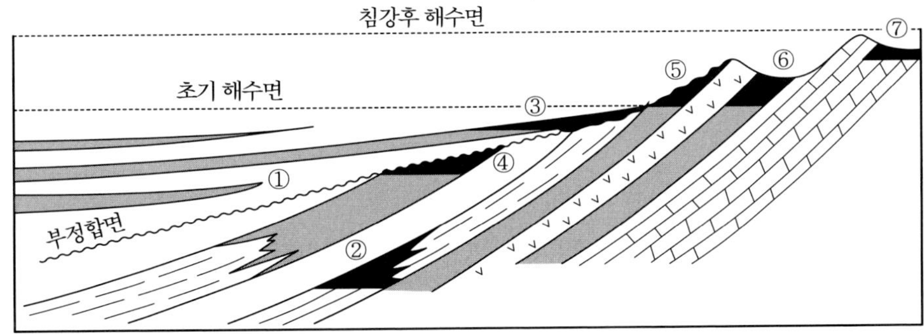

①, ②실제 층서트랩 ③ 상부 부정합면 ④ 하부 부정합면 ⑤~⑦ 고지형적 트랩(묻혀진 언덕)

그림 5-33 분지의 침강과 해침동안 buried hill 위에 의해 생긴 트랩들(Martin R., AAPG Bull, 1966)

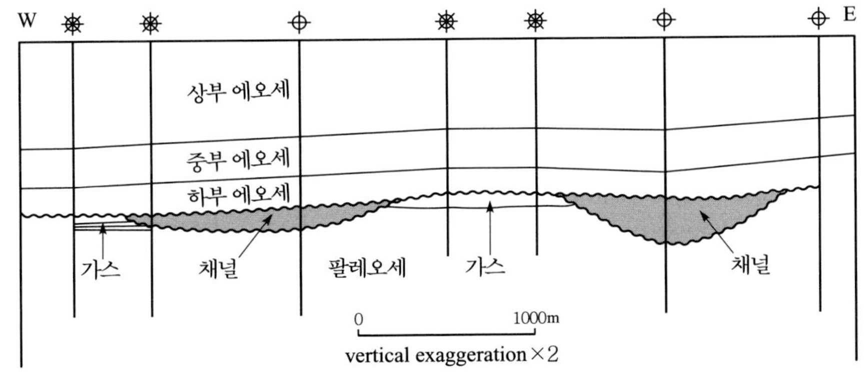

그림 5-34 캘리포니아 사클라멘토 계곡의 West Thornton 가스전 팔레오세 사암이 셰일의 침식된 채널 안에 쌓여 형성된 고지형적 트랩(Dickas A.B. and Payne J.L., AAPG Bull, 1967)

침식된 지형 트랩으로는 석유가 하천의 수로나 해저 채널이나 계곡, 또는 빙하계곡에 의하여 침식된 고기의 지층 내에 별다른 변형없이 주로 사암의 저류층에 집적되어 있는 것이 특징으로서 그 예로는 미국 석유산업의 효시인 펜실베니아의 오일 크릭(Oil Creek)유전의 역사적인 드레이크(Drake)유정으로서 이는 고생대 데본기 지층위 빙하계곡에 의하여 절단된 곳에 산발적으로 쌓인 호수성 퇴적 사암층내에 부존되어 있다(그림 5-35).

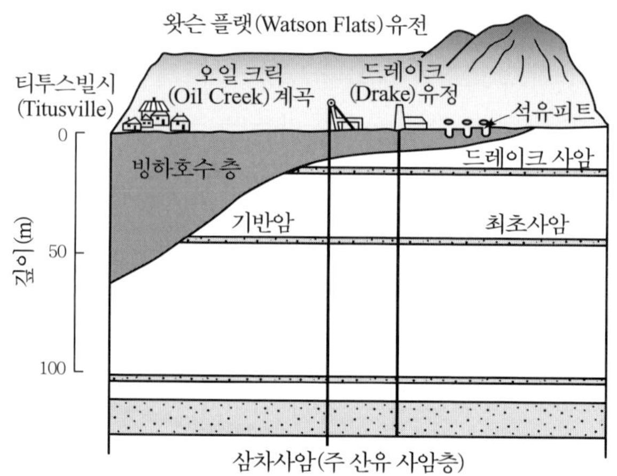

그림 5-35 Pennsylvania의 Drake well의 지질로서 플라이오세동안 빙하의 침식에 의하여 파쇄된 데본기 사암층으로부터 흘러나온 원유의 유출에 의하여 시추지역이 선정되었다. 고지형적 트랩의 예이다(Dickey P.A. and Hunt J.M, AAPG Memoir 16, 1972)

우리나라 6-1 광구의 동해 가스전도 이러한 고지형적 트랩으로서 과거 대륙붕이나 대륙사면 위의 절단된 계곡(incised valley)내에 퇴적된 사암 지층내에 가스가 트랩되어 있다.

5-5 수력학적트랩

지하에는 지층수(formation water)라고 하는 지하수가 있으며 이는 상하 또는 수평적인 압력의 차이와 지층의 경사에 따라 지층 내에서 유동한다.

투수성이 있는 지층에서 하부 쪽으로 흐르는 물은 수직적 폐쇄구조를 갖지 않지만 굴곡을 이루는 곳에 석유나 가스를 이동시켜 트랩하게 한다. 정수역학적(hydrostatic)으로 존재하던 석유의 트랩은 지하수의 흐름에 따라 이동되어 트랩 되는 위치가 달라지게 되며(그림 5-36).

지하수와 물의 경계면은 지하수의 흐르는 속도가 빨라질수록 기울음(tilting)이 증가한다. 보통 물과 석유의 경계면의 기울음은 1~2° 에 지나지 않으나 간혹 10° 정도 되는 경우도 있다.

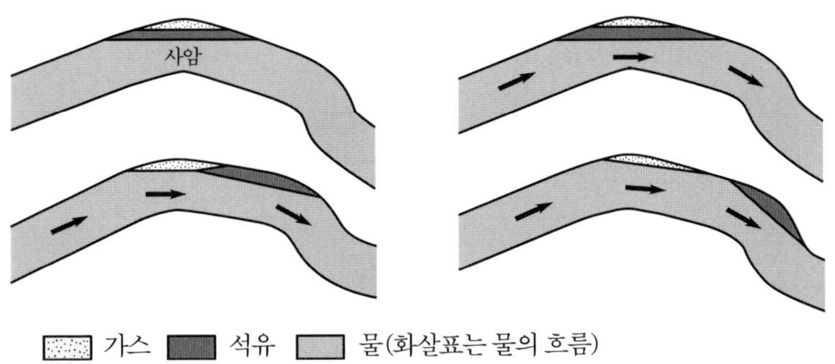

그림 5-36 두꺼운 배사구조로 된 사암 안의 정수력학적인 상태에서 가스와 원유의 흐름(Hubbert, M.K. AAPG Bull. 1953)

그림에서 보는 바와 같이 수력학적트랩은 지하수가 경사가 심하고 굴곡이 많은 지층을 따라 흐를 때 저류층의 경사도와 지하수의 흐르는 방향에 따라 여러가지의 형태로 나타난다(그림 5-37).

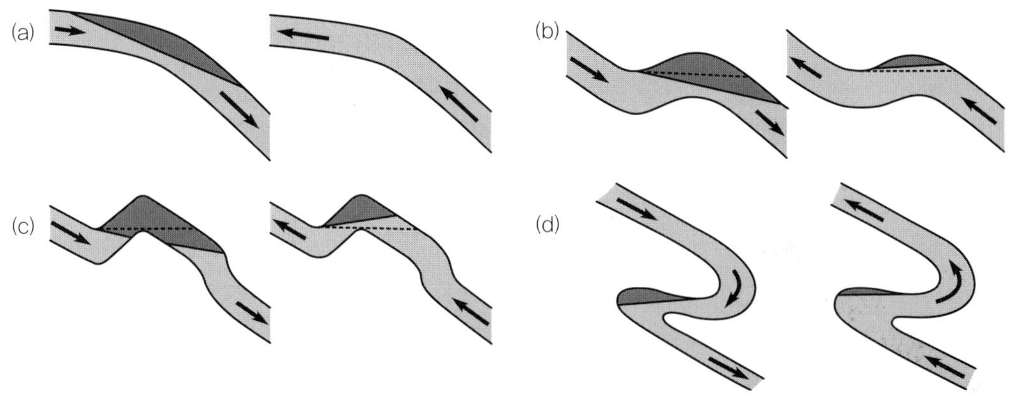

그림 5-37 저류층의 경사와 convexity 등의 변화에 따라 만들어 질 수 있는 네 가지 수력학적 트렙의 예 (North, F.K. 1985,Petroleum geology, Chapman & Hall)

이러한 트랩의 좋은 예로는 미국 와이오밍(Wyoming) 빅 혼(Big Horn)분지의 세이지 크릭(Sage Creek) 유전으로 구조도상에 석유 트랩은 구조의 가장 높은 정부(crest)로부터 약 1km 가량 이동되어 서쪽 측면에 존재한다(그림 5-38).

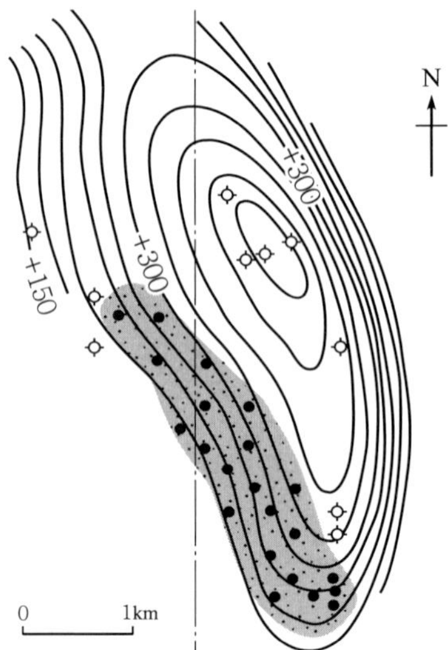

그림 5-38 와이오밍 Big Horn 분지의 Sage Creek 유전으로 Tensleep 저류 사암층의 석유 트랩이 배사 구조의 서쪽사면으로 약 1 km 이상 이동되었다. 석유와 물의 접촉대도 1km 거리당 150m 정도 남서쪽으로 가울어졌다.(Wyoming Geological Association, 1957)

5-6 복합적트랩

전 세계적으로 유전은 단 하나의 트랩 형성과정(trapping mechanism) 보다는 대개 두 개 이상의 층서 및 구조트랩들이 복합적으로 형성되어 있다고 말할 수 있으며 실제로 복합적트랩이란 근본적으로는 층서트랩이나 여기에 구조적 요소가 더하여진 것을 말한다.

대표적인 복합적트랩으로는 알라스카의 푸르도베이(Prudhoe Bay)(그림 5-39) 트랩으로 상기 그림에서 보는 바와 같이 프르도베이의 원유는 그 저류암층이 침식에 의하여 깍여서 쐐기 모양으로 얇아진다. 즉 하부의 습곡이나 단층작용을 받은 지층이 부정합면에 의하여 밀폐되어 트랩을 형성하고 있고 그 위에도 대규모의 구조가 발달되어 있다.

푸르도베이 트랩은 원래 트랩의 정의에 의하면 층서트랩에 속하나 좁은 의미에 있어서는 구조트랩의 성격도 보인다.

또 다른 복합적트랩으로는 베네주엘라의 마라카이보(Maracaibo) 분지의 볼리발 코스탈(Bolovar Coastal)유전으로 완만하게 경사진(homoclinally dipping) 마이오세 층서트랩과 하부에 단층에 의하여 발달된 에오세 구조트랩이 발달되어 있다(그림 5-14). 이외에도 오클라호마 시티(Oklahoma City)의 고생대 유전(그림 5-18)층이 배사구조와 부정합면의 복합적인 관계를 볼수 있으며 북해 UK지역 쉐프랜드(Shetland)와 브랜트 플랫폼(Brent platform)의 동서간 단면에서도 단층 블록내의 서쪽으로 경사를 갖는 층이 침식 삭박(truncation)된 것을 볼 수 있다.

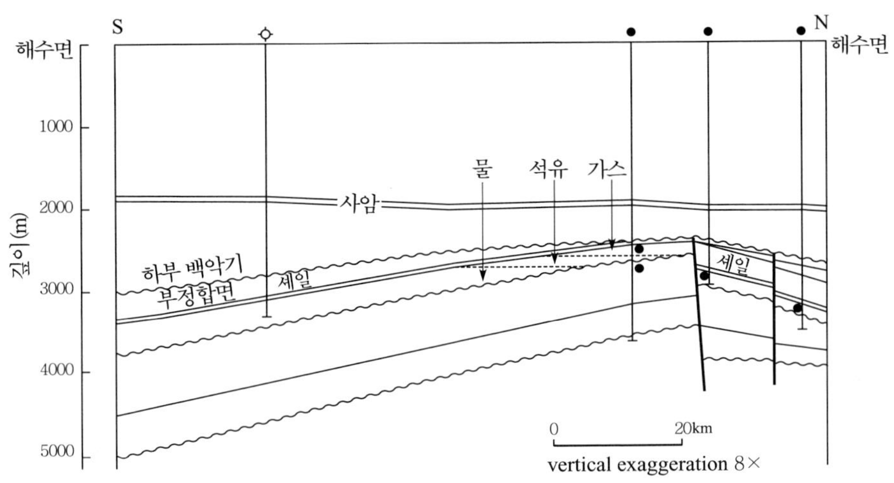

그림 5-39 Prudhoe Bay 석유 및 가스전의 복합적트랩의 남북 방향 단면도(Jamison H.C. et al., AAPG Memoir 30, 1981)

5-7 이동(migration)

석유가 만들어진 퇴적층(근원암)에서 수직 또는 수평적인 경로를 통하여 현재 발견된 트랩에 도달하여 덮개암(seal, 또는 cap rock)에 의하여 흐름이 멈출 때 까지를 석유의 이동이라 한다.

거의 대부분의 함유 저류층은 그 안의 공극 내에 물과 석유를 포함하고 있다. 저류층 내에 들어간 석유가 모든 물을 치환시키지는 않으나 물은 들어갈 자리만 있으면 가능한 한 트랩으로부터 모든 석유를 밀어낸다. 간혹 석유가 많이 생산되지 않는 트랩에서 석유가 씻겨나간(flushing) 흔적을 볼 수 있는 경우가 있다. 때때로 공극율이 높은 암석이 일반적인 유기 용해제에 의하여 제거되지 않는 석유 물질(예 : 케로젠)로 얼룩지어져 있는 것을 종종 볼 수 있다. 그러한 암석은 과거 오래 동안 석유를 함유하고 있었으며 그 후에 물의 씻김(water flushing)이나 다른 작용에 의하여 다른 곳으로 이동된 것이다. 또한 석유와 물의 경계면이 기우는 현상(tilting)도 석유가 수력학적 여건에 적응 하도록 이동되었음을 알 수 있다.

전 세계적으로 여러 곳에서 석유가 지하로부터 유출(seepage)하여 지표로 이동되어 온 것을 직접 눈으로 볼 수 있다. 지표상에 올라와 있는 이질물 다이어피어안에 있는 석유도 그러한 것들이다. 그 외에도 점성도가 낮은 경질유는 지역의 압력차에 의하여 시추공 안으로 빨리 이동하여 오랜 동안 그 시추공을 통해 석유를 생산하게 된다. 이러한 사실도 또한 시추공 주변의 석유가 시추공안으로 이동된 것임을 알 수 있다.

카스피해의 남서쪽에 위치한 바쿠(Baku)유전에서는 하부에서 올라온 많은 점토 화산체(mud volcano)에 의하여 뚫린 투수율이 매우 좋은 다수의 제3기 플라이오세 사암층에 석유가 부존되어 있다. 이러한 점토의 관입현상은 지금도 계속되고 있으며 석유는 상부의 사암층으로 더욱 많이 이동되고 있다. 한 유전에서는 지난 1950년대에는 5년 동안에 트랩의 경계가 40~100m 정도 이동된 사실도 확인되었다.

1960년대에 페르샤만(Persian Gulf)의 Masjid-i-Suleiman 유전에서는 60년간 생산 후 고갈되어 폐쇄한(P&A) 생산정에서 매우 짧은 기간에 하부에 있던 신 가스(sour gas)가 치고 올라 와 시추공을 메운 시멘트를 깨고 고갈된 Asmari 석회암층 내에 재충전된 사실이 확인되었다. 이를 '지질학적 대 이변'(geological catastrophie)이라고 부르며 이때의 압력의 속도는 한 달에 약 70kPa 정도되는 것으로 알려졌다. 이러한 석유의 이동은 편의상 두 단계 즉 일차이동과 이차이동으로 나눌 수 있다.

(1) 일차 이동(primary migration)

일차 이동은 석유가 근원암으로 부터 일차로 공극이 좋거나 투수율이 좋은 도착지점 또는 경로까지 이동된 것을 의미하며 이것은 주로 층리를 가로 질러서(across the stratificatiopn) 일어난다. 낮은 투수율의 근원암에서 만들어진 석유나 가스가 투수율이 좋은 운반층(carrier bed)으로 이동되는 과정을 말하며 주 원인은 석유의 근원이 되는 퇴적물의 압축정도(compactability)에 달려 있으며 이것을 일명 배출(expulsion)이라고도 한다(그림 5-40).

그러나 이에 대한 뚜렷한 원인과 과정은 아직 정확하게 밝혀지지 않고 있다. 근원암은 석유 생성시의 온도와 압력이 모두 다르며 함수율, 용해물질(solubilizer)과 이산화탄소(CO_2)나 비수반가스 등의 영향 등이 크므로 한 두가지 원인만으로 그 과정을 설명할 수 없다 그러나 다음과 같은 여러가지 이론들이 제시되었다.

(1) 석유의 이동은 투수율이 낮은 암석 안에 압력에 의한 고각도의 단층이나 균열들을 통해

서 이루어지는 이론으로서 Snarskii(1964), Meissner(1978), Momper(1978) 등이 제시하였다. (2) 3차원적인 oil-wet 케로진 망(network)을 통한 oil-phase 확산(diffusion)을 통해서이나 이것은 그리 중요하지 않은 것으로 생각되며 (3) 생성된 석유가 압축작용(compaction)에 의하여 엽리(葉理, lamina)의 갈라진 틈(parting)이나 미세균열(microcrack)을 통하여 배출(expulsion)되며 (4) 연속적이며 이방성(異方性, anisotrophic)인 케로진망과 공간적으로 서로 연결된 수평적인 미세균열들이 결합되어 석유의 배출이 증가된다. 종합적으로 보면 석유의 일차 이동은 주로 케로진망, 압력의 증가에 의한 미세균열과 연속적인 탄화수소의 움직임의 결합에 의하여 이루어지는 것으로 여겨진다.

결론적으로 석유는 만들어진 후 결국에는 만들어진 곳에서 배출되고 배출효율(expulsion efficiency)은 어느 정도 근원암내의 유기물 함량(TOC; total organic content)에 달려 있다. 또한 추가로 배출효율은 케로진의 질과도 관계 가 있는 것으로 알려졌다

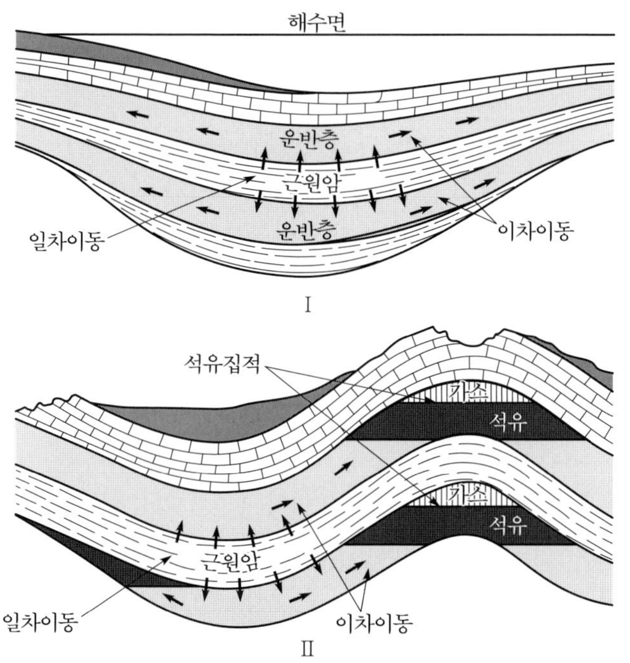

그림 5-40 분지의 초기와 진화과정에서 석유의 일차 및 이차이동에 의하여 트랩의 형성 과정을 보여준다(Tissot, B.P, and Welte, D.H., Petroleum formation and occurrence, Berlin, Springer,1984).

(2) 이차 이동(secondary migration)

이차 이동은 공극이 좋은 저류층 내에서나 또는 한 저류암에서 다른 저류암으로 층리면를 따라서(along the stratification) 이동 되어지며 이러한 이동을 통하여 경제성 있는 석유 및 가스전이 형성된다(그림 5-40). 일반적으로 석유와 가스는 지하에서는 별개의 상(phase)으로 이동되는 것으로 알려졌으며 분지안에 탄화수소의 분포를 결정짓는 요인은 물의 흐름으로 석유는 이동 중에는 물속에 녹아 있다고 믿고 있다.

석유의 확산(diffusion)은 석유의 이동에는 크게 기여하지 않으며 단지 짧은 거리에서만 가능하다. 석유의 이동경로(pathway)를 보통 운반층(carrier bed)이라고 부르며 투수율이 매우 높은 수평 사암층을 생각해 볼 수 있다. 그러나 투수율이 높은 층 외에도 부정합면, 단층이나 균열대, 고기 풍화대나 다이어피어 등도 이동경로가 되므로 이러한 것들을 전체적으로 운반층 이라기 보다는 운반 시스템으로 부르는 것이 타당하다. 또한 이차 이동은 보통 지층면을 따라 수평적으로 일어나지만 젊은 조산운동을 받은 분지(예로서 캘리포니아, 인도네시아와 남부 카스피 지역) 내에서는 매우 약하며 고결되지 않은 두꺼운 사암층에서도 위와 같은 수직적인 이동이 일어난다. 이와 같이 조산운동으로 인해 분지가 지속적으로 침강한다면 석유나 가스가 생성된 곳으로 부터 측면으로 수십 킬로미터 그리고 수직으로 수백 내지는 수천 미터 이동되는 것이 가능할 것으로 생각된다. 실제로 석유의 이차 이동에 가장 중요한 역활을 하는 것은 운반층(carries bed)의 특성으로 여겨지나 아직도 정확한 것은 밝혀지지 않고 있다.

이차 이동에 있어서 주요 추진력(driving force)은 부력(buoyancy), 압력구배(pressure gradint)와 물의 흐름(water flow)이다. 부력의 추진력은 석유상(petroleum phase)과 지층수(formation water)간 밀도차이에 직접적으로 비례 한다. 물의 흐름은 부력에 의한 이동을 조절하는 역할을 하며 이것은 대부분의 경우 중요한 역할을 한다.

근원암의 공극안에 있는 석유가 저류암으로 이차적으로 이동하기 위해서는 보다 큰 공극이나 공극사이의 모세관의 변위압(displacement pressure)이 석유와 물의 경계면에서의 모세관압(capillary pressure) 보다 커야 한다.

변위압은 석유가 인접한 가장 큰 공극으로 이동하기에 필요한 최소 모세관압으로 정의된다.

즉 석유 이동을 억제하는 힘은 모세관압으로 이는 공극사이의 간격(pore-throat) 크기가 감소하고 표면장력(interfacial tension)이 증가하고 입자 로부터 액체를 분리시키는데 필요한 힘인 습윤력(wettability)이 증가할 때 이 압은 증가한다.

석유의 이동과 억제하는 힘의 관계는 아래와 같은 간단한 수식으로 나타낸다(Purcell, 1949).

$$P_d = \frac{2\gamma\cos(\theta)}{R}$$

P_d = 변위압(displacement pressure)
γ = 계면장력(interfacial tension)
θ = 입자에 대한 물과 석유의 접촉각(contact angle of oil and water against the solid)
R = 공극 틈의 반경(radius of pore-throat)

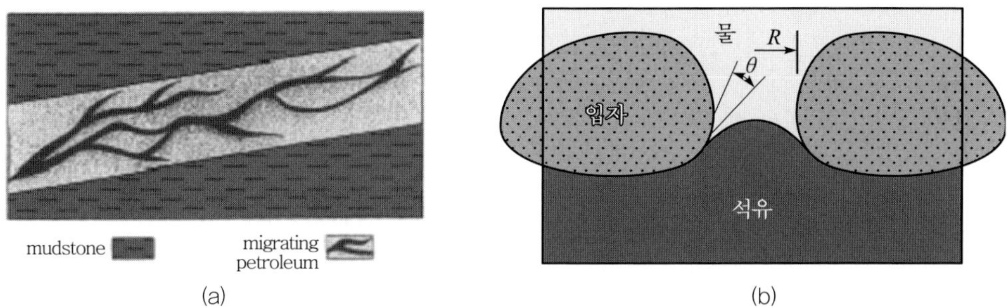

그림 5-41 (a) 모세관압에 의한 조립질 암층내 이차 이동의 패턴과, (b) 석유와 물과 입자간의 접촉면

5-8 타이밍(timing)

경제성 있는 트랩 형성에 있어서 매우 중요한 것 중 하나가 타이밍이다. 이것은 트랩을 이루는 구조의 발달과 석유나 가스의 생성(근원암)과 그 후의 이동(migration), 저류층(reservoir) 발달, 덮개암(caprock)에 의한 폐쇄(sealing)와 함께 경제성 있는 석유/가스전 형성의 필수적인 요소라 할 수 있다.

특히 단층이 트랩을 형성할 경우에는 단층이 그 자체 트랩이 되는 것보다 더 중요한 것은 트랩 형성시기와 단층발달 시기의 적절한 타이밍이다. 타이밍의 관점에서 볼 때 단층은 크게 4종류로 나누어 볼 수있다.

1) "죽은 단층"(dead fault) - 이는 시기적으로 유/가스전보다 먼저 만들어졌고 기반암에 국한되어 있는 경우가 많다.
2) 지속적으로 진행된 단층 - 오래 전 발달되었던 단층으로부터 유래된 것으로 볼 수 있으

며 퇴적기간 동안에도 계속적으로 활동한다. 지금까지 알려진 바로는 이러한 것이 석유나 가스전 발달에 가장 중요하게 작용하며 특히 퇴적이 계속되는 동안에 단층작용이 멈춘다면 가장 효과적이다.

3) 젊은 단층 – 퇴적 단계가 모두 끝난 후에 발달하는 단층으로 이러한 단층은 대개 얕은 층에 국한 되어 있어 석유나 가스전의 트랩에는 그리 중요하지 않다.
4) 후기 재생 단층 – 퇴적단계에 생겼다가 멈춘 후에 다시 활동하는 단층으로 이러한 단층은 트랩을 형성하기 보다는 오히려 기존에 만들어진 트랩을 깨트리는 경우가 많다.

따라서 단층이 발달되어 있는 지역의 트랩에 경제성이 있는 석유나 가스전이 있을 가능성을 알기 위해서는 그 곳의 단층 발달 시기, 석유생성시기와 저류암이 퇴적된 정확한 지질시대와의 선후 순서 관계를 정확하게 파악하는 것이 매우 중요하다.

단층은 깊은 곳에서 만들어진 석유나 가스의 트랩까지의 이동 통로의 역할을 할 뿐 아니라 석유나 가스가 트랩에서 빠져나가는 것을 막는 폐쇄(sealing) 역할을 하기도 한다. 또한 많은 경우 이들이 퇴적이나 석유의 생성시기 보다 훨씬 늦을 때에는 트랩을 파괴하여 이곳에 있었던 석유나 가스가 단층을 따라서 다른 트랩으로 이동되거나 지표로 유출되어 이 트랩에는 소량의 잔류 석유나 가스만 남아있는 경우도 많다. 그러나 대체로 단층은 고여진 석유나 가스가 빠져나가는 것보다는 외부로의 유출을 막아주는 역할이 더 큰 것으로 여겨지고 있다.

제6장 퇴적분지 해석
(Sedimentary Basin Analysis)

06_ 퇴적분지 해석 (Sedimentary Basin Analysis)

6-1 퇴적분지의 정의

퇴적분지는 "구조적 원인에 의해 형성되어 퇴적물들이 축적되어진 지각 내의 지리적 저지대(a geographic low area in the Earth's crust, of tectonic origin, in which sediments have accumulated)"로 정의된다(Bate and Jackson, 1987). 석유지질학에서 퇴적분지를 중요하게 다루는 이유는 지구상에 존재하는 대부분의 석유가 분지 내 퇴적층으로부터 생성되어 압력구배에 따라 퇴적층 내를 이동하다가 퇴적층 내의 적절한 장소에 집적되기 때문에 퇴적분지의 형성과정과 이에 따른 분지 내 퇴적작용, 분지의 변형과정 등 퇴적분지의 발달사를 이해할 수 있다면 분지 내 석유의 생성과 이동, 저류에 관한 시 · 공간적 정보들을 얻어 낼 수 있기 때문이다.

따라서 석유를 찾기 위해서는 퇴적분지 발달사에 대한 연구가 선행되어져야 하며 퇴적분지 발달사에 대한 이해로부터 퇴적분지 내 석유자원의 부존 가능성 및 석유가 집적되는 장소의 공간적 분포에 대한 중요한 정보들을 얻어 낼 수 있다. 이와 같이 석유탐사에 있어서 중요한 정보를 제공해 주는 퇴적분지에 대한 연구를 위해서는 우선적으로 퇴적분지에 대한 정의를 정확하게 이해하여야 한다. 특히 퇴적분지의 정의에 포함되어 있는 지각, 구조적 원인, 지리적 저지대, 퇴적물 등과 같은 용어는 퇴적분지 발달사를 연구하는데 있어서 기초적인 사항으로 이들에 대한 이해가 필수적이다.

(1) 지각(earth's crust)

지구 내부를 통과하는 지진파의 연구로부터 알려지기 시작한 지구 내부의 구조는 심부로부터 내핵, 외핵, 맨틀, 지각으로 구성되어 있는 층상구조의 특징을 보이는 것으로 추정된다(그림 6-1). 지구 핵심부에 위치하는 내핵과 외핵은 두께가 각기 약 1,300km와 2,200km에 이르며 내핵은 고체의 물질로, 외핵은 액체의 물질로 구성되어 있을 것으로 추정된다. 외핵을 둘러싸고 있는 맨틀은 외핵과는 달리 고체로 구성되어 있는 것으로 추정되며 두께는 약 2,900km에 달하는 것으로 알려져 있다. 맨틀을 둘러싸고 있는 지구의 껍데기에 해당되는 지각은 지진파의 연구로 지구 내부의 층상구조가 밝혀지기 전까지는 지각 아래가 전부 녹은 돌로 되어 있을 것으로 추측되었고, 지구 표면에만 암석으로 되어 있는 얇은 껍데기가 있는 것으로 생각되어 이 껍데기를 지각이라고 불렀다. 그러나 지진파의 연구에 의해 밝혀진 현대적인 의미의 지각은 맨틀과 지각의 경계면인 모호면 위에 놓여 있는 밀도가 2.67~3.0gr/cm^3인 암석으로 된 층으로 정의된다. 지각은 구성암석의 성질에 따라 대륙지각(continental crust)과 해양지각(oceanic crust)으로 구분될 수 있으며, 대륙지각은 두께가 평균 40km에 이르는 대륙에 주로 분포하는 암층으로서 화강암질 암석으로 구성되어 있고 평균 밀도는 약 2.67gr/cm^3에 이르는 반면, 해양지각은 해양저에 넓게 분포된 평균 7km의 두께를 가진 암층으로서 현무암질 및 반려암질 암석으로 되어 있고 평균 밀도는 약 3.0gr/cm^3 정도에 해당된다.

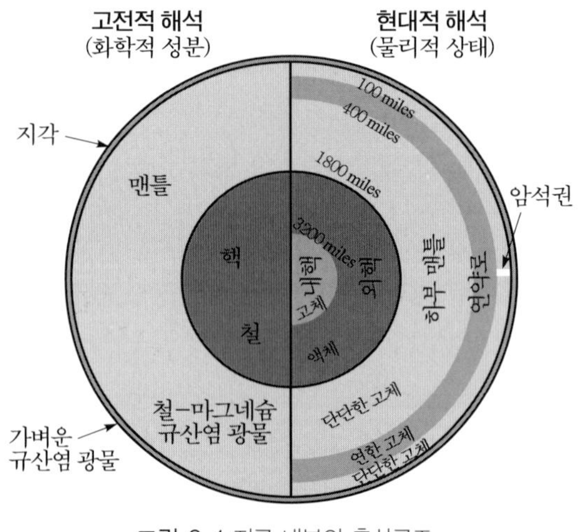

그림 6-1 지구 내부의 층상구조

(2) 구조적 원인(tectonic origin)

구조(tectonics) 또는 구조적(tectonic) 이라는 용어는 그리스 어원의 건설자(builder) 또는 건축가(architect)의 뜻을 가지는 tektón으로부터 유래된 용어로 판구조(plate tectonics) 이론이 제안된 이후에는 넓은 의미에서 판구조(plate tectonics) 또는 판구조적(plate tectonic)이라는 의미의 용어로 쓰이고 있다. 판구조론은 1970년도에 제안된 학설로 지각과 맨틀 최상부를 포함하여 지표로부터 약 150km까지의 단단한 암석으로 구성되어 있는 부분을 암석권(lithosphere)

으로 정의하고 암석권은 판(plate)이라는 몇 개의 조각들로 나누어져 있으며 각각의 판들이 서로 이동하면서 판과 판 사이의 경계부에 단층, 지진, 화산과 같은 여러 가지 지질학적 현상들과 함께 산맥, 바다, 대륙과 같은 대규모 지형들이 형성된다는 이론이다(그림 6-2).

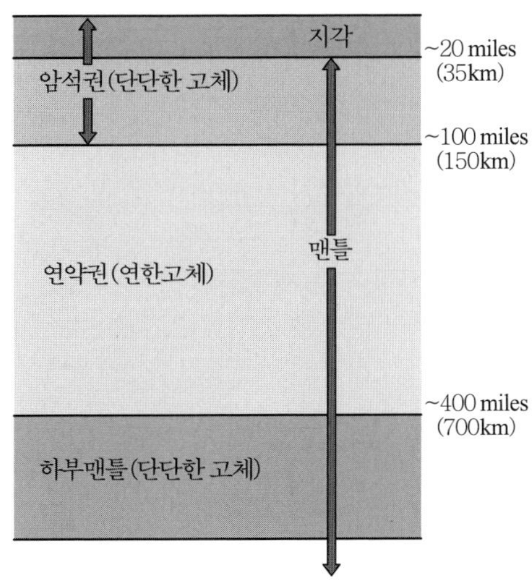

그림 6-2 지구 내부 상부 1,000km 내의 단면도

현재 지구 표면상에 존재하는 주요 판들을 보면 태평양판(Pacific plate), 북미판(North American plate), 나즈카판(Nazca plate), 남미판(South American plate), 유라시아판(Eurasian plate), 아프리카판(African plate), 인도-호주판(Indian-Australian plate), 남극판(Antarctic plate) 등이 있으며 이외에 소규모의 판으로 아라비아판(Arabian plate), 일본판(Japan plate), 카리브판(Caribbean plate) 및 과거에는 대규모의 판이었으나 지금은 대부분 북미판 밑으로 소멸되어 일부분만 남아있는 후안디후카판(Juan de Fuca plate) 등이 있다(그림 6-3).

판들의 상호 이동에 의해 판 경계를 따라 대규모 지형들이 형성된다는 판구조론이 성립하기 위해서는 판들의 이동이 가능한 운동 기작이 설명되어야 하는데 실제로 암석권 직하부의 상부 맨틀 부분에는 물성적으로 연약한 성질을 띠는 것으로 알려져 있는 S파 저속대(zone of low S-wave velocity)가 나타난다. 이러한 부분은 지표하부 150km까지의 물성이 단단한 암석권과는 달리 연약한 성질을 띠고 있기 때문에 연약권(asthenosphere)으로 불리어지며 지표하부 150km에서부터 700km되는 깊이까지 약 550km의 두께를 가진 층으로 정의한다(그림 6-2). 연약권을 포함하는 깊이 700km까지의 상부 맨틀에서는 연약권 위를 암석권의 판들이 수평으로 이동이 가능하도록 맨틀 대류가 일어나고 있는 것으로 추정된다. 그러나 700km에서 2900km의 깊이에 있는 하부 맨틀은 다시 단단한 물성을 띠고 있으며 이러한 부분을 중간권(mesosphere)으로 정의한다(그림 6-2).

연약권에서 일어나는 맨틀 대류 현상에 의해 연약권 위를 떠다니게 되는 암석권의 판들은 상호간에 이동하면서 서로 멀어지거나 부딪치기도 하지만 어떤 경우에는 서로 스쳐지나가기도 한다. 이와 같이 판의 경계부에서 일어나는 판들의 이동 양상에 따라 경계부를 중심으로

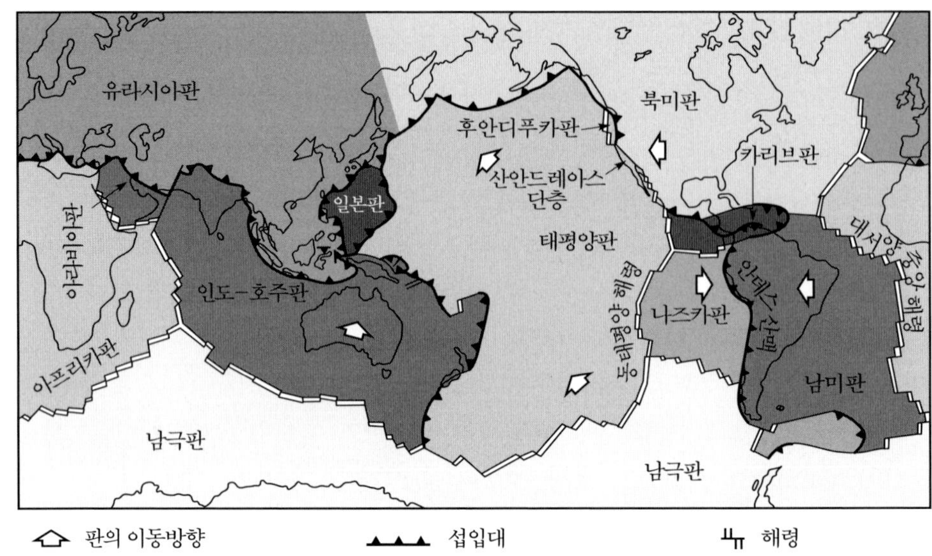

그림 6-3 현생 지각판들의 분포 및 상대적 이동방향

양쪽의 판이 반대의 방향으로 서로 발산하면서 벌어지는 경우를 발산형 경계(divergent boundary), 경계부를 중심으로 서로 수렴하면서 서로 부딪치는 경우를 수렴형 경계(convergent boundary), 경계부를 따라 서로 횡적으로 스쳐 지나가는 경우를 보존형 경계(conservative boundary)로 구분한다(그림 6-3). 발산형 경계는 판과 판이 벌어지면서 경계를 따라 지하 심부의 마그마가 올라오기 때문에 새로운 지각이 생성되는 반면, 수렴형 경계는 판과 판이 부딪친 후 한 쪽 판이 다른 쪽 판 밑으로 섭입(subduction)되기 때문에 경계를 따라 지각이 소멸된다. 그러나 보존형 경계는 경계를 따라 양쪽의 판이 평행으로 스쳐 지나가기만 할 뿐 새로운 지각이 생성되거나 소멸되지 않는다.

판과 판이 서로 발산하는 발산형 경계의 예로는 북미판과 유라시아판의 경계와 남미판과 아프리카판의 경계를 이루는 대서양 해저의 중앙해령(Mid-Atlantic Ridge)이 이에 해당된다(그림 6-3). 이외에 태평양판과 나즈카판 및 남극판과의 경계부인 동태평양해령(East Pacific Rise)이 발산형 경계에 해당된다(그림 6-3). 대서양 해저의 중앙해령이나 동태평양해령은 해령의 중심부를 따라 지하 심부의 마그마가 상승하여 분출되는 장소로 분출된 마그마는 차가운 바닷물과 접촉하여 급속하게 냉각되면서 새로운 해양지각이 생성되게 된다. 이러한 과정을 거쳐 생성된 해양지각은 다음에 올라오는 마그마가 냉각되면서 새롭게 생성되는 지각에 의해 옆으로 밀리게 되어 해령을 중심으로 양쪽 판의 점차 벌어지게 된다.

판과 판이 서로 부딪히는 수렴형 경계로는 태평양판이 일본판 밑으로 섭입하는 부분 및 태평양판이 베링해(Beling Sea) 부근의 알류샨열도(Aleutian Islands) 밑으로 섭입하는 부분, 태평양판이 인도-호주판의 서쪽 경계를 따라 밑으로 섭입하는 부분, 나즈카판이 남미판 밑으로 섭입되는 부분들이 수렴형 경계에 해당된다(그림 6-3). 이러한 수렴형 경계들은 해양판이 해양판 밑으로 또는 해양판이 대륙판 밑으로 섭입하는 경계로 깊은 해구(trench 또는 trough)와 함께 격렬한 화산활동에 의해 형성되는 일본열도 또는 알류산열도와 같은 화산열도(volcanic island arc) 및 화산활동을 동반하는 산맥(예; 안데스 산맥) 등의 지형학적 특징을 보인다. 이외에 인도-호주판이 유라시아판 밑으로 섭입되는 부분이나 아프리카판이 유라시아판 밑으로 섭입되는 부분도 수렴형 경계에 해당된다(그림 6-3). 이러한 수렴형 경계는 대륙판과 대륙판이 충돌하는 경우로 대부분 해구가 나타나지 않는 반면에 높은 산맥들로 구성된 조산습곡대(orogenic foldbelt)가 특징적으로 발달한다.

경계부를 따라 두 판이 서로 횡적으로 스쳐 지나가는 보존형 경계의 예로는 북미판의 서쪽 경계에 태평양판과 접하는 부분에 발달하는 산안드레아스(San Andreas) 단층으로 태평양판이 북서쪽으로 이동하면서 북미판을 횡적으로 스쳐 지나가는 보존형 경계의 전형을 보여준다(그림 6-3). 이러한 경계에는 판들이 생성되거나 소멸되지는 않지만 횡으로 이동하는 하나의 단층이 갈라져서 서로 벌어지거나 벌어진 후에 다시 하나의 단층으로 합쳐지기 때문에 지형적으로 고지대와 저지대가 공간적으로 함께 발달하는 특징을 보인다. 이와 같이 판들의 상호 이동에 의해 판 경계에 형성되는 특징적인 지형들을 구조적 원인에 의해 형성된 지형으로 정의할 수 있다.

(3) 지리적 저지대(geographic low area)

단단한 암석으로 구성된 판들이 서로 이동하게 되면 그 경계부를 따라 지형의 변화가 발생하게 되는데 대체적으로 발산형 경계에서는 서로 반대 방향으로 발산되는 인장력이 작용하여 정단층이 발생하게 되어 움푹 꺼진 지구형(graben type)의 지형이 특징적으로 형성되는 반면, 수렴형 경계에서는 압축력이 작용하게 되어 향배사와 같은 습곡형태의 지형이나 역단층에 의해 상대적으로 솟아 올라가는 지형이 형성된다. 발산형 경계의 경우 정단층을 따라 움푹 꺼진 지구형의 저지대는 퇴적물이 퇴적될 수 있는 공간이 되며 주변으로부터 퇴적물이 공급된다면 퇴적분지로 발달할 수가 있다. 반면에 압축력이 작용하는 수렴형 경계의 경우 배사습곡이나 역단층에 의해 형성된 지리적 고지대는 퇴적물을 공급하는 장소가 되어 주변의 상대적으로 낮은 저지대로 퇴적물이 공급되기 때문에 이러한 저지대 역시 퇴적분지로 발달될 수 있다. 이외에 보존형 경계에서는 인장력과 압축력이 동시에 발생하기 때문에 지리적 고지대와 저지대가 공간적으로 함께 발달할 수 있어 지리적 고지대는 퇴적물을 공급하는 퇴적물공급지(source area)로, 지리적 저지대는 퇴적물의 퇴적이 가능한 공간(space made available for potential sediment accumulation; Jervey, 1988), 즉 퇴적가능공간(accommodation)으로 발달하게 된다.

6-2 퇴적분지의 분류

지구상에 존재하는 모든 퇴적분지들은 퇴적물이 퇴적되는 장소(지리적 저지대)라는 점에 있어서 외견상 비슷한 양상을 나타낸다. 그러나 각 퇴적분지들을 지질학적으로 면밀히 비교해 보면 유사성을 보이기도 하지만 상이성을 보이기도 한다. 각 퇴적분지들의 지질학적 유사성과 상이성은 퇴적분지가 형성되어 퇴적물이 퇴적되고 변형되는 퇴적분지의 발달과정이 유사하거나 다르기 때문에 나타나는 현상으로 이를 이용하면 퇴적분지의 발달과정을 복원할 수 있다. 퇴적분지의 지질학적 유사성과 상이성을 이용하여 퇴적분지 발달과정을 비교하여 분석하고 시간에 따른 퇴적분지의 발달사를 3차원적으로 복원하는 일련의 학문적 과정을 분지해석학(basin analysis)이라 한다.

분지해석학에서 퇴적분지 발달사를 이해하려는 목적은 퇴적분지 내 석유자원의 부존 가능성 및 석유가 집적되는 장소의 공간적 분포에 대한 중요한 정보들을 얻어 낼 수 있기 때문이며 이를 위해서는 각기 척도가 다른 지질학, 지구물리학, 지구화학 및 고생물학 등 방대한 자료들을 효율적으로 통합하고 해석할 수 있는 고도의 전문지식을 필요로 한다. 그러나 본 장에서는 분지해석학의 핵심인 퇴적분지 발달사에 대한 사항들을 설명하기 보다는 분지해석학의 입문에 해당하는 기초 단계로 퇴적분지들이 가지는 지질학적 유사성을 이용하여 퇴적분지들을 몇 개의 범주로 묶어 분류하는 퇴적분지 분류법에 대한 일반론을 설명하고자 한다.

석유지질학에서 퇴적분지들을 지질학적 유사성을 기준으로 몇 개의 범주로 묶어 분류하려는 목적은 지구상에 존재하는 퇴적분지 중 현재 석유를 생산하고 있는 석유생산 퇴적분지(hydrocarbon-producing sedimentary basin)들에 대하여 근원암-저류암-덮개암-저장적소 등 석유생산성 요소(productive cycles)들에 대한 정보를 추출해 내어 새롭게 탐사하려는 퇴적분지가 어떤 범주의 생산성 퇴적분지와 같은 범주에 속하는 퇴적분지인가를 분류하여 새롭게 탐사하려는 퇴적분지에 가장 성공 가능성이 높은 생산성 요소들을 포함하는 최적의 탐사개념을 제시함으로써 새롭게 탐사하려는 퇴적분지들에 대한 탐사 성공률을 증대시키는데 있다.

(1) 퇴적분지 분류를 위한 기준

퇴적분지를 분류하기 위한 시도는 1980년 대 이후로 석유와 관련된 연구를 하는 여러 지질학자들에 의해 수행되어 왔다. 그 대표적인 예를 들어 보면 Bally and Snelson(1980), Kingstone et al.(1983), Ingersoll(1988) 등에 의해 퇴적분지 분류법들이 제안되었으며 이를 이용하여 퇴적분지들이 분류되어져 왔다. 그러나 제안된 분류법들은 보면 거의 비슷한 기준들을 적용하여 퇴적분지를 분류하고 있기 때문에 퇴적분지 분류에 있어서 논쟁이 될 만한 큰 차이를 보이지 않는다. 제안된 퇴적분지 분류법에서 분류를 위해 적용되고 있는 주요 기준들을 정리해 보면, 1) 분지 지각의 구성, 2) 분지형성에 관여된 판구조운동, 3) 퇴적작용, 4) 분지변형에 관여된 구조운동 등을 들 수 있다. 이러한 기준들에 따른 퇴적분지들의 분류를 보면 다음과 같다.

(2) 분지 지각의 구성에 따른 분류

지구상에 존재하는 모든 퇴적분지는 지각 위에 놓여 있기 때문에 퇴적분지가 놓여 있는 지각이 어떤 지각인지에 따라 퇴적분지를 분류할 수 있다. 즉 퇴적분지가 해양지각 위에 위치하면 해양성 분지(oceanic basin)로, 대륙지각 위에 위치하면 대륙성 분지(continental basin)로 분류한다. 현재의 태평양이나 대서양과 같이 해양지각 위에 존재하는 분지들이 해양성 분지의 대표적인 예이며, 심해성, 반심해성 및 천해성 등 주로 해양성 퇴적물들이 퇴적된다(그림 6-3).

반면에 대륙지각 위에 존재하는 퇴적분지들로 북미 대륙 내의 미시간 호수와 같은 미시간 분지(Michigan basin), 또는 유라시아 대륙 내의 바이칼 호수와 같은 바이칼 분지(Baikal basin) 등이 대륙성 분지의 예에 해당되며, 하천성 퇴적물(fluviatile sediments)을 포함하여 호소성 퇴적물(lacustrine sediments) 등 주로 육성 퇴적물들이 퇴적된다. 일반적으로 해양성 분지들은 대륙성 분지에 비해 광역적으로 넓은 지역에 걸쳐 분포하고 분지가 형성된 이후 수억 년 내지는 수백만 년에 걸친 오랜기간 동안 지속된다. 그러나 대륙성 퇴적분지는 해양성 퇴적분지에 비해 분포 범위도 상당히 지역적일 뿐만이 아니라 퇴적분지의 지속 기간도 수천만 년에서 수십만 년 정도로 상대적으로 짧은 것으로 알려져 있다.

해양성 분지와 대륙성 분지 이외에 퇴적분지가 위치한 지역이 해양지각과 대륙지각이 접하고 있는 부분이라 지각의 종류가 해양지각인지 대륙지각인지 뚜렷하게 구분되지 않는 모호한 경우에는 경계성 분지(marginal basin)로 분류한다. 예를 들어 태평양과 접하고 있는 대륙 연변부는 해양지각이 대륙지각 밑으로 섭입하는 섭입대가 발달하고 있어 해양지각과 대륙지각의 분포가 섭입대를 기준으로 뚜렷하게 구분되나 멕시코 만(Gulf of Mexico)을 포함하는 대서양의 대륙 연변부는 섭입대가 발달하지 않기 때문에 대륙지각과 해양지각의 분포 경계가 확연하게 구분되지 않고 모호한 지역으로 이러한 지역에 위치하는 퇴적분지들이 경계성 분지에 해당된다(그림 6-3).

(3) 분지형성에 관여된 판구조운동에 따른 분류

판구조적으로 각각의 판들이 서로 이동하게 되면 판과 판 사이의 경계부에 화산, 지진, 단층 등 여러 가지 지질학적 현상들과 함께 산맥, 바다, 대륙과 같은 대규모 지형들이 형성된다. 이러한 판과 판 사이의 경계부에 형성되는 대규모 지형들은 상대적으로 지리적 고지대 또는 저지대이기 때문에 풍화작용에 의해 퇴적물이 만들어져 퇴적되기 시작하면 지리적 저지대는 퇴적분지로 발달하게 된다. 판의 경계부 이외에도 판과 판이 서로 이동하면서 판의 수평 방향으로 발생되는 인장력이나 압축력이 판의 내부에 까지 영향을 미치게 되면 판 내부에도 상대적으로 지리적 고지대 또는 저지대가 형성되어 퇴적물이 퇴적될 수 있는 퇴적분지로 발달한다.

이와 같이 판들의 상대적 이동에 따라 퇴적분지들이 형성되면 형성되는 퇴적분지들은 판들이 이동하는 양상에 따라 각기 다른 형태의 힘을 받게 되기 때문에 각기 다른 구조적 특징을 보이게 된다. 즉 판과 판의 이동 방향이 서로 발산하는 발산형 경계에는 인장력이, 판과 판의 이동 방향이 서로 수렴하는 수렴형 경계에는 압축력이, 판과 판이 서로 스쳐 지나가는 보존형 경계에는 인장력과 압축력이 동시에 작용하게 되어 각기 다른 구조적 특징을 보이기 때문에 분지형성 초기에 관여된 판들의 이동 양상을 기준으로 퇴적분지들을 분류할 수 있다.

1) 발산형 경계

발산형 경계는 판과 판이 벌어지면서 새로운 지각이 생성되는 장소로 인장력이 작용한다. 발산형 경계가 발달하는 단계와 구조적 특징에 대해 대륙판의 경우를 들어보면 대륙판에 인장력이 적용되면 대륙판 내부의 연약지반이 서서히 침강하여 함몰구(sag)가 형성되거나 판 내부의 연약대를 따라 열개(rifting)나 쪼개짐(fracturing)이 발생하여 정단층(normal fault)에 의한 지구(graben)와 지루(horst)를 포함하는 대륙열개 초기 단계 외 함몰대가 형성된다(그림 6-4). 대륙열개 초기 단계에만 인장력이 적용된 후 인장력이 소멸될 경우, 대륙판 내부에 단순한 함몰구나 함몰대로 존재하나 인장력이 지속적으로 적용되면 초기 단계의 함몰대나 함몰구는 점차 양쪽 방향으로 벌어지게 되면서 판 내부에 길고 좁은 띠 모양의 화산활동을 동반한 소규모 대륙성 분지로 발달한다. 이후 소규모 대륙성 분지가 지속적인 인장력의 영향으로 더 벌어지게 되고 대륙지각 내의 약선대가 발달되어 약선대를 따라 지하 심부의 마그마가 분출하면서 새로운 해양지각이 형성되기 시작하면 길고 좁은 띠 모양의 화산활동을 동반한 소규모 분지는 점차적인 침강과 함께 서서히 소규모의 미성숙 해양성 분지단계로 전환하게 된다(그림 6-4).

미성숙 해양성 분지 내에 해양지각이 지속적으로 형성되어 해저가 점차 확장되면 소규모의 해양성 분지들은 확장과 침강을 병행하면서 인도양 또는 대서양과 같은 본격적인 대규모의 성숙 해양성 분지단계로 발달하게 된다(그림 6-4).

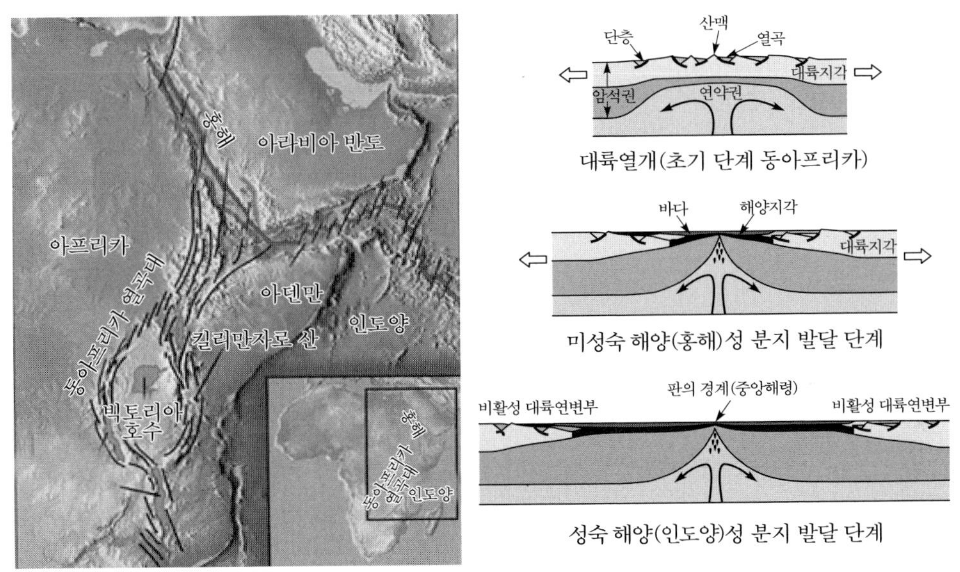

그림 6-4 발산형 경계 발달 단계의 모식도

따라서 발산형 경계의 경우, 초기 단계에는 대륙지각 내부에 발달하는 대륙 내 침강분지(continental interior sag basin) 또는 대륙 내 열개분지(continental interior fracture basin)들이 발달하나 점차적으로 해양지각이 형성되면서 소규모 해양성 분지로 전환하게 되고 이후에 대서양과 같은 현재 해양지각이 생성되는 발산형 경계인 대서양 중앙해령과 초기 단계에 대륙 내 열개분지의 퇴적체를 보존하고 있는 대륙 연변부 침강분지(margin sag basin) 등을 포함하는 대규모의 해양성 분지로 진화한다.

발산형 경계의 초기 단계에 대륙지각 내부에 발달하는 대륙 내 침강분지(continental

interior sag basin) 또는 대륙 내 열개분지(continental interior fracture basin)들의 예를 들어보면 북미판 내부의 미시간 호수와 같은 미시간 분지, 아프리카판 내부의 동아프리카 열곡대(East African rift valley) 등이 각각의 예에 해당되며, 특히 아프리카 열곡대와 인접하여 발달하는 홍해(Red Sea)는 대륙 내 열개분지가 더 벌어지면서 대륙지각 내에 약선대를 따라 마그마가 분출하여 새로운 해양지각이 형성된 해양성 분지의 초기 단계에 해당되는 전형으로 알려져 있다(그림 6-4).

홍해와 같은 초기 단계의 해양성 분지들은 해저 확장과 침강을 계속하면서 현재의 인도양 또는 대서양과 같은 본격적인 대규모 해양성 분지로 발달하게 된다. 따라서 인도양과 대서양과 접하고 있는 주변 대륙들의 연변부를 따라 발달하는 대륙 연변부 침강분지들은 기반암 위에 초기 단계의 대륙 내 열개분지 동안에 퇴적된 퇴적체들을 포함하여 그 상부를 대륙 내 열개분지가 해양성 분지로 전이된 이후 본격적인 해양성 분지로 발전하는 동안 대륙으로부터 유입되는 막대한 양의 퇴적물이 퇴적되면서 서서히 침강하는 분지의 특징을 보인다. 이러한 대륙 연변부 침강분지들은 육지로부터의 다양한 퇴적물들이 유기물질들과 함께 퇴적되기 때문에 석유부존 가능성이 매우 높은 지역으로 평가되고 있다.

2) 수렴형 경계

수렴형 경계는 판과 판이 서로 부딪치면서 지각이 소멸되는 경계로 압축력이 작용하게 된다. 수렴형 경계는 수렴하는 지각의 구성에 따라 세 가지 형태로 나누어지며 해양지각이 대륙지각 밑으로 수렴하는 경우, 해양지각이 해양지각 밑으로 수렴하는 경우, 대륙지각과 대륙지각이 수렴하는 경우 각기 다른 양상이 나타난다(그림 6-3). 일반적으로 해양지각이 대륙지각이나 해양지각 밑으로 수렴하는 경우에는 섭입대가 잘 발달하고 트렌치(trench) 또는 트러프(trough)라는 깊은 해구와 함께 화산작용에 의한 화산열도(volcanic island arc)가 발달한다(그림 6-5).

트렌치나 트러프와 같은 해구는 화산열도와 인접하여 발달하기 때문에 화산성 퇴적물과 함께 저탁류(turbidity current)에 의해 운반된 육성 및 천해성, 반심해성 퇴적물 등이 퇴적되는 수렴형 경계를 따라 발달하는 주요 퇴적분지 중 하나이다. 일반적으로 해양지각이 해양지각 밑으로 섭입되는 해구의 경우에는 반심해성 또는 심해성 퇴적물이 주로 퇴적되나, 해양지각이 대륙지각 밑으로 섭입 하는 해구는 육지로부터 운반되는 육성 또는 천해성 퇴적물이 주로 퇴적되는 차이를 보인다. 이외에 화산열도 내에 발달하는 화산열도 내 분지(intra-arc basin), 화산열도를 중심으로 해구가 있는 쪽, 즉 열도의 전면에는 화산열도 전면분지

(forearc basin)가, 화산열도를 중심으로 열도의 후면에는 화산열도 후면분지(backarc basin)가 발달한다(그림 6-5). 일본열도를 중심으로 태평양 쪽 전면에 발달하는 분지들이 화산열도 전면분지에 해당되며 동해와 같이 일본 열도 후면에 발달하는 분지들이 화산열도 후면분지로 분류된다(그림 6-5).

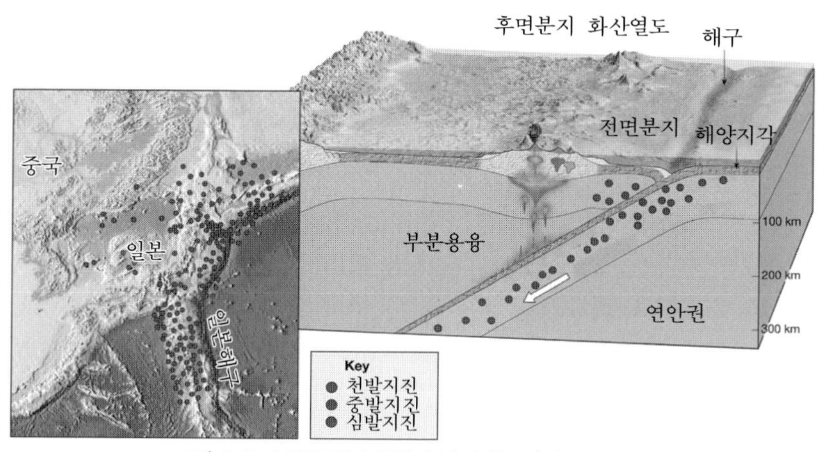

그림 6-5 수렴형 경계 주변에 발달하는 퇴적분지의 예

대륙지각이 대륙지각 밑으로 수렴하는 경우에는 대륙충돌에 의해 습곡과 저각의 역단층(reverse fault)인 트러스트(thrust)를 동반하는 습곡-트러스트대(fold-thrust belt)가 발생하고 습곡-트러스트대의 중첩에 의해 점차 융기되는 조산대(orogenic mountain belt)가 발달한다. 아울러 습곡-트러스트대 밑으로 섭입 하는 대륙지각 쪽에 습곡-트러스트대의 하중과 습곡-트러스트대의 중첩에 의해 융기되는 조산대로부터 유입된 막대한 양의 퇴적물들의 하중에 의해 지리적 저지대인 분지가 발달하게 되는데 이러한 분지를 대륙전사면 분지(foreland basin)라 한다(그림 6-6).

인도 대륙(Indian Continent)과 유라시아 대륙(Eurasian Continent)이 충돌하여 그 경계부에 발달하는 히말라야 산맥이 조산대의 대표적인 예이며 인접하여 아라비아 대륙(Arabian Continent)과 유라시아 대륙, 아프리카 대륙(African Continent)과 유라시아 대륙의 충돌에 의해 히말라야-알프스 조산대가 만들어진다(그림 6-3). 특히 아라비아판과 유라시아판의 충돌에 의해 경계부에 형성된 자그로스 산맥(Zagros Mountain Belt)과 자그로스 산맥과 아라비아 대륙(Arabian Continent) 사이에 발달하는 자그로스 대륙전사면 분지(Zagros foreland basin)와 캐나다 로키 산맥(Canadian Rocky Mountain Belt)과 캐나다 순상지(Canadian

Shield) 사이에 발달하는 앨버타 대륙전사면 분지(Alberta foreland basin) 등이 그 예에 해당되며 전형적인 석유가스 부존대로 대규모 상업적 유전들이 분포한다. 특히 앨버타 대륙전사면 분지는 석유자원 이외에 오일샌드, 셰일오일, 셰일가스 등 다양한 형태의 비재래형 에너지자원들을 포함하고 있어 최근 들어 새롭게 주목을 받고 있는 퇴적분지들이다.

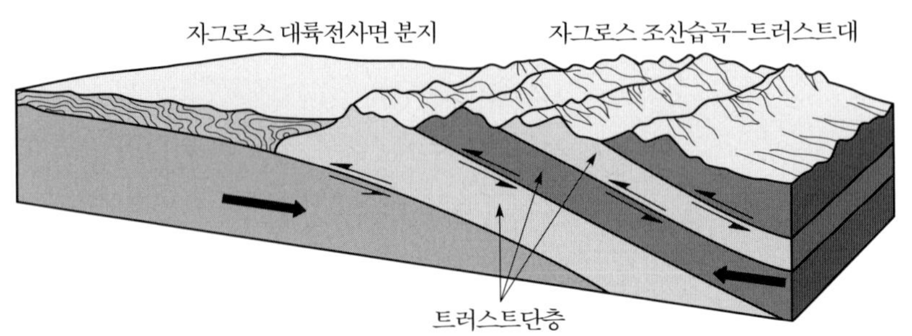

그림 6-6 대륙충돌에 의한 습곡-트러스트대의 형성과 대륙전사면 분지의 발달 모식도

3) 보존형 경계

보존형 경계는 지각이 생성되거나 소멸되지 않는 상태로 판과 판이 서로 스쳐지나가는 경우로 압축력과 인장력이 동시에 작용한다. 그러나 보존형 경계에 작용하는 인장력과 압축력은 발산형 경계와 수렴형 경계에 적용되는 순수한 인장력이나 압축력과 역학적인 면에서 다소 차이를 보이기 때문에 보존형 경계에 적용되는 압축력을 횡압축력(transpression)으로, 인장력을 횡인장력(transtension)으로 구분한다. 보존형 경계에 대한 대표적인 예로는 북미판의 서쪽 경계에 태평양판과 접하는 부분에 발달하는 산안드리아스(San Andreas) 단층으로 태평양판이 북서쪽으로 이동하면서 북미판을 횡적으로 스쳐 지나가는 보존형 경계의 전형을 보여준다(그림 6-3).

이러한 경계에는 판들이 서로 이동하면서 경계면을 이루는 주단층 주변부에 같은 방향의 이차적인 단층계들이 발달하여 하나의 단층이 갈라져서 서로 벌어지거나 벌어진 후에 다시 하나의 단층으로 합쳐지면서 지형적으로 고지대와 저지대가 공간적으로 함께 발달하는 특징을 보인다. 횡적으로 이동하는 단층들이 갈라져서 횡인장력이 작용하여 벌어지게 되면서 지리적 저지대가 발달하는 경우에 렌치형 분지(wrench basin) 또는 인리형 분지(pull-apart basin)로 분류한다. 렌치형 분지 또는 인리형 분지들의 예로는 미국 서부 캘리포니아주 산안드레아스 단층 주변에 발달하는 로스앤젤레스 분지(Los Angeles basin), 또는 중앙협곡분지(Central Valley basin)등이 그 예에 해당된다(그림 6-7).

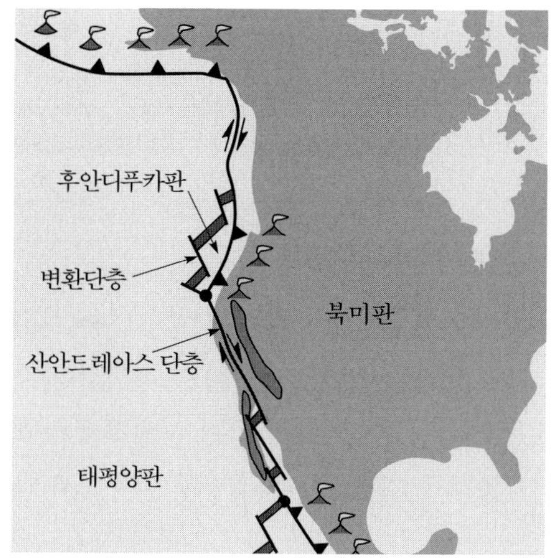

그림 6-7 보존형 경계인 산안드레아스 단층 주변에 발달하는 렌치형 분지의 분포

이외에도 두 판이 수렴하는 경계에 판이 사각으로 섭입 하는 경우 화산열도 후면분지도 렌치형 분지로 발달할 수 있으며 인도판이 유라시아판 밑으로 사각섭입 하는 인도네시아 자바 트렌치(Java trench)의 화산열도 후면분지로 발달하는 수마트라 분지(Sumatra basin) 또는 말레이 분지(Malay basin)가 렌치형 분지의 예에 해당된다(그림 6-3).

(4) 퇴적작용에 따른 분류

지각 내에 구조적 원인에 의해 형성된 지리적 저지대는 향후 퇴적물이 공급되었을 때에 퇴적이 가능할 수 있는 공간(space made available for potential sediment accumulation; Jervey, 1988), 즉 퇴적가능공간(accommodation)이 되기 때문에 퇴적물의 공급이 지속될 수 있다면 퇴적가능공간은 하나의 퇴적분지로 발달하게 된다. 그러나 어떤 원인들에 의해 퇴적물의 공급이 중단되거나 또는 퇴적가능공간이 지속적으로 확보되지 못한다면 지리적 저지대는 퇴적분지로의 발달이 멈추게 된다.

이와 같이 퇴적가능공간과 퇴적물 공급의 상호작용에 의해 지배되는 퇴적분지의 발달은 퇴적가능공간의 확보율(rate of accommodation)과 퇴적물의 공급률(rate of sedimentation)에 따라 다소 다른 분지충진 형태를 보인다. 예를 들어 퇴적가능공간의 확보율과 퇴적물의 공급률이 비슷하게 균형을 이룰 경우 퇴적분지는 균형충진(balanced fill) 형태를 보인다. 그러나 퇴적가능공간 확보율이 퇴적물의 공급률보다 클 경우 퇴적분지는 미충진(underfill) 형태의 특징을 보이는 반면, 퇴적가능공간의 확보율이 퇴적물의 공급률보다 작을 경우 퇴적분지는 과충진(overfill) 형태의 양상을 띤다. 따라서 퇴적물의 공급률과 퇴적가능공간의 확보률의 상호 관계에 따라 균형충진 분지, 미충진 분지, 과충진 분지 등으로 분류할 수 있다.

(5) 분지변형에 관여한 구조운동에 따른 분류

판들의 상대적인 이동에 의해 퇴적분지가 형성된 후 시간이 경과함에 따라 판들의 이동방향이 변하게 되면 퇴적분지에 미치는 응력들의 양상도 변화하게 되어 퇴적분지의 형태가 변하게 된다. 이와 같이 시간에 따라 퇴적분지의 형태가 변화하는 현상을 분지의 진화라 한다. 대륙 내 소규모 함몰대로 시작한 퇴적분지는 지속적인 인장력이 작용되면 동아프리카 열곡대와 같은 대륙 내 열개분지를 거쳐 해양지각의 생성과 함께 홍해와 같은 소규모 해양성 분지로 전이된 후에 해저의 확장과 이에 따른 침강을 반복하면서 인도양 또는 대서양과 같은 본격적인 대규모 해양성 분지로 발달한다(그림 6-4). 이후 인장력의 적용이 한계에 다다르면 해양성 분지의 해양지각들은 태평양과 같이 대륙 연변부를 따라 대륙지각 밑으로 섭입하게 되거나 해양지각의 연약 부분을 따라 해양지각 밑으로 섭입하게 된다(그림 6-5).

섭입대의 형성과 함께 해양지각의 섭입은 곧 판에 영향을 미쳤던 인장력이 압축력으로 전환되고 압축력의 영향으로 해양성 분지는 점차 축소되어 지중해와 같은 작은 규모의 해양성 분지로 전이된다. 이후 섭입대 밑으로 소멸되는 해양지각의 영향으로 해양성 분지들의 규모는 더욱 더 작아지게 되면서 해양지각 위에 떠있는 대륙지각들이 또 다른 대륙지각들과 연쇄적으로 충돌하게 되어 소규모 해양성 분지들은 점차적으로 압축력에 의한 변형단계를 거쳐 습곡과 트러스트를 동반하는 히말라야 산맥(Himalayan Mountain Range)과 같은 조산대로 융기됨으로써 분지의 진화가 종결되게 된다(그림 6-6). 이와 같은 퇴적분지의 진화단계에서 보듯이 퇴적분지는 대륙 내 소규모 함몰대로부터 습곡과 트러스트를 동반하는 조산대로 융기되기 직전인 압축력에 의한 변형단계까지를 분지로 취급하기 때문에 퇴적분지의 형성에 관여된 판구조운동에 분류와 함께 퇴적분지의 변형 관여된 구조운동의 정도에 따른 분류도 매우 중요하다.

퇴적분지의 변형은 압축력이 적용되는 보존형 또는 수렴형 경계에서 주로 나타난다. 보존형 경계의 경우 경계단층이 갈라지거나 합쳐지면서 횡인장력과 횡압축력이 교차로 발생하기 때문에 보존형 경계에 발달되는 인리형 분지나 렌치형 분지들은 간헐적인 횡압축력(episodic transpression)에 의해 점차적인 변형을 받게 된다. 한편 수렴형 경계에서는 섭입되는 지각의 섭입방향이 직각일 경우에는 압축력이 지속적으로 적용되어 해구로 유입되는 퇴적물들이 습곡과 트러스트들에 의해 융기되어 해구와 화산열도 사이에 부가프리즘(accretionary prism)이라는 특징적인 지형을 형성한다. 그러나 수렴형 경계에서 섭입되는 지각의 섭입방향이 사각인 경우 섭입대 내륙 쪽으로 보존형 경계에서와 같이 횡인장력에 의해 렌치형 퇴적분지가 발달하게 되어 간헐적인 횡압축력에 의해 변형된다.

이와 같은 간헐적인 횡압축력에 의한 변형은 기존에 형성되었던 분지들을 점진적으로 변형시키게 되어 습곡과 트러스트를 동반하는 조산대로 융기시키게 된다. 변형의 정도에 따라 분지를 약한 변형단계와 강한 변형단계로 구분하여 약한 변형단계는 변형의 증거가 퇴적층에는 나타나지는 않지만 변형에 의해 공극율이나 투수률이 실질적으로 감쇄되는 단계, 암염돔이나 셰일돔 또는 성장단층과 같은 변형의 증거가 나타나는 단계, 분지 내 기존 단층들이 재활성되는 단계로 세분한다. 아울러 강한 변형단계는 분지 경계부에 뚜렷한 변형구조(예; flower structure)와 함께 분지 내부 퇴적층에 엔 에쉬론 습곡구조(en echelon folds)들이 발달하는 단계, 분지의 외형이 비대칭적으로까지 변형이 일어나는 단계, 분지가 역전된 단계로 구분한다. 이러한 변형의 정도에 따른 분지의 구분은 대체적으로 석유의 집적에 유리한 구조들이 점이적으로 퇴적분지 내에 발달하기 때문에 석유탐사에 있어서 유리한 지역들을 선정하는데 좋은 지질학적 기준이 될 수 있기 때문이다.

6-3 퇴적분지와 석유부존 가능성

지구상에 존재하는 모든 퇴적분지들은 지각의 구성, 분지형성에 관여된 판구조운동, 퇴적작용, 분지변형에 관여된 구조운동 등을 기준으로 분류된다. 앞 장에서 기술한 퇴적분지들의 분류는 주로 판구조운동과 연계되어 분지형성 구조운동과 분지변형 구조운동에 초점이 맞추어져 있다. 그러나 석유지질학에서 중요한 부분은 분류된 퇴적분지의 어떤 부분이 석유가 부존될 수 있는 가능성이 높은가에 대한 논의가 이루어져야 한다. 모든 퇴적분지들은 유기물질과 함께 퇴적물이 퇴적되어 있기 때문에 적절한 조건만 갖추어지다면 석유가 생성되어 저장적소에 저류될 수 있다. 그러나 모든 퇴적분지들이 석유부존을 위해 같은 적절한 조건을 항상 가지는 것은 아니다. 본 장에서는 퇴적분지 중에 있어서 어떤 퇴적분지의 어떤 퇴적층과 어떤 구조에 석유가 효율적으로 부존되고 있는가를 알아보도록 한다.

(1) 대륙 내 침강분지

대륙 내 침강분지는 구조적으로 변형이 심하지 않은 분지로 오랜 기간 동안 안정된 대륙 내의 호수와 같은 제한된 환경 하에서 퇴적물들이 퇴적되어 천천히 침강하면서 형성되었기 때문에 양질의 근원암이 호수 중심부에 잘 발달하며, 호수 주변부를 따라 넓은 지역에 걸쳐 일정한 두께의 양질의 사질 저류암과 덮개암으로 증발암들이 발달한다(그림 6-8). 그러나 구조운동이 거의 없는 지역이라 근원암에서 생성된 석유가 저류암으로 효율적으로 이동하지 못하거나 석유 집적을 위한 구조들의 발달이 미약한 점이 문제점이다. 일부 아치(arch) 형태의 기반암을 피복하는 퇴적층에 나타나는 아치 형태의 유사 배사구조(apparent anticline) 트랩이나 미세한 층서트랩들이 분지 내 석유를 저장하는 적소로 나타난다.

고생대에 형성된 북미 대륙 내부의 미시간 분지와 같이 시대가 오래된 대규모 대륙 내 침강분지와 같은 경우에는 석유부존 가능성이 있는 것으로 평가되나 규모가 작거나 상대적으로 분지형성 시기가 젊은 분지들은 퇴적층의 두께가 얇고 매몰 심도가 얕아 근원암이 성숙 단계에 진입되지 못해 석유부존 가능성이 낮은 퇴적분지로 평가된다.

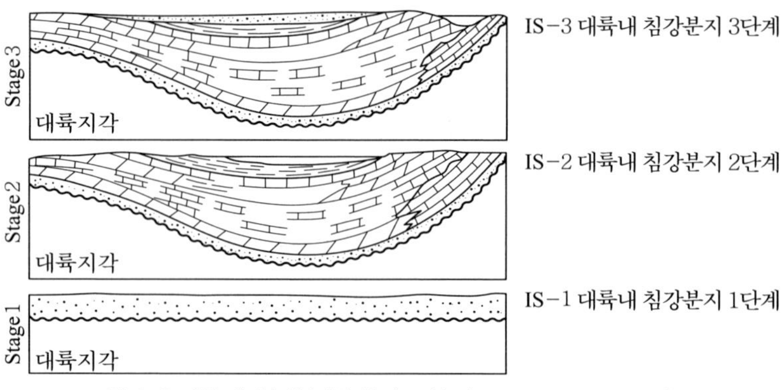

그림 6-8 대륙 내 침강분지의 발달 모식도(Kingston et al., 1983)

(2) 대륙 내 열개분지

대륙 내 열개분지는 비교적 석유부존 가능성이 높은 분지로 평가되고 있으며 실제로 북해분지(North Sea basin), 리비아의 서트 분지(Sirte basin), 이집트의 수에즈만 분지(Gulf of Suez basin) 등이 대륙 내 열개분지로 분류된다. 정단층에 의해 형성된 지루 위에 퇴적되는 육성 및 천해성 사암층이 주 저류층이며 낮은 지구대에 퇴적되는 흑색 셰일층이 주요 근원암으로 나타난다(그림 6-9). 정단층에 의해 구조트랩들이 잘 발달함과 동시에 분지가 발달하는 동안에 정단층들이 재활성되거나 기울어짐에 의해 간헐적으로 횡압축력이 발생하여 근원암으로부터 생성된 석유가 저류암을 따라 효율적으로 저장적소로 이동할 수 있는 최적의 조건을 제공한다. 규모가 작은 분지들은 매몰 심도가 얕고 퇴적층의 두께가 얇아 근원암이 미성숙될 가능성이 있어 근원암 성숙도에 대한 검토가 필수적이나 근원암의 성숙도에 문제가 없다면 석유부존 가능성이 비교적 높은 유망한 분지로 평가된다.

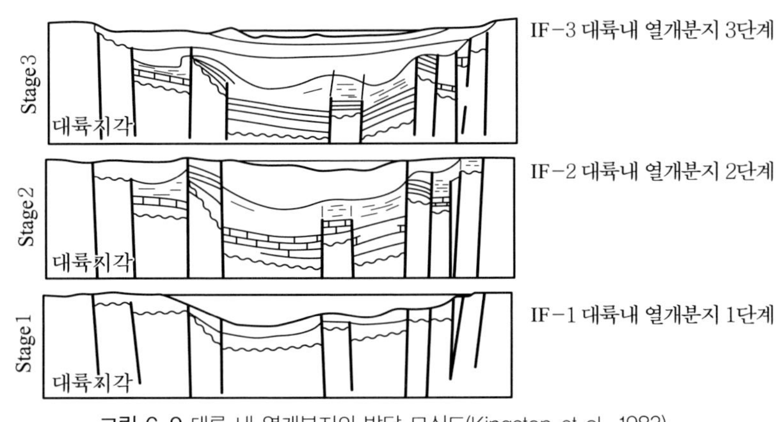

그림 6-9 대륙 내 열개분지의 발달 모식도(Kingston et al., 1983).

(3) 대륙 연변부 침강분지

대륙 연변부 침강분지의 퇴적층은 하부에 나타나는 대륙 내 열개분지 퇴적층과 상부의 대륙 연변부 침강분지의 퇴적층으로 구성된다(그림 6-10). 하부에 대륙 내 열개분지의 퇴적체가 항상 존재하기 때문에 정단층에 의해 형성된 지루 위에 퇴적되는 육성 및 천해성 사암층과 낮은 지구대에 퇴적되는 흑색 셰일층의 저류층-근원암 조합이 나타난다.

분지형성 초기에 정단층에 의한 구조트랩들이 잘 발달하며 분지가 발달하는 동안에 정단층들이 재활성되거나 기울어짐에 의해 간헐적으로 횡압축력이 발생하여 근원암으로부터 생성된 석유가 저류암을 따라 효율적으로 저장적소로 이동할 수 있는 최적의 조건을 제공한다. 그러나 석유생성에 있어 최적의 조건이라 하더라도 대륙 연변부 침강분지의 최하부 퇴적층이기 때문에 퇴적심도가 깊어 시추가 어렵거나 매몰에 의해 과성숙되어 공극률과 투수률이 매우 나쁜 치밀가스층으로 전이되었을 가능성이 있다.

최하부의 대륙 내 열개분지 퇴적체를 피복하는 퇴적층들은 대륙 연변부 침강분지가 발달하는 동안에 천천히 침강하는 상태에서 퇴적되는 퇴적층으로 퇴적물의 종류에 따라 네 가지 형태로 세분된다(그림 6-11). 가장 일반적인 경우로 정상적인 쇄설성 퇴적물이 유입되는 퇴적분지로 조립질 퇴적물들은 대륙에 가까운 쪽에, 세립질 퇴적물들은 대륙으로부터 좀 더 멀리

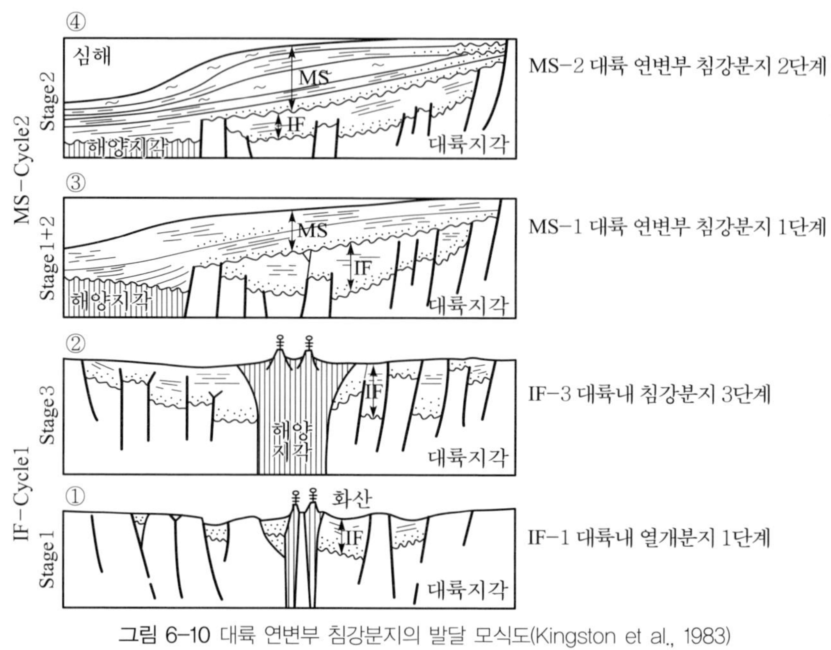

그림 6-10 대륙 연변부 침강분지의 발달 모식도(Kingston et al., 1983)

떨어진 곳까지 운반되어 퇴적된다(그림 6-11-①). 그러나 쇄설성 퇴적물의 유입이 거의 없고 수온과 수심 등의 조건이 탄산염 퇴적물들의 침전과 퇴적에 적합하게 되면 쇄설성 퇴적물 대신에 탄산염 퇴적물들이 퇴적된다(그림 6-11-②). 이외에 대륙으로부터 주요 삼각주가 발달하기 시작하여 주요 삼각주가 막대한 양의 조립질 퇴적물을 먼 바다까지 운반 · 퇴적시킬 수 있다면 세립질 퇴적물 위에 조립질 퇴적물이 퇴적되어 조립질 퇴적물의 하중에 의해 하부 퇴적층 내에 성장단층(growth fault)이 발달하거나 하부의 세립질 퇴적물이 상부의 퇴적물을 뚫고 올라오는 셰일돔(shale dome)과 같은 셰일다이아퍼(shale diapir) 등이 발달하기도 한다(그림 6-11-③). 아울러 대륙 내 열개분지로부터 초기 단계의 해양성 분지로 전이될 때 암염층이 퇴적되면 암염층이 상부의 퇴적물을 뚫고 올라오는 암염돔(salt dome)과 같은 암염다이아퍼(salt diapir) 등이 발달하기도 한다(그림 6-11-④). 특히 퇴적층 내에 성장단층, 셰일돔 또는 암염돔 등의 구조가 발달하는 경우 석유 집적에 유리한 조건으로 작용하는 것으로 알려져 있다. 이와 같은 성장단층, 셰일돔 또는 암염돔 등이 발달하는 대륙 연변부 침강분지들을 퇴적분지 중 석유부존 가능성이 가장 유망한 퇴적분지로 평가된다.

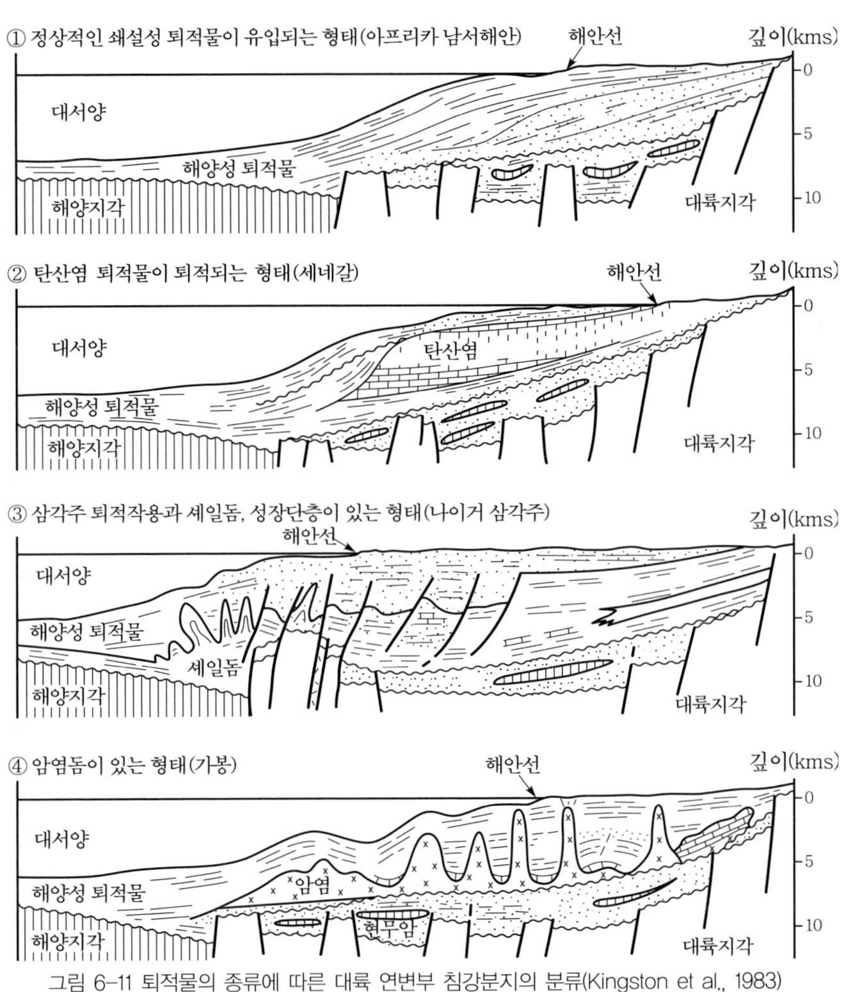

그림 6-11 퇴적물의 종류에 따른 대륙 연변부 침강분지의 분류(Kingston et al., 1983)

(4) 렌치형 분지

렌치형 분지는 초기 단계는 횡인장력에 의한 정단층이 발생하여 대륙 내 열개분지와 비슷한 지구와 지루 등 함몰대 형태(렌치분지 1단계; 그림 6-12)를 보이나 시간이 지남에 따라 횡압축력이 작용하게 되어 분지 경계부에 변형구조(예; flower structure, 렌치분지 2단계; 그림 6-12)들이 서서히 나타나기 시작하면서 점차 분지 내부에 엔 에쉬론 습곡구조(en echelon folds, 렌치분지 3단계; 그림 6-12)들이 발달한 후, 횡압축력이 아주 심하게 적용되면 습곡-트러스트대로 전이되는 발달 단계를 보인다(렌치분지 4단계; 그림 6-12).

따라서 초기 단계의 퇴적층 내에는 대륙 내 열개분지와 같은 정단층에 의해 형성된 지루 위

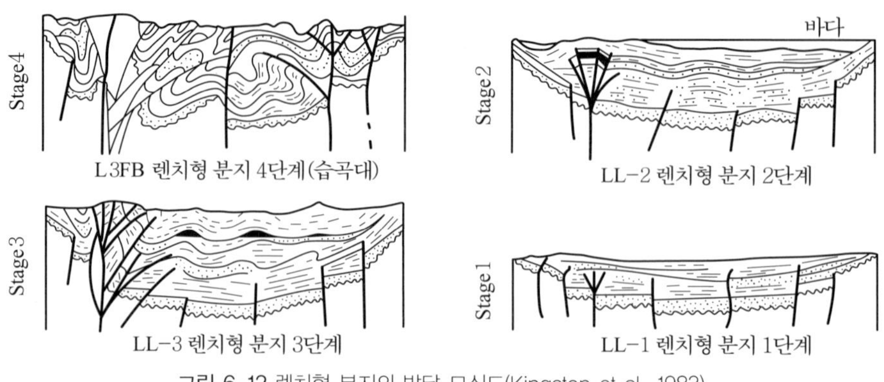

그림 6-12 렌치형 분지의 발달 모식도(Kingston et al., 1983)

에 퇴적되는 육성 및 천해성 사암층과 낮은 지구대에 퇴적되는 흑색 셰일층의 저류층-근원암 조합이 나타난다. 역시 분지형성 초기에 정단층에 의한 구조트랩들이 잘 발달하며 분지가 발달하는 동안에 정단층들이 재활성되거나 기울어짐에 의해 간헐적으로 횡압축력이 발생하여 근원암으로부터 생성된 석유가 저류암을 따라 효율적으로 저장적소로 이동할 수 있는 최적의 조건을 제공한다. 그러나 초기 단계에 퇴적되는 퇴적층이라 열적 성숙도가 낮아 석유가 생성되지 못할 가능성이 있으며 석유가 생성되어 저류된다 하더라도 지속되는 횡압축력에 의해 정단층 트랩이 파괴되어 이차 이동을 일으킬 가능성이 매우 높다. 따라서 지속적인 횡압축력에 의해 형성되는 분지 경계부의 변형구조(예; flower structure)들이나 분지 내부의 엔 에쉬론 습곡구조(en echelon folds)들에 석유가 집적될 가능성이 매우 높다. 그러나 횡압축력이 아주 심하게 적용되면 이러한 양질의 석유 트랩들은 곧 파괴되어 습곡-트러스트대로 전이된다. 이외에 섭입대와 인접하여 발달하는 렌치형 분지일 경우 화산성 퇴적물이 많아 양질의 저류암이 퇴적되기 어렵고 양질의 저류암이 퇴적되었더라도 분지 자체의 지열류량이 높아 성숙단계의 근원암이 양질의 저류암과 시공간적으로 공존할 수 있는 확률이 다른 퇴적분지들에 비해 상대적으로 낮다.

따라서 양질의 저류암이 트랩 내에 존재하고 인접한 지역에 성숙 단계의 근원암이 위치해 있는 최적의 조건이 아니라면 탐사의 위험이 매우 큰 단점이 있다. 그럼에도 불구하고 인도네시아 수마트라 분지의 미나스 유전(Minas oil field)과 같은 50억 배럴 규모의 초대형 급의 유전이 흔치 않게 발견되기도 한다(그림 6-3).

이외에 북미 대륙 서부의 로스앤젤레스 분지 또는 북중국 대륙의 동부 지역 탄루 단층 주변부의 발해만 분지(Bohai basin)가 렌치형 분지로 분류되며 중소 규모의 유전들이 분포한다. 대체적으로 탐사 위험도가 있는 퇴적분지이나 검증된 석유시스템(proven petroleum system) 내에 근원암-저류암-트랩들의 분포가 양호하면 비교적 유망성이 있는 분지로 평가된다.

(5) 대륙 전사면 분지

대륙충돌에 의해 형성되는 습곡-트러스트대(fold-thrust belt)와 이들의 중첩에 의해 융기되는 조산대의 영향으로 섭입 하는 대륙지각 전사면에 만들어지는 대륙전사면 분지는 융기와 침강의 강도에 따라 융기가 일어나는 습곡-트러스트대, 습곡-트러스트대의 하중과 퇴적물의 하중에 의해 최대의 침강이 일어나는 대륙 전사면 분지(foreland basin), 섭입에 의해 유도된 침강이 일어나는 중심 분지(axial basin), 지각 평형에 의해 융기가 일어나는 힌지 지역(hinge zone), 및 안정된 대륙 지역으로 구분된다(그림 6-13).

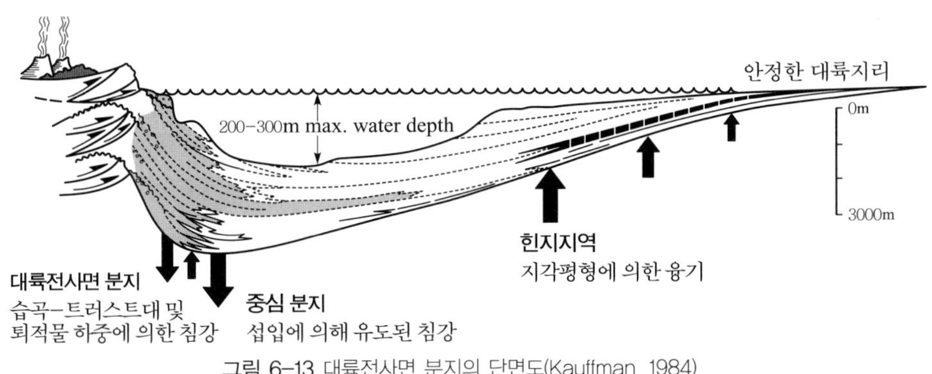

그림 6-13 대륙전사면 분지의 단면도(Kauffman, 1984)

대륙전사면 분지와 중심 분지는 주로 융기되는 습곡-트러스트대로부터 퇴적물이 공급되지만 힌지 지역은 대륙으로부터 퇴적물이 공급된다. 대체적으로 중심 분지에 퇴적된 근원암이 성숙 단계에 진입하여 석유를 생성하면 압력 구배에 따라 경사의 위 방향으로 이동(up-dip migration)하게 되어 힌지 지역에 발달하는 트랩에 집적되게 된다. 힌지 지역에 퇴적되는 퇴적층은 대륙 연변부를 따라 퇴적되는 천해성 퇴적체로 육지로부터 유입되는 쇄설성 퇴적암 및 탄산염암 등 다양한 퇴적암들을 포함한다. 따라서 중심 분지로부터 이동되는 석유가 집적될 수 있는 가능성이 비교적 높은 지역이나 구조 트랩을 형성시킬만한 뚜렷한 구조운동이 없어 구조 트랩의 형성이 미약한 단점이 있다. 이러한 단점에도 불구하고 다양한 퇴적작용의 영향으로 층서 트랩들이 잘 발달하기 때문에 석유부존 가능성이 비교적 유망한 퇴적분지로 평가된다.

(6) 다중 퇴적분지(polyhistory sedimentary basin)

지구상에 존재하는 퇴적분지들을 특정한 분류 기준에 따라 분류한다면 앞서 논의된 퇴적분지 중 하나인 퇴적분지들로 분류될 수 있다. 그러나 대부분의 퇴적분지들은 분지가 형성된 이후 시간이 지남에 따라 다양한 구조운동의 영향을 받아 변형되기도 하지만 어떤 시점에서는 또 다른 유형의 퇴적분지로 전이되는 경우도 있다. 이와 같이 퇴적분지가 하나가 아닌 둘 이상의 다중적인 분지 발달사를 가지는 퇴적분지를 다중 퇴적분지로 정의한다. 석유지질학적 측면에서 보면 다중 퇴적분지들은 구조의 발달이 시간에 따라 변화할 수 있다는 점과 다양한 시기에 퇴적되었던 여러 층준의 미성숙 근원암들이 시간이 지남에 따라 충분한 열적 숙성을 받을 수 있다는 점 때문에 석유의 생성과 이동 및 집적에 매우 유리한 분지로 평가된다.

예를 들어 현재 지구상에 존재하는 최대 규모의 유전들이 밀집되어 있는 아라비아 반도와 페르시아 만(Persian Gulf) 연안을 따라 발달하는 유전지대가 다중 퇴적분지의 전형으로 알려져 있다. 이 지역에 발달하는 퇴적분지는 하나의 거대 석유생산 퇴적분지로 최초에는 아라비아 대륙의 연변부에 천천히 침강하는 대륙 연변부 침강분지로 발달하였으나 아라비아 대륙과 유라시아 대륙이 점차 접근하면서 하나의 대륙으로 병합되어 대륙 연변부 침강분지는 대륙 내 침강분지로 전이되었다.

이후 지속적인 대륙충돌에 의해 두 대륙의 경계부에 자그로스 조산대가 융기되고 융기된 자그로스 조산대로부터 막대한 양의 퇴적물이 아라비아 대륙 쪽으로 유입되면서 자그로스 대륙전사면 분지가 발달되는 세 단계의 다중 퇴적분지 발달사를 보인다. 분지발달 초기에 퇴적되었던 대륙 연변부 침강분지 동안의 퇴적층들은 매몰 심도가 얕아 미성숙에 머물러 있었으나 두 번째 단계인 대륙 내 침강분지로 전이되면서 초기의 대륙 연변부 침강분지 퇴적층들이 성숙단계로 진입하여 일부 구조에 석유가 생성되어 집적되기 시작하였다. 두 번째 단계인 대륙 내 침강분지가 발달되는 동안에 분지 중심부에 두꺼운 양질의 근원암이, 분지의 경계부를 따라 양질의 탄산염 저류암과 증발암 덮개암들이 퇴적되기 시작하였다. 이후 대륙충돌과 함께 세 번째 단계인 대륙전사면 분지로 전이되어 조산대로부터 퇴적물의 유입에 의해 기존의 대륙 내 침강분지 퇴적층들이 매몰되면서 미성숙 단계에 있었던 주요 근원암들이 성숙 단계에 진입하여 본격적인 석유가 생성되기 시작하였으며 대륙전사면 분지의 중심 분지로부터 위 방향으로의 이동에 의해 안정된 아라비아 대륙의 힌지 지역에 다량의 석유가 집적되기 시작하여 현재 지구상에 존재하는 많은 퇴적분지 중에서 단일 최대 규모의 석유생산 퇴적분지(a single large hydrocarbon-producing sedimentary basin)로 발달하였다.

제7장 탐사기술
(Seismic Exploration & Formation Evaluation)

07_ 탐사기술 (Seismic Exploration & Formation Evaluation)

석유 및 가스 탐사는 지질, 지구물리, 그리고 물리탐사 전문가가 지하의 탄화수소를 찾으려고 수행하는 모든 과정을 포함한다. 석유 및 가스 탐사에는 다양한 지질·지구물리학적 자료와 방법이 이용되는데, 특히 탄성파 탐사와 같이 지하 지층의 구조와 층서를 보여줄 수 있는 탐사 기술이 가장 중요한 역할을 한다. 반면에 중·자력 자료는 분지의 전체적인 구조, 거대한 배사 구조나 단층 같은 광역적 규모의 지구조 탐사에 이용된다. 궁극적으로는 유망 트랩(prospect)을 대상으로 탐사시추를 수행하여 시추공에서 다양한 물리검층방법으로 지층을 평가하고 석유·탐사의 부존을 확인한다. 또한 코어링(coring)을 통하여 저류층의 시료를 채취하여 자세한 분석을 수행하고 모든 조건이 만족스러운 것으로 판단되면 간단한 생산시험을 통하여 생산성 및 경제성 등을 평가한다.

본 단원에서는 탄성파 탐사, 물리검층, 지층 생산시험을 포함하는 지층평가에 대해서 다루고자 한다.

7-1 탄성파 탐사

탄성파 탐사란 탄성파를 인공적으로 만들어서 지하로 쏘아 보낸 후 반사되어 돌아오는 신호를 수신하여 탐사하는 것이다. 수신된 탄성파 자료를 처리하면 지하 또는 해저면 아래의 지질구조와 지형의 단면을 얻을 수 있다. 탄성파 탐사는 지질구조와 층서를 뚜렷하게 보여줄 수 있는 유일한 지구물리 탐사방법으로서 석유·가스의 탐사에 가장 널리 이용되고 있다. 또한 탄성파 탐사로부터 구조 뿐 아니라 지층의 주요 성질을 정량적으로 유추할 수 있다. 1910년대 최초의 근대적인 탄성파 탐사가 수행된 후에 1960년대 후반 디지털 탄성파 자료처리(digital seismic processing)가 도입되었고 1980년대 후반부터 3차원 탄성파 탐사가 본격적으로 시작되어 현재는 3차원 탐사가 보편적인 탐사 방법이 되었다(Liner, 2004). 최근에는 모니터링을 위한 4차원 탄성파 탐사 뿐 아니라 탄성파 속성 분석, 탄성파 역산 등을 이용한 저류암 특성화가 활발하게 수행되고 있다.

(1) 탄성파 탐사 기본 원리

탄성파는 그림 7-1과 같이 기본적인 단진동파로서 설명할 수 있다. 기준선에서부터의 변위(displacement)가 진폭(amplitude)이며 파의 마루와 마루 또는 골과 골사이의 거리와 시간이 각각 파장(wavelength, λ)과 주기(period, T)이다. 기준시간에서 파의 마루가 떨어져 있는 거리 또는 시간을 각도로 표시한 것이 위상(phase)이다. 주파수(frequency)는 단위시간(1초) 동안에 반복되는 파의 개수로서 헤르츠(Hz)로 표시하고 파수(wavenumber)는 단위거리에서 반복되는 파의 개수이며 단위가 없다. 따라서 주파수(f)와 파수(k)는 그림 7-1 아래의 식으로 각각 표현된다.

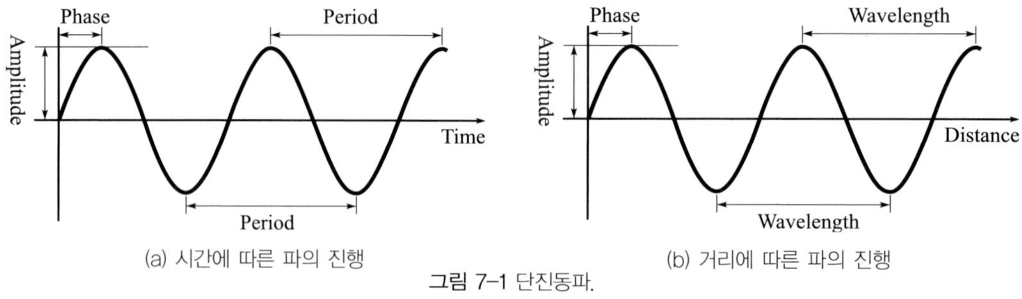

(a) 시간에 따른 파의 진행 (b) 거리에 따른 파의 진행
그림 7-1 단진동파.

$$f = \frac{1}{T}$$

$$k = \frac{1}{\lambda}$$

파의 속도(V)는 단위시간동안에 파가 이동한 거리이므로 아래의 식으로 나타낼 수 있으며

$$V = \frac{\lambda}{T}$$

주기는 주파수의 역수이므로 속도는 다시 아래의 식으로 표현된다.

$$V = f \cdot \lambda$$

파는 크게 P파(종파), S파(횡파), 레일리파(Rayleigh 파), 그리고 러브파(Love 파)로 나눌 수 있다(그림 7-2). P파와 S파는 실체파로서 매질을 투과하여 전달되기 때문에 탄성파 탐사에서 중요하지만 레일리파와 러브파는 매질의 경계면을 따라서 진행하는 표면파로서 석유·가스의 탐사에 거의 이용이 되지 않는다. P파는 S파보다 일반적으로 두 배 정도의 속도를 갖고 있으며 매질의 진동 방향과 파의 진행 방향이 나란하고 고체와 유체(액체 및 기체) 모두를 통과한다. 반면에 S파는 매질의 진동 방향과 파의 진행 방향이 직각을 이루며 유체에서는 전단력이 전달될 수 없기 때문에 고체만 통과하여 전달된다. P파(V_p)와 S파의 속도(V_s)는 각각 아래의 식으로 나타낼 수 있다.

$$V_p = \sqrt{\frac{K + \frac{4}{3}\mu}{\rho}}$$

$$V_s = \sqrt{\frac{\mu}{\rho}}$$

ρ, K, μ는 각각 밀도, 체적탄성계수, 전단탄성계수이다.

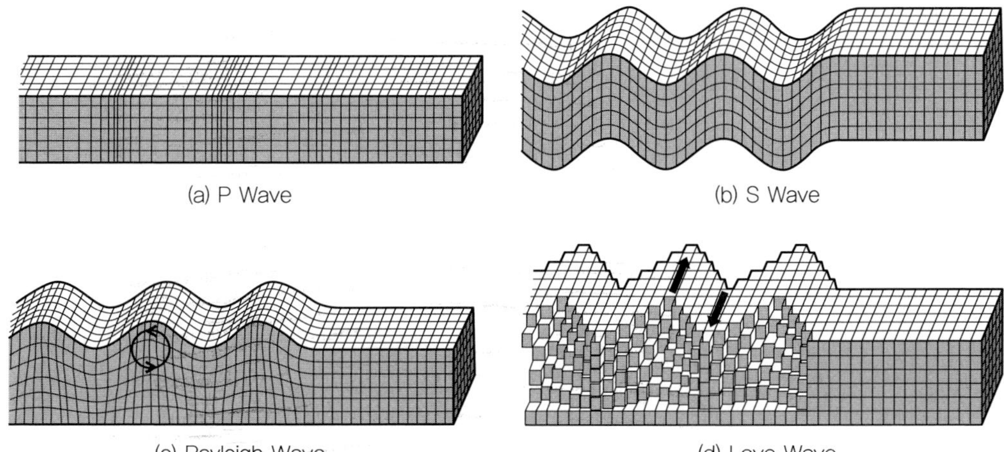

그림 7-2 실체파(P파, S파)와 표면파(레일리파, 러브파)의 전파양상.

석유 · 가스의 탐사에서는 전통적으로 P파를 이용하지만 최근에는 저류층의 특성이나 저류층 공극에 분포하는 유체의 종류를 구별하기 위해서 대규모의 석유회사나 전문탐사 업체를 중심으로 S파 탐사도 비교적 활발하게 수행되고 있다.

음원을 떠난 탄성파가 속도가 다른 지층들을 통하여 전파할 때 속도가 다른 층의 경계면에서 반사되고 굴절되는 현상은 아래의 스넬의 법칙(Snell' s law)을 따른다(그림 7-3).

$$\frac{\sin\theta_1}{V_1} = \frac{\sin\theta_2}{V_2}$$

V_1과 V_2는 각각 상부층과 하부층의 속도이며 θ_1과 θ_2는 입사각과 굴절각이다. 그림 7-3에서처럼 P파가 경계면에 비스듬하게 입사하면 반사와 굴절에서 모두 P파와 S파가 형성된다. 그러나 해양탐사의 경우 S파는 해수에서 전달되지 않기 때문에 반사된 P파와 굴절된 P파와 S파만 계속 진행된다.

경계면에서 반사된 P파의 세기는 입사 진폭에 대한 반사 진폭의 비율인 반사계수로 계산된다. 일반적으로 지층 경계면까지의 깊이가 음원과 수진기사이의 거리, 즉 오프셋(offset)보다 훨씬 크므로 거의 수직인 입사로 가정하면 아래와 같은 식으로 반사계수를 계산할 수 있다.

$$\frac{\rho_2 V_2 - \rho_1 V_1}{\rho_2 V_2 + \rho_1 V_1}$$

ρ_1과 ρ_2는 각각 상부층과 하부층의 밀도이며 각층의 밀도와 속도의 곱을 음향 임피던스(acoustic impedance)라고 한다.

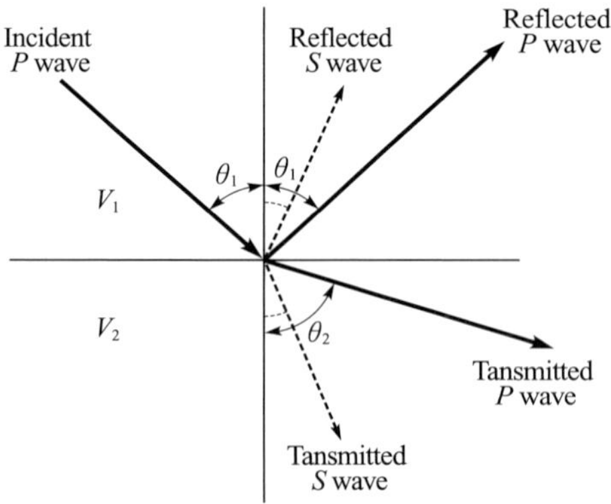

그림 7-3 경계면에 비스듬히 입사한 P파는 P파와 S파 모두를 생성하며 스넬의 법칙에 따라서 반사하고 굴절됨.

(2) 자료취득

탄성파 탐사자료 취득이란 음원에서 발생한 탄성파가 지하심부의 지층에서 반사되어 오는 것을 수진기에서 감지하여 기록장치에 기록하는 것이다. 기록된 반사시간과 진폭을 조합하여 탄성파 단면을 구성한다. 탄성파 음원은 크게 충격형(impact), 임펄스형(impulse), 진동형(vibrator)으로 구분되며 일반적으로 육상에서는 세 가지의 모든 음원이 사용되는데 해상에서는 주로 임펄스형을 사용한다(Reynolds, 1997). 탄성파 음원은 스파이크(spike)와 같이 주파수 대역이 거의 무한대로서 최대한 짧은 시간에 최대한의 에너지를 방출하는 것이 이상적이지만 실제로 스파이크형의 파는 인공적으로 발생시킬 수 없다. 석유 · 가스 탐사와 같은 심부를 대상으로 하는 경우 에너지가 작은 충격형은 사용되지 않고 육상에서는 폭약(dynamite)과 같은 임펄스형이나 바이브로사이즈(vibroseis)와 같은 진동형이 사용되며 해상에서는 에어건(air gun)과 같은 임펄스형이 사용된다. 폭약과 같은 폭발형 에너지원의 경우 발파시에 넓은 주파수 대역으로 지하에 충분한 에너지를 보낼 수 있다는 장점이 있다(Reynolds, 1997).

바이브로사이즈는 육상에서 가장 널리 이용되는 탄성파 발생방법으로서 진동판을 지면에 밀착시켜서 탄성파를 발생시키는 방식이며 연속적으로 주파수가 변하는 파를 수초에서 수십 초 동안 송신한다. 바이브로사이즈 자료는 기록된 각각의 트레이스를 음원파(source wavelet, source signal)와 상호대비(correlation) 시킨 후에 임펄스형태의 파형으로 변환시켜야 한다. 에어건은 고압의 공기를 순간적으로 해수중으로 방출하여 탄성파를 발생시킨다.

음원의 파형이 스파이크라면 지층의 경계면을 파형의 간섭 없이 완벽하게 보여줄 수 있지만 폭약, 바이브로사이즈, 에어건과 같이 석유 · 가스 탐사에 이용되는 음원의 경우 주파수 대역이 10Hz에서 100Hz 정도로 제한되어 있어 분해능이 높지 않다. 또한 음원의 주파수 대역이 증가할수록 일반적으로 파장의 1/4로 결정되는 분해능이 높아지지만 투과깊이가 감소하므로 실제 탐사에서는 목적에 따라서 분해능과 투과깊이에 대한 절충이 필요하다.

자료 취득으로 기록된 탄성파 트레이스는 지층 경계면의 반사계수와 음원파와의 컨볼루션(convolution) 결과이다(그림 7-4). 컨볼루션은 파의 진행에 따른 탄성파 에너지의 손실(감쇠)을 고려하지 않으면 아래의 식으로 표시된다.

$$S = R*W + N$$

S는 기록된 탄성파 트레이스이고 R은 반사계수, W는 음원파, N은 다양한 형태의 잡음이다. 탄성파의 진행에 따른 감쇠는 크게 세 가지로 나눌 수 있다: (1) 음원으로부터 방사상으로 전파되면서 거리가 멀어짐에 따라 파면의 면적이 증가하여 에너지가 감소하는 구형발산; (2) 매질 내부에서의 마찰 때문에 파의 에너지가 열로 바뀌는 고유감쇠; (3) 지층의 경계면에서의 반사에 따른 투과감쇠.

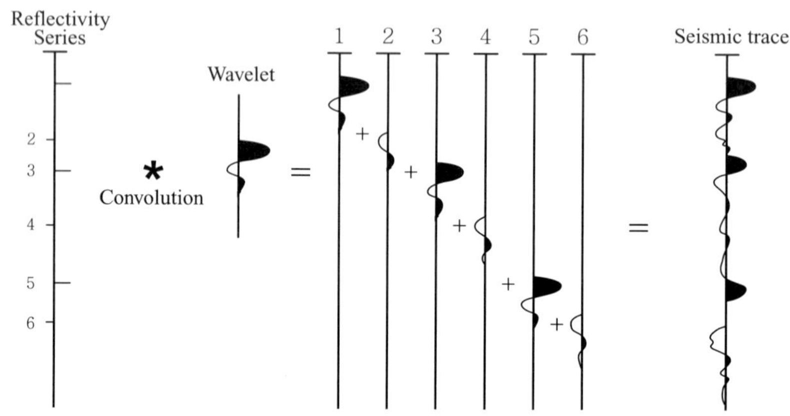

그림 7-4 탄성파 트레이스는 반사계수와 파형의 컨볼루션 결과임.

1) 영오프셋(zero-offset) 자료취득

가장 간단한 자료취득 방법으로서 음원과 수진기 사이의 거리인 오프셋이 없거나 매우 작은 경우이며 단일 음원에 대해서 단일의 수진기를 이용하는 것이다(그림 7-5). 영오프셋으로 취득된 자료는 지층의 모든 반사점이 한번만 기록되는 단일중합(single fold) 기록으로서 잡음이 없는 경우에 효과적인 자료취득 방법이 될 수 있다. 일반적으로 해상에서 이루어지는 고해상, 고주파 천부탐사에서 영오프셋으로 자료를 취득한다.

2) 공중점/공심점(common midpoint, CMP 또는 common depth point, CDP) 자료취득

석유 · 가스의 2차원 탄성파 탐사에서 가장 보편적으로 사용되는 탐사법으로서 지층의 반사점들을 한번 이상 기록하여 모음으로써 신호대잡음비(signal to noise ratio)를 크게 증가시킨 것이다. 그림 7-6(a)에서와 같이 반사면이 편평한 경우는 지표면의 공통중간점(공중점, common mid point, CMP)의 바로 아래 지층의 공통중간점인 공통심도점(공심점, commond depth point, CDP)이 위치하지만 그림 7-6(b)에서처럼 지층이 편평하지 않은

경우는 공중점과 공심점의 지표면 좌표가 일치하지 않기 때문에 공중점과 공심점을 같은 의미로 사용될 수 없다. 그러나 일반적으로 공중점 또는 공심점의 하나로 통일된 용어를 사용한다.

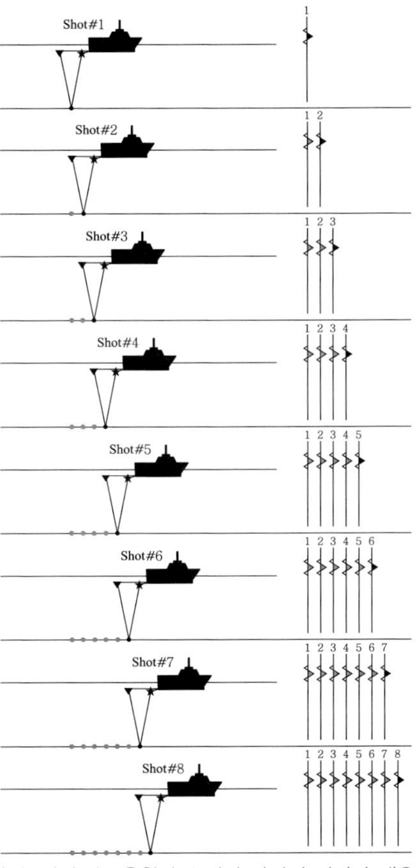

그림 7–5 영오프셋 자료취득 방법. 실제로는 음원과 수진기 사이의 거리가 매우 짧아서 영오프셋으로 가정함.

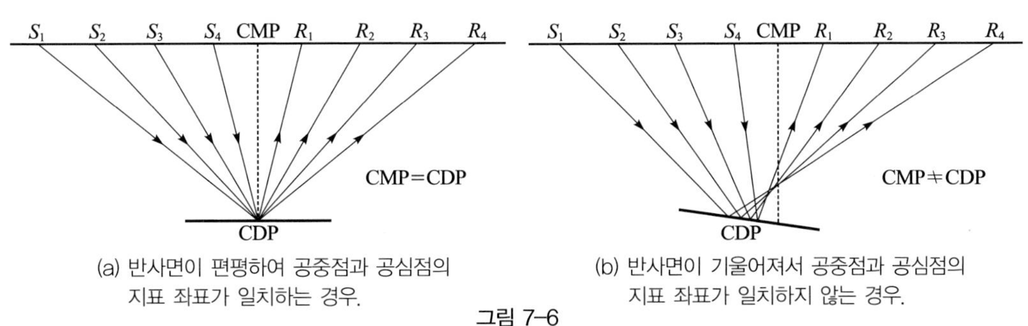

(a) 반사면이 편평하여 공중점과 공심점의 지표 좌표가 일치하는 경우.

(b) 반사면이 기울어져서 공중점과 공심점의 지표 좌표가 일치하지 않는 경우.

그림 7–6

그림 7-7은 해상에서의 공심점 탐사의 예로서 6개의 수중수진기(hydrophone)로 구성되어 있는 스트리머(streamer)를 견인하는 탐사선이 오른쪽으로 일정한 속도로 이동하면서 일정한 거리 또는 시간 간격으로 음파를 발생시켰을 때 반사면의 각각의 점에서 반사된 탄성파가 각각의 수진기에 기록되는 것을 도시하고 있다. 그림 7-7의 탐사결과 공심점 100에 대한 기록은 각각의 수진기에 기록되는데 반사면의 동일한 지점임에도 불구하고 오프셋이 다르기 때문에 6개 반사가 서로 다른 시간에 기록된다. 음원에서 파가 전파하여 수진기에 도달하기까지 걸린 시간을 주시(travel time)라 하는데 그림 7-7에서 동일한 반사점에 해당하는 6개 파의 주시가 다름을 알 수 있다. 동일한 지점에서 반사한 파를 수신하여 모아놓은 것을 공심점 모음(CDP gather)이라고 하며 공심점 모음을 얻기 위해 동일한 공심점에서 반사된 파의 자료를 모으는 작업을 공심점 분류(CDP sorting)라고 한다(그림 7-8).

그림 7-8의 공심점 모음은 하나의 공심점에 대한 자료이지만 오프셋에 따라 파의 이동경로도 달라지고 이에 따라 도달시간도 달라졌음을 볼 수 있다. 모든 기록을 영오프셋 기록으

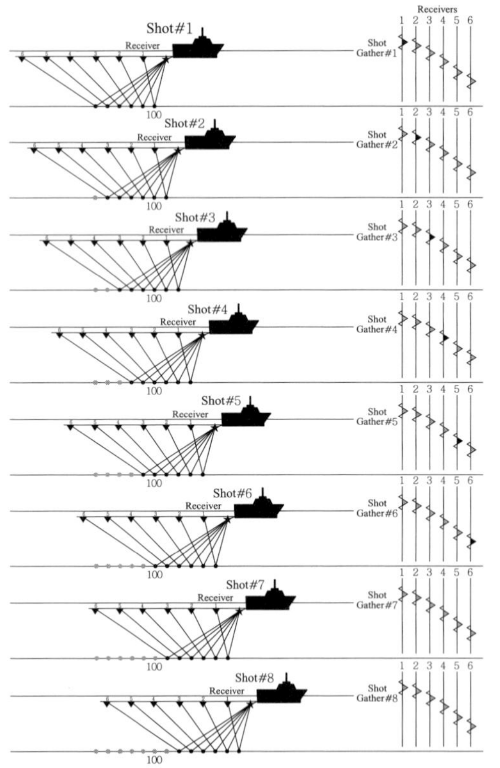

그림 7-7 공중점/공심점 자료취득 방법. 오른쪽의 탄성파 트레이스들은 각각의 발파 모음임.

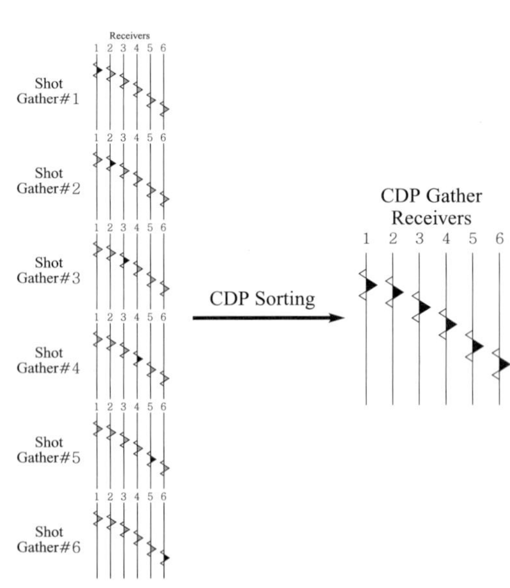

그림 7-8 그림 7-7의 공심점 100에 대한 예로서 발파 모음에서 공심점 100의 자료를 분류하여 모으는 작업.

로 보정해주면 하나의 트레이스로 합칠 수 있고 신호대잡음비를 크게 향상시킬 수 있다. 반사면의 경사가 없다고 가정하였을 때 공심점 모음자료를 영오프셋 기록으로 보정해주는 것을 수직경로시차 보정(normal moveout correction, NMO correction) 또는 정보정(static correction)이라 하며 정보정된 트레이스들을 하나의 트레이스로 합쳐주는 것을 중합(stacking)이라 한다. 그림 7-9는 그림 7-8의 공심점 모음을 정보정한 후에 중합하는 과정의 예로서 한 트레이스가 6개의 공심점 트레이스를 중합하여 얻어진 것이므로 중합수(fold)가 6이다. 자료처리는 7-1-(3)절에서 보다 자세히 다룬다.

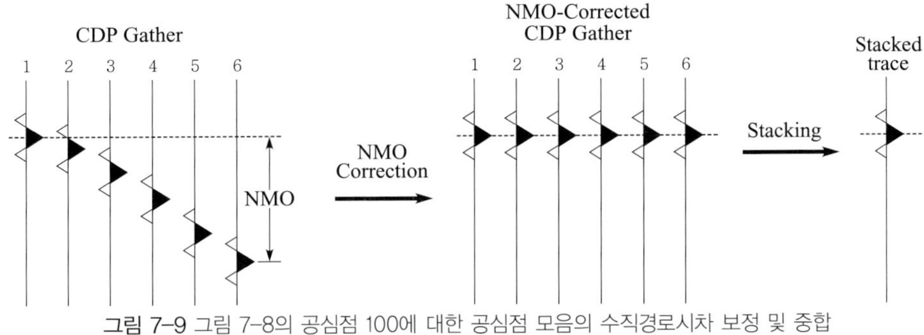

그림 7-9 그림 7-8의 공심점 100에 대한 공심점 모음의 수직경로시차 보정 및 중합

3) 3차원 자료취득

1980년대에 본격적으로 시작된 3차원 탄성파 탐사는 탄성파 탐사 뿐 아니라 지구물리탐사 역사에서 가장 획기적인 기술이다. 3차원 탄성파 자료는 2차원 자료와는 비교할 수 없을 정도의 상세한 지층구조와 층서를 보여준다(그림 7-10). 해상에서의 3차원 탐사는 서로 평행한 2개 이상의 스트리머를 이용하여 한번에 넓은 지역에 대한 탐사를 수행한다. 2차원 탐사에서 동일한 지점에 대한 기록을 공심점 모음으로 구성한 후에 자료처리과정에서 하나의 트레이스로 모으는 것처럼 3차원 탐사에서는 자료취득 지역을 일정한 크기의 빈(bin)으로 나누어 각각의 빈에 포함되는 반사점들에 대한 기록으로 3차원 공심점 모음을 구성한다(그림 7-11).

2차원 탄성파 자료의 경우는 일반적으로 음원과 수진기의 위치가 탄성파 측선에 위치하여 공심점들이 측선을 따라서 분포한다고 가정할 수 있지만 3차원 탐사의 경우는 공심점들이 측선을 따라서 분포하지 않기 때문에 공심점 빈을 기준으로 한다. 2차원 탄성파 자료와 마찬가지로 추후에 자료처리 과정에서 각각의 공심점 빈에 포함되는 자료들을 공심점 빈의 중앙의 지점에 대한 기록으로 가정하고 하나의 트레이스로 모은다. 이때 각각의 공심점 빈에 포함되어 있는 트레이스의 숫자가 각각의 공심점 빈에 대한 중합수 이다. 3차원 자료의 경우 자료의 취득방향과 나란한 방향을 인라인(inline), 자료의 취득방향과 수직인 방향을 크로스라인(crossline)이라고 한다. 자료취득 비용을 비교하면 2차원 탐사의 경우 km당 2,000불-10,000불 정도이며 3차원 탐사는 km^2당 15,000불~20,000불 정도이다.

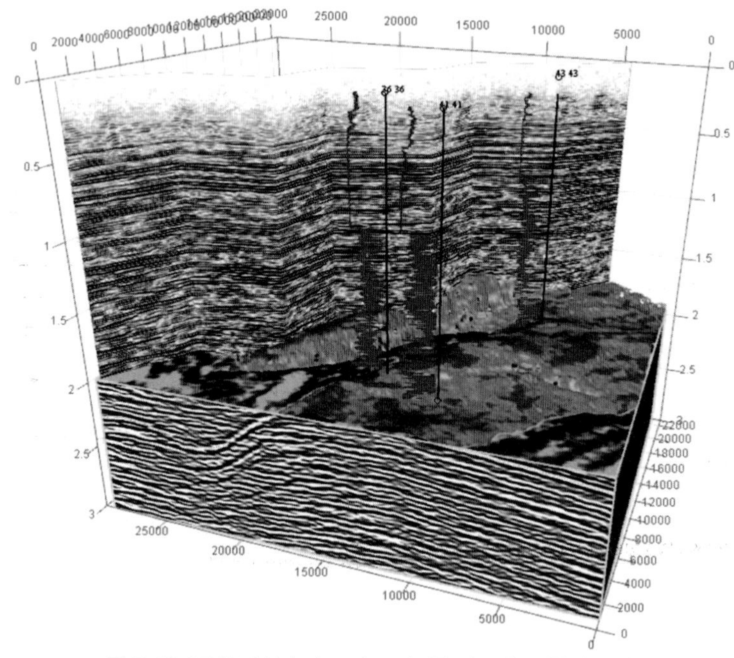

그림 7-10 3차원 탄성파 자료 및 물리검층 자료의 3차원적 도시의 예.

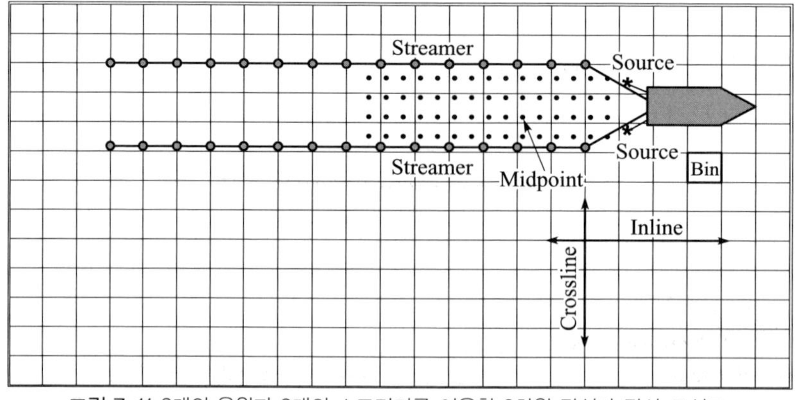

그림 7-11 2개의 음원과 2개의 스트리머를 이용한 3차원 탄성파 탐사 모식도.

4) 4차원 자료취득

4차원 탄성파 탐사는 동일한 장소에 대해서 동일한 방법으로 3차원 탄성파 자료를 2회 이상 취득하여 시간 경과(time-lapse)에 따른 탄성파 특성의 변화를 관찰하고자 하는 것이다. 즉 생산유가스전에서 탄성파 속성(seismic attribute)의 시간에 따른 변화는 석유 · 가스의 생산에 따른 공극내의 유체의 이동과 상변화 또는 공극의 압력변화와 관계가 있으므로 생산유가스전의 모니터링에 효과적으로 이용된다. 또한 4차원 탄성파 탐사는 CO_2 지중저장의 모니터링에도 활발하게 이용되고 있다. 현실적으로 2회 이상의 탄성파 자료 취득에서 모든 자료 취득 조건이 동일할 수 없기 때문에 자료 처리 과정에서 최대한 보정이 이루어져야 한다. 그림 7-12는 동일한 지역에 대해서 2회(1994, 2006년) 취득한 3차원 탄성파 자료로서 CO_2가 주입된 지층에서 속도감소에 따른 강한 탄성파 진폭이 확인된다.

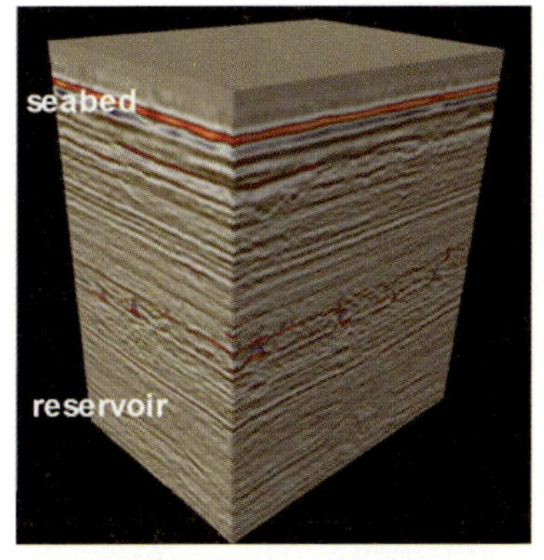

(a) 1994년에 취득한 3차원 탄성파 자료. (b) CO_2 주입후 2006년에 취득한 3차원 탄성파 자료.

그림 7-12 CO_2가 주입된 지층이 강한 탄성파 진폭으로 나타남(Chadwick, 2010).

5) 수직 탄성파 탐사(vertical seismic profiling, VSP)

수직 탄성파 탐사는 시추공에 수진기를 넣고 시추공 주변의 지층에 대한 탄성파 탐사를 수행하는 것이다. 일반적으로 수진기를 시추공의 일정한 깊이에 위치시키고 지상 또는 탐사선에서 탄성파를 생성하여 수진기에서 기록한다(그림 7-13). 즉, 수직 탄성파 탐사는 시추공에서 직접 탄성파 자료를 취득하기 때문에 시추공 음향검층 자료와 같이 고주파가 아니라 탄성파 자료와 같은 주파수 대역으로서 실제 탄성파 자료와 직접적인 대비가 가능하다. 수직 탄성파 탐사 자료로부터 시추공 위치에서 정확한 지층의 속도를 구할 수 있을 뿐 아니라 양질의 탄성파 자료를 얻기 때문에 실제 탄성파 자료를 보정할 수 있다. 또한 정확한 속도 자료를 이용하여 시추공 위치에서 시간-깊이의 관계를 구하여 음향검층 자료를 교정할 수 있다.

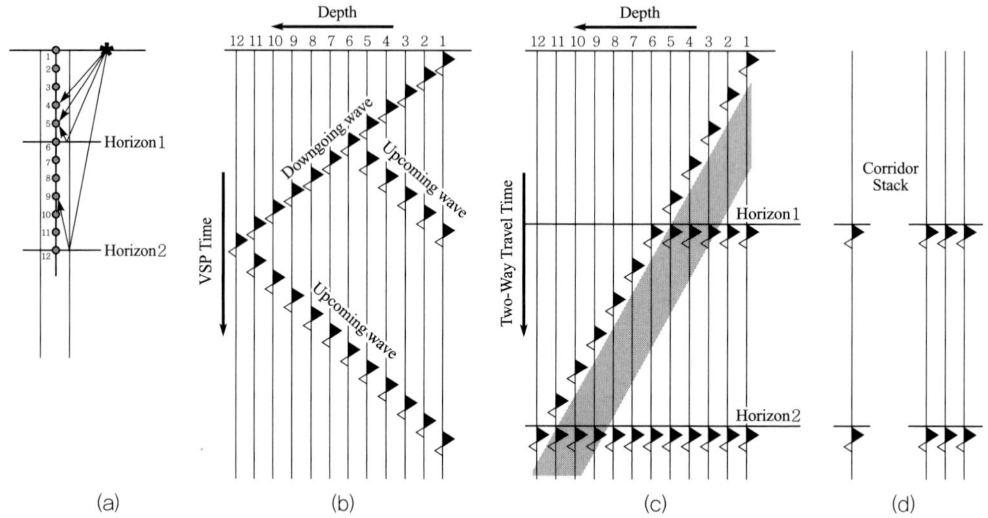

그림 7-13 (a) VSP 자료 취득 방법 (b) VSP 자료 (c) 정보정으로 시추공 탄성파 단면 형태로 변환 (d) (c)의 자료에서 회색부분의 상향파(upcoming wave) 신호로 종주 중합(corridor stack)한 후에 중합한 트레이스로 VSP 트레이스를 구성하여 실제 탄성파 탐사자료와 대비함.

(3) 자료 처리

취득후의 탄성파 자료는 다양한 보정이 필요하며 여러 형태의 잡음과 동일한 반사면에서 중복반사된 다중반사(multiple) 등이 포함되어 자료처리과정을 거쳐야 분석이 가능하다. 해상 2차원 탄성파 탐사자료의 일반적인 처리과정의 예는 그림 7-14와 같다.

1) 탄성파 자료 및 취득자료 입력

한번의 에어건 발파 기록이 발파 모음(shot gather, 그림 7-15)으로 기록되어 한측선의 탐사가 끝나면 많은 수의 파일이 생성된다. 이 파일들을 한 측선에 대한 하나의 파일로 합친 후에 자료 취득시에 함께 얻는 항측 자료와 조합하여, 즉 모든 트레이스에 대한 정확한 좌표 위치가 포함된 자료의 형태로 자료처리 프로그램에 입력한다.

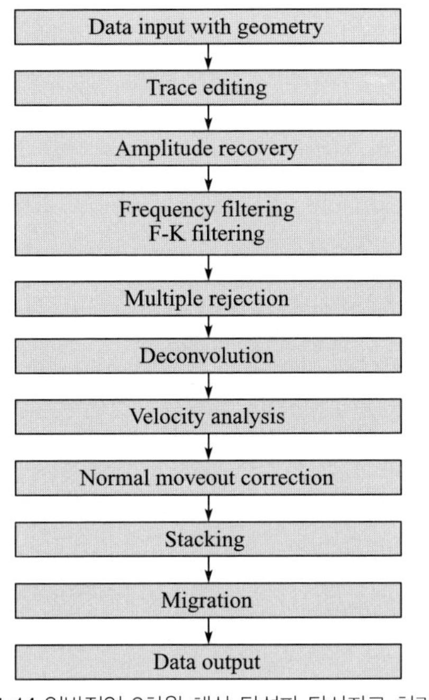

그림 7-14 일반적인 2차원 해상 탄성파 탐사자료 처리과정.

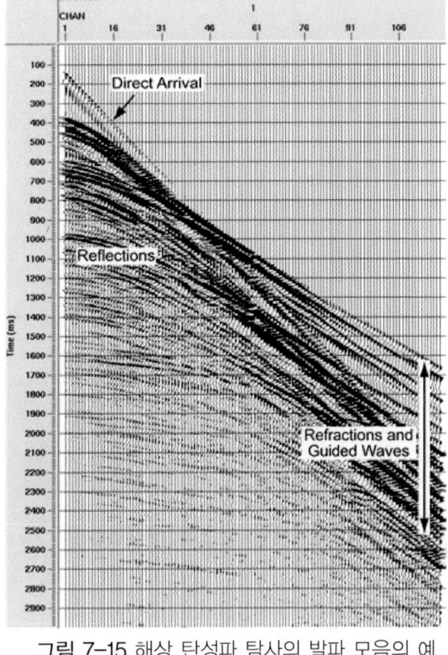

그림 7-15 해상 탄성파 탐사의 발파 모음의 예.

2) 트레이스편집

자료취득시에 장비의 기계적 오류, 기상조건의 변화 등과 같은 이유로 발생한 잡음들이 포함된 트레이스들은 편집되어야 한다. 일반적으로 상용화된 자료처리 프로그램에서는 이러한 잡음들을 통계적으로 확인하여 쉽게 편집할 수 있다.

3)진폭 보정(회수)

탄성파의 진행에 따른 진폭의 감쇠로 탄성파 자료는 실제의 반사계수를 반영한 진폭보다 훨씬 감소된 진폭으로 기록된다. 감소된 진폭을 보정하기 위해서 일차적으로 분석된 구간 속도를 이용하여 구형발산에 대한 감쇠보정을 수행한다(그림 7-16). 그러나 고유감쇠와 투과감쇠에 대한 보정은 매우 어렵다. 자동이득제어(automatic gain control, AGC)로 진폭을 증가시킬 수 있으나 이는 물리학적인 현상에 대한 고려 없이 단순하게 진폭을 증가시킨 것으로서 자동이득제어가 수행된 자료의 경우 주로 구조해석과 같은 단순한 자료분석에만 이용한다.

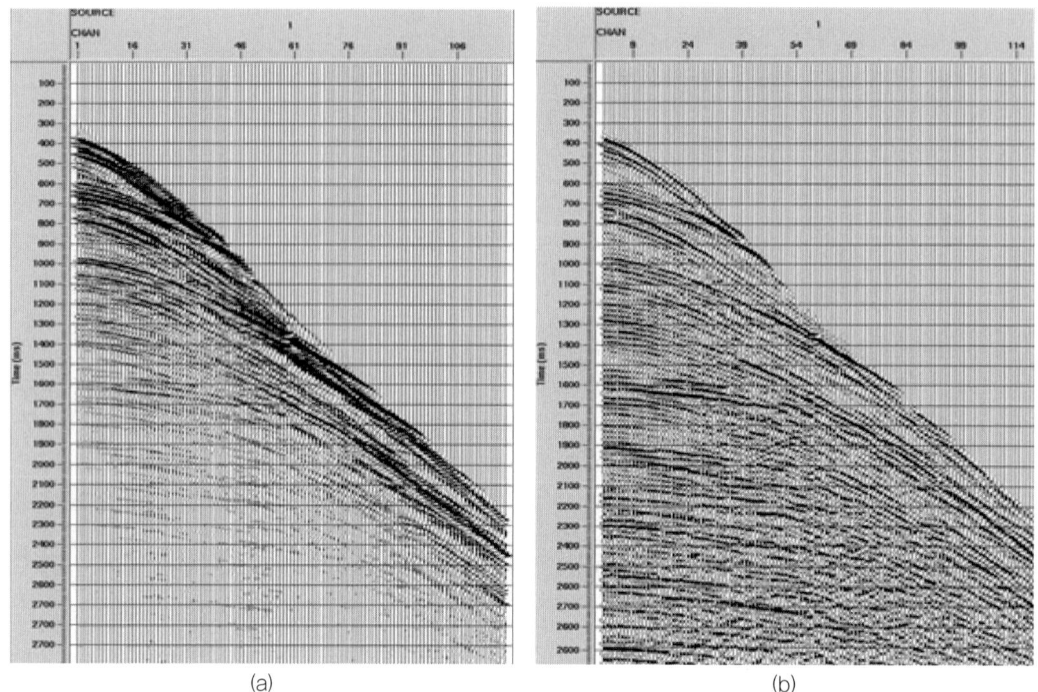

(a) (b)

그림 7-16 (a) 진폭 보정 전의 발파 모음 (b) 진폭 보정 후의 발파 모음.

4) 주파수 및 주파수-파수 필터링

탐사과정에서 함께 기록되는 잡음들 중에서 일반적인 탄성파 탐사자료의 주파수 대역을 벗어난 것은 주파수 필터링으로 제거할 수 있다. 특정한 속도를 갖는 잡음들의 경우는 탄성파 자료를 주파수–파수(frequency–wave number, F–K)로 변환하면 특정한 기울기를 갖고 나타나기 때문에 신호와 쉽게 구별할 수 있다(그림 7–17). 따라서 주파수–파수(F–K)필터링을 속도 필터링이라고도 한다.

5) 해저면 다중반사 제거

수심이 얕은 경우는 해저면에서 두번 이상 반사되는 강한 다중반사가 흔하게 기록된다. 해저면 다중반사를 제거하는 가장 대표적인 방법이 파동방정식 다중반사 제거(wave-equation multiple rejection, WEMR)로서 임시 처리된 자료에서 해저면의 시간깊이를 추출하여 해저면 다중반사를 모델링한 후에 트레이스에서 해저면 다중반사를 감쇠시키거나 제거하는 것이다(그림 7–18).

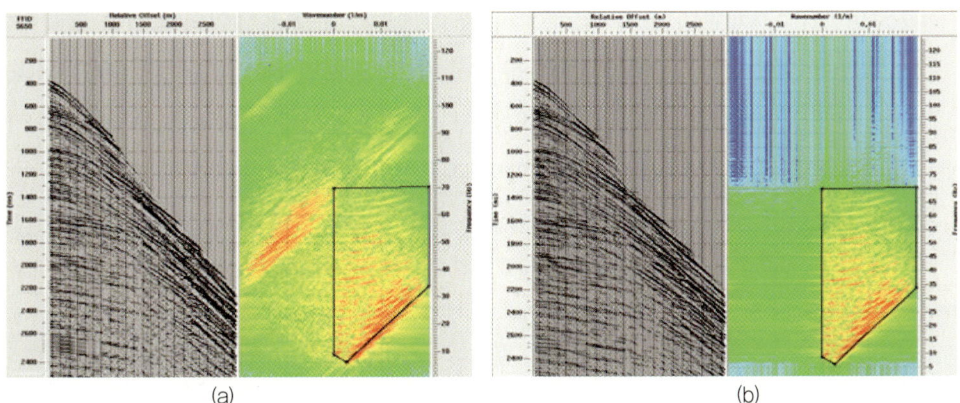

(a) (b)

그림 7-17 (a) 주파수-파수 필터링 전의 발파 모음 및 주파수-파수 변환. 다각형은 잡음이 아닌 신호만을 선택한 부분 (b) 주파수-파수 필터링 후의 발파 모음 및 주파수-파수 변환.

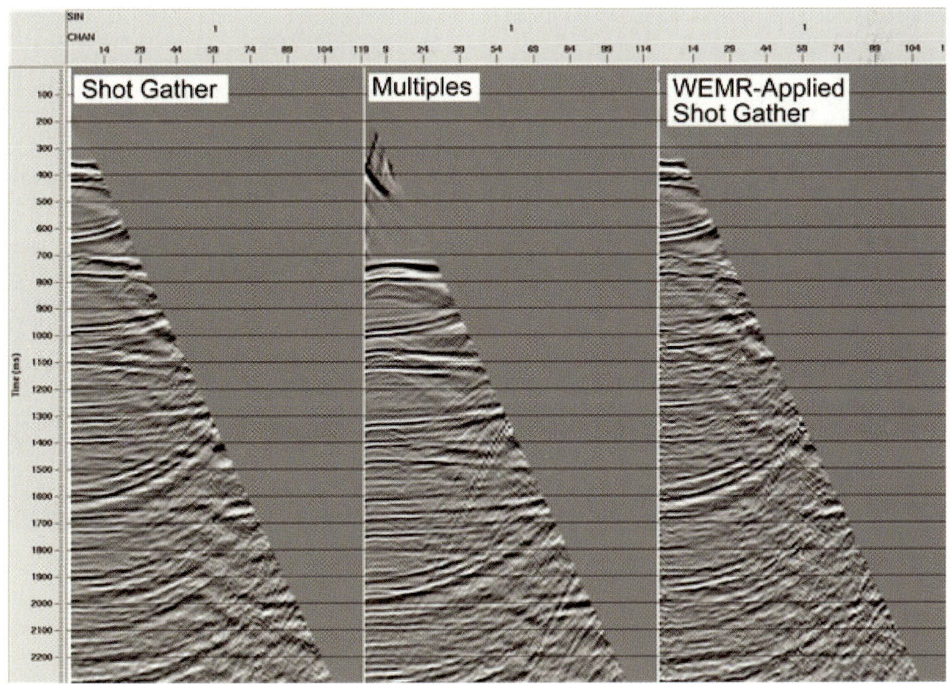

그림 7-18 파동방정식을 이용한 다중반사제거(WEMR)의 예. 해수의 속도(1500 m/s)로 수직경로 시차보정한 발파 모음, 발파모음에서 추출한 다중반사, 다중반사를 제거한 발파 모음.

6) 디컨볼루션

탄성파 트레이스는 지층 경계면의 반사계수와 음원파의 컨볼루션 결과이므로(그림 7-4) 이론적으로 탄성파 트레이스에서 음원의 파형을 제거하면, 즉 디컨볼루션(deconvolution)

을 적용하면 지층 경계면의 반사계수를 추출할 수 있다. 그러나 음원의 파형을 정확하게 알 수 없기 때문에 지층 경계면의 반사계수를 유추할 수 없지만 해상도를 향상 시키는 효과가 있다(그림 7-19). 또한 디컨볼루션은 짧은 주기의 다중반사와 반향파 등의 제거에 이용된다. 디컨볼루션은 각각의 트레이스에 대한 자료처리로서 자료처리과정의 거의 모든 단계에서 적용이 가능하다.

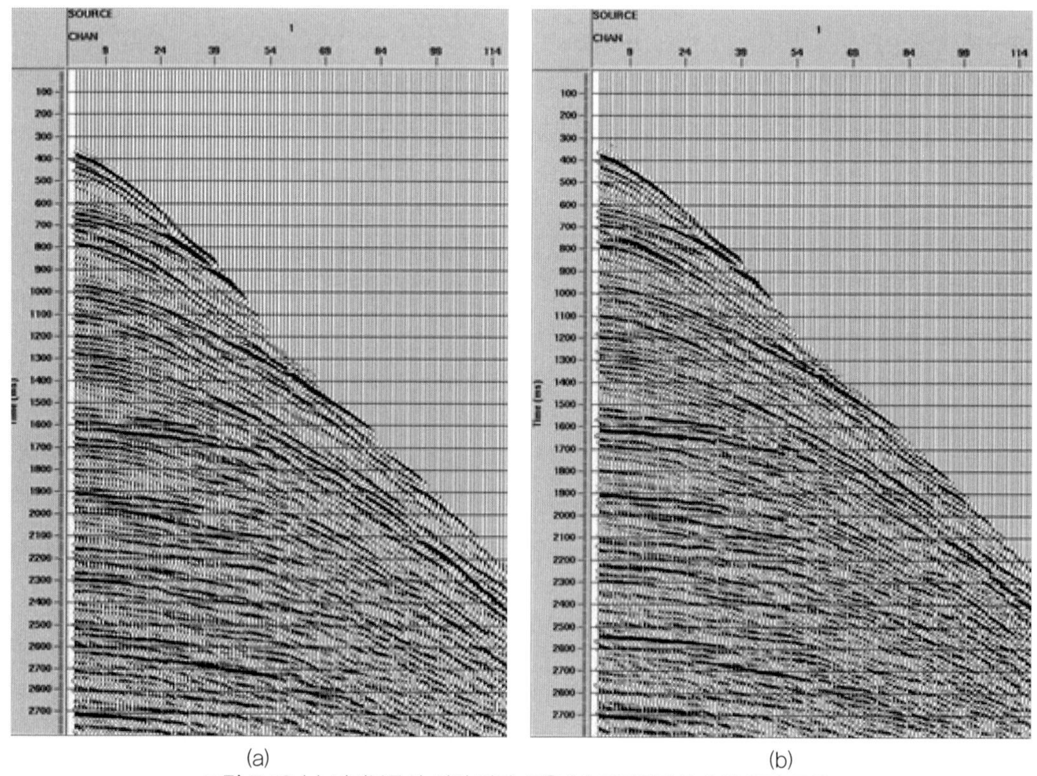

(a) (b)

그림 7-19 (a) 디컨볼루션 전의 발파 모음 (b) 디컨볼루션 후의 발파 모음

7) 속도분석

속도분석은 탄성파 자료 처리에서 가장 중요하고 많은 시간이 소요되는 과정이다. 일반적으로 신호대잡음비가 높은 자료를 이용하기 위하여 여러 개의 공심점 모음을 합친 초공심점 모음(supergather)에서 속도분석을 수행한다(그림 7-20). 공심점 모음에서 반사면 신호들이 쌍곡선 형태로 분포하는데(그림 7-8) 이것은 음원과 가까운 수진기와 비교하여 음원에서 멀리 떨어진 수진기에 대한 반사파의 전파시간이 크고 이때 음원과 수진기 사이

의 거리와 전파시간이 수학적으로 쌍곡선식으로 표현되기 때문이다. 속도분석은 공심점 모음에 쌍곡선의 형태로 분포하는 반사면 신호들로부터 가장 적합한 쌍곡선을 적용하여 이러한 쌍곡선으로부터 속도를 유추하는 것이다.

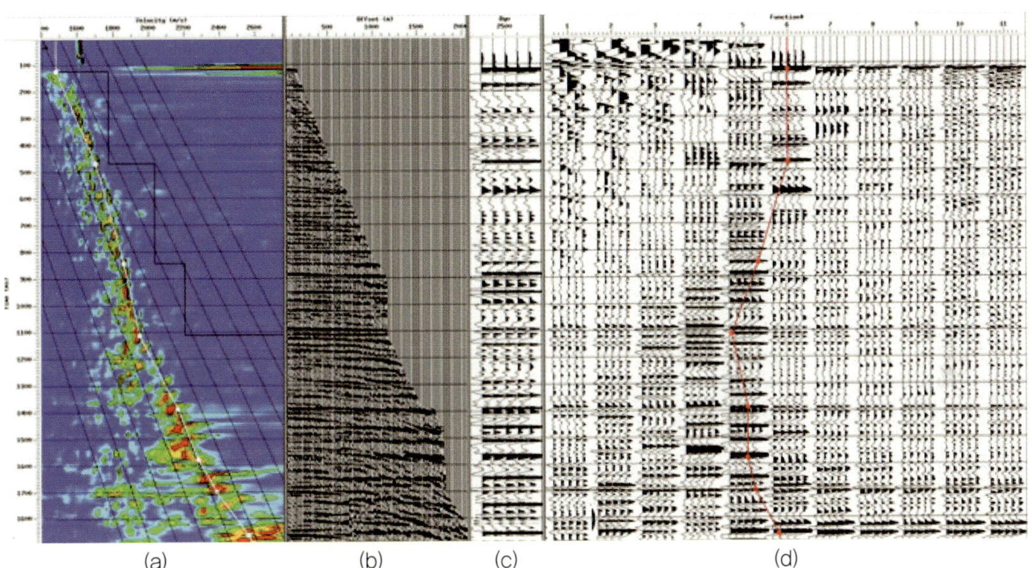

그림 7-20 속도분석. (a) 셈블런스(semblance) (b) 분석된 속도에 따라서 수직경로시차 보정된 초공심점 모음(supergather) (c) 5개의 초공심점 모음을 중합한 단면 (d) 11개의 속도 함수로 각각 중합한 단면.

8) 수직경 로시차 보정

수직경로시차란 오프셋이 없는 음원과 수진기, 즉 수직 입사에 대한 전파시간과 오프셋이 있는 탄성파 전파시간의 차이이다. 이러한 수직경로시차 때문에 반사파 신호가 공심점 모음에서 쌍곡선의 형태로 분포하는 것이다. 공심점 모음의 트레이스들은 반사면이 편평한 경우에 동일한 반사점에 대한 신호이므로 중합하여 신호대잡음비를 높여야 한다. 수직경로시차 보정은 중합을 위해서 수직경로시차를 보정하여 모든 신호들이 편평한 형태로 분포하도록 처리하는 것이다(그림 7-21).

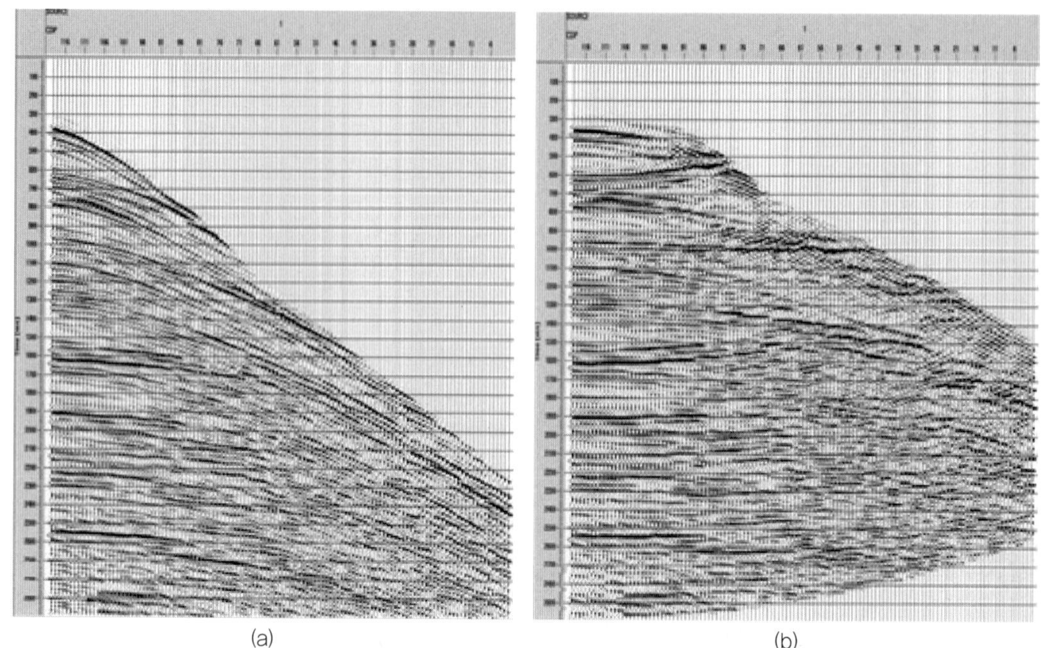

(a) (b)

그림 7-21 (a) 공심점 모음 (b) 수직경로시차 보정후의 공심점 모음.

9) 중합

중합이란 앞에서 언급한 것처럼 수직경로시차 보정된 공심점 모음의 모든 트레이스들을 합하여 지상의 한 점에 대해서 하나의 트레이스를 구성하는 것이다(그림 7-9). 중합을 통하여 상관성이 없는 (incoherent) 잡음은 서로 상쇄되는 경향이 있는 반면에 상관성이 있는 (coherent) 신호는 강화되어 신호대잡음비가 크게 증가한다. 일반적으로 다중반사와 같은 상관 잡음의 진폭도 중합과정에서 크게 감소한다. 각각의 공심점 모음이 각각 하나의 트레이스로 중합된 후에 중합된 모든 트레이스들을 공심점 위치에 도시하면 하나의 측선에 대한 탄성파 단면이 완성된다(그림 7-22(a)).

10) 구조보정

중합후(post-stack)의 탄성파 자료는 이론적으로 영오프셋 자료로서 불규칙하거나 경사진 반사면의 경우 실제의 모양 및 위치와 다르게 나타나는데 이러한 현상을 보정해 주는 것이 구조보정(migration)이다(그림 7-22(b), 그림 7-23). 영오프셋 자료에서는 하나의 반사점이 쌍곡선형태의 회절로 나타나기 때문에 영오프셋 자료라고 가정할 수 있는 중합후의 탄성파 자료

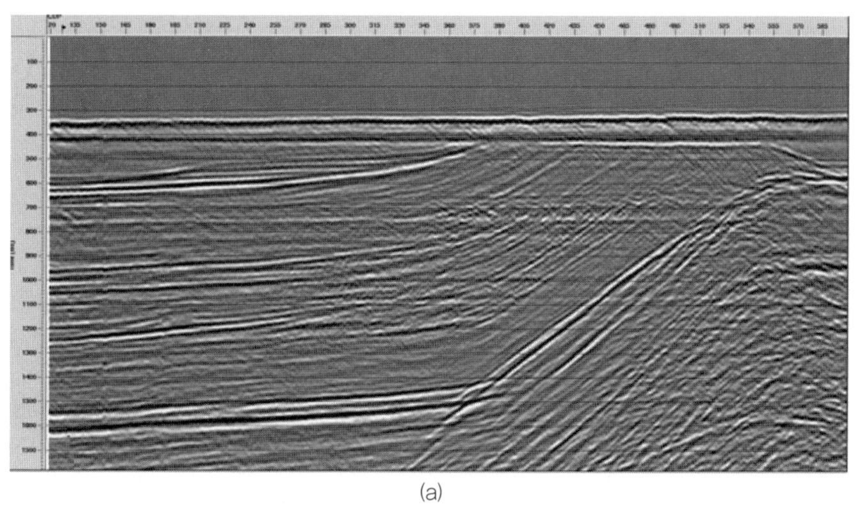

(a)

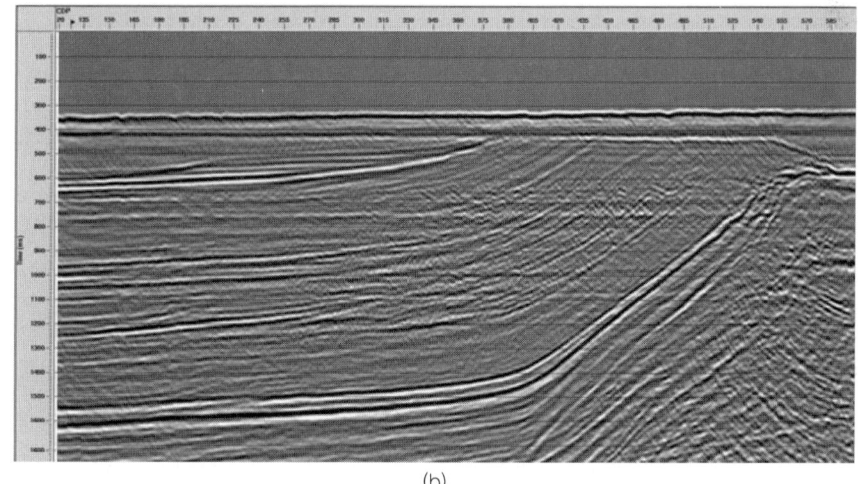

(b)

그림 7-22 (a) 중합후의 탄성파 단면 (b) 구조보정 후의 탄성파 단면.

에 나타나는 모든 회절 쌍곡선을 회절 쌍곡선의 정상부에 모아주는 쌍곡선형 중합이 구조보정의 원리이다. 구조보정이 끝나면 모든 반사점들만 나타나게 되는데 이러한 무수한 반사점들이 모여서 실제 모양과 위치의 반사면을 구성한다. 또한 영오프셋 자료의 모든 신호가 반원상의 모든 구간으로부터 반사된 것일 수 있으므로 영오프셋 자료의 신호들을 각각의 반원상 궤도에 분포시킨 후에 중합이 큰 점들이 실제의 반사점들로 나타나게 하여 구조보정을 수행할 수도 있다.

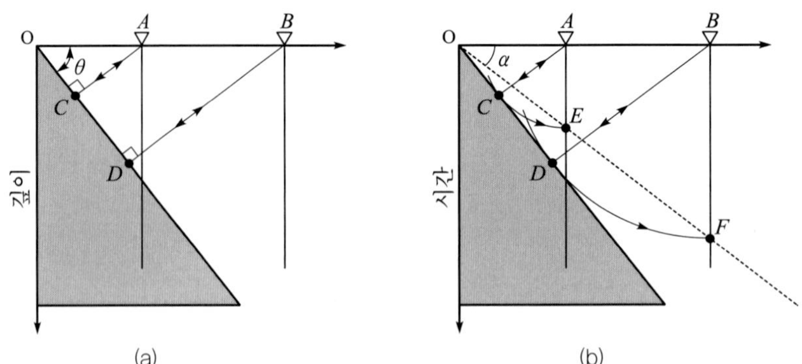

그림 7-23 (a) A와 B를 떠난 탄성파는 지하의 경사각이 θ인 경사면의 C와 D에 각각 반사되어 A와 B에서 기록됨. (b) 시간의 자료인 탄성파 단면에서는 C와 D가 A와 B 바로 아래인 E와 F에 각각 기록되어 실제와 다른 위치일 뿐 아니라 경사면의 경사각도 α로 실제보다 작음. 경사면 EF를 CD로 보정해 주는 것이 구조보정임.

(4) 자료해석

탄성파 자료 해석의 목적은 탄성파 자료로부터 구조, 층서, 암석의 성질, 공극내의 유체 등의 정보를 유추하려는 것이다. 탄성파 자료 해석을 성공적으로 수행하기 위해서는 다양한 배경적 정보들이 필요하다(표 7-1).

표 7-1

구분	비고
조사 지역의 광역적 지구조 발달 및 특징	조사 지역의 지구조 발달을 이해함으로써 전체적인 구조적 특성과 단층의 종류 및 특성, 활동성, 트랩의 종류 등을 인지할 수 있음.
암상	전체적으로 쇄설성 암석인지 석회암인지, 속도가 큰 암염이나 화산성 암체가 분포하는지에 따라서 자료 해석이 달라질 수 있음.
층서	전체적인 층서와 주요 지층의 퇴적환경을 이해하면 석유시스템의 주요 요소를 보다 쉽게 해석할 수 있음.
시추공 자료	시추공 물리검층 자료로부터 시추공 위치에서의 암상, 퇴적환경, 저류암 특성 등을 파악할 수 있을 뿐 아니라 시추공 자료와 탄성파 자료의 직접적인 대비를 통하여 탄성파 자료 해석을 보정할 수 있음.
기타 지구물리 자료	중력 및 자력 자료로부터 분지의 전체적인 분포 양상과 탄성파 자료에서 확인이 어려운 기반암의 깊이를 유추할 수 있음.

탄성파 자료 해석은 2차원 자료분석, 3차원자료에서의 인라인, 크로스라인, 시간 슬라이스(time slice), 층서면 슬라이스(horizon slice), 속성분석 등을 포함한다. 탄성파 자료 해석을 통하여 광역 및 유망트랩 구조도 완성, 저류암 분포 유추, 탄화수소 직접지시자(direct hydrocarbon indicator, DHI) 확인 및 분석, 탄성파 모델링, 생산유가스전의 모니터링 등 석유가스탐사 및 개발과 생산의 전반에 걸쳐 필요한 작업을 수행할 수 있다.

탄성파 자료 해석은 크게 아래의 4개의 과정으로 나눌 수 있다(Bjørlykke, 2010).

① 구조해석(structural analysis)
② 탄성파 층서 및 탄성파 상 해석(seismic stratigraphic and facies interpretation)
③ 탄성파 순차층서 해석(seismic sequence analysis)
④ 탄성파 속성 분석(seismic attribute analysis)

탄성파 자료 분석에 있어서 가장 기본적인 요소는 탄성파 진폭, 탄성파 반사층간 거리, 구간 속도, 반사층 연속성, 반사층의 배열 형태, 탄성파 위상이다. 이러한 요소들을 통합적으로 분석하는 것이 탄성파 자료 해석이라고 할 수 있다.

1) 구조해석

구조해석에서 가장 먼저 수행하는 것이 기반암 또는 음향기반암(acoustic basement)의 해석과 주요 단층의 해석이다(그림 7-24). 기반암은 크게 지질학적 기반암(geologic basement)과 음향 기반암으로 나눌 수 있다. 지질학적 기반암은 퇴적암으로 덮여있는 결정질 암석, 즉 화성암 또는 변성암으로 구성되어 있으며 경제적 기반암이라고도 부른다. 음향기반암은 탄성파 자료에서 확인되는 비교적 연속성이 좋고 해석이 가능한 가장 깊은 반사면이다. 분지가 깊으면 탄성파 자료에서 지질학적 기반암을 확인하기 어렵기 때문에 음향기반암을 판단하여 자료를 해석한다.

단층은 일반적인 탄성파 단면에서 탄성파층의 단절 또는 계단상의 편차로 확인이 가능하다. 만약 구조보정 처리가 되지 않은 자료라면 탄성파층의 단절 부분에서 회절 쌍곡선이 나타난다. 3차원 탄성파 자료에서는 단층의 해석이 자료의 다양한 도시로 용이하다. 시간 슬라이스에서는 지층의 주향 방향과 나란하지 않은 단층들은 쉽게 해석이 가능하지만 주향 방향과 나란한 단층의 경우는 선모양으로 나타나는 지층들과 섞여서 확인이 어렵다. 탄성파 속성 중에서 유사도(coherence)와 곡률(curvature)이 단층의 확인에 가장 효과적이다. 탄성파 속성 분석을 통하여 주요 단층 뿐 아니라 소규모의 단층에 대한 상세한 해석이 가능하다. 탄성파 속성은 7-1-(4)-4)절에서 설명한다.

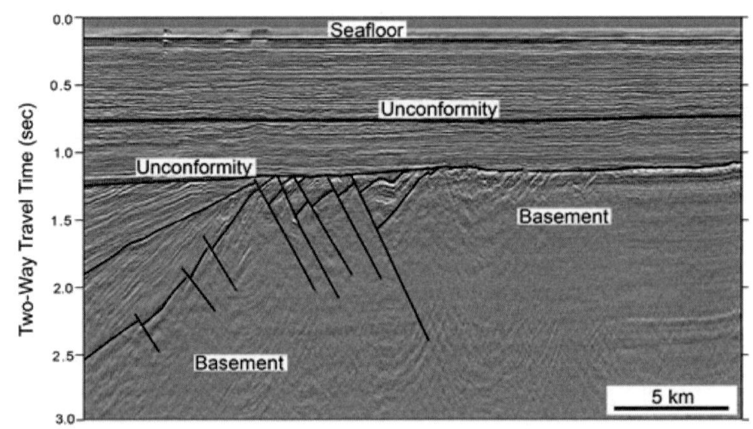

그림 7-24 기반암 및 단층과 같은 구조와 주요 부정합면의 일차 해석이 완료된 탄성파 단면.

2) 탄성파 층서 및 탄성파 상 해석

1977년 미국석유지질학회가 Memoir 26(Payton, 1977)을 발표한 이후 탄성파 자료가 구조 뿐 아니라 층서해석에 이용되기 시작하였고 탄성파 층서학(seismic stratigraphy)이 하나의 새로운 학문 분야로 정립되었다. 탄성파 층서학은 탄성파 자료를 층서적으로 기술하고, 해수면 변화, 퇴적물 공급, 침강 및 융기의 복합적인 작용을 해석하는 것이다. 탄성파 층서의 기본적인 단위는 탄성파 연계층(seismic sequence)으로서 탄성파 자료에서 확인되는 퇴적연계층(depositional sequence)이다(그림 7-25 (a)). 탄성파 연계층은 상부와 하부의 경계면이 부정합면(unconformity) 또는 연계된(correlative) 정합면(conformity)으로 이루어 진 것으로 성인적으로 관련된 정합적 층들로 구성되어 있다(Mitchum et al., 1977a). 따라서 기반암이나 주요 단층의 해석을 수행한 후에 부정합면 또는 연계된 정합면을 해석하여 탄성파 단면을 탄성파 연계층으로 구분해야 한다. 탄성파 자료에서의 부정합면은 반사층의 공간적 구성 특성에 따라서 다시 상부 경계면과 하부 경계면으로 나눌 수 있다(그림 7-25 (b)). 예를 들면 온랩(onlap)은 탄성파 반사층이 하부의 경사진 면에 순차적으로 맞닿아 있는 것으로 탄성파 연계층의 하부 경계면에서 나타나는 전형적인 특징이다.

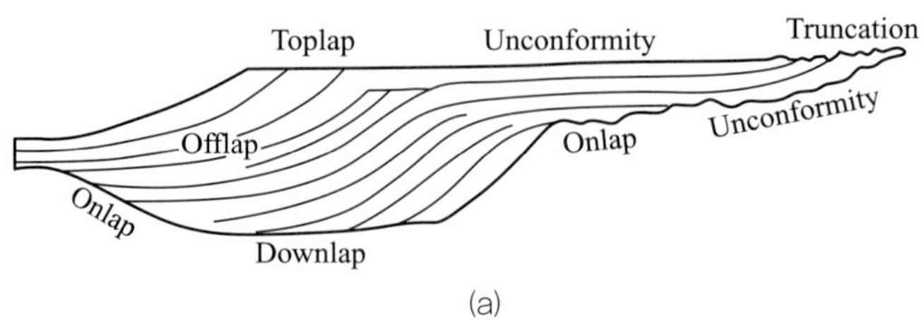

(a)

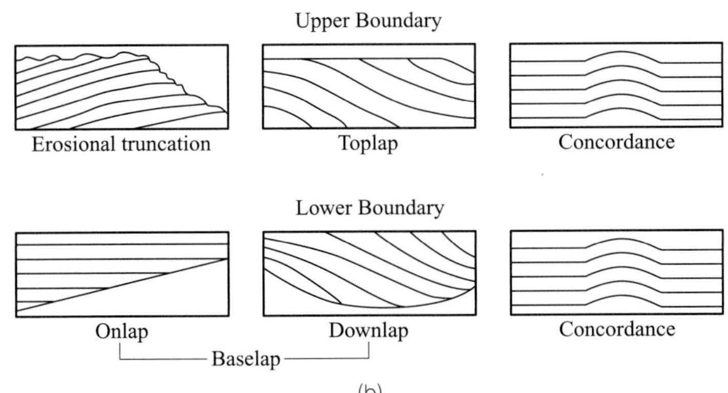

그림 7-25 (a) 탄성파 연계층과 내부 탄성파 반사 특성. (b) 탄성파 연계층의 상부 및 하부 경계면을 확인할 수 있는 탄성파 반사 특성(Mitchum et al., 1977a, 1977b).

탄성파 연계층의 해석이 완료되면 탄성파 연계층 내부의 탄성파적 특성, 즉 탄성파 상(seismic facies)을 해석한다. 탄성파 상은 한 탄성파 연계층이 주변의 다른 탄성파 연계층과 구별되는 전체적인 특징으로서 탄성파 반사층의 공간적 배열 및 분포, 연속성, 진폭, 위상, 주파수, 구간속도 등을 포함한다(표 7-2). 탄성파 상의 분석을 통하여 탄성파 연계층의 퇴적환경, 퇴적작용, 암상, 해수면 변화와 같은 주요 정보를 유추할 수 있다. 예를 들면 탄성파 반사층이 뚜렷하고 연속성이 높은 것은 넓은 지역에 비교적 동일한 퇴적작용이 반복되었음을 지시하여 대륙붕환경으로 해석할 수 있다(그림 7-26). 전진구축하는 삼각주 퇴적체의 경우는 전진하는 방향으로 기울어진 S-자형(sigmoid) 또는 사격(oblique)의 탄성파 상을 보인다(그림 7-27). 심해환경의 경우는 반원양성 또는 원양성 퇴적작용과 같이 퇴적물의 수직적 하강에 의한 단순한 퇴적작용이 우세하므로 탄성파 진폭은 낮으나 연속성이 높고 아래의 지형을 피복하는 특징을 보인다.

표 7-2 탄성파상의 주요 요소와 지질학적 해석(Mitchum et al., 1977a).

Seismic Facies Parameters	Geologic Interpretation
Reflection configuration	Bedding patterns, Depositional processes Erosion and paleotopography, Fluid content
Reflection continuity	Bedding continuity, Depositional processes
Reflection amplitude	Velocity-density contrast, Bed spacing, Fluid content
Reflection frequency	Bed thickness, Fluid content
Interval velocity	Estimation of lithology, Estimation of porosity, Fluid content
External form and areal association	Gross depositional environment, Sediment source Geologic setting

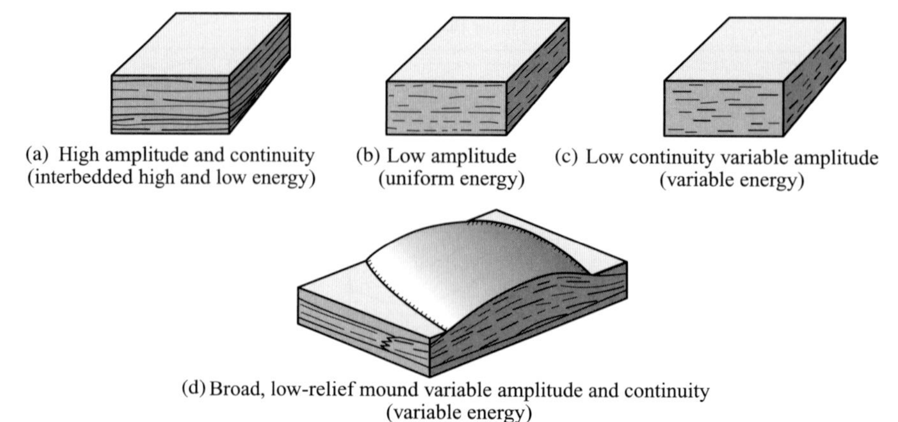

그림 7-26 대륙붕환경 퇴적의 전형적인 탄성파 상(Sangree and Widmier, 1977).

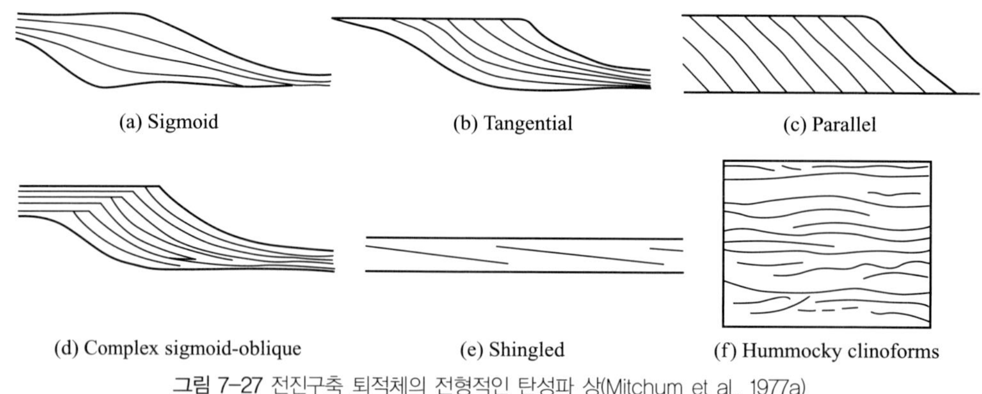

그림 7-27 전진구축 퇴적체의 전형적인 탄성파 상(Mitchum et al., 1977a).

3) 탄성파 순차층서 해석

1980년대 후반 기존의 탄성파 층서학에 시추공 물리검층, 퇴적물 코어, 생층서 및 노두 자료와 같은 거의 모든 형태의 층서 자료가 포함되면서 순차 층서학(sequence stratigraphy)이 정립되었다. 순차 층서학은 퇴적물 유입량의 변화율과 상대적 해수면 또는 퇴적 기저면(base level) 변화, 퇴적공간(accommodation) 증감률 등의 복합적인 개념을 기본으로 퇴적 연계층내 구성 요소들의 성인과 층서를 분석하는 것이다.

그림 7-28은 순차층서 모델로서 Hunt and Tucker(1992)와 Catuneanu(2006)를 참고한 것이다. 순차 층서학의 주요 층서면은 연계층 경계면, 최대 해침면(maximum flooding surface), 해침면(transgressive surface) 또는 최대 해퇴면(maximum regressive surface)으로서 탄성파 자료에서 해석이 가능하다(그림 7-29). 연계층은 다시 상대적 해수

면 또는 퇴적 기저면 변화 주기의 특정한 구간에서 퇴적된 퇴적계군(systems tract)으로 구성되어 있다. 퇴적계군은 최근의 Catuneanu et al.(2009)의 용어를 따르면 해수면 하강(falling-stage) 퇴적계군, 저해수면(lowstand) 퇴적계군, 해침(transgressive) 퇴적계군, 고해수면(highstand) 퇴적계군으로 나눌 수 있다. 이러한 퇴적계군을 탄성파 자료에서 확인하는 것이 탄성파 순차 층서학의 중요한 해석단계이다. 탄성파 자료의 순차 층서학적 분석을 통하여 저류암, 근원암, 덮개암과 같은 석유 시스템의 요소들 예측할 수 있으므로 탄성파 순차 층서학은 석유 · 가스의 탐사 및 생산에 매우 중요한 예측도구가 되고 있다.

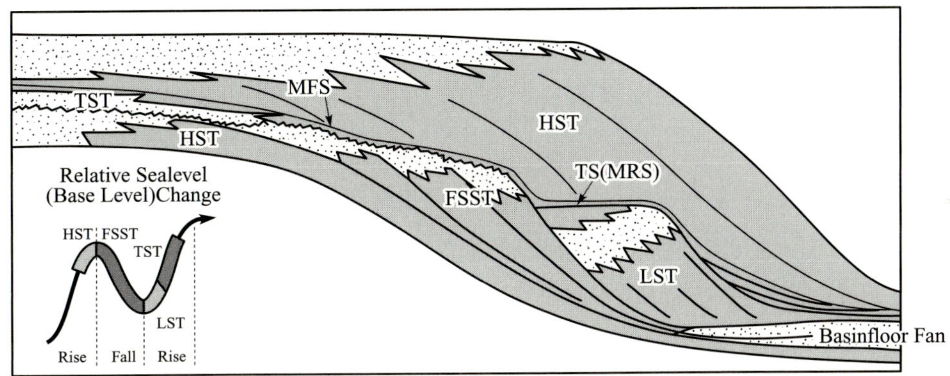

그림 7-28 순차층서 모델. HST(highstand systems tract), 고해수면 퇴적계군; FSST(falling-stage systems tract), 해수면 하강 퇴적계군; LST(lowstand systems tract), 저해수면 퇴적계군; TST(transgressive systems tract), 해침 퇴적계군; MFS(maximum flooding surface), 최대 해침면; TS(transgressive surface), 해침면; MRS(maximum regressive surface), 최대 해퇴면. Hunt and Tucker(1992)와 Catuneanu(2006)를 참고했음.

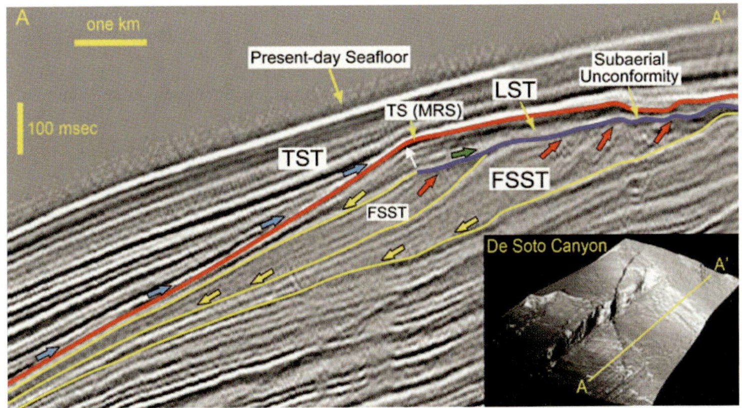

그림 7-29 탄성파 자료에서 확인되는 퇴적계군 및 주요 층서면. Catuneanu(2006)가 Posamentier의 그림을 인용한 것. FSST(falling-stage systems tract), 해수면 하강 퇴적계군; LST(lowstand systems tract), 저해수면 퇴적계군; TST(transgressive systems tract), 해침 퇴적계군; MFS(maximum flooding surface), 최대 해침면; TS(transgressive surface), 해침면; MRS(maximum regressive surface), 최대 해퇴면.

4)탄성파 속성 분석

탄성파 자료의 층서적 해석이 완료되면 지층에 대한 탄성파 속성 분석을 통하여 정량적인 해석을 수행할 수 있다. 탄성파 속성이란 탄성파 자료에서 추출할 수 있는 모든 정보로서 탄성파 자료의 해석을 돕거나 탄성파 자료에서 확인되는 외형적 특성을 효과적으로 드러나게 할 수 있는 것들이다(Chopra and Marfurt, 2007). 탄성파 속성 분석은 2차원 탄성파 자료보다는 3차원 탄성파 자료에서 훨씬 효과적이다. 탄성파 속성으로부터 단층, 파쇄, 지층의 경사, 연속성과 같은 물리적인 것 뿐 아니라 시추공과 시추공 사이의 암석의 성질 및 공극수 유체에 대한 유추가 가능하다. 지금까지 알려진 탄성파 속성은 100개를 훨씬 넘을 정도로 다양하지만(Sheffield and Payne, 2008), 많은 탄성파 속성들이 중복되거나, 불안정하거나, 현실성이 떨어지는 것들이어서 실제로 유용하게 사용될 수 있는 것은 십여 개 정도라고 할 수 있다(Barnes, 2007).

탄성파 속성은 크게 물리적 속성과 기하학적 속성으로 나눌 수 있다(Taner, 2001). 물리적 탄성파 속성은 암상과 같이 매질의 물리적 성질과 관련된 것으로서 진폭, 위상, 주파수, 감쇠 및 이들로부터 계산되는 추가적인 속성들을 포함한다. 특히 탄성파 진폭과 관련된 속성들은 저류암의 특성 및 분포, 유체의 분포 등을 지시할 수 있기 때문에 가장 널리 이용된다(그림 7-30). 기하학적 속성은 탄성파 자료의 기하학적 특징을 보다 잘 드러나도록 도와주는 것으로서 경사도, 방위각, 기복, 유사도, 곡률 등이 있다. 그림 7-31은 같은 탄성파 반사면에 대한 탄성파 진폭, 유사도, 및 곡률 속성이다. 유사도란 인접한 탄성파 트레이스들 사이의 상관관계를 나타내는 것으로서 단층이나 하도의 경계와 같은 지형은 유사도가 급격하게 떨어지는 선모양의 구조로 나타난다. 곡률은 특정한 반사면의 만곡도로서 단층이나 하도 등을 따라서 곡률이 급격하게 변하여 선모양으로 나타난다.

최근에는 워크스테이션의 기능향상으로 대용량의 3차원 탄성파 탐사자료에 대한 복합적인 탄성파 속성 분석이 가능해지면서 탄성파 속성 분석이 저류공학적 연구를 위한 저류암 모델 구성에 매우 중요한 역할을 하고 있다.

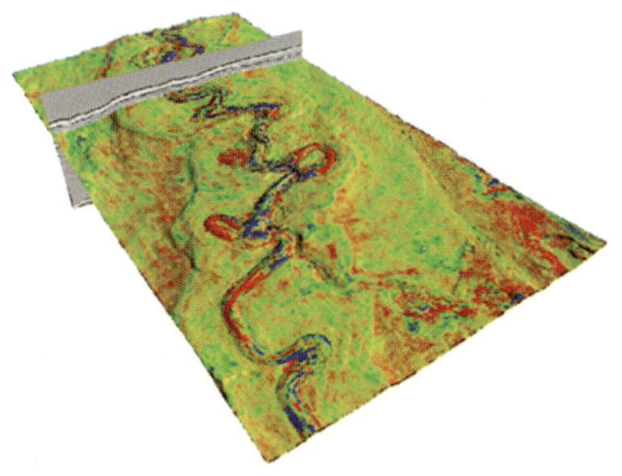

그림 7-30 심해 저탁류 하도에 퇴적되어 있는 사암의 분포를 보여주는 탄성파 진폭(Posamentier et al., 2007).

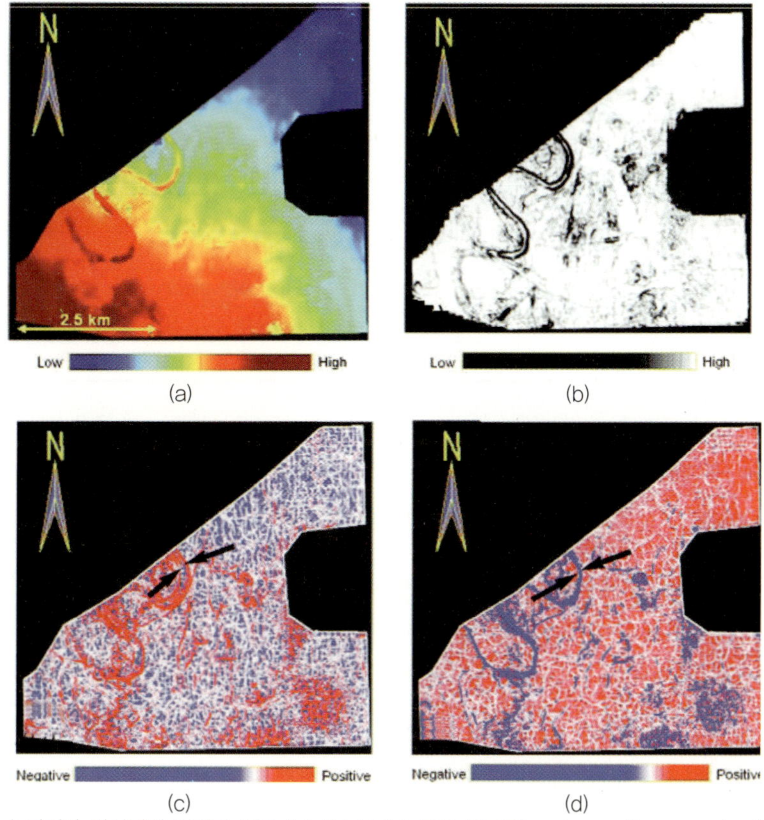

그림 7-31 (a) 탄성파 반사면의 탄성파 진폭 (b) 유사도 (c) 최대 음곡률(most-negative curvature) (d) 최대 양곡률(most-positive curvature). 탄성파 진폭에서 사행천이 확인되지만 다른 특징들은 잘 드러나지 않음. 유사도 속성은 사행천 뿐 아니라 범람원의 다른 지형도 보여줌. 최대 음곡률과 양곡률 속성은 사행천과 범람원 지역의 소규모 단층들을 뚜렷하게 보여줌(Chopra and Marfurt, 2006).

(5) 탄화수소 직접 지시자(direct hydrocarbon indicator, DHI)

탄성파 탄화수소 직접 지시자는 탄성파 자료에서 탄화수소, 특히 가스의 부존을 지시하는 여러 가지 특성 및 속성이다(표 7-3). 저류암의 공극에 지층수(formation water) 대신 가스나 가스 용해도가 높은 석유가 집적되어 있을 경우 탄성파적 성질이 크게 변하여 이 저류암의 상부와 하부 지층 또는 주변의 지층과 탄성파적으로 다르게 드러나게 된다. 그러나 석탄층 또는 이상 고압층과 같이 탄성파적 성질이 일반적인 퇴적암과 크게 다른 퇴적층이 국지적으로 분포하는 경우 탄화수소 직접 지시자로 잘못 해석될 수도 있다. 또한 부적절한 탄성파 자료처리 때문에 탄화수소 직접지시자로 오인될 수 있는 탄성파 신호가 형성될 수 있다.

표 7-3 탄화수소 직접 지시자

Direct Hydrocarbon Indicator	Cases
Amplitude anomaly(bright spot)	Local increase in seismic amplitude
Dim spot	Local decrease in seismic amplitude
Flat spot	Gas-water, gas-oil, oil-water contacts
Polarity reversal	Phase change
Low-frequency shadow	Attenuation by gas
Velocity effect(velocity pull-down)	Time delay due to low-velocity gas
Seismic wipeout(seismic chimney)	Data deterioration
Amplitude variation with offset(AVO)	Poisson's ratio change

1) 탄성파 진폭 이상 (amplitude anomaly)

탄성파 진폭 이상은 사암과 같은 저류암에 가스 또는 가스 용해도가 높은 석유가 집적되어 있을 때 저류암의 P파 속도가 크게 떨어져서 덮개암인 셰일층과의 경계면이 강한 음의 진폭으로 나타나는 것이다(그림 7-32). 강한 음의 진폭 때문에 탄성파 자료에서 뚜렷하게 드러나서 브라이트 스팟(bright spot)이라고 한다. 그러나 저류암 공극의 가스 농도가 수%만 되어도 P파 속도가 크게 떨어져서 탄성파 진폭이 증가하므로 가스의 농도는 판단할 수 없다. 또한 지질학적으로 오래된 저류암으로서 고결정도가 매우 큰 경우 가스의 집적이 속도에 큰 영향을 주지 못해서 탄성파 진폭이상을 보이지 않을 수 있다. 그림 7-32는 탄성파 진폭이상이 배사구조의 정상부에서 확인 되는 경우로서 지층수보다 가벼운 가스나 석유가 구조트랩의 정상부에 집적된 것이다.

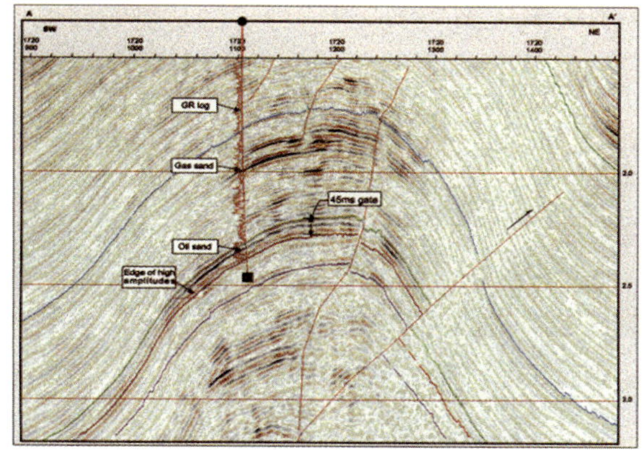

그림 7-32 배사구조의 정상부에서 확인되는 탄성파 진폭 이상으로서 가스와 석유의 집적이 확인된 것(Ware, 1999)

2) 딤 스팟(dim spot)

고결정도가 큰 심부의 사암층은 덮개암인 셰일층 보다 P파의 속도가 높기 때문에 가스 또는 가스 용해도가 높은 석유가 집적되어 속도가 떨어지면 덮개암인 셰일층과 거의 같은 속도를 갖게 될 수 있다. 이런 경우에는 가스의 집적으로 오히려 셰일층과 가스 함유 사암층의 경계에서 음향 임피던스 차이가 거의 없어져서 반사계수가 매우 작고, 따라서 탄성파 자료에서 가스 함유 사암층의 상부 경계가 낮은 탄성파 진폭을 보인다(그림 7-33). 이렇게 가스 또는 석유의 집적으로 탄성파 진폭이 낮아진 것을 딤 스팟이라고 한다.

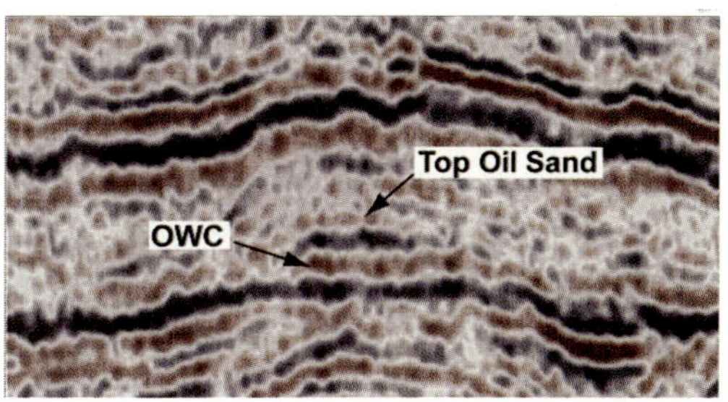

그림 7-33 석유-지층수 경계면은 비교적 강한 반사면으로 나타나지만 석유를 집적하고 있는 저류층의 상부경계면은 오히려 매우 약한 진폭을 보이는 전형적인 딤 스팟(Bacon et al., 2007).

3) 플랫 스팟(flat spot)

트랩에 가스-지층수, 가스-석유 경계면이 잘 발달되어 있는 경우 이 경계면들이 탄성파 자료에서 트랩을 가로지르는 평평하고 뚜렷한 양의 진폭을 갖는 탄성파 반사면으로 나타나는 것을 플랫 스팟이라고 한다(그림 7-34). 그러나 시간 단면인 탄성파 자료에서 플랫 스팟이 실제로 완벽하게 편평한 경우는 드물다. 가스 용해도가 높은 석유의 경우 석유-지층수 경계면도 그림 7-34의 예처럼 플랫 스팟으로 나타날 수 있다.

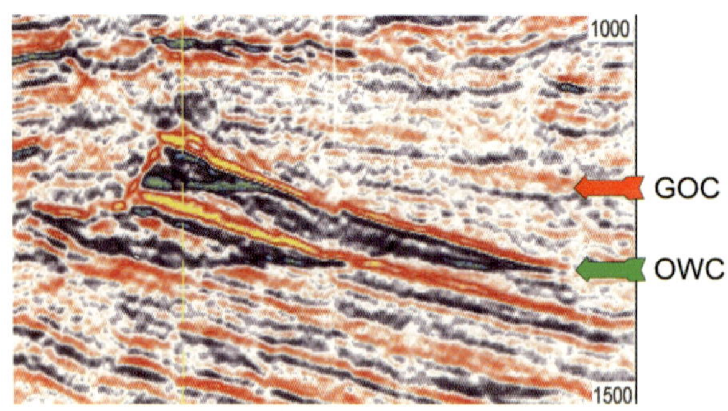

그림 7-34 가스-석유, 석유-지층수 경계면은 지구의 등포텐셜면과 나란하므로 탄성파 탐사자료에서 플랫 스팟으로 나타날 수 있음. OWC, 석유-지층수 경계면(oil-water contact); GOC, 가스-석유 경계면(gas-oil contact)(Brown, 2004).

4) 극성 역전 (polarity reversal)

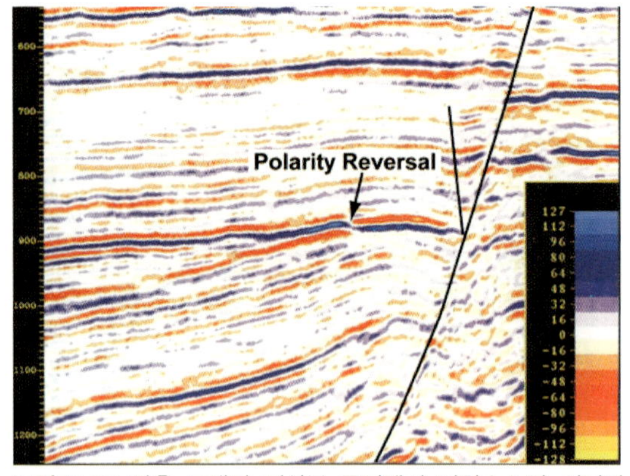

그림 7-35 단층 트랩의 정상부 근처에서 탄화수소의 집적과 관련된 탄성파 극성 역전이 확인됨(Brown, 2004).

저류암내에 탄화수소가 집적되어 P파 속도가 크게 떨어지면 덮개암-저류암 경계면의 반사계수는 음이 되어 탄성파 자료에서 음의 극성을 갖는 반사면으로 나타난다. 따라서 탄화수소가 집적되어 있지 않아서 양의 극성으로 나타나는 주변의 저류암 경계면과 비교하면 확연히 구분되는 극성 역전이 관찰된다(그림 7-35). 소규모의 단층도 마치 극성이 역전된 것처럼 보일 수 있으므로 주의해야 한다.

5) 저주파 음영 (low-frequency shadow)

가스의 탄성파 에너지 감쇠는 주파수에 민감하여 가스를 함유하고 있는 저류암의 경우 고주파 에너지를 크게 감쇠시킨다. 따라서 탄성파 자료에서 가스 함유층 위의 지층의 주파수보다 아래에 있는 지층의 주파수가 훨씬 낮게 나타나는데 이러한 주파수 감쇠 현상이 가스 함유층 아래에서 관찰되는 것을 저주파 음영이라고 한다(그림 7-36). 그러나 저주파 음영은 가스의 집적이 아닌 자료처리 과정에서 나타날 수 있으므로 주의해야 한다.

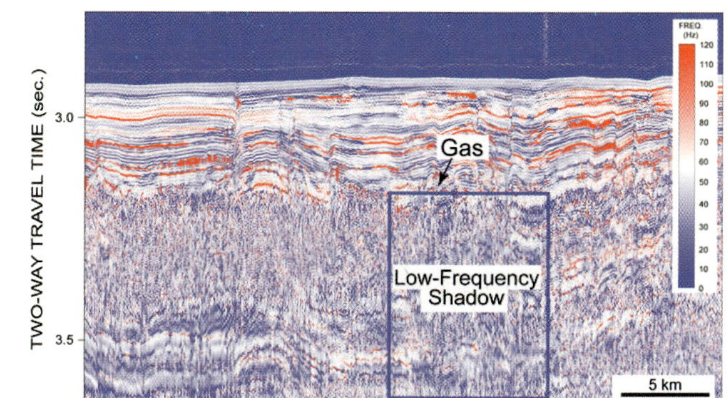

그림 7-36 주파수단면으로서 가스층의 하부에서 주파수가 감소한 저주파 음영이 확인됨(Horozal et al., 2009).

6) 속도 효과(velocity effect)

저류층에 가스가 집적되어 있으면 P파 속도의 감소로 저류층을 통과하는 탄성파의 전달 시간이 증가하게 된다. 따라서 가스를 함유하고 있는 저류층 아래의 지층에서 반사된 탄성파 신호를 가스를 함유하고 있지 않은 부분 아래의 지층과 비교하면 수진기에 기록되는 시간이 지연되는데 이러한 속도 감소 효과에 따른 지연이 탄성파 자료에서 확인이 되는 것을 속도 풀다운(velocity pull-down)이라고 한다(그림 7-37).

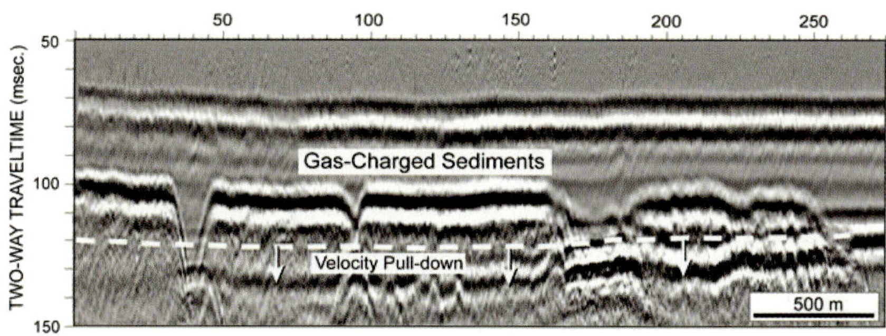

그림 7-37 가스함유 퇴적층 하부의 지층(점선)이 가스의 속도 감소 효과로 실제보다 깊은 것처럼 나타남(Lee et al., 2005).

7) 탄성파 공백대(seismic wipeout)

가스는 탄성파 신호를 산란시키기 때문에 탄성파 에너지가 크게 감쇠되어 하부 지층이 탄성파 자료에서 확인이 어려울 수 있다. 이와 같은 가스 함유층 및 하부 지층의 탄성파 신호 공백은 탄성파 자료에서 수직적인 컬럼 형태로 나타나는데 탄성파 침니(seismic chimney)라고도 한다(그림 7-38).

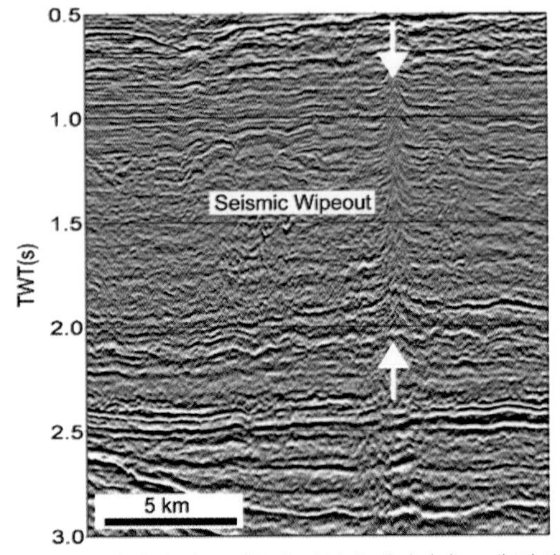

그림 7-38 지층내의 가스 때문에 탄성파 에너지가 크게 감쇠하여 탄성파 공백대를 형성함(Tingdahl et al., 2001).

8) 입사각에 따른 진폭 변화(amplitude variation with offset, AVO)

저류층에 가스가 집적되어 있으면 P파 속도와 S파 속도의 비율의 함수인 포아송비(Poisson's ratio)가 떨어져서 입사각에 따른 특징적인 탄성파 진폭 변화양상을 나타낸다. 이러한 입사각에 따른 탄성파 진폭 변화를 AVO라고 하며 가스의 부존 여부를 유추할 수 있는 가장 효과적인 자료 분석법으로 알려져 있다. AVO는 수직경로시차 보정된 공심점 모음자료에서 관찰할 수 있다.

가스를 집적하고 있는 사암은 AVO 특성에 따라 일반적으로 4개의 그룹으로 구분한다(Castagna et al., 1998)(그림 7-39). 사암의 음향 임피던스가 덮개암인 셰일의 음향 임피던스보다 크면(class I 사암) 영오프셋에서 어느 정도의 양의 진폭을 보이다가 입사각이 증가하면서 진폭이 보다 음의 방향으로 변한다. 사암과 덮개암인 셰일의 음향 임피던스 차이가 작으면(class II 사암) 영오프셋에서 진폭이 작은 양 또는 음의 값을 보이다가 입사각이 증가하면서 큰 음의 진폭을 갖는다. 사암의 음향 임피던스가 덮개암인 셰일의 음향 임피던스 보다 작으면(class III 사암) 영오프셋에서 비교적 큰 음의 진폭을 갖고 입사각이 증가면서 음의 방향으로 증가하여 큰 입사각에서 매우 큰 음의 진폭을 갖는다. 드물기는 하지만 가스를 함유하고 있는 사암보다 덮개암의 포아송비가 낮은 경우는 입사각이 증가하면서 진폭이 양의 방향으로 변하는데 이러한 사암은 class IV로 분류된다. 그림 7-40은 class II 사암의 전형적인 AVO 반응이다. 영오프셋에서의 반사계수를 X 축으로 하고 진폭변화 기울기를 Y축으로 하는 교차도시(crossplot)로 사암의 AVO 반응을 보다 쉽게 구별할 수 있다.

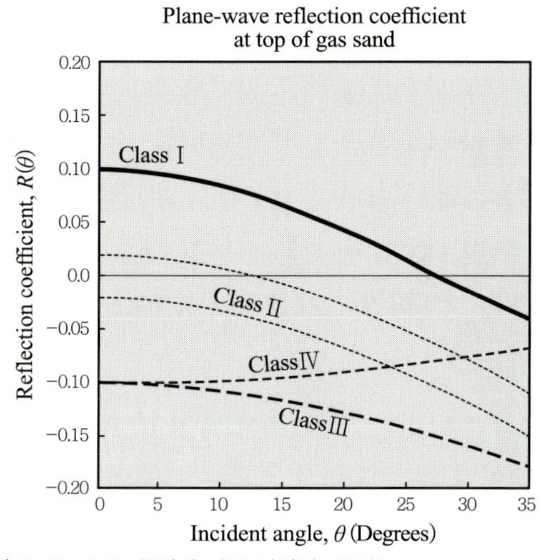

그림 7-39 AVO 특성에 따른 사암의 분류(Castagna et al., 1998).

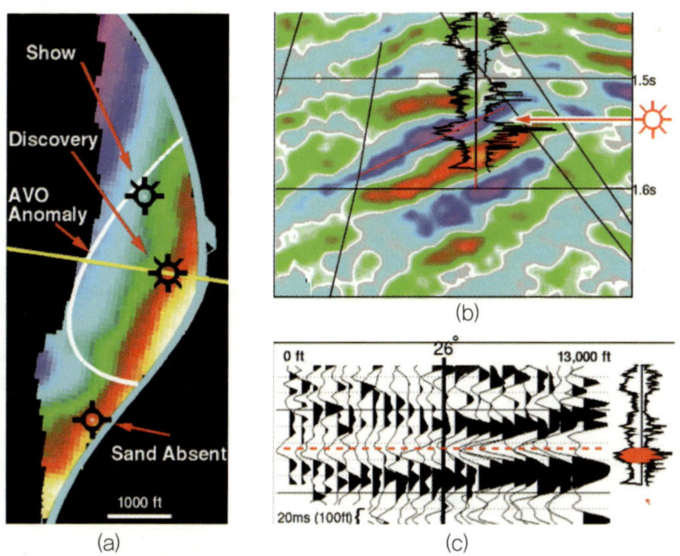

그림 7-40 Class II 사암의 예.(a) 탄성파 진폭.(b) 입사각이 26°-45°인 탄성파 자료만 중합한 단면으로서 가스 사암층이 강한 음의 진폭을 보임.(c) 시추공 위치에서의 수직경로시차 보정된 공심점 모음으로 입사각이 증가하면서 가스 사암층의 탄성파 진폭이 음의 진폭으로 증가함(Gregg and Bukowski, 2000).

(6) 탄성파 역산(seismic inversion)

탄성파 역산이란 정모델링(forward modeling)과 반대의 개념으로서 탄성파 자료로부터 지질학적 정보를 유추하는 모든 자료 분석 및 연산을 포함한다. 그러나 석유 · 가스 탐사에 있어서는 일반적으로 탄성파 자료로부터 지층 내부의 정보인 음향 임피던스를 계산하는 것을 탄성파 역산이라고 한다(그림 7-41). 음향 임피던스 자료는 탄성파 자료보다 분해능이 높아서 자료의 해석이 용이하며 시추공 물리검층 자료와의 직접적인 대비를 통하여 암석의 저류암적 성질도 유추할 수 있다. 따라서 탄성파 역산은 저류암 특성화 및 저류암 모사를 위한 지질모델 구성에 가장 효과적인 탄성파 자료 분석 방법이다. 게다가 중합전(pre-stack) 자료를 이용하면 추가적으로 입사각에 따른 임피던스인 탄성 임피던스(elastic impedance)뿐 아니라 S파 임피던스, 밀도를 계산할 수 있기 때문에 중합후(post-stack) 자료로 계산하는 P파 음향 임피던스 보다 훨씬 많은 지질학적 정보를 유추할 수 있다. 탄성파 역산은 또한 결정론적인 방법과 통계학적인 방법으로 나눌 수 있다.

탄성파 역산이 매우 효과적인 탄성파 자료 분석 방법이지만 탄성파 음원의 주파수 대역이 보통 10~100Hz로서 제한적이기 때문에 역산 결과는 실제의 음향 임피던스와 일치하지 않는 상대적 음향 임피던스이다. 음향 임피던스는 깊이가 증가하면서 지층의 속도와 밀도가 증가하여 어떠한 경향을 갖고 증가하지만 상대 음향 임피던스에는 이러한 저주파 경향이 포함되지 않는다. 따라서 시추공 물리검층 자료나 자료 처리과정에서 계산된 구조보정 속도 등으로부터 저주파 경향을 유추해서 상대 음향 임피던스를 보정하여 절대 음향 임피던스로 변환해야 한다. 또한 특정한 탄성파 트레이스를 구성할 수 있는 지층 경계면의 반사계수와 음원파의

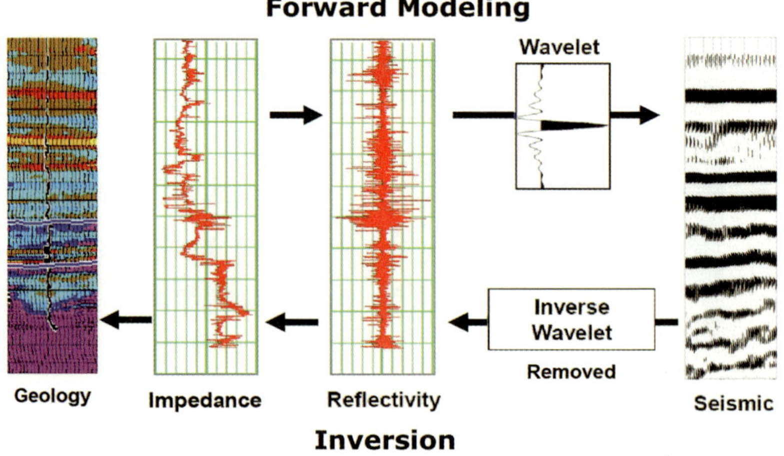

그림 7-41 탄성파 정모델링과 탄성파 역산의 비교.

조합이 거의 무한하기 때문에 역산의 결과물이 고유한 답이 될 수 없다. 즉, 역산의 결과는 비유일성(non-uniqueness)이다. 따라서 시추공 물리검층 자료 등을 통하여 최대한 실제의 음향 임피던스에 가까운 결과를 도출해야 한다. 다음은 결정론적 중합후 역산에서 가장 보편적으로 사용되는 모델 기반 역산(model-based inversion)에 대한 간단한 설명이다.

1) 모델 기반 역산

모델 기반 중합후 역산에 필요한 입력 자료는 중합후 탄성파 자료와 시추공의 음향 검층 및 밀도 검층 자료이다(그림 7-42 (a)). 자료 입력 후에 초기 모델을 구성하기 위해서는 주요 층서면을 해석해야 한다. 이러한 주요 층서면은 시추공 자료를 이용하여 초기 모델을 구성할 때 중요한 안내자 역할을 한다.

다음에 역산 탄성파 자료와 시추공 자료를 직접 대비하기 위하여 시추공의 음향검층과 밀도검층 자료를 이용하여 합성 트레이스(synthetic trace)를 구성한다. 정확한 합성 트레이스의 구성을 위하여 시추공 자료 또는 탄성파 자료로부터 음원의 파형을 추출한다. 합성 트레이스와 탄성파 자료의 대비를 통하여 시추공 위치에서 시간-깊이 관계를 유추하고 음원의 파형을 추출하는데 최종적인 음원파는 모델 기반 역산 뿐 아니라 다른 탄성파 역산 알고리즘에서 매우 중요한 정보이다.

위의 과정이 모두 수행되면 시추공 자료와 주요 층서면으로부터 일차적인 초기 모델을 구성한다(그림 7-42 (b)). 초기 모델은 시추공들 사이의 음향 임피던스를 주요 층서면의 안내에 따라서 내삽으로 구성하는 것이다. 보통 일차 모델은 시추공 자료로부터 유추한 음향 임피던스의 저주파 경향을 따르는 저주파 성분만으로 구성한다. 따라서 전체적으로 일차 모델의 경향을 따르는 역산 결과물은 상대 임피던스(relative impedance)가 아닌 절대 임피던스(absolute impedance)에 가까운 값이 된다.

모델 기반 역산이란 일차적인 임피던스 모델로부터 반사계수를 계산하고 이 반사계수와 위에서 추출한 음원파의 컨볼루션 결과와 실제 탄성파 트레이스와의 차이가 어떤 기준에 맞을 정도로 최소화 될 때까지 모델을 계속 변형시키는 반복적인 계산을 통하여 최종의 음향 임피던스 모델을 구성하는 것이다. 그림 7-42 (c)는 모델기반 역산으로 계산된 음향 임피던스 단면이다.

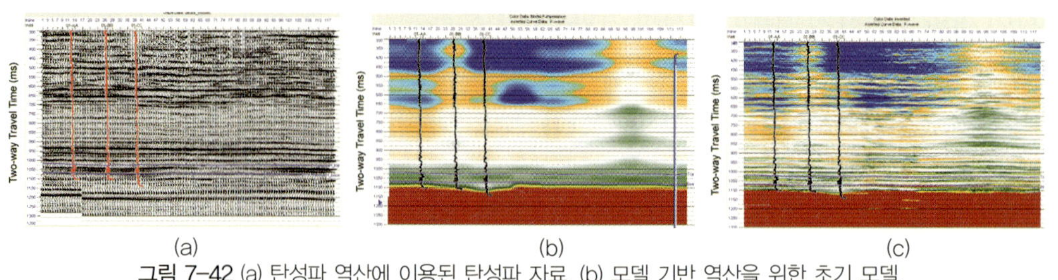

(a) (b) (c)

그림 7-42 (a) 탄성파 역산에 이용된 탄성파 자료. (b) 모델 기반 역산을 위한 초기 모델. (c) 역산 결과 계산된 음향 임피던스

2) 저류암 물성 유추

지층의 정보인 음향 임피던스가 계산되면 음향 임피던스와 탄성파 속성으로부터 시추공위치에서 확인된 공극률, 밀도, 속도와 같은 다른 저류암의 물성을 탄성파 자료 전체에 대해서 유추할 수 있다. 이때 가장 보편적으로 사용되는 기법이 복수 속성 변환(multi-attribute transform)이며 선형(linear)과 비선형적(nonlinear) 접근 방법으로 나눌 수 있다. 시추공 자료에서 확인된 저류암의 물성과 시추공과 같은 위치에 있는 탄성파 트레이스에서 계산되는 음향 임피던스 및 다양한 탄성파 속성과의 명시적, 즉 선형적 상관관계를 도출하여 시추공과 시추공 사이의 공간에 대한 저류암의 물성을 유추하는 것이 선형적 기법이다.

비선형적 접근의 가장 대표적인 것은 신경망(neural network) 기법으로서 인간의 뇌가 작용하는 것과 비슷한 원리를 이용하여 시추공에서 확인된 저류암의 물성과 탄성파 속성과의 비선형적 상관관계를 밝혀서 이 상관관계를 탄성파 자료에 적용하여 저류암 물성을 유추하는 것이다. 그림 7-43은 신경망 기법으로 계산된 공극률 단면이다.

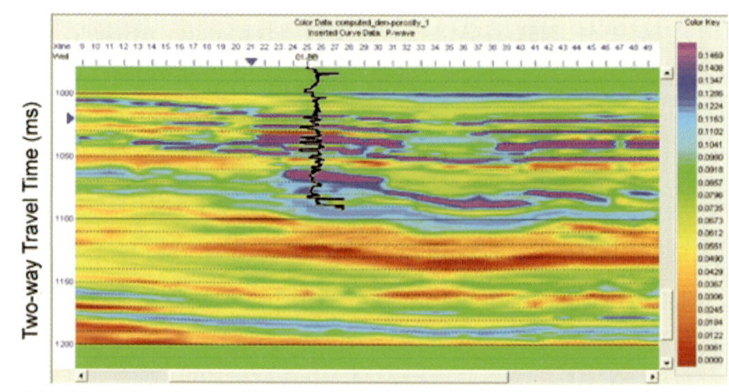

그림 7-43 탄성파 자료와 탄성파 역산 결과물인 음향 임피던스를 이용하여 신경망 훈련 기법으로 계산된 공극률.

7-2 지층평가

(1) 물리검층

물리검층이란 시추공내에서 검층기로 지층의 물성을 측정하는 것으로서 시추가 완료된 후에 수행하는 유선물리검층(wireline logging)과 시추와 동시에 수행하는 실시간검층(logging while drilling, LWD)이 있다. 이 두 경우 검층의 종류는 거의 같으나 LWD는 실시간에 이루어지기 때문에 시추환경이 좋지 않거나 시추공의 경사가 클 때 적합하다. LWD의 경우는 특히 경사정이나 방향성 시추에 이용되는 실시간측정(measurement while drilling, MWD) 장비와 함께 운영되는데 MWD는 시추와 관련된 각종 측정을 수행하고 LWD는 검층을 수행하여 검층 결과는 일반적으로 LWD 장비내의 자료저장장치에 기록되어 추후에 지상에서 추출한다.

물리검층은 크게 기계적 검층, 방사능검층, 속도검층, 그리고 전기검층으로 나눌 수 있으며 본 단원에서는 이러한 분류 대신에 사용 빈도가 높은 물리검층 방법들에 대해서 전반적으로 다루고자 한다. 표 7-4는 대표적인 물리검층법의 측정값, 단위, 자료 해석 및 용도를 요약한 것이다. 이수검층은 8-4절에서 자세히 다룬다.

표 7-4 대표적인 물리검층법들의 측정값, 단위, 해석 및 용도(Cant, 1992 ; Catuneanu, 2006).

Log	Property measured	Unit	Interpretation and Use
Caliper	Borehole diameter	Inches	Borehole state, reliability of logs
Dipmeter	Dip by resistivity	Degrees	Structural and stratigraphic analyses
Spontaneous potential(SP)	Natural electric potential	mV	Lithology, correlation, shale volume
Gamma ray	Natural radioactivity	API	Lithology, correlation, gelogical analysis
Resistivity	Resistance to electric current	ohm · m	Fluid types, fluid saturation
Photoelectric factor (PE or PEF)	Gamma photon absorption	bams/e^-	Lithology
Sonic(Acoustic)	Travel time	μs/ft	Porosity, synthetics, time-depth relationship
Density	Electron density	g/cm^3	Porosity, synthetics, lithology
Neutron	Hydrogen concentration	%	Porosity, lithology
Nuclear magnetic resonance(NMR)	Hydrogen concentration	%	Porosity, permeability, fluid types
Borehole image	Resistivity, sound velocity, amplitude		Formation structure, gelogical analysis, borehole state

1) 공경검층(caliper log)

시추공의 직경과 모양을 측정하는 공경검층은 기계적인 나공(open hole)검층으로서 시추공의 직경이나 모양이 변할 때마다 수축과 인장이 가능한 2개 이상의 팔과 같은 형태의 장치로 구성되어 있다. 이 장치의 움직임이 전기적 신호를 통하여 시추공의 직경으로 변환된다. 그림 7-44는 시추공 암상에 따른 전형적인 공경검층 기록의 예이다.

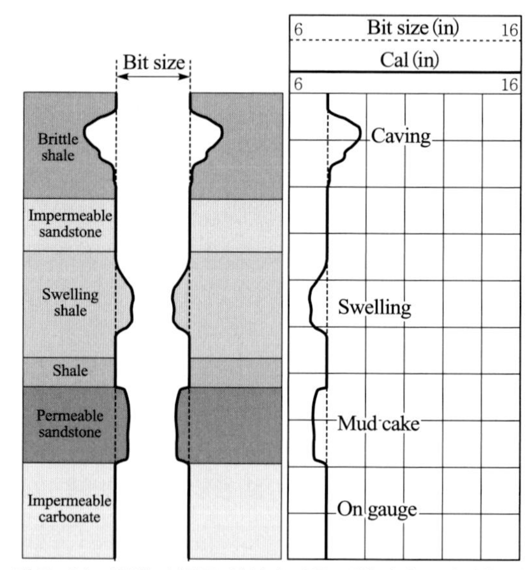

그림 7-44 다양한 시추공 암상에 따른 전형적인 공경검층 기록.

2) 경사검층(dipmeter log)

경사검층은 지층의 경사도와 경사방향을 측정하기 위한 나공검층으로서 서로 직각을 이루고 있는 4개의 비저항(resistivity) 측정 장치로 시추공벽의 4개의 서로 다른 지점에 대해서 연속적으로 비저항을 측정한다. 그리고 측정된 비저항 값을 대비하여 동일 지층을 판단한 후에 지층의 경사도(dip)와 경사의 방위각(azimuth)을 계산한다(그림 7-45). 경사검층 자료로 측정된 경사도와 방위각은 지층의 구조지질학적 및 퇴적학적 정보를 제공한다. 경사도와 방위각 자료로부터 지층의 경사, 부정합면, 단층, 습곡 등의 해석이 가능하고 퇴적상, 퇴적면 지형의 방위, 고해류 등에 대한 정보를 유추할 수 있다.

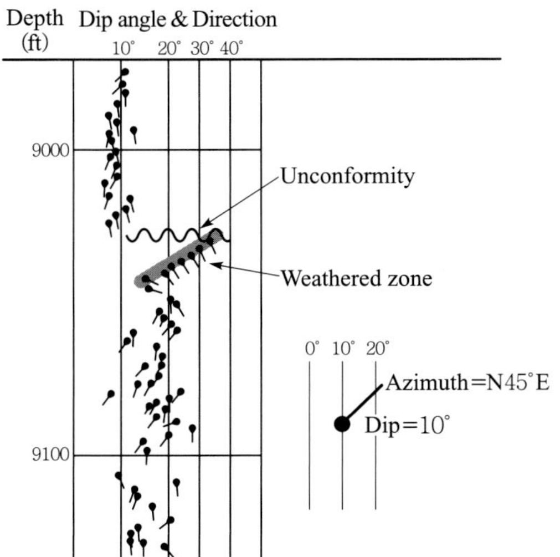

그림 7-45 경사검층 기록. 지층의 경사가 급격히 변하는 곳에서 부정합면이 확인됨(Schlumberger, 1986).

3) 자연전위검층(spontaneous potential log)

자연전위검층은 시추공내에서 움직일 수 있는 전극과 시추공 바깥에 고정되어 있는 전극 사이에서 자연적으로 발생하는 직류 전류의 전압(mV) 또는 전위를 측정하는 나공검층이다. 이러한 자연전위는 이수여과액(mud filtrate)의 염분도와 투과도가 비교적 높은 지층의 지층수 염분도와의 차이에 따른 전기화학적 현상으로 발생하는 것이다. 자연전위의 직류 전류가 발생하기 위해서는 시추공내에서 전기가 통할 수 있어야 하므로 전기를 통할 수 있는 이수가 사용되어야 한다. 또한 이수여과액의 염분도와 지층수의 염분도의 차이가 클수록 효과적이다. 일반적으로 지층수의 염분도가 이수여과액의 염분도보다 높으므로 사암과 같이 투과도가 높은 지층일수록 큰 음의 전압값이 측정된다(그림 7-46). 그러나 만약 이수여과액의 염분도가 지층수보다 높으면 자연전위가 반대로 양의 값을 보인다. 셰일층에서는 자연전위값이 거의 일정하기 때문에 자연전위 곡선이 거의 변하지 않는데 이때의 자연전위를 셰일 기저선(shale baseline)이라고 한다.

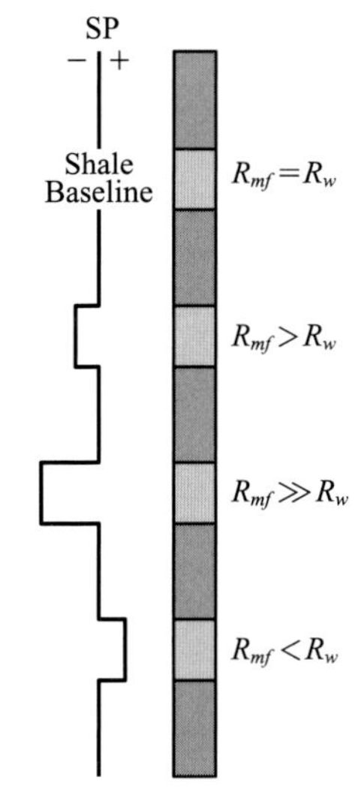

그림 7-46 셰일 기저선에 대한 자연전위검층의 편향. 이수여과액 비저항(Rmf)과 지층수 비저항(Rw)의 관계 따라서 뚜렷한 특징을 보임(Asquith and Krygowski, 2004).

4) 감마선검층(gamma-ray log)

감마선검층은 지층에서 발생하는 자연 방사능을 측정하는 것으로서 나공이나 케이스공(cased hole) 모두에서 가능하며 지층의 암상을 유추하고 지층간의 대비에 이용된다(그림 7-47). 자연상태에서 가장 많은 방사능을 방출하는 것은 포타슘40과 우라늄과 토륨의 붕괴로 생성되는 자원소(daughter isotope)로서 이러한 원소들은 특히 풍화작용의 주산물인 포타슘 장석과 운모에 많이 포함되어 점토광물, 셰일과 함께 퇴적된다. 따라서 셰일층은 높은 감마선 값을 갖고 점토광물이 거의 포함되어 있지 않은 사암이나 석회암은 낮은 감마선 값을 갖는다. 감마선 값은 API(American Petroelum Institute) 단위로 측정된다.

지층의 암상을 보다 정확하기 판단하기 위하여 포타슘, 우라늄, 토륨 각각의 성분별 감마선 에너지 측정이 가능한 스펙트럼(spectrum) 감마선검층을 수행할 수 있다(그림 7-47(b)). 예를 들면 스펙트럼 감마선검층으로 카올리나이트와 일라이트와 특정한 점토광물을 구별할 수 있으며 따라서 퇴적환경도 보다 정확하게 유추할 수 있다.

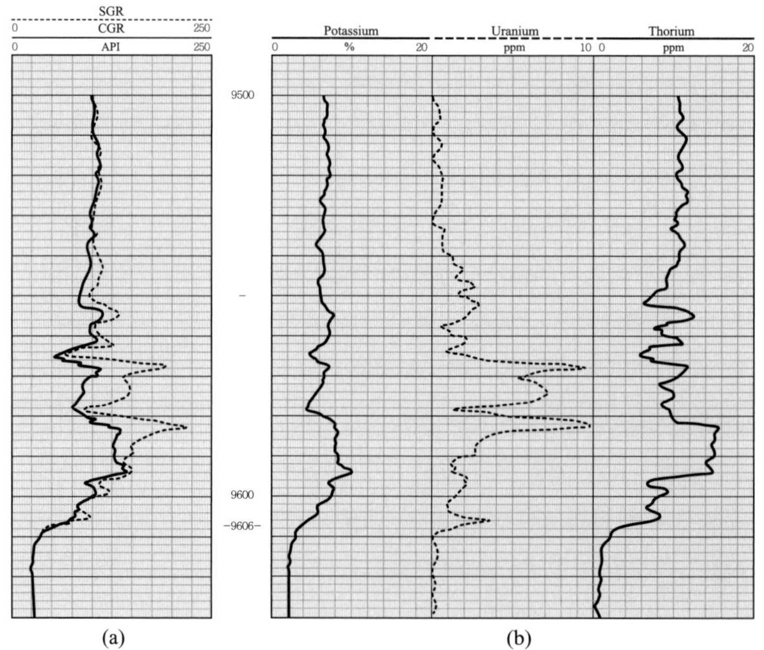

그림 7-47 (a) SGR : 총감마선 값; CGR : 총감마선 값에서 우라늄 감마선 값을 뺀 것.
(b) 스펙트럼 감마선검층 자료.(Asquith and Krygowski, 2004).

5) 비저항검층(resistivity log)

비저항은 전도도의 역수이며 모양과 크기에 관계없는 모든 물질의 고유한 성질로서 전기의 흐름을 방해하는 저항률이라고 할 수 있으며 아래의 식에서 비례상수로 정의되고 단위는 ohm · m 또는 ohm · m^2/m이다.

$$R = \rho \frac{L}{A}$$

여기서, R은 저항, ρ는 비저항, L은 시료의 길이, A는 시료의 단면적이다.

물리검층에서는 점토광물로 구성되어 있는 셰일층을 제외한 대부분의 암석, 담수, 탄화수소가 절연물질로 간주되는데 지층수는 일반적으로 염분도가 높기 때문에 전도체이다.

비저항검층장비는 전류의 생성방법에 따라서 크게 전극(electrode)장치와 유도(induction)장치로 나눌 수 있다. 전극장치는 전극을 통하여 전류를 발생시켜서 지층의 전기 비저항을 측정하며 유도장치는 코일로 전류를 유도하여 지층의 전도도를 측정하는 것이다. 전극장치는 다시 수직형(normal type)과 수평형(lateral type)으로 구분되며 전극장치에서 발생한 전류가 지층으로 전달이 되어야 하기 때문에 이수가 전도성이 있어야 사용할 수 있다. 수직형의 경우 이수의 전도성이 높은 경우에 전극장치에서 발생한 전류가 지층으로 전달되는 대신에 전극사이에서 직접 이동할 수 있기 때문에 전류를 지층에 집중시킬 수 있는 수평형이 주로 사용된다. 유도장치의 경우 이수의 전도성 여부에 관계없이 모든 조건에서 사용이 가능하다. 시추공에서 가까운 지층 부분에 대해서는 미세비저항검층(microlog)과 같은 별도의 검층을 수행한다.

시추공에 노출되어 있는 지층들은 이수의 영향으로 특징적인 환경을 갖고 있는데(그림 7-48) 이수로 채워져 있는 시추공에서 바깥쪽으로 가면서 저류층의 표면에 이수의 머드가 집적된 격막(mud cake), 이수여과액이 공극의 유체를 밀어낸 침투대(invaded zone), 이수여과액의 영향을 받지 않은 비침투대(uninvaded zone)가 관찰된다. 침투대는 다시 이수여과액의 침투로 원래의 유체가 거의 남아 있지 않은 혼입대(flushed zone)와 일부 남아 있는 전이대(transition zone)로 나눌 수 있다.

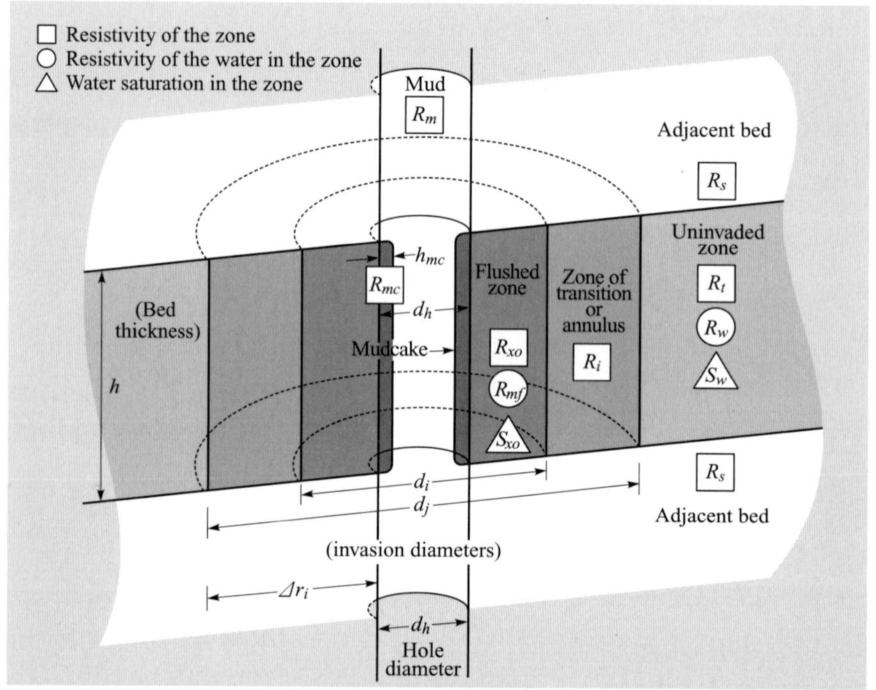

그림 7-48 시추공 환경의 모식도. Flushed zone, 혼입대; Zone of transition, 전이대; Uninvaded zone, 비침투대; Rm, 이수 비저항; Rmc, 격막 비저항; Rmf, 이수여과액 비저항; Rxo, 혼입대 비저항; Ri 침투대 비저항; Rt, 비침투대 비저항; Rw, 지층수 비저항; Rs, 퇴적층 비저항; Sxo, 이수여과액 포화도; Sw, 지층수 포화도(Asquith and Krygowski, 2004).

비저항의 측정은 일반적으로 혼입대, 전이대, 비침투대를 대상으로 이루어지는데 각 부분의 비저항을 R_{xo}, R_i, R_t라 하고 이수여과액 비저항은 R_{mf}, 지층수만 포함하고 있는 셰일 성분이 없는 사암의 비저항은 R_o라고 한다. 비저항은 시추공에서 멀어지면서 공극내의 유체의 종류에 따라서 특징적인 변화양상을 보이며 이러한 변화 양상으로부터 유체의 종류를 유추하고 유체의 포화도 등을 계산할 수 있다. 만약 저류암 지층의 공극에 석유가 집적되어 있다면 혼입대에는 이수여과액의 침투로 지층수는 거의 남아 있지 않고 적은 양의 불감소(irreducible) 석유만 남아있어서 R_{xo}가 R_{mf}와 비슷하고 비침투대 비저항(R_t)은 원래의 유체(석유와 지층수)가 그대로 집적되어 있기 때문에 높은 값을 보인다. R_o, R_{mf}, R_{xo}, R_t를 알면 저류암 지층의 지층수 포화도(water saturation, S_w), 석유 포화도(oil saturation, S_o), 잔여 석유 포화도(residual oil saturation, S_{ro}) 등을 계산할 수 있다.

그림 7-49는 석유를 집적하고 있는 저류암의 비저항 기록으로서 이수가 담수로 구성되어 있는 경우와 염수로 구성되어 있는 경우를 비교하고 있다. 이수가 담수인 경우는 R_{mf}가

높기 때문에 R_{xo}가 높지만 이수의 침투로 침투대의 바깥부분 석유는 먼저 빠져나가고 비저항이 낮은 지층수가 모여서 환형대(annulus)가 형성되면 이 환형대를 따라서 비교적 낮은 비저항(R_{an})이 기록된다. R_t는 비저항이 높은 석유 때문에 높다. 이수가 염수인 경우는 R_{mf}가 낮기 때문에 R_{xo}가 낮고 시추공에서 멀어지면서 석유 때문에 비저항이 증가한다. 또한 침투대의 바깥부분에 비저항이 낮은 지층수가 집적되어 비교적 낮은 비저항(R_{an})이 기록되고 비침투대 비저항(R_t)은 석유 때문에 높다.

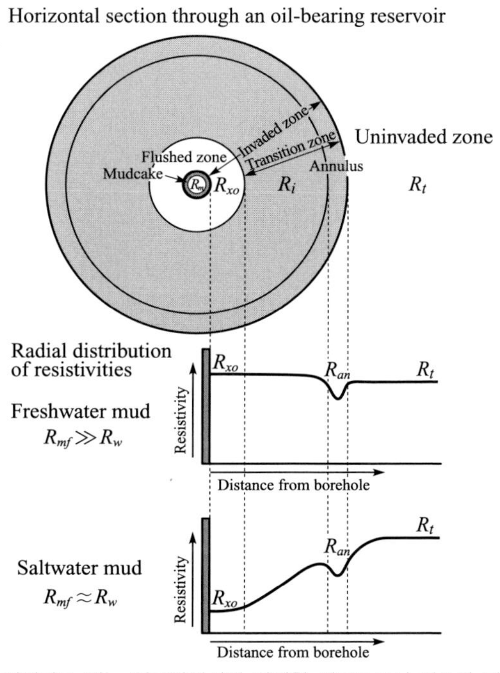

그림 7-49 탄화수소를 집적하고 있는 저류암에서의 비저항 기록으로서 이수가 담수로 구성되어 있는 경우와 염수로 구성되어 있는 경우를 비교함. R_{mf}, 이수여과액 비저항; R_w, 지층수 비저항; R_m, 이수 비저항; R_{xo}, 이수여과액 비저항; R_i 침투대 비저항; R_t, 비침투대 비저항; R_{an}, 환형대 비저항(Asquith and Krygowski, 2004).

그림 7-50은 담수로 구성된 이수를 사용한 경우의 자연전위검층과 비저항검층 자료로서 R_{ILD}(deep induction log resistivity)는 R_t이고 R_{SFL}(spherically focused log resistivity)은 R_{xo}이다. 따라서 석유를 집적하고 있는 저류층에서 R_{xo}와 R_t가 큰 것은 담수인 이수가 혼입대의 비저항이 낮은 지층수를 밀어내었고, 비침투대에는 비저항이 높은 석유가 집적되어 있기 때문이다. 깊이 약 1890ft에 있는 저류층은 염분도가 높은 지층수만을 포함하고 있어서 비침투대 비저항(R_{ILD})이 담수가 유입된 혼입대 비저항(R_{SFL})보다 낮다.

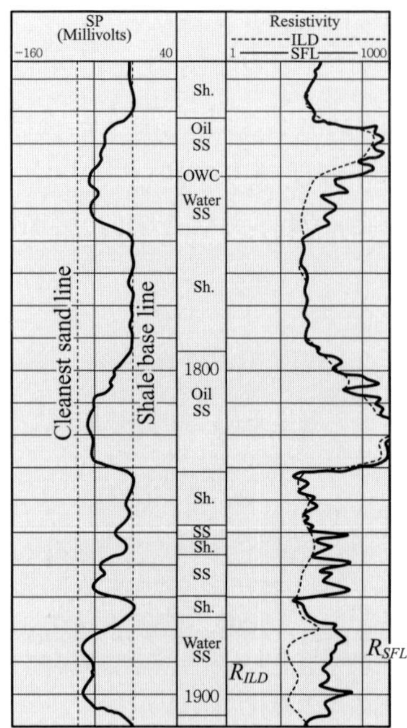

그림 7-50 자연전위검층 자료(왼쪽)와 담수로 구성된 이수가 사용된 경우의 비저항검층 자료(오른쪽). RSFL(spherically focused log resistivity)는 혼입대 비저항(Rxo)이고 RILD(deep induction log resistivity)는 비침투대 비저항(Rt)으로서 저류층에서 Rt가 큰 것은 탄화수소를 집적하고 있음을 지시함. 염분도가 높은 지층수만을 포함하고 있는 1890ft 깊이의 저류층은 RILD가 RSFL보다 낮음.

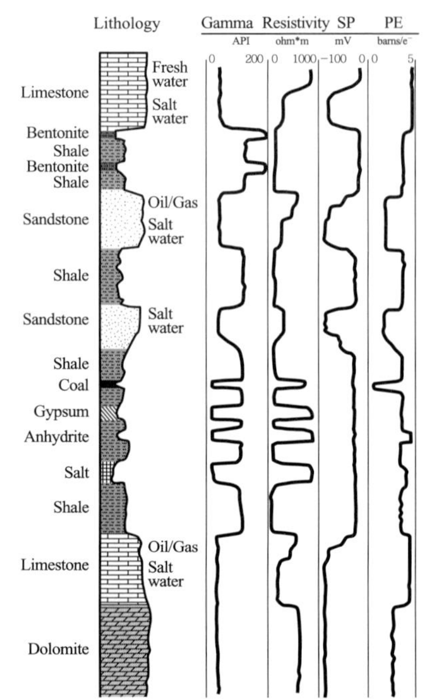

그림 7-51 암상에 따른 전형적인 감마선검층, 비저항검층, 자연전위, 광전인자검층의 예. 광전인자검층으로부터 석회암과 백운암이 뚜렷하게 구분되며 석탄층도 확인이 가능함.(Evenick, 2008)

6) 광전인자검층(photoelectric factor log)

광전인자검층은 방사능검층으로서 나공이나 케이스공 모두에서 가능하며 검층기에서 방출된 낮은 에너지의 감마선 광자가 지층의 원자에 결합되어 있는 전자에 흡수되는 정도를 측정하는 것이다. 광전 흡수의 정도는 지층을 구성하고 있는 암석의 광물 성분에 영향을 받기 때문에 광전인자검층은 암상을 구분하는데 효과적이다. 특히 석회암의 광전인자검층 값은 약 5.0이며 백운암은 약 3.0으로서 광전인자검층으로 구별이 가능하다. 석탄층의 경우는 광전인자검층 값이 2.0보다 작아서 쉽게 확인된다. 따라서 이상적인 조건에서 측정된 광전인자검층 결과를 광물별로 알려진 값과 비교하여 지층의 암상을 유추할 수 있다(그림 7-51). 광전인자검층의 단위는 barns/electron(barns/e^-)이다.

7) 공극률검층(porosity log)

공극률은 물리검층으로 직접 측정이 불가능하지만 음파검층, 밀도검층, 중성자검층, 방사능자기공명검층을 통하여 유추할 수 있어서 이러한 검층법들을 일괄적으로 공극률검층이라고 부른다. 밀도검층과 중성자검층은 방사능검층이고 음파검층은 음향검층이며 비교적 최근에 개발된 방사능자기공명검층은 지층의 공극내 유체에 존재하는 양자의 자기공명을 측정하는 것이다.

① 음파검층(sonic/acoustic log)

음파검층은 시추공 방향을 따라 지층의 짧은 일정한 구간으로 전파되는 음파의 전달시간을 측정하는 나공검층이다. 음파검층 장비는 한개 또는 두개 이상의 고주파(10~15Hz) 음파 발생기와 두개 이상의 수진기로 구성되어 있다. 예를 들면 음향검층 장비 상부에 위치한 하나의 음파발생기를 떠난 음파가 하부에 각각 다른 깊이에 위치한 수진기에 도달하는 시간차이를 측정함으로써 거리가 일정한 두 수진기 사이의 음파 전달시간(DT)을 측정한다. 음파 전달시간이 일정한 거리에 대한 것이므로 전달시간으로부터 지층의 속도를 계산할 수 있다. 또한 시추공의 크기 변화에 따른 음파전달시간이 크게 달라질 수 있으므로 이것을 보정해 주기위한 시추공 보정(borehole compensated) 음파검층 장비가 보편적으로 사용된다. 음파검층의 측정 단위는 μs/ft 또는 μs/m이다. 표 7-5는 대표적인 암석들의 속도와 음파 전달시간이다.

암석의 종류에 따른 음파의 전달시간이 알려져 있으므로 만약 지층을 구성하고 있는 암

표 7-5 대표적인 암석들의 속도와 음파 전달시간.

Rock	Velocity(m/s)	DT(μs/m)	DT(μs/ft)
Sandstone	5,500~6,000	167~182	50~55.5
Shale	1,800~5,800	172~555	50~170
Limestone	6,400~7,000	143~155	44~48
Dolomite	7,000~7,900	127~143	38~44
Halite	4,600	217	67
Anhydrite	6,100	164	50
Lignite	1,700~2,200	455~588	140~180

석의 종류를 알고 있다면 아래의 Wyllie 시간-평균식(Wyllie time-average equation)을 이용하여 음파검층 공극률($\varnothing_s$, SPHI)(그림 7-52 (b))을 계산할 수 있다.

$$\varnothing_s = \frac{\Delta t_{\log} - \Delta t_{ma}}{\Delta t_{mf} - \Delta t_{ma}}$$

$\Delta t_{\log}$, Δt_{ma}, Δt_{mf} 는 각각 대상 지층에서 측정된 단위전달시간, 지층구성입자의 단위전달시간, 이수여과액의 단위전달시간이다.

음파검층으로 공극률을 유추하려면 지층의 암상을 알아야 하므로 지층의 암상을 알기 위한 다른 검층 자료의 활용이 매우 중요하다. 또한 밀도검층 자료와 함께 시추공 위치에서의 지층의 반사계수를 계산할 수 있기 때문에 반사계수와 음원파를 이용하여 합성 트레이스를 구성할 수 있다. 시추공 위치에서의 합성 트레이스는 탄성파 자료와의 대비하여 시간-깊이 관계를 유추하는데 이용된다.

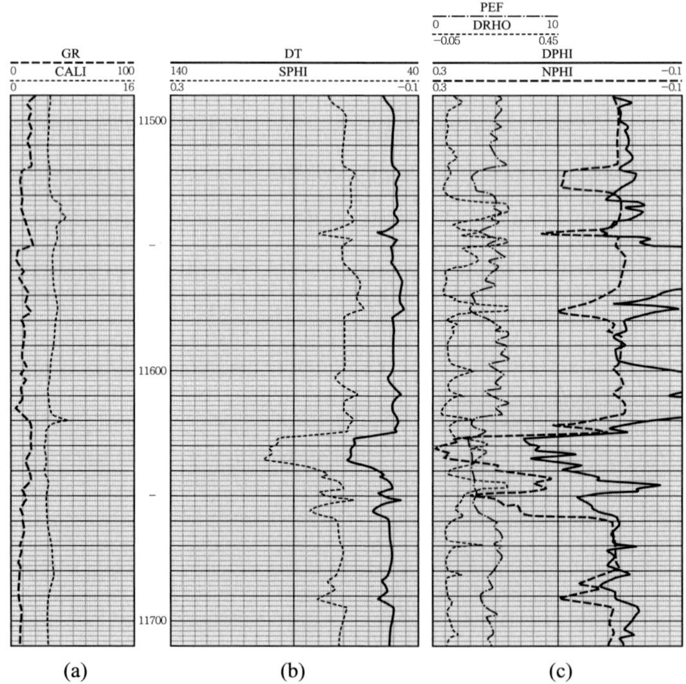

그림 7-52 (a) 공경(CALI)과 감마선검층(GR) 자료 (b) 일정한 거리에 대한 음파 전달 시간(DT)과 음파검층 공극률(SPHI) (c) 밀도검층 공극률(DPHI), 중성자검층 공극률(NPHI), 밀도보정(DRHO), 광전인자검층(PEF) (Asquith and Krygowski, 2004).

② 밀도검층(density log)

밀도검층은 일차적으로 지층의 밀도를 측정하기 위한 것으로 보통 나공에서 수행하지만 특별한 경우 케이스공에서도 수행할 수 있다. 밀도검층 장치에서 발생된 감마선이 지층의 전자와 부딪치면 컴턴산란(Compton scattering)으로 에너지를 잃는데 에너지 감소 정도가 전자밀도, 즉 지층의 밀도를 반영하여 지층의 밀도를 유추할 수 있다. 밀도는 g/cm^3 또는 kg/m^3으로 기록되며 보통 격막과 같은 시추공 환경의 영향을 보정해 준 밀도보정(DRHO)도 함께 기록된다. 표 7-6은 암석을 구성하는 대표적인 광물들의 밀도이다.

표 7-6 암석을 구성하는 대표적인 광물들의 밀도

Mineral	Grain Density(g/cm^3)	Mineral	Grain Density(g/cm^3)
Quartz	2.65	Calcite	2.71
Dolomite	2.87	Biotite	2.90
Chlorite	2.80	Illite	2.66
Muscovite	2.83	Halite	2.16
Gypsum	2.30	Anhydrite	2.96

음파검층과 마찬가지로 지층을 구성하고 있는 암석을 알고 있다면 아래의 식을 이용하여 밀도검층 공극률($\varnothing_D$, DPHI)(그림 7-53 (c))을 계산할 수 있다.

$$\varnothing_D = \frac{\rho_{ma} - \rho_b}{\rho_{ma} - \rho_{mf}}$$

ρ_{ma}, ρ_b, ρ_{mf}는 각각 지층구성 입자의 밀도, 대상 지층에서 측정된 지층의 밀도, 이수여과액의 밀도이다.

밀도검층은 중성자검층 자료와 함께 해석하면 가스의 부존도 확인할 수 있고 암상도 유출할 수 있는데 가스 확인과 암상유추는 다음의 중성자검층에서 설명한다.

③ 중성자검층(neutron log)

중성자 검층은 지층의 공극에 분포하는 유체의 수소원소의 농도를 측정하는 것이다. 중성자검층 장비에서 발생된 중성자가 지층의 원자들과 부딪치면 에너지를 잃게 되는데 특히 수소원소와의 충돌 때 가장 많은 에너지가 손실된다. 에너지가 손실되면서 지층에서 감마선이 방출되기 때문에 감마선 방출량이 지층의 수소원소 양을 반영한다. 따라서 수소원소가 풍부한 지층수 또는 석유가 포함되어 있는 저류암의 경우 중성자검층을 통하여 중성자검층 공극률(ϕ_N, NPHI)(그림 7-52 (c))을 유추할 수 있다. 그러나 수소원소의 밀도가 매우 낮은 가스로 채워진 공극의 경우는 공극률이 높아도 중성자검층에서 낮은 공극률로 기록되기 때문에 밀도검층으로 유추한 공극률과 함께 분석하면 가스의 부존여부를 판단할 수 있다. 즉 밀도검층에서 공극이 높은 지층으로 확인되었는데 중성자검층에서는 공극률이 낮은 것으로 기록되면 공극에 가스가 집적되어 있는 것이다(그림 7-53). 이러한 현상을 가스효과(gas effect)라고 부른다.

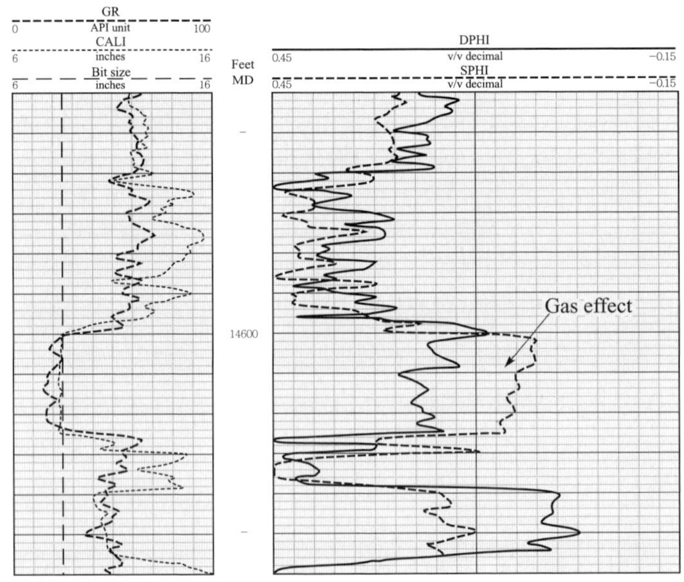

그림 7-53 공극이 가스로 채워진 경우 공극률이 높아도 중성자검층에서 낮은 공극률로 기록되고 밀도검층으로는 정상적으로 높은 공극률이 기록되어 큰 차이를 보이는 것이 가스효과임. 중성자검층 공극률과 밀도검층 공극률을 함께 도시하면 쉽게 확인할 수 있음.(Asquith and Krygowski, 2004).

중성자검층은 중성자 에너지의 손실이 공극내의 수소원자에 의한 것이라고 가정하지만 실제로 공극이 아닌 암석의 다른 성분에 의하여 중성자 에너지가 감소할 수 있기 때문에 중성자검층 장비는 공극에 담수만를 포함하고 있는 순수한 석회암을 대상으로 교정한다. 따라서 중성자검층 공극률은 석회암이 아닌 지층의 경우 보정이 필요하다.

중성자검층은 밀도검층과 마찬가지로 단독으로는 지층의 암상을 판단하기 어렵다. 그러나 중성자검층이 순수한 석회암을 기준으로 한 것이므로 중성자검층 공극률과 밀도검층 공극률을 함께 도시하면 지층이 순수한 석회암일 때 거의 완벽하게 일치하고 다른 암상에서는 차이가 나게 된다. 따라서 이러한 차이를 분석하면 효과적으로 암상을 구분할 수 있다. 이와 같은 중성자-밀도검층 조합은 가장 널리 사용되는 암상구분 방법이다.

7) 방사능자기공명검층(nuclear magnetic resonance log)

음파검층, 밀도검층, 중성자검층의 공극률은 지층을 구성하고 있는 암석의 구성 성분에 민감하다. 방사능자기공명검층(그림 7-54)은 비교적 최근에 활발하게 사용되는 검층법으로서 암석성분의 영향을 받지 않고 공극률을 측정할 수 있는 것으로 알려져 있다. 방

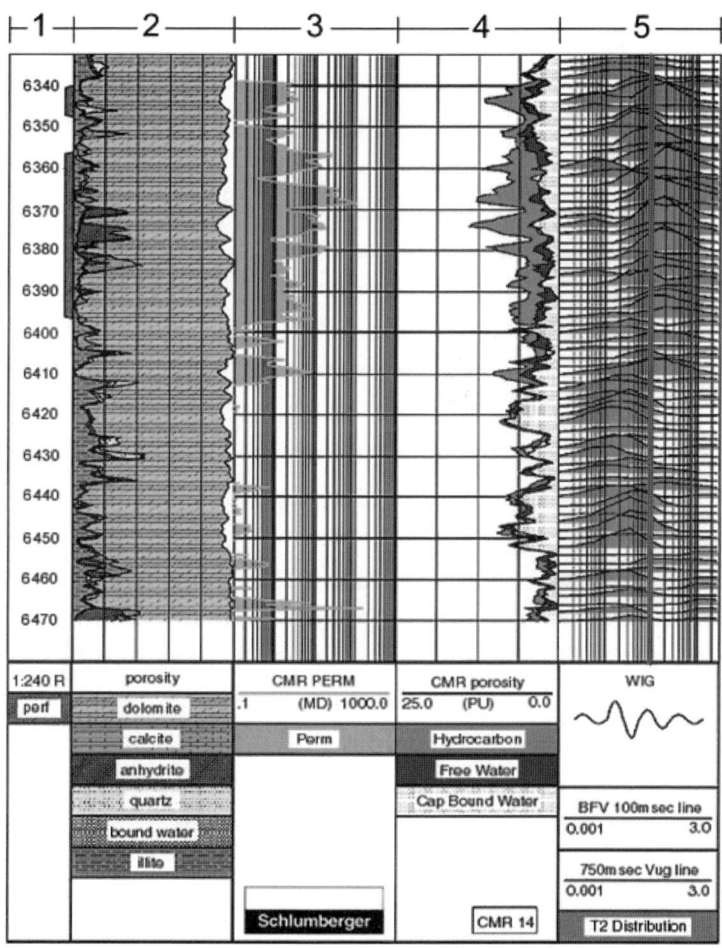

그림 7-54 방사능자기공명검층 자료. 트랙 1: 암상 분석. 트랙 2: 투과도. 트랙 3: 공극률. 트랙 4: 공극크기 분포. 트랙 5: T2 분포(www.spec2000.net/07-nmrlog.htm).

사능자기공명검층은 의학계에서 사용하는 자기공명영상(magnetic resonance imaging, MRI)의 원리와 마찬가지로 지층의 유체에만 반응한다. 먼저 검층장치의 강력한 자석으로 지층의 유체에 있는 양자, 특히 수소원소의 양자를 배열시키고 검층장치의 안테나가 신호를 보내서 자석에 의해서 배열된 양자들을 교란한다. 안테나의 신호가 끊어지면 양자들이 다시 자석의 자기장에 반응하여 재배치되는데 이때 회전반향(spin echo)이라는 신호가 발생한다. 안테나의 신호를 반복하면 일련의 회전반향 신호를 기록할 수 있는데 이 회전반향 신호를 분석하여 공극률, 공극내의 유체의 종류, 공극크기 분포까지도 유추할 수 있을 뿐 아니라 투과도도 유추할 수 있는 매우 유용한 검층법이다.

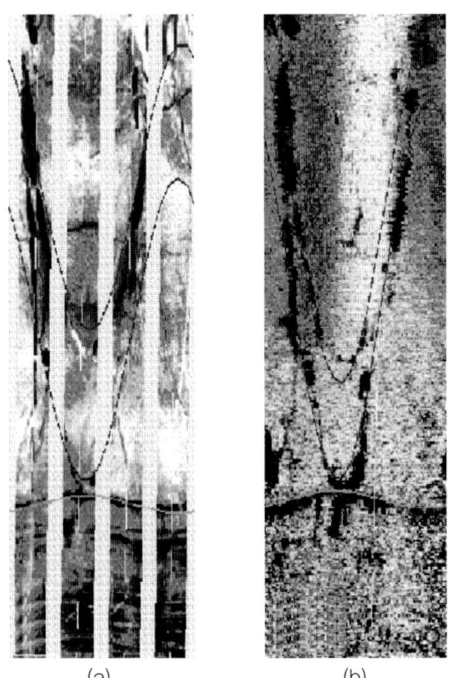

그림 7-56 (a) 지층미세주사 이미지, (b) 음파원격보기 이미지(www.spec2000.net/22-fracloc5.htm).

8) 시추공영상검층(borehole image log)

가장 일반적인 시추공영상검층장치는 지층미세주사기(Formation MicroScanner, FMS)와 음파원격보기(Acoustic Televiewer, ATV)이다. FMS는 보통 4개의 판(pad)으로 구성되어 판에서 발생한 전류의 세기변화를 기록한다(그림 7-5 (a)). 전류의 세기변화를 미세 비저항의 변화로 변환한 후에 다시 미세 비저항 변화를 이미지로 처리한다. 일반적으로 진한색이 약한 미세 비저항을 엷은 색이 강한 미세 비저항을 나타낸다.

ATV는 시추공벽의 음파영상을 기록하는 장치로서 초음파 변환기에서 발생한 초음파로 지층의 속도변화와 음파의 진폭변화를 측정하여 영상으로 처리하는 것이다(그림 7-55 (b)). ATV의 영상은 해상도가 밀리미터 정도이며 시추공벽 전체를 기록한다.

(2) 물리검층 자료의 퇴적학적 분석

지질학자들은 물리검층 자료 중에서 감마선검층과 자연전위검층 자료를 이용하여 퇴적학적 분석을 수행한다. 특히 감마선검층 자료가 자연전위검층 자료보다 해상도가 높기 때문에 더욱 정밀한 퇴적학적 분석이 가능하다.

그림 7-56은 대표적인 감마선검층 특성으로서 각각의 특징으로부터 퇴적학적 해석이 가능하다. 장방형(blocky) 또는 박스형태의 감마선 반응은 일반적으로 퇴적에너지의 변화가 거의 없었다는 것을 의미한다. 육상의 두꺼운 하성퇴적암이나 심해의 저탁류암 또는 풍성사암이 이러한 특징을 보일 수 있다. 깔때기형, 즉 상향 조립화(coarsening upward) 형태의 반응은 퇴적에너지가 서서히 증가한 것으로 육상환경의 경우 선상지, 선상지-삼각주, 또는 틈상 퇴적체(crevasse splay) 등으로 해석이 가능하며 해양환경에서는 전진구축한 삼각주로 해석된다.

종모양, 즉 상향 세립화(fining upward)형태의 반응은 퇴적에너지가 서서히 감소한 것으로 많은 퇴적환경에서 가능한데 일반적으로 육상환경의 경우 포인트 바(point bar)의 수평적 이동에 의한 하천내의 상향 세립화 퇴적으로 해석한다. 천해환경에서는 수심이 서서히 증가한 해침으로 해안선이 육지방향으로 이동할 때 상향 세립화 퇴적층을 구성한다. 심해환경에서는 심해선상지의 점진적인 소멸이 상향 세립화 퇴적층을 구성할 수 있다. 상하 대칭의 통모양 또는 활모양의 반응은 퇴적에너지가 서서히 증가했다가 감소하는 양상으로서 퇴적체가 전진구축(progradation)과 역행구축(retrogradation)을 반복했던 것으로 해석할 수 있다. 전체적으로 불규칙한 양상은 비교적 짧은 시간에 퇴적에너지의 변화가 심했던 것을 지시한다.

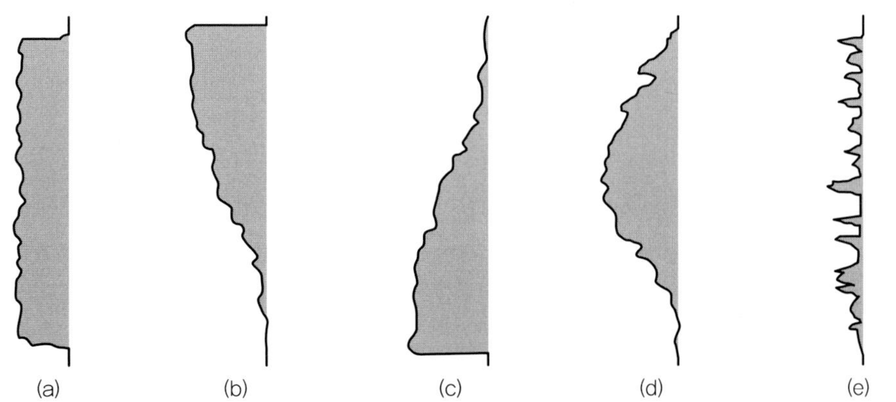

그림 7-56 (a) 장방형 또는 박스형태 (b) 깔대기형, 상향 조립화 (c) 종형, 상향 세립화 (d) 통형 또는 상하 대칭형 (e) 불규칙형 전형적인 감마선검층 특성으로서 퇴적학적 해석이 가능함

(3) 지층시험(formation test)

탐사단계에서의 지층시험은 탄화수소 집적 가능성이 높은 저류층을 대상으로 하는 생산시험으로서 산출시험(drillstem test, DST)과 유선지층시험(wireline formation test)이 있다. 생산성시험은 저류층에서 생산을 시험하면서 압력변화를 관찰하고 직접 유체시료를 취득하여 궁극적으로 저류층의 경제성 여부를 판단할 수 있는 중요한 작업이다.

1) 산출시험(drill-stem test, DST)

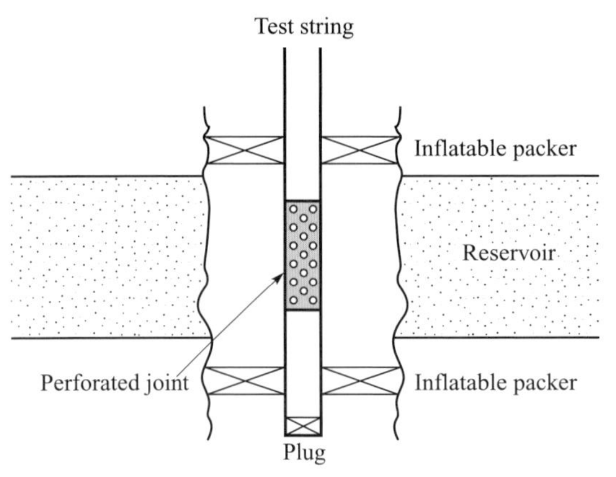

그림 7-57 나공(open well) 산출시험 장치.

DST는 시추관을 통하여 지층의 생산성을 시험하는 것으로 임시완성(temporary completion)이라고도 하는데 나공과 케이스공 모두에서 가능한 작업이다(그림 7-57). 산출시험장비는 패커(packer), 천공관(perforated pipe), 압력계, 밸브장치로 구성되어 있다. 장비를 특정 저류층에 위치한 후에 이 저류층을 팩커로 고립시키고 밸브를 열고 닫는 유동시험(flow test)과 폐쇄시험(shut-in test)을 반복하면서 압력과 유동량을 기록한다.

DST는 일반적으로 4개의 단계(일차유동, 일차폐쇄, 최종유동, 최종폐쇄)로 구성되는데 그림 7-58은 전형적인 DST 압력 기록이다. 먼저 밸브를 잠근 상태에서 DST 장비를 내린다. 이때 압력계의 압력은 서서히 증가하며(A-B) 대상 저류층에 DST 장비가 위치하면 팩커로 저류층을 고립시킨다. 패커가 저류층을 고립시키면 패커의 팽창에 따른 시추공내의 압력 증가로 압력계에 실제 지층압보다 높은 압력이 기록되는데(B) 이러한 상태를 초압(supercharged)이라고 한다. 이때 밸브를 열면(B) 압력이 급격하게 떨어지고(C), 지층에서 유체가 생산되면서 압력이 다시 서서히 증가한다(C-D). 압력증가 양상은 지층과 유체의 특성에 따라 다르게 나타난다. B-C-D의 단계를 일차유동이라고 하며 보통 2~3분 정도 동안 수행한다. 다시 D에서 밸브를 닫으면 압력이 증가한다(E). D-E가 일차폐쇄이며 보통 약 30분 동안 수행하며 E에서의 압력을 일차폐쇄압력이라고 한다. 만약 지층의 투과도가 높으면 D에서 E로의 압력 증가가 빠르게 진행되고 투과도 낮으면 서서히 진행된다. 일차폐쇄의 목적은 석유나 가스의 생산이 이루어지기 전의 순수한 저류층 압력을 측정하려는 것이다.

일차폐쇄를 완료하면 다시 밸브를 열어서 이차 또는 최종유동을 수행한다. 밸브를 열면(E) 일차유동때와 마찬가지로 압력이 급격히 떨어지고(F) 다시 서서히 증가한다(G). 이때 지상에서 시추관의 상부를 열어서 저류층에서 생산된 유체가 지상으로 도달하도록 한다. 실제 고압의 저류층에 석유나 가스가 집적되어 있다면 지상에서 직접 석유나 가스를 수집할 수 있는데 양질의 저류층의 경우 약 30~60분 정도면 석유나 가스가 지상에 도달한다. 최종유동 수행 후에 밸브를 닫으면(G) 압력이 서서히 증가하여 다시 압력계가 저류층 압력을 기록하며 이때의 압력을 최종폐쇄압력(H)이라고 하고 G-H 단계를 최종폐쇄라고 한다. 최종폐쇄는 어느 정도의 생산이 진행된 후에 압력이 얼마나 변했는지를 측정하려는 것이다. 최종폐쇄 곡선의 모양으로부터 저류층의 투과도, 저류층의 손상정도 등을 유추할 수 있다. 최종폐쇄 종료에서 패커를 풀어주면 압력계는 저류층의 압력보다 높은 이수의 정수압을 기록한다(I).

즉 DST로서 저류층의 압력 뿐 아니라 유체를 직접 짧은 시간동안 생산하고 저류층의 분포범위 또는 매장량도 유추할 수 있다. 만약 최종폐쇄압력이 일차폐쇄압력보다 낮으면 저류층의 분포범위가 크지 않다는 것을 의미한다.

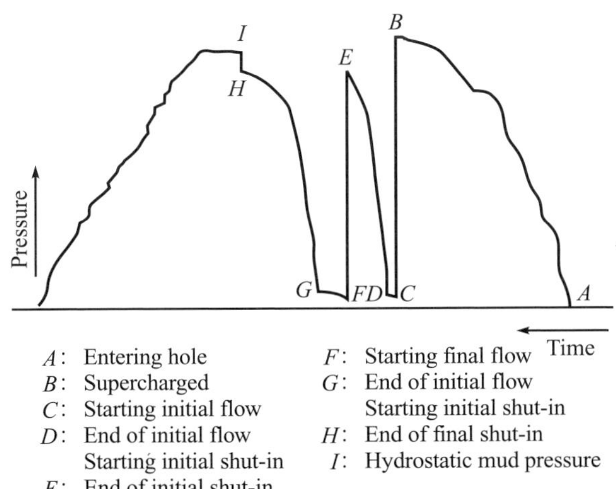

그림 7-58 DST 압력기록으로서 일차유동, 일차폐쇄, 최종유동, 최종폐쇄 4단계의 압력변화를 보여줌.

2) 유선지층시험(wireline formation test)

유선지층시험은 DST와는 달리 시추관이 아닌 유선으로 지층시험장비를 시추공에 내려서 생산시험을 수행하는 것이다. 가장 대표적인 유선지층시험이 반복지층시험(repeat formation test, RFT)으로서 DST처럼 압력의 변화를 측정하고 유체를 직접 샘플링한다. 그러나 DST와는 다르게 저류층의 유체를 지상이 아닌 시추공내에서 시험장비에 부착된 작은 장치로 수집한다. RFT는 DST보다 빠르고 훨씬 저렴하며 한번의 운용으로 여러 저류층에 대해서 반복적으로 시험을 수행할 수 있다는 장점이 있지만 기록된 자료가 DST보다 정밀하지 않기 때문에 저류층에 대한 정량적인 분석이 쉽지 않다.

제8장 시추지질
(Operations Geology)

8-1 시추지질학과 시추지질
8-2 시추공 설계와 지질프로그램
8-3 이수검층
8-4 굴진율과 시추심도
8-5 이상 지층압력
8-6 실시간 시추 검층(MWD, LWD 검층)
8-7 코어링
8-8 석유 및 가스 징후평가

08_ 시추지질 (Operations Geology)

8-1 시추지질학과 시추지질

(1) 시추지질학

석유탐사 사업에서 시추작업을 통해 지하의 탄화수소를 확인하는 응용지질학의 분야를 시추지질학(Operations Geology)이라 하며, 이 업무를 담당하는 기술자를 시추지질기술자(Operation geologist)로 부른다.

시추지질기술자는 탐사성공을 위해 인접분야(시추공학자, 지구물리학자, 생산공학자, 암석물리학자 등)의 전문가와 긴밀한 협업을 필요로 한다. 이 부서들은 각 분야에서 기술적 사항에 대해 상호 잘 이해하여야 할 뿐 아니라 서로 노력을 기울여야한다. 시추지질기술자는 잠재적인 시추문제점에도 불구하고 탐사 목표층을 포함한 어느 특정구간에서 시추 코어를 채취 및 검층작업이 왜 수행되어져야 하는지에 대해 충분한 이해 및 설계능력을 보유해야 한다. 시추조업지식 및 시추작업에 내재된 재해요인과 문제점에 대해서도 이해하여야한다.

시추지질기술자는 지하 지층 내 석유의 부존여부를 확인하는 임무 이외에도 시추지질자료를 활용하여 기존의 지질평가 작업을 계속 수행하고 추가적인 탐사 및 평가정 시추위치를 결정하는 역할을 한다. 잠재적 시추 문제점, 시추조업 그리고 후에 유가스전과 관련된 연구 등 시추 자료들을 사용하기 위하여는 지질정보 획득시 최적상태를 확보하고 시추현장으로부터 효과적인 보고체계를 갖추게 하는 일이 중요하다. 아래는 시추지질 기술자의 시추작업 단계마다의 작업내역을 정리한 것이다.

1) 시추 준비단계

- 시추위치 선정 및 시추제안서 준비, 시추공 경로 설계, 시추공 평가 지질프로그램 작성
- 시추작업시 위험요소평가

- 시추지질용역 입찰 및 계약, 시추 승인작업 대관업무 수행

시추작업이 진행되기 전에 발생 가능성이 있는 시추작업관련 위험도는 사전에 조심스럽게 검토 및 평가되어야 한다. 시추공 평가 프로그램에는 이 모든 위험성을 고려하고 극복하는 방법이 포함되어야 한다. 시추작업 전에 작업단계마다 의사결정을 용이하게 하기위해 작업 전략수립이 이루어져야 한다. 그리고 시추지역의 국가위험도도 고려한다.

2) 시추단계

- 시추현장제반 용역사의 지질업무감독, 용역작업일지 확인서명
- 현장지질자료 수집 및 분석
- 시추시료에 대한 육상기지로의 송부작업

시추현장에서 수집되어 시추운영사무소로 배송될 자료로는 시추기록지(비트 및 지올로그래프 차트), 이수검층 기록지, 물리검층 자료, 코어, 암편(습식 및 건조), 유체시료, 압력차트, 실험실 분석치 등이다. 각 자료의 유형 및 개수는 운영사무소와 본사, 사업참여회사, 정부, 시추현장에 비치되는 자료 등을 고려하여 정한다.

3) 시추작업종료 후 평가단계

- 시추작업결과 검토 및 평가
- 시추작업 중 향후 생산시험계획제안
- 시료의 실험실 분석 및 시험
- 물리검층 자료 재해석, 용역사로 부터의 데이터와 보고서 수집
- 시추결과를 종합하여 최종 시추공 평가보고서를 작성(composite log부록 첨부)한다.

이때 시추공 평가보고서에 포함될 사항은 시추공 요약, 고도, 시추심도, 경사정일 경우 경사도, 층서, 생층서 암층서 및 요약, 탄화수소 유가스징후에 대한 요약, MWD/LWD 및 코어링 결과 요약 등이 포함된다.

(2) 현장시추지질기술자

현장시추지질기술자(wellsite geologist)는 시추현장에서 매일 암편관찰, 유징확인등 지질자료 수집 및 분석관련 업무를 수행하고 각종 현장 보고서를 작성하여 본사에 보고하는 역할

을 한다. 동 작업은 통상 시추지질기사가 직접 수행하거나 또는 현장경험이 많은 컨설턴트를 활용하기도 한다.

현장시추지질기술자는 이들 시추지질자료 취득의 기본원리와 QC작업의 중요성을 인식하고 실무에 적용하여야 한다. 또 이들은 유층을 평가하는 통상적인 기법들에 대해 숙지해야한다.

그리고 지하의 지질상태에 의해 발생될 수 있는 시추상의 제반 문제점 등을 바르게 이해하고 시추현장자료를 탐사 및 개발 프로젝트에 적용하는 법을 알아야한다.

다음은 현장시추지질기술자가 수행하는 주요 업무내역이다.

1) 시추지질 용역내용 이해
2) 시추지점의 지질학적 시추 위험요인의 인지
3) 이수검층 및 물리검층용역감리
4) 일일지질보고서 작성 및 송부
   - 일일지질보고서(daily geological report, DGR) 포함내용
     • 당일 굴착구간에 대한 암질기재
     • LWD/MWD 작업수행내역
     • 이수검층작업내역
     • 탄화수소 지시자(가스피크, 유 · 가스징)
     • 지층대비(formation top선정)
5) 코어 시료의 채취구간 추천 및 기재
6) 시추지질 보고서의 작성

(3) 시추지질 자료 및 용역

시추공에서 얻어지는 시추지질 자료는 시추작업기간 고비용을 들여서 얻어지는 데 이러한 자료로는 이수검층, 물리검층 및 MWD/LWD검층, 시추암편, 암심코어, 측벽코어, 미고생물 시료, 지층압력자료 등 시추 및 시추공학적 자료를 모두 포함한다.

시추작업을 위해서는 다수의 용역이 수반되지만 지질과 관련된 대표적인 시추지질 용역으로는 이수검층, 물리검층, MWD검층(경사시추장비 제외), 코어링, 시추현장 지질관리, 시추현장 생층서 등이 있다. 한편 육상에서는 생층서 분석, 지화학 분석, 암심코어 분석용역 등이 포함 된다. 이들 용역은 광구참여에 따른 석유개발 주계약서(PSA, JOA 등)에 명시된 절차에 따라 진행하는 것이 보통이다.

8-2 시추공 설계와 지질프로그램

(1) 시추공 설계와 몽타주

시추공 설계를 위해서는 지질 및 지구물리학자들에 의해 먼저 탄성파 자료로부터 유망구조가 도출되어야 하며, 구조내 최적위치를 대상으로 시추공의 위치를 확정하여야 한다. 탄성파 자료로부터 유망구조가 발견되면 인근 시추공의 시간-심도표를 참조하여 목표층에 대한 심도변환작업을 거쳐 시추목표심도에 대해 지질학적 예측(prognosis) 작업을 실시한다.

시추공의 설계시에는 시추공 지질프로그램이 작성되어야 하며 이는 시추작업을 위한 시추프로그램에 포함되며 이러한 자료는 시추공 몽타주 내에 종합하여 기록한다. 동 프로그램에는 시추공의 위치, 시추공 좌표(UTM), 지표고도 및 수심, 시추공명 및 번호, 예측 층서주상도, 목표층과 근원암 및 덮개암에 대한 정보, 최종심도(TD), 예상되는 지질학적 재해 및 문제점, 지층 압력구배와 시간/심도표, 굴착예상일수 예측도, 케이싱 설치지점, 물리검층 프로그램과 해석된 지질단면도 및 탄성파 도면과 탐사자원량 등이 포함되어야 한다.

시추설계시 최종심도는 모든 목표심도를 통과하며 지질학적 불확실성을 고려하여 설정한다. 시추작업후 생산시험을 위한 여분의 시추공 추가심도(rat hole)을 고려하며 최종 목표심도 승인은 통상 정부 측 과의 협의사항이므로 200m 내외의 오차를 고려하여 조건부로 둔다. 최종 심도는 탄화수소 집적을 지시하는 것보다 깊을 수 있고, 만일 불안정한 시추 상황 하에서는 예정심도보다 앞서 시추가 중단될 수도 있다.

시추공 지층심도(formation tops) 예측은 기존 시추공 자료(물리검층 및 이수검층)로서 예측하는데 시추공의 대비를 통해 탄성파 자료를 해석하여 실시된다. 프로젝트에서 제안된 시추공이 위치한 지점으로부터 심도를 계산한다. 시추시 지층의 심도예측은 시추작업 전에 세운 기준에 따라 실시한다. 이는 시추공의 평가프로그램에 반영되는 것이 보통이다.

시추공의 설계시에는 수직정, 경사정 및 수평정 등 시추공의 형태를 정해야 하며 고려사항으로는 시추목표층과 심도, 경사도, 기술적 시추가능성, 운영상의 편리성, 시추예산 등을 고려한다. 설계절차는 시추공의 경로 설계시 목표지점을 통과하는 시추공의 목표층 허용범위(target tolerance)를 가져야 한다. 시추경로의 생성은 시추공의 만곡도(dogleg), 최적화 된 시추공의 경로와 경사시추(DD) 도급자에 의해 제안되며 운영권자는 이들에 의해 준비된 시추공의 경로를 검토하여 확정한다.

■시추공으로부터 예상되는 원시탐사자원량

유망구조내 원시탐사자원량은 주변공으로부터 저류층의 암석 물리자료인 공극률, N/G비율, 함수율, 가스팽창지수를 이용하여 저류층 암석의 용적을 산정한 후 계산되며 지질프로그램내에 포함한다.

원시탐사자원량의 계산은 아래 계산식에 의한다.

STOIIP =(A×h)×N/G×φ×(1−Sw)×(1/Bo)×m^3,

여기서, A : 면적(km^2), h : 저류층 높이(m), N/G : 순층후/총층후비율(%),
φ : 공극률(%), Sw : 함수율(%), Bo : 지층용적계수

시추공이 설계되면 시추지점에서의 지질학적 위험요인(hazards)을 인지해 내기 위해 천부시추부지에 대한 현장지질조사(site survey)를 실시한다. 동 작업의 목적은 시추지점 천부층의 가스층 발달여부와 범위를 확인하기 위한 것이다. 또한 시추지점에서의 앵커의 파지력을 알아내기 위한 목적도 있는데, 이 때는 해저면 퇴적물에 대한 피스톤 암석코어를 채취하는 작업이 포함된다. 동 작업에는 통상적으로 매우 촘촘한 간격(약 100m)을 갖는 2D탄성파 자료의 취득이 포함되는데, 만일 동 지역에 3D탐사자료가 있는 경우 별도의 천부 탄성파 자료취득 의무가 면제되는 지역이나 국가도 있다.

경사시추(directional drilling)가 필요한 경우는 기존 수직공 외에 경사나 수평으로 시추하는 방법으로 시추공의 지표위치가 접근이 곤란하거나 제한되어 있는 경우, 해상 플랫폼, 지하시추목표층이 복수인 지점, 사이드 트랙 및 다양한 지하상태(암염 및 단층)조건에 따라 실시여부가 결정된다.

경사 및 수평정시추를 할 때에는 Geosteering기법이 보통 사용된다. 이 기법은 현재 가장 발전된 형태의 시추방법으로 MWD/LWD 장비를 장착하여 시추도중에 지층의 검층정보를 얻어 이에 대한 즉각적인 대응을 할 수 있는 장치로 복잡한 지층(암염, 단층, 과압력지대)이 있는 곳에 사용된다. 동 기법의 장점은 생산정의 경우 저류층의 천정(roof)을 따라 시추공이 위치되므로 저류층 내의 원유생산을 최대한도로 이루어낼 수 있다.

(2) 시추지질 프로그램

시추지질 프로그램은 시추공 제안서(well proposal)를 포함하여 시추작업을 위해 준비하는 지질학적 사항들이 수집된 계획서로서 시추작업을 통해 목표층에서 얻어져야 하는 지질정보

내용이 포함된다. 동 프로그램에는 시추지점에 대한 광역지질, 석유지질에 대한 기본사항이 포함되는 것이 보통이다. 시추작업과 관련하여서는 목표층에 도달할 때까지 예상되는 지질학적 재해요인(천부가스 및 이상 공극압 및 과압력 지점의 예측 등)과 물리검층과 코어링 작업계획, 시추시 획득되는 지질시료의 종류와 수, 시료 수령장소와 분석기관, 광구내 공동조업회사가 있을 경우에는 송부될 자료의 종류와 수를 명확히 한다.

8-3 이수검층

시추작업 동안 지하심부의 상태를 파악하는 중요한 자료로 사용되는데, 이를 통해 비트 성능 검토, 암상 판단, 저류층 내 유체유형 표시, 압력조건 및 층서 등을 판단해 조업시의 의사결정을 위한 기본자료로 사용한다.

이수검층에서 취득되는 자료로는 굴진율(ROP)외 시추속도에 영향을 주는 인자(비트유형, RPM, WOB, 펌프속도 및 펌프압력), 이수탱크 수준면 모니터링, 특수분석(특정이온검출, 방사능 함량, 셰일 밀도, 황화물 검출, 암상 및 시추 암편 기재, 시추 암편에서의 유 · 가스징후 검출, 가스 크로마토그래피를 이용한 가스 유형 및 함량 측정, d exponent(지층 과압력 상태 판단에 이용), 주요시설 지점에서 CRT모니터 설치등이 있다.

(1) 시추이수(drilling mud)

이수는 시추작업 시 공내에 주입하는 점성을 지닌 유체로 이수의 순환에 의해 공 내부가 안정되며, 공저에서 비트에 의해 부스러진 시추 암편을 부유시켜 지표로 운반한 후 제거한다.

이수는 비중이 높은 물질을 이수와 혼합시켜 이수순환이 멈춰졌을 때 지층 압력을 제어하여 지층압력으로부터 시추공 내의 공벽이 함몰되지 않도록 시추공벽의 물리화학적 안정성을 유지시키며(kick방지) 시추 파이프가 공벽에 붙는 것(stuck)을 방지해준다. 그리고 이수에 의해 지층과 마찰된 비트를 냉각시켜, 토크를 최소화하는 등의 역할을 하여 안정적인 시추를 할 수 있게 하는 유체를 말한다. 또한 지층 내 부수광물인 점토의 팽창 및 응집을 방지하는 역할과 유해가스(H_2S) 등으로부터 안정성을 유지한다.

(2) 이수의 종류

시추이수는 water based 이수(WBM), salt 이수, oil based 이수(OBM)가 있으며, 성분으로는 담수 mud, KCL, PHPA, 글리콜, 점토(LCM) 등이 포함된다. 액체 성분으로는 오일, 물(담수 또는 염수), 미네랄 오일(mineral oil)과 콜로이드 입자 및 용해된 고체(주로 염) 등이 있다. 이들을 적절하게 배합하여 시추이수의 비중, 점도, pH를 조절하는 기능을 한다.

(3) 이수 순환 시스템(그림 8-1, 8-2)

시추 시 유체인 이수의 순환 시스템으로 이를 통해 비트의 마모도 및 온도 감소, 암석 암편 회수, 공벽의 안정성 및 압력조절 등의 역할을 한다. 이수는 지표에서 지하 시추공 내로 순환되는 폐쇄계에서 이동되며 순서는

이수탱크(mud pit) → 이수펌프(mud pump) → 스탠드 파이프(stand pipe) → 탑 드라이브(top drive) → 시추파이프(drill pipe) → 애눌러스(annulus) → 다이버터(diverter) → 가스포집기 → 셰이커(shaker) → 디개서(degasser) → 이수탱크(mud pump)로 되돌아오게 된다.

그림 8-1 이수 순환계에 속하는 셰일 셰이커, 극세립질 입자 및 이수는 시브를 통과하고 암편시료가 걸려져 바닥에 쌓인다.

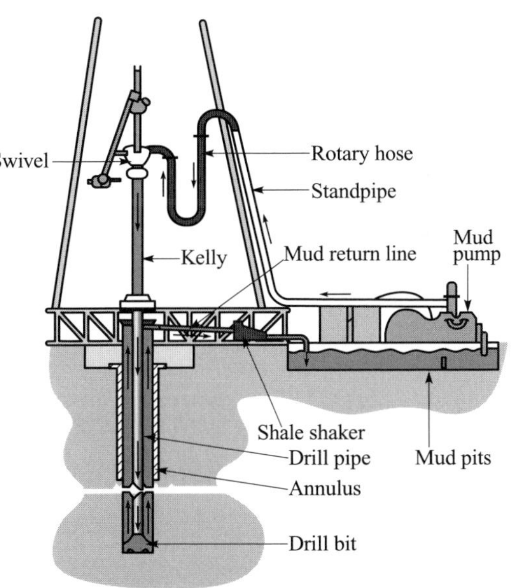

그림 8-2 순환 모식도. 이수는 이수펌프에 의해 지표에서 시추공저 사이를 순환하게 된다.

이수가 순환되는 경로 및 거치게 되는 시추장비의 기능은 다음과 같다.

1) 이수탱크 : 이수를 저장하는 시설로 통상 해상 시추선상에는 4개의 이수탱크시설이 설치며 각각에는 이수비중, 이수함량 및 온도를 측정해주는 센서가 부착되어 있음
2) 이수펌프 : 이수순환의 동력을 제공하는 장비로 시추선에는 3대의 mud pump가 탑재되어 있음
3) 매니폴드(manifold)
4) 스탠드 파이프
5) 로터리 호스(rotary hose)
6) 탑 드라이브 : 시추 파이프를 회전시켜주고 이수가 시추파이프 내로 주입되게 해주는 장비
7) 시추파이프
8) 시추비트 : 암층을 파쇄하고 굴착하는장비
9) 애뉼러스(annulus) : 이수가 순환되고 암편들이 회수되는 시추공 내의 통로
10) 셰일 셰이커 : 이수에서 암편을 제거하는 장치, 진동하는 걸름채(시브)에 의해 이수와 암편을 분리시킴
11) 샌드 트랩(sand trap) : 중력침강에 의해 조립질 입자들을 이수에서 분리시킴
12) 디개서(degasser) : 이수 내의 기체 제거 장치
13) 디샌더(desander) : 이수 내의 모래 크기 입자제거 장치
14) 디실터(desilter) : 이수 내의 실트크기 입자제거 장치
15) 이수 원심분리기(centrifuge) : 원심분리의 원리를 이용해 이수에 존재하는 세립물질을 제거하는 장치

이수검층 유니트에서는 이수탱크에서 실시간적으로 시추 이수의 성분변화를 측정하여 시추공내에서 발생할 수 있는 압력 증가 또는 이수 손실 등을 모니터링 한다. 가스 크로마토그래피를 이용하여 이수 내의 가스 함량을 측정한다. 이때 측정되는 가스성분으로는 C1, C2, C3, IC4, NC4, IC5, NC5 등이 있다.

(4) 검층 자료 및 내용

시추 암편은 현장에서 지층을 판단하기 위한 필수적인 자료인데, 공저에서 시료굴착시점과 지표에서의 채취 시점간의 시간 차이(lag time)로 인해 이수의 순환시간을 계산하면 정확한 지층판단이 가능하므로 필요하며, 이를 위해 이수의 성분, 시추공, 시추 파이프의 용적에 대해 주의해야 한다.

■이수검층 표준용역 시방서

1) 굴진율의 관측(굴진율에 영향을 미치는 파라미터로는 비트 하중변화, 이수펌프의 압력, 회전수 등이 있음)
2) 시추활동의 모니터링
3) 지층가스의 측정
4) 시추암편의 분석(암질기재 및 해석)
5) 유체가스징후분석(ROP, 암편, 유징의 유형 및 빈도)
6) 유체이동 및 가스함량변화 체크를 통한 시추공 안전사항 고려
7) 유해가스(H_2S, CO, N) 등의 검출

■기타 용역

1) 압력의 계측
2) 지화학적분석(양이온교환능, 칼슘함량분석, 열분석기)
3) 암석물리분석
4) MWD/LWD

(5) 이수검층 기술자 및 관리

시추현장에서는 통상 2명의 이수검층 지질 기술자가 이수검층작업을 위해 12시간씩 2교대로 작업하며 시추현장 굴착작업을 연속적인 모니터링을 실시한다. 현장검층기술자는 암편을 채집, 기재 및 분석하고 기타 시추자료와 더불어 기록한다. 만일 시추속도가 빠르게 이루어지면 추가 검층기술자가 요구될 수 있다.

1) 시추시 발생하는 문제와 시추공 통제(well control)

시추 작업시 주로 발생하는 문제들은 시추파이프의 공벽부착(stuck drilling pipe)이나 시추공 불안정(hole instability), 이수 누수, 고압지층 등이며, 시추기술자(driller) 및 이수검층 지질기사는 이런 상황을 대비해 관련 지하지질 정보자료를 숙지해야 한다.

시추공 불안정: 셰일, 암염에서 흔히 관찰되며 원인으로는 상부 지층의 하중, 지구조력, 공극압력, 물 흡착 및 팽창현상에 기인한다. 지층의 불안정은 상부 지층압이 굴착되는 지층의 한계강도(yield stress)를 초과할 때 발생하며 지층의 유동현상을 초래하게 된다.

비정상적으로 높은 공극압력은 투수율이 매우 높은 지층 내에서 폭분(blow-out)현상을 초래하기도 한다. 만일 시추공벽과 시추공 내 이수 간 압력차이가 클 경우에는 공벽 붕괴가 일어나기도 한다. 구조적 응력(stress)도 시추공 불안정을 일으키는 원인이 되기도 한다.

또한 유해 가연성 기체 및 유체(CO, N_2, H_2S 등)도 시추현장에서 매우 주의 깊게 관찰 및 기록되어야 한다.

H_2S는 특별히 시추현장에서 관심을 가지고 다루어야 하는 기체이다. 이 가스는 1ppm이하에서 무색이며 계란 썩은 냄새를 낸다. 10~20ppm에서는 눈이 따끔거리므로 피해야 한다. 20ppm 이상에서는 후각기능을 상실케 하고 두통을 유발시킨다. 600ppm에서는 신체마비, 호흡중단을 일으키며, 즉각 조치하지 않으면 사망에 까지 이르게 된다(미국석유연구소, 1974).

H_2S가 검출될 위험성에 있게 되면 안전장비의 유무 확인, 대피장소의 인지, 풍향방향을 계속 확인해야 한다. 황화수소는 공기보다 무겁고 바닥을 따라 이동하므로 낮은 지점에서 포집되어야 한다. 물이나 기름에 용해된 H_2S가스는 의복에 흡수된 후 건조되면서 다시 가스를 방출할 수 있어 특별한 주의가 필요하다.

2) 수반된 문제점

① 비효과적인 시추공 세척
② 시추파이프의 공벽접착
③ 브릿지와 시추공 내 암편 충진현상(fill-up)
④ 시추공경의 확대
⑤ 이수함량의 증가
⑥ 시추비용의 증가
⑦ 시멘팅작업의 부실화
⑧ 물리검층작업 수행상의 어려움
⑨ 시추이수의 공내 일탈현상(순환손실, lost-circulation)

이수 순환손실은 다공질의 공극 크기가 큰 조립질 및 천부암반, 역암, 자연 균열대, 균열발생이 용이한 곳, 저압 및 석유생산이 소진된 구간에서 흔히 발생하며 지하에서 폭분현상을 초래하기도 한다.

(6) 시추 암편 기재와 분석

시추 암편은 시추공이 굴착될 때 암석 비트에 의해 깨져나가는 암석의 작은 조각들을 지칭하며 이는 시추공 내부를 순환하는 이수에 의해 지표로 운반된다. 암편은 시추공에서 유일하게 암석 물성에 대해 직접적인 정보를 제공하므로 시추 진행사항을 이해하는데 꼭 필요한 자료이다. 암편시료가 채취되는 지점은 셰일 셰이커 또는 디샌더나 디실터에서 이루어진다.

암편으로 유징의 분석, 저류층 평가 작업을 설계하며 시추작업 동안 암질 기재작업을 수행하고 시추작업이 종료되면 결과를 평가한다. 한편 암편기록에 근거하에 타부서들과의 기술적 협업이 진행될 수 있다. 이를 위해서는 시추 유관분야(지질, 지구물리, 현장지질, 암석물리, 시추작업, 용역계약, 생산시험 및 보고내용)간 지식이 필요하며 또한 소통기술도 필요하다. 시추기간에는 다양한 종류의 샘플(암편, 코어, 측벽코어, 케이빙, 비트파편)을 시추공에서 얻을 수 있다.

1) 시추 암편 시료의 종류

암편 시료의 채취구간과 유형은 시추 작업 전에 결정되는 것이 보통이다. 이러한 시료로는 습식 암편 시료(wet cuttings), 건식 암편시료(dry cuttings), 고생물 분석용 시료(paleo sample), 지화학 분석용 시료(geochemical sample) 등이 있다.

① 습식 암편시료

습식 암편은 셰일 셰이커에서 직접 채취된 시료를 말한다(그림 8-3, 4). 시추공저에서 이수와 함께 올라온 시료이며 암편의 암질기록을 위해 현미경관찰 대상이 되는 시료이다. 헝겁 주머니 내에 가득 채워 보관한다. 이때 주머니와 명찰표에 각각 시료의 채취회사, 시추공명, 시료채취구간(상, 하부)을 방수펜으로 기록한다. 비록 시료가 이수일탈로 인해 채취되지 않은 구간이 있는 경우에 대해서도 "미회수 구간"이라고 적어 기록한다.

암편 채취시 유의할 점은 시추 지점과 암편이 셰일 셰이커에 도달하는 시간과의 차이 발생(lag time)할 수 있으며 비트의 종류에 따라 다른 종류의 암질일 경우 암편의 크기가 달라 질 수 있다. 인조 다이아몬드 비트의 경우 원래의 암석 조직에 변형을 야기하기도 한다. 시추공의 특성에 따라 샘플 채취 횟수 및 양 등을 미리 정한다.

② 건식 암편시료

이 시료는 통상 80메시 시브로부터 수집된 시료를 말한다. 건식 시료채취시 유의사항으로는 건조시 온도를 너무 높이지 말아야 하며 점토 시료의 경우는 상온에서 건조한다. 건식 시료는 종이백에 넣어 보관하며 습식시료의 경우처럼 시료정보를 겉에 기록한다. 고생물 분석용 시료는 보통 건식 암편시료에 해당된다.

③ 지화학 분석용 시료

지화학 시료는 총유기물 함량분석 등 근원암의 지화학적 분석을 위해 채취되는 시료이며 셰일 셰이커에서 채취 후, 가스 생성을 방지하기 위하여 알루미늄 캔에 박테리아 살균제(자파린클로라이드)와 함께 넣고 밀봉한다. 이 시료의 채취구간은 타 시료에 비해 구간이 넓고 캔의 빈공간이 약 3cm정도 되도록 남겨둔다.

그림 8-3 이수검층 기술자가 셰일 쉐이커에서 암편을 담는 장면

그림 8-4 입자크기가 균일한 암편의 실례(암편이 주로 이암과 실트암으로 구성)

색	광물	색	광물
적갈색	산화상태의 적철석(Fe_2O_3)	연녹색	환원상태의 철광물
암녹색	해록석, 녹니석	청색	응회암질 물질
갈색	유기물, oil staining	암회색	탄소질 물질, 산점상 황철석, 인회석
금속성 노랑색	황철석	노랑색	갈철석(철산화물/수화물)

2) 암편 기재시 주요 사항

암편의 기록은 암석명, 공극률, 색, 입도, 입자형태, 분급도, 암석조직, 균열, 깨짐정도, 교질작용, 기질물, 광택, 경도 및 고화도 등이 포함된다.

① 암석명은 기본적인 사항으로 지하의 암상 파악을 통해 지질 주상도 작성에 이용

② 육안에 의한 공극률 측정에는 현장경험이 많이 요구됨. 공극형태는 쇄설성 암석(입자간

공극, 균열, 몰드형공극률), 탄산염암석(입자간공극, 결정간공극, 버그형) 등이 다름

③ 암석의 색에 의해 암석을 구성하는 광물 및 퇴적환경을 유추할 수 있음

④ 암석조직(texture)은 암석의 크기, 형태 및 구성성분의 배열 등을 지시하며, 공극률, 투수율 및 퇴적 환경에 대한 정보를 제공한다. 균열 또는 깨짐은 암편 시료의 깨진 양상을 나타내며 기재를 통해 암석 유형 판단에 이용

⑤ 교질작용 및 기질은 퇴적 후에 진행되는 작용으로 암편시료를 통해 파악은 힘들지만, 이는 암석의 공극률 및 투수율에 직접적인 영향을 주는 중요한 정보로 기재 필요함

⑥ 경도 또는 고화도

⑦ 부수성분은 암석의 전체부피의 소량을 차지하는 요소로 퇴적환경을 지시하는 중요한 지시자의 역할을 함

⑧ 유징은 암편 시료의 관찰을 통한 탄화수소를 가진 층의 판단에 이용되며, 판단 시 OBM 등의 영향 등을 고려하여 정확한 기재 및 판단이 필요함. 자외선 형광반응은 암편시료를 건조시켜 미세하게 빻고 거름종이에 올려 형광반응을 더 확산시키는 시약을 첨가하여 형광반응 감지기기에 넣었을 때 원유성분이 있으면 노란색을 띰

■암편시료의 기재 실례

샘플 1

No fizz HCl: microcrystalline structure; does not dissolve in water

Color: white

H = 2.5

Archie type I: 80%; Archie type II: 20% –porosity 5 –7%

Break of cuttings blocky/angular

Accessory components: some grains "contaminated" by a green/brown layering(weed/algae)

Rock name : 무수암염 / 증발암

⇒ 축약 : *Anhd, wh–ltgy, 80I 20II,(micro)xln, blky–angbreak, nonpor, H:2.5, occ. Sh, gy–gn, fSL–fSU*

샘플 2

No fizz HCl, color: brown

Medium sand, well sorted, subrounded

Good porosity because of loose matrix material(not very well cemented)

Break of cuttings subrounded

H = 5

Hydrocarbon indication(oil) because of "dirty" colour and the oil is separated by HCl

Rock name : 사암, 해변/upper shoreface 퇴적물

⇒ *축약 : Sst, dkbrn-ltbrn, mSU, S68, R4, O45, P intergran 5%,(md)-crmblybreak, H:5,(cmt) C3, acc. 비트(M ·)*

샘플 3

No fizz HCl,; color: medium grey

Shale(fissile)

Porosity: very poor

Break of cuttings angular and fissile

H = 4

Rock name : Shale

⇒ *축약 : Sh, med gy, fSL-fSU, S9, nonpor, ang-fisbreak, cons: C7, H:4*

(7) 이수검층 기록지

이수검층 기술자에 의해 수집된 정보는 데이터 시트에 기록한 후 이를 검층기록지 상에 옮겨 기록한다. 각각의 기술자는 근무시에 수집된 데이터를 도시할 의무가 있고 이런 과정을 거치면 시추작업기간 동안에 일어난 상황을 상세히 기록할 수 있게 된다.

표준기록지 위에 표준방식으로 기록하거나 이러한 보고절차를 거치는 것이 중요하다. 이를 통해 시추공의 검층자료 대비 및 기록시의 의미상 오해를 예방할 수 있다.

이수검층 기록지에는 검층헤더가 있으며 여기에는 각 트랙별로 굴진율, 암편의 암질기재, 심도표시, 탄화수소의 징후, 지질 및 암질에 대한 해석내용을 기재한다.

(8) 이수검층 프로그램

1) 프로그램설계목적

이수검층 프로그램 설계는 지하 지층이 지시하는 다양한 지질정보를 수집하기 위한 것이다. 지층내 탄화수소의 징후가 보일 때는 이 자료를 직접 또는 간접적 탄화수소 지시자로 사용할 수 있다. 탄화수소가 발견될 경우는 저류층을 분석하기에 충분한 암편 시료의 양이 확보될 수 있도록 설계하여야 한다. 프로그램 작성시 고려사항으로는 저류층의 암질과 두께, 탄화수소의 형태, 예상되는 굴진율, 이수시스템(WBM, OBM, Saline, 해수 및 공기)과 이수특성, 케이싱 프로그램 및 요구되는 시추 공학적 파라미터 등에 대한 자료수집등이 있다.

통상 이수검층에서 채취되는 암편시료는 약 3m 구간 간격정도이며 다양한 목적의 암석시료를 채집한다.

시료 채취 구간은 통상 시추구간 및 굴착속도에 의존되며 저류층 구간에서는 조밀한 시료채취 및 암질기재가 필요하다.

시추작업시 이암등 굴진율이 낮을 경우는 전체구간을 대표하는 대표시료의 채취가 필요하다. 한편, 굴진율이 빠른 사암등과 같이 연암 저류암 구간에서는 배경가스 함량(BG)이 높아지는 것이 보통이므로 추가적인 암편시료 채취를 통해 유 · 가스징 여부를 확인하여야 한다.

2) 암편시료 도달시간(lag time)

지하의 어느 특정 심도에서 굴착된 암편은 이수로 펌프질하여 수집되어 지는 지표까지 이동되는 데 걸리는 특정한 시간을 말한다. 이 도달시간을 기초로 채취하여야 할 암편시료를 수집하게 된다. 이 시간은 시추심도가 깊어질수록 길어지며, 빈번히 체크하고 수정되어야 한다. 시추공 내에 공확장(washout)에 의해 공의 크기가 커짐에 따라 이수함량도 늘어나고 암편시료 도달시간도 증가된다. 또한 이는 시추공간(annulus) 내의 이수함량과 이수 유동속도에 따라 영향을 받는다.

3) 이 수 유 동 속 도

이수가 시추공 내로 펌프 되는 속도 즉, 이수 유동속도가 빠를수록 암편이 지표로 되돌아오는 시간도 빨라진다. 이 암편시료도달 시간의 추정은 2가지 방법으로 속도법과 질량법에 의해 계산되는데 전자는 시추공 내의 이수 순환속도, 후자는 시추공 내의 이수함량을 시간별 또는 펌프박동 횟수에 의해 계산한다.

■ 펌프횟수 계산사례

$$배출이수(갤런/펌핑횟수) =(0.0515\times 펌핑횟수길이\times((Liner직경)^2-(Rod직경)^2/2)))\times 0.2642\times 펌프효율$$

만일 시추파이프인 라이너의 지름이 6, 펌핑 횟수길이(스트로크)가 10, Rod가 5이고 듀플렉스 펌프의 효율이 95%이면, 배출되는 이수함량은 (0.0515×10×(62−52)/2)×0.2642×0.95, 즉 4.33 갤런/스트로크 또는 0.103배럴/스트로크가 된다.

시추작업이 진행되면 시료 도달시간은 추적자(tracer)라고 불리는 화학약품이나 물질을 써서 결정하는 것이 보통이다. 흔히 사용되는 추적자로는 칼슘카바이드이며 이 외에 쌀알, 보리알, 셀로판지 내지 프로판 가스도 사용되기도 한다. 카바이드는 물과 반응하여 아세틸렌 가스를 방출하므로 이를 이수검층 장비를 써서 검출할 수 있으며 가스장비의 효율성을 확인하는 데 사용된다.

카바이드 추적자의 경우, 보통 시추 상황 하에서 카바이드 검출을 매 24시간 또는 400피트 구간마다 실시하는데, 시추공이 이수 등에 의해 확공되어 있는 경우는 수시로 활용할 수 있다. 보통 카바이드의 시추공 내 투입은 시추 파이프의 교체시기에 이루어진다. 아세틸렌 가스가 검출되는 시점까지 펌프의 작동횟수를 기록한다.

8-4 굴진율(ROP)과 시추심도

(1) 이들도 시추작업기간 내 모니터링 되어야 할 중요한 변수이다. 이는 이수검층장비의 지올로그래프(geolograph) 차트를 읽음으로써 알아낼 수 있다. 굴진율은 시추공 내에서 문제 발생시 가장 먼저 인지되고 유・가스징구간을 지시해 주며 단위시간내에 굴착되는

거리(미터/시간, 피트/시간) 또는 단위굴착거리에 대한 시간(분/피트, 분/미터) 등으로 나타낸다.

측정심도(measured depth: MD)는 켈리부싱(kelly bushing)으로부터의 심도이며, 이는 모든 공내로 투입된 시추장비의 길이의 합계에 해당된다.

(2) 굴진율에 영향 주는 요인들

1) 기계적 요인 : WOB, RPM, 비트유형, 비트의 마모도
2) 이수요인 : 이수비중, 이수 내 solids 함량, 유체의 손실량(fluid loss)
3) 지층의 특성 : 압축강도, 경화도와 마모도, 공극률, 투수율, 공극압력 등

경화도가 높은 지층은 굴착속도가 느리고 일정하다. 반면 연암의 경우 속도가 빠르고 때로 굴진율 범위에서 오차를 보이기도 하므로 비트선정시 고려해야한다.

(3) 굴진율과 기타 검층과의 대비

굴진율 곡선은 주변 공과 대비를 위해 사용되는 가장 기본적인 자료이다. SP, GR검층과 대비하여 도시한다. 이는 구조위치 및 층서위치를 결정하는데 기타 검층과 함께 쓰이며 암질 해석에 사용된다. 또한 시추 작업시 관심구간에 언제쯤 도달 할 수 있는가를 예측하는데에도 사용된다. 셰일의 경우는 사암이나 탄산염암 보다는 굴진율이 낮은데, 이로 인해 굴진율 검층은 지층의 암상을 간접적으로 해석할 수 있게 한다. 사암내 공극률은 셰일 구간내 굴진율을 관찰함으로서 정성적으로 추론할 수 있으며, 이를 주변에 알려진 사암구간과 대비할 수 있다. 이 굴진율 곡선은 암석 비트선정과 이수비중을 선택할 때에 이용된다.

8-5 이상 지층 압력(abnormal formation pressure)

정상적인 지하 저류층의 압력은 저류층 내 유체에서 약 0.43~0.5psi/ft이며, 정상 이수압은 약 9ppg(pound per gallon)로서 약 0.47psi/ft 공저압(BHP, bottom hole pressure)에 해당 된다. 일반적으로 과압력(overpressure)이라고 불리는 이 용어는 지층 내의 압력이 비정상적으로 높은 상태를 의미하나 시추 시 지층수의 공내 유입을 막기 위해 인위적으로 이수하중을 높여줄 때에도 사용된다. 이때, 시추공 내에 투입되는 물질로는 중정석(barite)이 흔

히 사용된다. 저류층이 과압력 상태하에 놓여있는 경우는 아래와 같이 시추상의 문제점이 발생하게 된다.

1) 조절이 불가능할 정도의 많은 지층 유체가 시추공 내로 유입되어 들어오는 폭분(blowout)현상
2) 투수율이 낮은 암석내 높은 공극률 압력을 가진 셰일구간에서 굴착시 압력이 낮은 시추공내로 함몰되는 케이빙(caving) 현상
3) 지층과 시추공사이의 압력차(differential pressure) 및 암염의 소성유동(plastic flow of salt) 등에 의해 시추파이프가 시추공벽에 부착되어 떨어지지 않는 공벽부착(drill pipe stuck) 현상
4) 지층압을 규제하기 위해 이수압을 높일 때 일어나는 이수일탈(lost circulation) 현상으로 이로 인해 지층이 깨질 수도 있으며 이수는 시추공내부에서 자체적으로 형성된 지하 균열 공동내로 스며들어가 지상에서 회수되지 않음

(1) 생성 원인

지층 내 유체의 이동 통로가 막혀 생성된다(그림 8-5). 여기에는 셰일의 고결작용, 퇴적물 내 물의 온도효과(aquathermal effect), 지각의 구조력에 의한 현상, 유기물의 열적 크래킹 등이 있다. 퇴적암의 지층압은 심도에 따라 대체로 일정하게 증가되며 지하 심부에서 공극의 크기가 작아지므로 공극 내 유체의 일탈이 기대되는데, 이것이 막혀서 생성되는 것이 주요 원인이다.

$$S = M + P$$

여기서, S: 퇴적암의 하중(overburden force), M: 지질의 스트레스, P: 공극내의 유체의 압력

1) 셰일 고결작 용

셰일이 지하에서 고결될 때 공극수를 배출해야 하지만 이것이 원활하지 못해 과지층압을 형성하는 현상이다(그림 8-6). 셰일 내 점토광물은 고결작용을 받을 때 수평적으로 평편한 배열을 하게 되는데 이럴 경우 수직적 투수율은 낮아져 물의 이동에 방해를 준다. 이에 따라 지하의 퇴적물 하중이 커져 물은 공극내에 머물게 되어 셰일 공극수는 고압을 형성하게

된다. 만일 셰일 내에 고립된 소규모 사암체가 있다면 사암 내에 가스와 물 등의 유체도 이와 동일한 압력을 보일 것이다. 저류층의 분포와 과압력은 퇴적환경에 의해 큰 영향을 받으며 주로 두꺼운 셰일질 퇴적물이 발달된 곳에서 발견된다.

2) 퇴적물 내 물의 열적 효과

지하 매몰 퇴적물의 온도가 증가되면 물의 체적도 증가 한다. 이는 퇴적물이 불투수층에 의해 밀봉될 때 압력증가로 나타난다. 실례로 셰일이 완전히 밀봉될 경우, 공극 내 체적이 증가되기 위한 팽창은 없다. 만일 지온 구배가 25℃/km이면 압력증가는 1.8 psi/ft이다. 이는 퇴적물의 하중보다 높아서 암석이 균열되는 압력까지 증가될 수 있다. 이러한 현상은 멕시코 만의 지층의 압력 자료에서 나타난 바 있다.

3) 구조력에 의한 현상

심부에서 형성된 퇴적암체가 구조운동을 받아 융기 및 상승함에 따라 암체 주변압력은 감소되나 지층내의 유체는 당초의 압력을 그대로 유지함에 따라 지층 내의 유체가 양적으로 증가된 상태를 유지함에 따라 발생된다(그림 8-7,8,9). 캐나다 앨버타 로키 산맥에서는 고생대 탄산염암이 하부 백악기 셰일층을 스러스트에 의해 올라타고 있는데 이로 인해 탄산염암 하부 렌즈형 함유 사암체가 과압력상태를 나타내고 있다.

4) 유기물의 열적 크래킹

퇴적물 내 유기물의 열적 크래킹에 의해 유체의 체적이 증가하여 압력증가 현상을 초래하기도 한다. 이외에도 점토광물인 스멕타이트(smectite)는 일라이트(illite)로 변형될 때 물의 손실이 발생되며 물 내의 염분도 변화로 인해 삼투압, 교질작용의 효과로 인해 과압력이 발생하기도 한다.

지하 심부에서는 유체는 작용된 외력(스트레스)에 의해 체적이 줄고 이에 따라 압력이 증가될 수 있다. 예를 들어, 사암체가 불투수성 셰일 내에 둘러싸일 때 사암내 지층수의 외력에 따라 지층의 압력이 증가되는데 이를 이상 지층압력(abnormal formation pressure)이라고 부른다.

5) 저류층의 구조적 요인

저류층이 배사구조처럼 심도상의 높낮이가 다를 때에 일어난다.

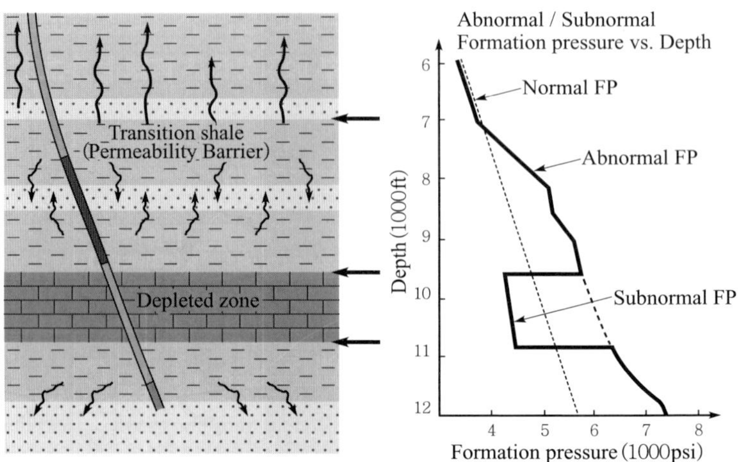

그림 8-5 지층 이상압력 모식도. 지층수의 이동이 막힌 셰일 구간에서 지층압이 비정상적으로 높음을 나타냄.

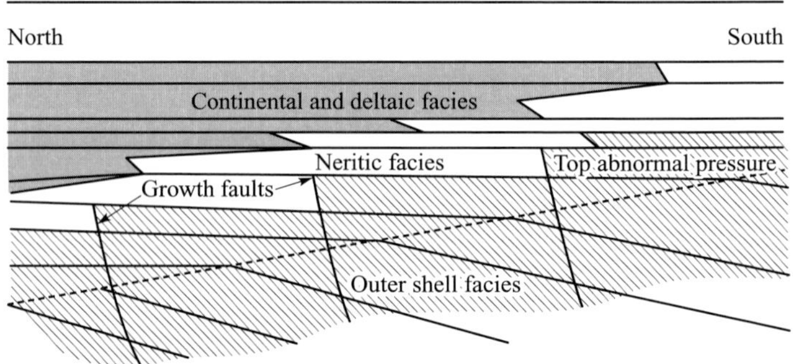

그림 8-6 남부 루이지아나의 이상 압력대의 모식도. 육성 및 삼각주 퇴적상은 사암체를 포함한다. 내대륙붕 연안퇴적물 퇴적상은 보통 삼각주와 수평적으로 통해있는 약간의 실트와 사암만을 포함한다. 외대륙붕 퇴적상에는 거의 사질암류가 없어 공극내 유체가 일탈할 수 없게 된다. 성장단층은 공극수가 내대륙붕 암상으로 수평이동을 막는 수평적 덮개암의 역할을 한다(Dickey외, 1968).

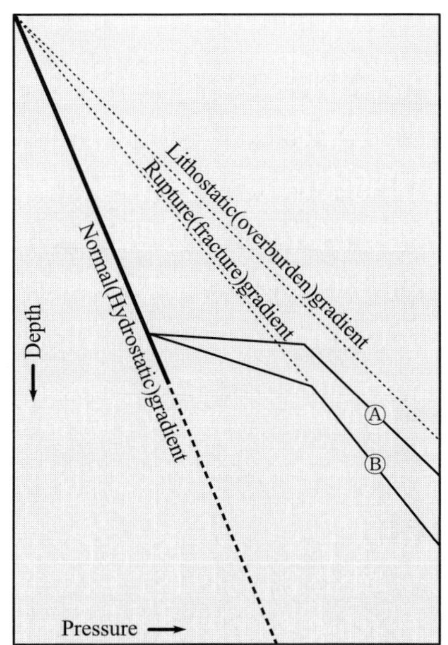

그림 8-7 심도에 따른 압력증가의 유형. A선에서 보이듯이 압력은 어느 지점까지도 정상적으로 증가하다가 Overburden 하중에서 갑자기 증가된다. 라인B에서는 정상이상의 압력증가가 정수압을 따르다가 다음에는 균열구배를 따르게 된다(Barker와 Horsfeld, 1982).

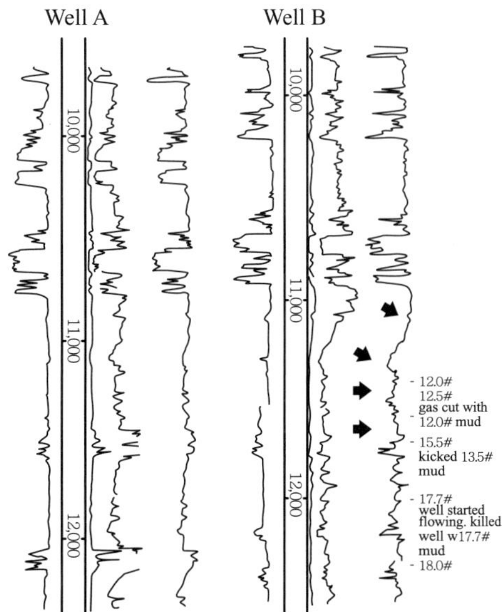

그림 8-8 루이지아나의 해상 시추 2개공에서 보여주는 이상 압력. 시추공 "A"는 정상압인데 반해 성장단층으로 거리가 600m 떨어진 "B"공에서는 셰일의 비저항치가 갑작스러운 감소를 보인다. 이보다 심부지점에서는 폭분 현상이 예측될 수 있다.

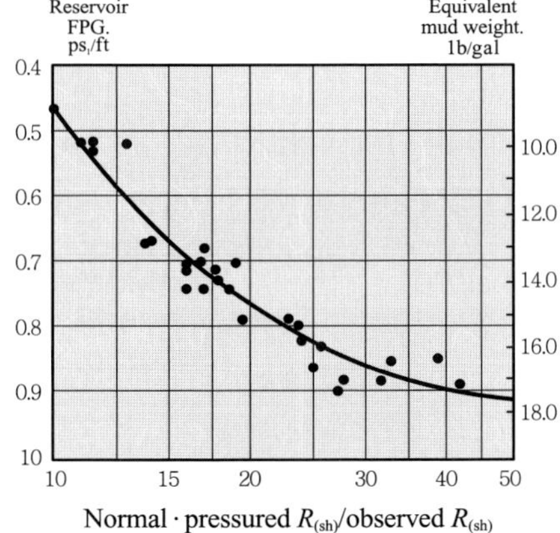

그림 8-9 셰일의 비저항치 파라미터 정상압력 셰일을 지층압력구배(FPG) 및 이에 상응한 이수압이 도시된다. 이들 간의 관계는 상관성을 보인다.

(2) 인지방법

시추공수가 적은 지역에서는 탄성파 구간 속도로 자층 압력을 유추해 볼 수 있다. 퇴적층 내의 속도는 심도가 깊어짐에 따라 높아진 고결도로 인해 높아진다. 그러나 일부의 과압력 하에 놓인 세일은 미고결되어 이러한 속도 구배의 역전이 발생할 수 있다.

시추공에서 이상 압력의 존재를 지시하는 변수는 다수 있다. 이들은 굴진속도의 빠른 증가, 시추 이수의 온도가 빠른 증가, 세일 암편의 밀도가 낮아짐 등에 의해 생성이 가능하다.

1) 특히 이상 압력을 예측하는 유용한 방법 : 시추 d exponent

보통보다 높은 이상 압력을 예측하는 방법으로 d exponent가 있다. 이는 시추공 내에서 비트의 파라미터와 굴진율간의 상관 관계식으로 구한다.

$R = N\ (W/D)^{d}$

d exponent = log(R/60N) / log(12W/106D)

여기서, R : 굴진율(피트/시간), N : 로터리의 회전속도(rpm)
W : 비트 하중(lb), D : 공의 지름(인치)

d exponent는 시추공의 굴착시에 심도에 따라 도시된다. 이는 이상 압력의 상부까지 일정하게 감소됨을 보인다. 이상 압력대 구간 내에 진입되면 시추를 중단하고 검층을 실시하는 것이 바람직하다. 음파, 밀도, 중성자 검층은 모두 공극률의 갑작스런 증가를 보일 수 있으나, 저항치의 경우 뚜렷한 감소를 나타낸다. 암질의 변화도 유사한 반응을 보일 수 있다. 시추공이 안전하게 굴착되면 압력의 측정은 여러 방법에 의해 이루어진다. DST는 압력이 관측되는 동안에, 기간 유체의 유동을 시킨다. 이는 압력뿐 아니라 지층 내 유체의 유동속도(투수율)에 대해서도 알아낼 수 있다.

2) 시추공 불안정(Hole-instability)

① 점토 부풀림 현상(clay balling)이 나타나는데 이는 점토의 특성상 물에 포화되면 소성화 되어 시추를 방해 하는데, 이때는 소금물 또는 이수의 양을 줄여가면서 시추를 하게 된다.

② 이수 일탈 : 공극이 많은 층, 단층 및 절리가 발달한 층에서 발생하는 것으로 사전에 시추지점의 광역지질 연구를 통해 발생 가능성을 미리 알고 대처하여야 한다.

3) 높은 지층압력(High pressure in formation)

예측했던 정수압(hydrostatic pressure)보다 높은 지층을 만나거나 시추 파이프(drill string)를 뺄 때 생기는 공저압(BHP)의 감소에 의한 지층수(formation fluid)의 유입으로 킥(kick) 및 스왑현상(swabbing)이 나타난다. 이를 대비하여 압력시험(pressure test) 등을 통해 시추공 통제(well control)작업을 실시한다.

8-6 실시간 시추 검층(MWD 또는 LWD 검층)

MWD 또는 LWD 검층은 Measuring(또는 Logging) While Drilling의 약어로서 시추작업이 이루어지는 동안 공저에서 굴착되는 지하암반의 실제 지하 상태에 대해 물리적 특성(감마선, 중성자, 전기 비저항, 음파, 자기)을 이용해 지층수와 암석의 물리적 특성을 평가할 수 있는 자료를 간접적으로 얻는 방법이다(그림 8-10). 또한 시추공의 기계적 파라미터인 시추공 경사도, 방위(azimuth), 굴착속도, 비트에 가해진 하중과 토크를 측정할 수 있다. 이 장비를 쓰면 공저에서 시추와 실시간(realtime)으로 기록된 정보는 이수 텔레메트리를 따라 지표로 전달된다. 이 장비는 시추장비에 부착된 하드웨어인 MWD 센서로 구성되며 배터리 팩에 의해 전기적 에너지로 구동된다.

그림 8-10 MWD 장비 모습과 취득 검층자료의 사례

MWD검층 기술은 최근 저류층 평가에 매우 중요한 도구로서 널리 사용 되고 있다. 최신장비 ArcVision 등은 정밀도가 매우 높아 지층 평가를 위해 물리검층을 대체하거나 보완하는 데도 사용되며, 시추 시 위험도가 높거나 시추비용이 높은 운영광구지역에서 지질대비 등 아래와 같은 작업에서 흔히 사용된다.

(1) 유층평가

MWD/LWD검층은 비트가 굴착되는 구간에서 취득되므로 지층 내로 이수침투 효과를 줄일 수 있다. 이수 침투효과를 최소화함으로써, 신뢰도가 높은 지층의 특성을 파악할 수 있다.

경사정에서 시추공 각도가 수직에서 80°까지 경사질 수 있어 재래의 물리검층은 자료취득이 어렵고 취득가도 매우 높은 편이다. 만일 재래 시추공에서 공에 기계적 문제가 발생하여 공이 폐기될 경우 물리검층이 취득되지 못할 경우는 MWD/LWD자료는 시추공에서 기록된 유일한 검층자료가 된다.

MWD/LWD검층은 자료취득이 굴진율에 비례하므로 샘플 채취구간이 조밀해져 최대한의 해상력이 필요한 구간에서는 물리 검층자료에 비해 유리한 측면이 있다.

(2) 지질대비

MWD/LWD검층은 감마 또는 전기비저항 검층이 포함되므로 주변 시추공자료에 비해 신뢰도가 높다. 이 검층은 아래 기능을 지닌 지질대비가 가능하다. 다음은 MWD/LWD검층의 시추지질학적 응용사례이다.

(3) 코어 채취구간의 결정

비트보다 하부에 있는 암상의 예측이 가능하므로 코어 채취대상 구간을 설정 시에 매우 결정적인 역할을 할 수 있다. MWD/LWD검층자료로 더욱 신뢰도가 높은 지질대비가 가능하고 신뢰도가 더 높은 코어구간을 선정할 수 있다. 이러한 주요 지층심도자료는 중요한 지질학적, 저류층을 평가하는데 있어 본질적으로 구간선정의 위험도를 줄여 줄 수 있다.

(4) 최적 케이싱 설치지점 선정 및 최종 시추공 심도의 결정

굴진구간에 이상 고압대가 존재할 경우, 정확하고 시의적절하게 케이싱 및 최종 심도를 선정하는 일이 매우 중요하다. 이런 경우는 이수 순환 및 조절에 추가의 시추선 사용시간이 소요되고 최악의 경우는 시추파이프가 공벽에 붙거나 피싱작업을 필요로 하기도 한다.

(5) 시추공 사이드트랙을 위한 Kick-off지점의 결정

만일 MWD/LWD자료로 인해 목표층 구간이 미발달, 단층으로 인해 결여 또는 이미 함수층임이 밝혀졌을 경우는 시추공의 사이드트랙 또는 재시추 결정을 내리는데 용이한 도움을 준다. 이는 때로 목표층 구간 하부로 불필요한 시추작업을 예방하고 물리 검층을 제외함으로서 상당한 비용을 절감할 수 있다.

(6) 수평정을 위한 kick-off지점의 결정

MWD/LWD검층은 주변 시추공자료와 대비에 사용하고 복잡한 수평정이 놓이는 구간의 경사정설계에 사용된다. 시추 비트 주변에서 획득된 실시간적 정보와 함께 시추공의 경사도와 방위(azimuth)를 지속적으로 모니터링하고 굴진시에 최적 각도를 보정하는 데에도 사용된다. 이는 수평정 시추공이 목표지점 및 저류층 구간내에 머물게 하는 데 도움을 준다.

(7) 매우 고경사도 및 수평정의 굴착

실시간 MWD/LWD시스템을 써서 지질 기술자와 현장 기술자는 시추공의 경로를 모니터링하여 목표층이 제대로 굴착되었는지를 모니터링할 수 있다. 그러므로 지질학자는 중요한 비용절감 의사결정을 할 수 있고 경영진에 대해 가장 최근 해석 및 시추공 굴착전략을 제공할 수 있게 된다.

8-7 코어링(암심 및 측벽코어)

(1) 개요 및 채취 방법

암심코어 채취하는 작업은 통상 특정한 암질과 암석의 파라미터를 알아야 하는 구간에서 이루어진다. 코어채취는 코어 바렐이라는 채취기를 시추공 내에 투입하여 시추 중에 채취하는데, 코어가 코어 바렐 내부에 채워진다(그림 8-11). 코어 비트는 코어 채취를 목적으로 하기 때문에 비트안에 코어 바렐이 장착되어 있으며, 코어에 손상이 가지 않게 시추 시 굴진율을 느리게 한다. 지표로 들여올려진 코어는 꺼낸 후 층서기록을 하게 된다. 이때 중요한 점은 시추공 하부에서 채취되어 상부로 올려진 코어는 분석되는 지표에서 물리적인 상태변화를 겪게 된다 코어는 보통 완전한 암석덩어리로써 암편보다 선호되는데, 채취비용도 별도의 시추

시간이 소요되므로 비용이 더 들어가는 것이 보통이다. 코어채취요령은 코어 채취 심도에 가까워지면서 시추증속(drilling break)이 일어나는 경우가 많음에 유의한다.

측벽코어는 시추공벽에 작은 금속 실린더가 부착된 총(gun)을 공벽에 대고 쏘아 따낸 암석 시료를 지칭한다. 측벽코어는 여러 수준면에서 채취될 수 있으며 다양한 측벽코어 채취장비를 써서 여러 위치에서 채취된다. 이는 RSCT(로터리식 측벽코어 채취장비)라는 장비를 써서 채취하기도 한다.

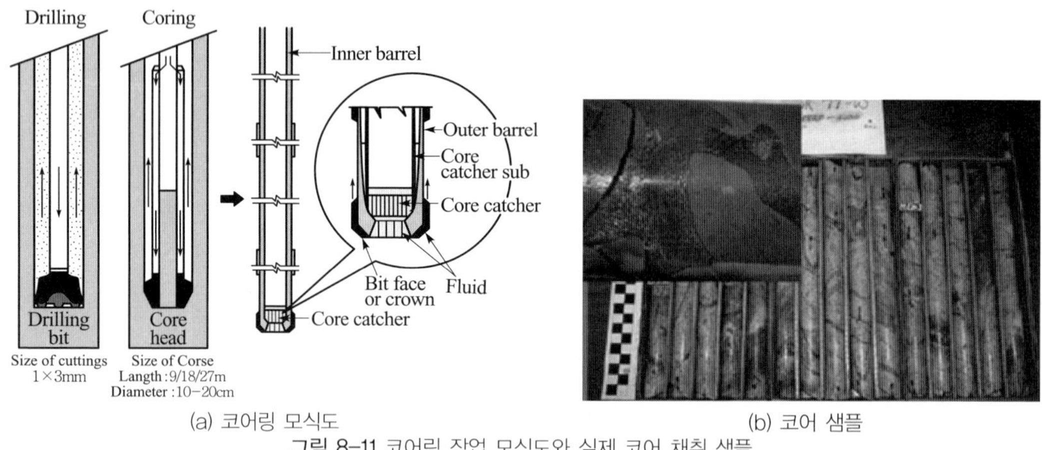

(a) 코어링 모식도 (b) 코어 샘플

그림 8-11 코어링 작업 모식도와 실제 코어 채취 샘플

목표 저류층에 대한 지질학적 및 공학적 정보를 얻기 위해 현장에서 암석 시료를 채취하는데 저류층 상태와 비교하여 온도와 압력이 변화하기 때문에 코어의 유체에 변화가 생기므로 자료 해석 시 이점을 감안하고 계산하여야 한다.

(2) 코어시료 활용

① 지질학적 활용 : 코어의 기재, 암상 분석, 광물 분별, 속성작용, 퇴적작용에 대한 정보, 지층의 지질시대, 현미경 및 & X선 분석 등

② 저류공학적 활용 : 상대 투수율 파라미터, 모세관압력 커브, 임계, 공극체적의 압축률, 유체흐름 시험

③ 생산기술에의 활용 : 시추공 수주입정도, 암석의 기계적 특성 자료, 산 처리로 공자극을 위한 광물조성

④ 암석물리에의 활용 : 암석의 특성, 모세관압으로 부터의 포화도, 응력(stress)효과, 전기적 특성 및 양이온 치환능력, 암석의 음파특성

8-8. 석유 및 가스징후 평가(evaluation of hydrocarbon shows)

시추현장에서는 비록 이수검층 기술자가 시추 암편으로 부터 석유 및 가스징후를 기재하고 평가하는 일차적인 책임이 있으나, 현장 시추지질 기술자는 QC작업을 위해 동 평가절차를 잘 이해하고 있어야 한다. 또한, 이수검층이 불가능한 시점에서는 현장시추지질학자가 석유 및 가스징후 분석작업을 직접 수행하는 것이 보통이다. 시추 작업 전에 어떤 유형의 탄화수소가 산출될 것인가를 예측하고 이를 이수검층 기술자에게 통보해 주어야한다.

(1) 유징후 평가

시추암편과 이수내 탄화수소의 평가는 현미경과 자외선 박스 내에서 실시 된다. 시료에 의한 시험과 육안분석이 이수와 세척시료 또는 미세척 암편 시료 또는 각 개별 입자를 대상으로 실시한다. 이때 석유냄새는 약함, 보통 및 강함으로 기록한다. 오일흔적은 형광반응기 내지 용매를 활용하여 확인한다. 오일 흔적물의 색은 오일의 비중을 지시한다. 예로 흑색의 아스팔트질 오일잔류물의 경우 휘발성 성분이 빠져나가고 남은 잔류오일에 해당된다. 샘플에 코팅된 오일은 형광반응기로 확인한다. 천연 형광반응은 오염물이 부착되지 않은 신선한 표면에서 관찰한다. 실례로 일련의 시료가 균일한 형광반응을 보인다면 오일과 물이 섞인 전이지역을 지시하거나 동일 지층 내에서도 공극률과 투수율이 서로 다른 경우(예: 백악질 석회암), 또는 형광반응이 광물이나 오염물질에 기인한 것이 아닌 경우는 암석 내 존재하는 오일의 부존을 지시하는 증거이므로 암편 내 오일의 함량을 추정 및 기록해야 한다.

1) 용매에 의한 형광반응 확인

용매에 의한 반응(solvent cut)은 형광반응을 평가하는 유용한 방법이며 오일의 유동성과 투수율에 대한 정보를 준다. 반응속도는 점도가 높은 중질유에서는 느린 편이다. 지하에서는 유징을 확인할 수 있는 자료로는 암편, 암심코어 및 측벽코어 시료 등이 있다. 유징분석은 형광반응(fluorescence)분석과 cut(고리형태, streaming, 노랑 황금색 고리)분석 등이 있다.

KNOC 이수검층 유징 평가보고서(Oil show report) # 샘플

석유회사명:	KNOC	시추공명:	알파			위치:	A국 해상
일 시:	2014.5.5	시간:	16:30	유징구간:	2500 to 2600		m(md)
					2474 to 2574		m(tvd)

비트 사이즈:	12.25"	이수하중:	10.3 ppg	비트하중:	30k 파운드	검층상태:	유징관찰기간에
비트 유형	HTC x3A	점성도:	45 sec/qt	RPM:	100		양호
시 간:	19:00	Filtrate:	39 cc's	펌프압력:	3000 psi		
		예상공극압:	10.9 ppg				

	ROP	C1	C2	C3	C4	C5	암질
유징이전	30	6500	580	0	0	0	실트암
굴착시점	200	98400	31000	5900	1400	270	사암
유징이후	40	6500	700	0	0	0	이암

이수중 오일:	다수 bk brn-bk free oil	용매 Cut-형광반응:	Yellow/white
형광반응:	Yellow/gold	발생빈도:	Intense/bright
미세척암편 형광반응:	Yellow/straw	유형 및 속도:	Normal cut, fast/streaming cut
세척 암편 형광반응:	70% bright yellow	자연색 및 잔류물:	Good light brn residue ring
세척암편오일흔적:	50 light brn streaky stain	육안 공극률:	Mod. visual porosity

크로마토그래프 비율:					
메탄가스 비율:	35	Light-Heavy성분 비율:	18	오일특성진단자:	0.25

검토의견:	이수중에 풍부한 양의 black/brown oil slick이 관찰됨. 교반후 관찰시 강한 oil/diesel odor관찰됨. 이수의 60~70% 형광반응, 암편70~80% brown streaks (stain)관찰됨		
평가(Rating):	양호한 medium gravity 유징	현장시추지질기사명:	신국선

그림 8-12 유징 평가기록지 사례

(2) 가스징후 평가

가스 기록은 이수가 지표로 순환되어 오는 지점에 분리기 또는 호스를 놓아 별도로 채취하며 이를 이수검층 장비에서 여러 종류의 가스 성분분석기로 성분을 분석한다. 통상 이러한 장비로는 전체 가스함량 측정기, 가스 크로마토그래피, 이산화탄소 검출기, 황화수소 검출기 등이 있다. 채집된 가스는 지층 내의 가스함량, 지층의 세척정도, 굴진속도, 이수밀도 및 이수점도, 지층 압력, 가스 검출기의 성능, 이수 유동 속도 변화 등에 따라 변화될 수 있다. 이에 따라 가스 분석은 정성적으로만 사용될 수 있다. 가스 함량은 기저수준(background level)에 대한 가스 함량으로 도시되며 이를 통해 기록된 상대적인 가스함량으로 쉽게 평가할 수 있다. 가스함량은 백분율(%) 또는 백만분율(ppm)이나 가스 유니트(unit: 보통 0.02 내지 0.033%)

의 형태로 기록된다. 가스 크로마토그래피는 메탄(C1)에서 펜탄(C5) 이상까지의 가스에 대해 상대적인 함량비율로 분석한다.

(3) 가스 유형

1) 배경 가스(Background gas: 약자 BG)

획일적인 암질 구간을 굴착할 때 기록된 가스로서 과지층압력 구간에서는 상당한 변화값을 보인다. 이 가스 값은 이수검층 기록지상에 가스 기록시의 기준선이 된다.

가스징후(gas show)는 보통 기존의 배경 값에 비해 가스 함량이나 성분이 변화를 보이는 가스 기록치로서 그 원인에 대해 해석이 요망된다. 모든 가스피크가 시추된 지층에서 나오는 것은 아니며 일부는 굴착된 다른 구간에서도 나올 수 있다.

2) 커넥션 가스(Connection gas : 약자 CG)

이는 시추 파이프를 연결하기 위해 이수펌프를 중단할 경우 지층압에 근사한 이수압을 유지하면서 발생된 가스값이다. 이는 보통 과지층압 구간을 굴착하고 있다는 신호로 해석될 수 있다. 하지만 기록은 전체가스값(total gas) 곡선의 일부에 포함시켜서는 안된다.

3) 트립 가스(Trip gas)

이는 비트를 이동하거나 굴착장비를 움직이는 작업을 중단하였을 때 발생되는 가스를 지칭한다. 트립가스가 많이 발생된다면 이것은 커넥션 가스와 마찬가지로 이수의 정수압과 지층압력 사이에 균형이 이루어졌음을 의미하며, 이 가스도 기록은 하지만 전체 가스값 곡선의 일부에 포함시켜서는 안된다.

시추공 사이의 가스값을 대할 때는 기타의 검층변수와 연관하여 이들 가스값의 상대적인 조성과 커브형태에 유의한다. 예로 서너 개의 탄소 성분의 상대적 함량비가 큰 변화를 보이거나 특정성분이 출현할 경우 등에 유의한다. 특정의 높은 가스값이 나타날 때는 반드시 배경가스값과 비교해 보아야 한다.

(4) 사면 도시법(그림 8-13)

이 기법은 C1/C2, C1/C3, C1/C4 , C2/C3(또는 C1/C5)간의 비율을 그래프에 도시한 것으로 탄화수소 부존 구간에 대한 정보를 제공할 수 있다. 건성가스 구간은 주로 메탄(C1)이 주로 산출되며, 이보다 높은 비율을 보이면 물층내의 용해가스를 지시하기도 한다.

만일 C1/C2가 오일 구간을 보이나 C1/C4 이 가스 구간을 지시한다면 이 구간은 비저류층 구간이 될 것이다. 또한 이 비율이 이전 구간에 비해 낮아진다면 이것도 역시 비저류층 구간을 지시한다. 만일 C1/C4이 C1/C3보다 낮다면 아마도 함수층 구간에 속하게 될 것이다.

비 율	오 일	가 스	비저류층
C1/C3	2 - 10	10 - 35	<2 및 >35
C1/C3	2 - 14	14 - 82	<2 및 >82
C1/C4	2 - 21	21 - 200	<2 및 >200

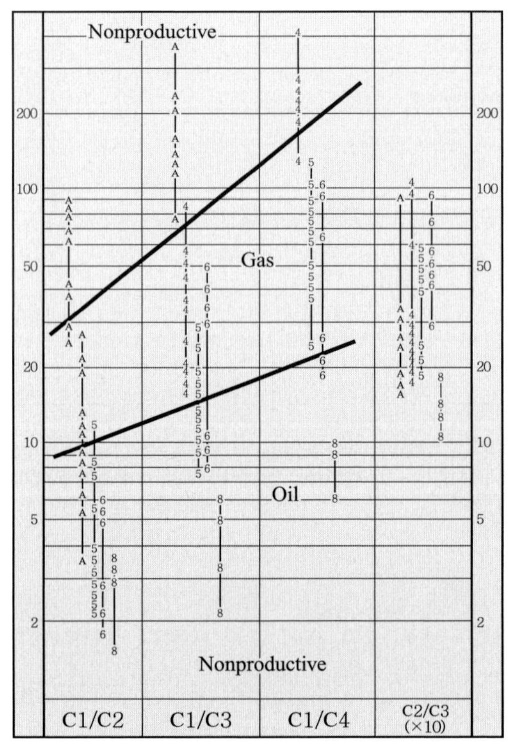

그림 8-13 가스의 사면 도시법

제9장 석유시추
(Petroleum drilling)

09_ 석유시추 (Petroleum drilling)

9-1 시추와 시추공

시추공은 평가 단계에서는 저류층을 이해하기 위한 가장 직접적인 정보를 제공하며, 생산 단계에서는 지하에 부존하는 원유와 천연가스를 직접적으로 채취하는 통로가 되므로 시추 작업은 석유 생산의 가장 중요한 단계이다. 시추 단계에서는 생산지질학자(production geologist)들이 저류공학자나 생산공학자들과 함께 작업을 하게 되며 각종 지질학적 자료를 근거로 시추 위치(well site)와 목표 지층(drilling target이라 함)을 결정하거나 시추 과정 전반에서 모니터링을 하는 역할을 하게 된다.

원유나 가스의 매장량을 알아내기 위해 신규로 시추되는 시추공은 탐사정(exploratory well) 혹은 와일드캣정(wildcat well)이라 한다. 탐사정은 기존에 전혀 생산이 이뤄지지 않았던 새로운 필드의 트랩을 시험하거나 생산저류층의 상하부에 이전에 전혀 생산을 한 적이 없는 새로운 저류층의 특성을 파악하거나 기존 저류층의 연장 구역의 특성을 파악하기 위하여 시추된 시추공을 말한다. 만일 이 시추공에 의해 새로운 필드가 발견될 경우 이 시추공을 발견정(discovery well)이라 한다. 이 후에는 추가로 유전의 예상 규모에 따라 1공에서 수십 공의 평가정을 적절한 곳에 추가 시추하여 저류층 내 물-가스, 물-원유의 접촉 구조를 파악하여 저류층 구조의 크기를 파악하고, 검층을 통해 물성을 알아내며, 시험 생산을 통해 시추공의 생산 능력 등을 알아내어 향후 상업 생산의 가능성과 미래 현금흐름을 추정하고 사업의 지속 여부를 결정하게 된다.

개발/생산 단계에서는 본격 생산을 위하여 개발정(development well)을 시추하게 되며, 특히 생산정 사이에 회수를 더하기 위하여 추가로 뚫는 시추작업을 정간 시추(infill drilling)라 한다.

9-2 시추 작업

(1) 충격시추와 회전시추

과거에는 광산 시추와 같이 무거운 추를 달고 암반에 충격을 가하여 파쇄를 통해 관정을 하는 충격식시추(percussion drilling)가 사용되었으나, 심도가 깊어지고 시추 비트의 공학적 성능의 발전으로 인하여 시추 파이프와 연결된 비트(bit)를 시추 리그의 회전 테이블(rotary table)의 회전을 통해 회전시켜 암반을 분쇄하며 관정을 하는 석유시추방식인 회전식시추(rotary drilling)가 오늘날 가장 일반적인 시추 방식이 되었다.

다음의 그림 9-1은 회전식 시추를 위한 각종 장비의 패키지인 시추 리그(rig)를 보여준다. 리그는 크게 시추파이프를 올리고 비트와 연결하여 회전반의 시추공에 투입할 시추 파이프를 위치시키는 권양(hoisting) 장비, 이를 지지하는 일종의 철탑인 데릭(derrick) 등 지지 장비, 비트와 연결된 시추 파이프를 회전시키는 회전 장비, 시추 시 마찰 감소와 각종 암편의 부유를 돕는 이수(mud) 및 이수의 순환을 위한 펌프 등 이수 순환(그림 9-2) 및 시추액 혼합 장비, 동력원으로 모터, 전원 공급 장비, 지층내의 고압의 유체 유입을 통한 시추공의 갑작스런 폭발을 방지하는 방폭기(BOP: Blowout Preventor) 등 압력 제어 장비 등으로 구성된다.

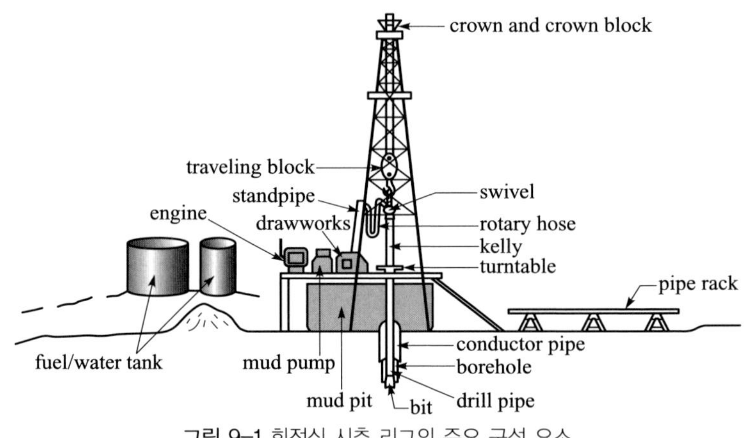

그림 9-1 회전식 시추 리그의 주요 구성 요소

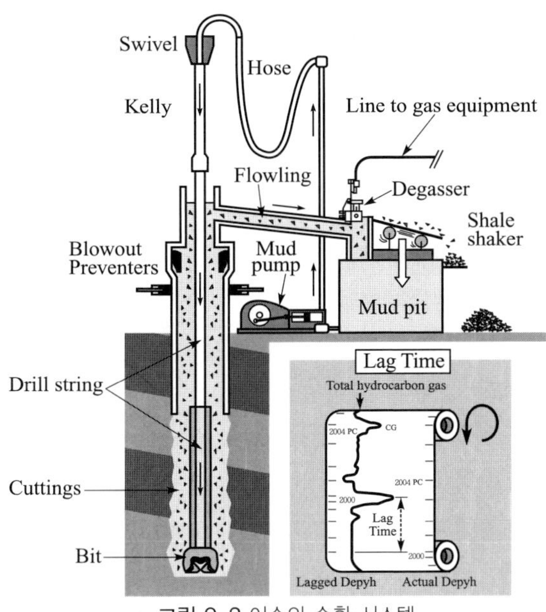

그림 9–2 이수의 순환 시스템

(2) 수직시추와 경사시추

과거에는 통상 수직정을 시추하여 지하에 부존하는 유가스를 회수하였으나 최근 들어 유체전도도가 매우 낮아 전체 회수 면적을 증가시켜 한번의 시추로 상대적으로 많은 양의 유가스를 회수할 필요가 있을 경우 수평정 시추가 많이 활용되고 있다. 또한 환경 문제나 도심지 인접지역의 시추 등 목적 지층의 직상부에서 시추가 불가능하여 외진 곳에서 시추를 진행할 경우 목적 위치에 도달하기 위하여 경사정 시추도 많이 진행되고 있는 등 시추 기술은 날로 급격히 발전하고 있다.

통상 100ft당 경사각이 3도 미만 또는 전체 시추파이프의 경사각이 5도 미만일 경우 수직정(그림 9–3)이라 한다. 시추엔지니어가 수직으로 시추를 하더라도 암석의 경도 등 여러 요인으로 인하여 약간씩 휘는 경향이 있으며 심할 경우 당초 위치를 많이 벗어날 수도 있으며 이를 기형정(crooked well)이라 한다.

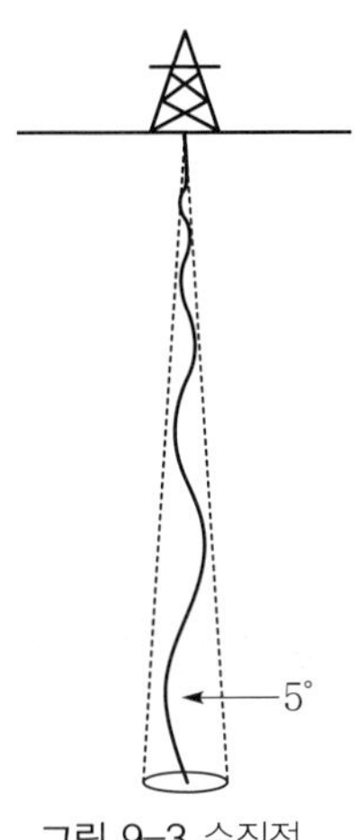

그림 9–3 수직정

경사정을 시추하는 것을 방향성 시추(directional drilling)라 하는데, 다음과 같은 경우에 활용된다.

1) 해상 유전에서 하나의 플랫폼에서 복수의 시추공 생산

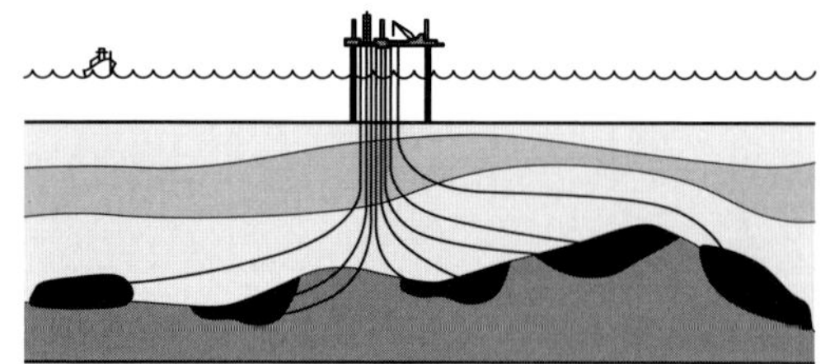
그림 9-4 해상 구조물에서 분기된 복수의 경사정들

그림 9-4처럼 해상 유전의 경우 서로 떨어져 있는 저류층의 유가스 생산을 위하여 각 위치별로 플랫폼을 설치하는 것은 경제적이지 못하며 최적횟수에 대한 설계를 한 후 하나의 플랫폼으로부터 문어발처럼 개별 시추를 진행하면 훨씬 효율적이며 이때 각각의 위치에 도달하기 위하여 경사정이 시추된다.

2) 방재정 (relief well)

그림 9-5 방재정

그림 9-5처럼 유정 폭발로 인한 생산정 화재 시 인근에서 경사정을 시추하여 비중이 큰 이수를 주입, 고압으로 유출되는 유가스를 막는 방법이 활용된다.

3) 우회시추(sidetracking)

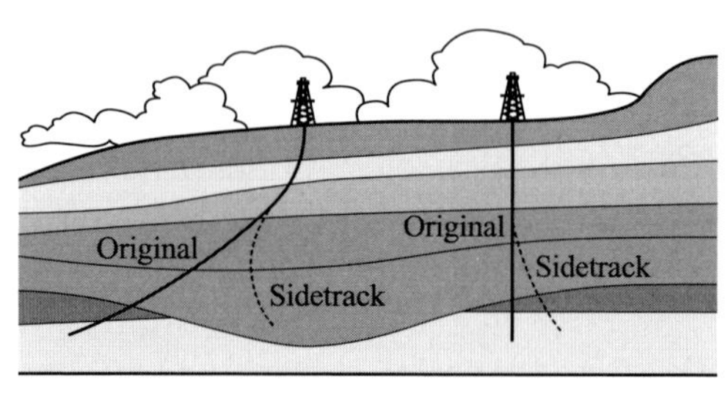

그림 9-6 우회시추

기시추공의 당초 방향을 틀어 유망구조로 최종 도달 위치를 변경하는 것을 우회시추(그림 9-6)라 하며 이때 방향성 시추가 적용된다.

4) 우회 접근

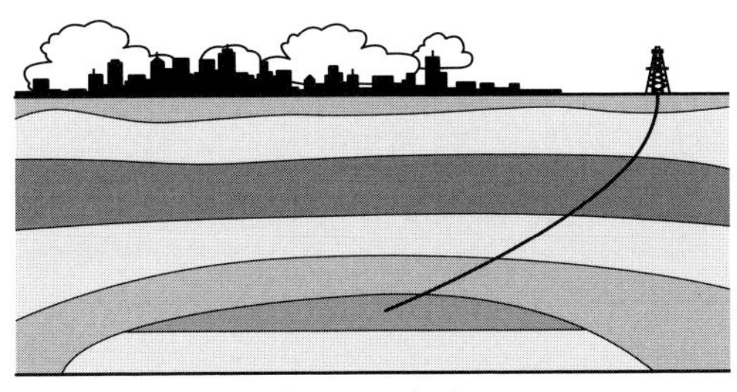

그림 9-7 우회 접근

도심 하부 혹은 해안 하부에 저류층이 부존하거나 여러 이유로 직상부에서 시추가 불가능 할 경우 우회 접근을 하기 위하여 방향성 시추를 진행한다(그림 9-7).

5) 기타

그밖에 단층, 암염돔 등 지질학적 구조 특성 상 향후 케이싱 설치를 용이하게 하고 효과적으로 저류층에 접근하기 위하여 방향성 시추를 진행하기도 한다.

최근에는 치밀석유(tight petroleum)나 셰일석유(shale petroleum)의 개발 시 회수 접촉면적을 늘리기 위하여 수평정 시추를 많이 시행하고 있다. 치밀 석유나 셰일 석유는 부존 형태는 마치 담요나 떡시루처럼 수평하게 펴져 있어서(이를 blanket type 저류층이라 하며 이러한 유가스전을 통칭하여 resources play라 함), 시추 시 발견의 위험은 없으나 회수 시 유체전도도가 매우 낮고 층후도 크지 않아 회수를 위하여 매우 많은 수직정을 시추하여야 하므로 경제성이 떨어져 기존에는 경제적 회수가 불가하여 무시되어 오다가 20여 년 전부터 이를 극복하기 위하여 아래 그림 9-8처럼 수평정 굴착을 하고 시추 후 지층에 강제로 고압의 물을 주입하여 균열을 발생, 유체 흐름을 향상시키는 수압 파쇄기술이 적용될 이후로 관련기술의 발달로 최근 들어 매우 높은 관심을 받고 있다.

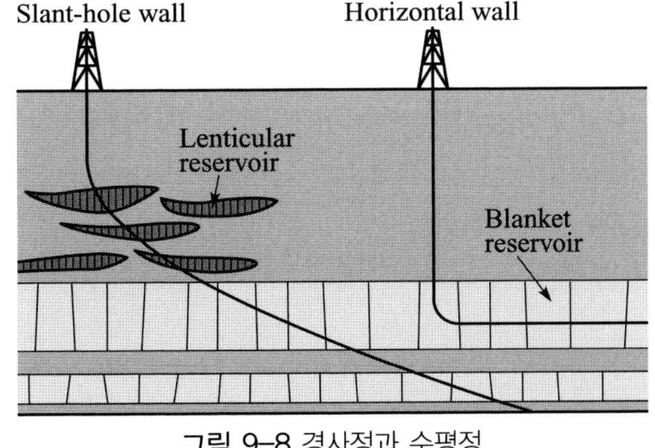

그림 9-8 경사정과 수평정

시추심도는 수직정의 경우 목적 심도와 시추경의 총연장이 동일하지만 경사 시추의 경우 상이하므로 두 가지의 심도가 따로 정의되어 있으며 다음 그림 9-9와 같다.

시추 시 방향 제어의 기본 메카니즘은 공저장비(BHA: Bottom Hole Assembly)라 하는 시추 작업시 시추동의 하부 장비에 안정판(stabilizer)을 장착, 이를 제어하여 각 구성 요소가 만들어내는 힘의 균형을 이용하여 방향을 제어하게 되며 각각의 작용력은 다음 그림 9-10과 같다.

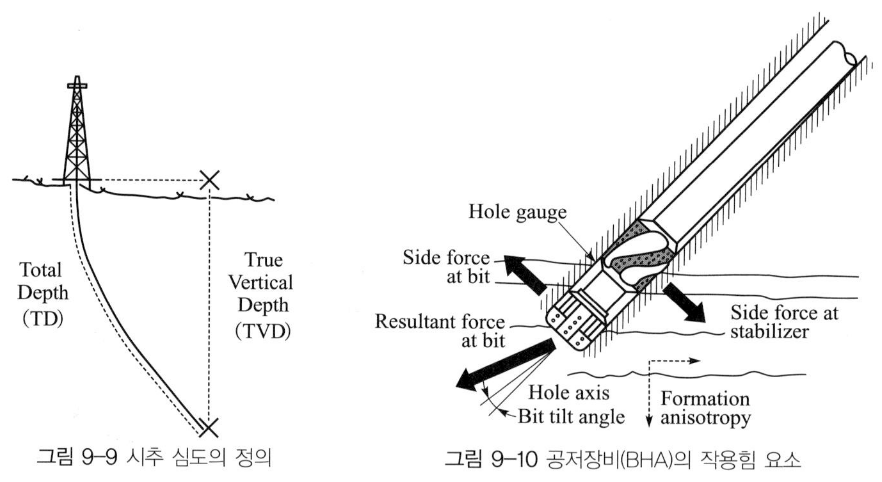

그림 9-9 시추 심도의 정의

그림 9-10 공저장비(BHA)의 작용힘 요소

(3) 시추 리그

육상 시추의 경우 9-2-(1)절에 설명된 리그를 이용하여 수 천~1 만 ft 가량 심도의 시추를 진행하게 되며, 통상 시추비는 수 백만불이 소요되고, 시추 기간은 1~수개월 가량 소요된다. 그러나 해상 시추의 경우 육상 시추에 비하여 훨씬 많은 비용이 소요되며, 1공의 시추에 1억불 이상이 투입되기도 한다.

육상 근처의 아주 낮은 바다에서는 바지선이 이용되며, 수심이 비교적 얕은 천해(통상 20~150ft)의 경우 해저면에 고정을 하는 다리를 가진 잭업 리그를 사용하고, 이보다 좀 더 깊은 곳은(150ft~1,500ft) 반잠수식 리그가 사용된다(그림 9-11).

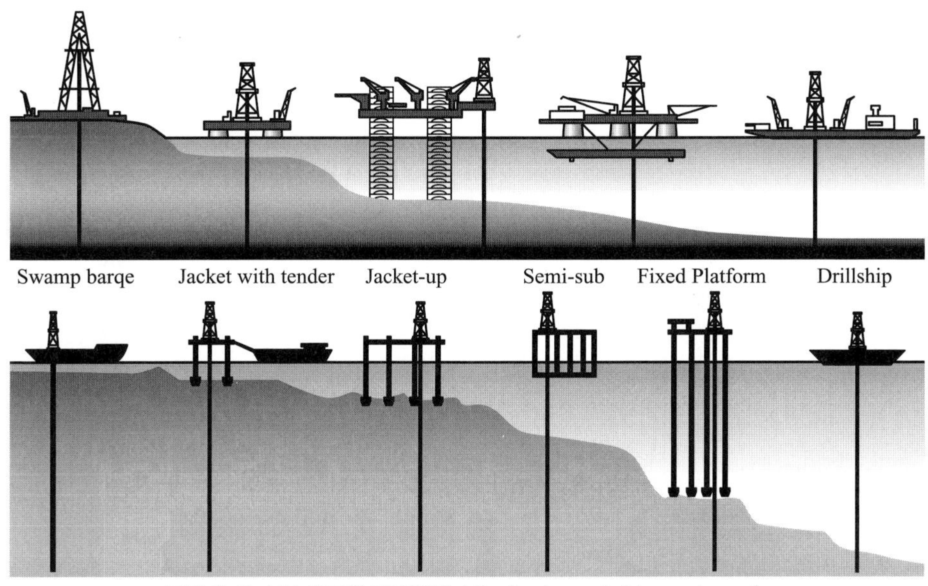

그림 9-11 시추 리그의 종류(출처: http://petropedia.blogspot.com/)

(4) 시추 작업

1) 과정

시추 작업은 시추파이프에 고정된 비트가 지표면과 만나는 순간부터 개시된다. 이를 현장에서는 스퍼딩(spudding)이라고 한다. 석유 시추는 최종 목적 심도까지 몇 단계로 공정을 나눠 시행하게 되며, 그 첫 단계는 어느 심도까지 일단 시추 후 금속성의 원통인 케이싱을 박고 시추공과 케이싱 사이의 틈을 시멘트로 막는 작업이다. 이 작업은 연약한 미고결 공벽이 붕락하는 것과 지층의 오염을 방지하고, 때로는 문제의 소지가 있는 지층을 격리시키기 위하여 진행하게 된다. 최초로 장착하는 이 케이싱을 전도보호관(conductor casing)이라 한다. 그 이후 점점 직경이 작은 케이싱을 박으면서 앞선것과 유사한 반복된 시추작업을 하게 되는데 이 모양은 마치 망원경의 경통을 최대한 뽑아서 거꾸로 세워 놓은 것과 유사하며 순서대로 지표 지층을 보호하기 위한 지표보호관(surface casing), 중개보호관(intermediate casing), 그리고 목적 심도까지 지표에서부터 길게 연결되고 가장 직경이 작은 케이싱을 생산보호관(production pipe)이라 한다(그림 9-12).

만일 어느 케이싱이 지표로부터 대상 심도까지 연결되지 않고 바로 상부 케이싱에 매달려 결합되고 그 심도부터 목적 심도까지 연결되었다면 이를 특별히 라이너(liner)라고 부른다.

점점 직경이 작아지는 케이싱 내에서 비트가 회전하기 위해서 비트의 사이즈도 점점 작아지게 된다. 전형적인 시추공 직경은 18.625인치, 17.5인치, 14.75인치, 12.25인치, 8.5인치, 7.875인치, 6.5인치의 순으로 작아지게 된다.

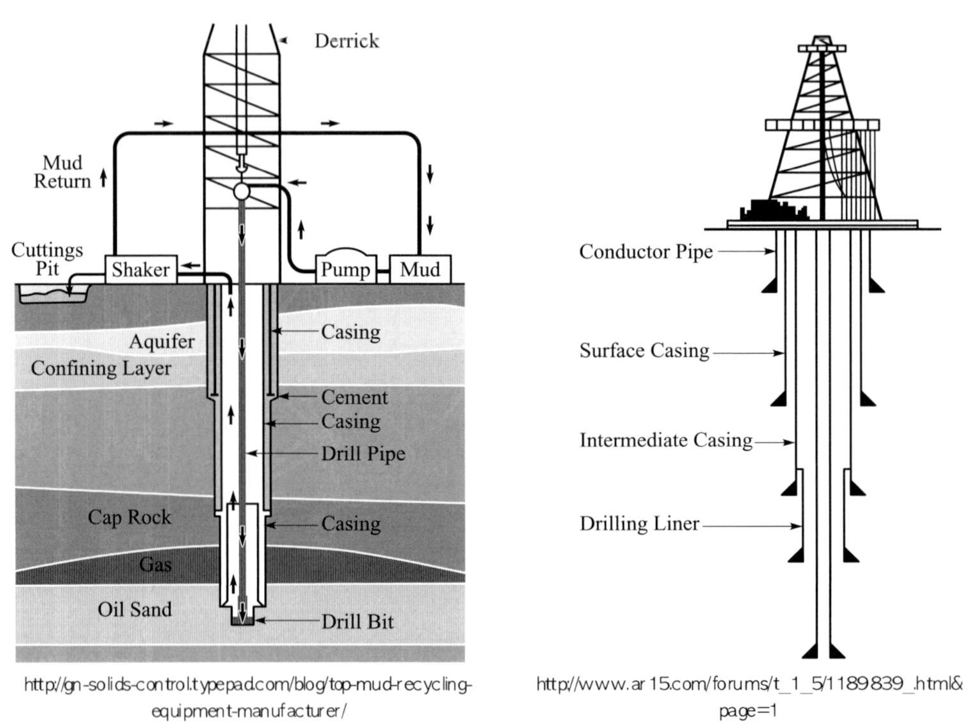

http://gn-solids-control.typepad.com/blog/top-mud-recycling-equipment-manufacturer/

http://www.ar15.com/forums/t_1_5/1189839_.html&page=1

그림 9-12 케이싱의 단면도

2) 시추 완결 (completion)

완결은 목적 지층의 유가스를 생산하기 위해 시추공을 마무리하는 작업을 말한다. 시추를 통해 목적 심도까지 도달하여 검층, 코어 회수 및 분석, 생산성 시험 등 여러 테스트 후 경제성이 판단되면 이 완결의 과정을 통해 상업 생산을 진행하게 되고 만일 경제성 있는 발견에 실패하면 폐공(이를 Plug and Abandon이라 함)을 하게 된다(그림 9-13).

시추공 완결 시 가장 먼저 케이싱이 시추공 내에 장착되고. 시멘트를 공내로 주입, 케이싱과 공벽 사이의 틈을 통해 지상으로 나오게 한 후 고착시켜 공벽과 케이싱 사이를 밀폐시킨다. 이후 천공총(perforation gun)을 생산 지층 부근으로 이동하고 지상에서 전류를 가하여 격발 시켜 생산층의 석유가 케이싱 내로 유입될 수 있도록 한다. 이후 케이싱 내로 튜빙이라는 관을 삽입하고 생산층 상부를 플러그로 막아 생산층과 여타 지층이 연결되는 것을 방지하게 된다. 이 단계에서 생산을 향상 시키기 위해 펌프 등을 설치하기도 한다. 이후 24시간 시험 생산을 하고 이 자료가 당국에 보고된다. 여러 개의 생산층이 있는 유전의 경우 최하부의 생산층부터 생산을 한다.

이제 지층에 크리스마스트리라고 하는 정두시설을 설치하는데 이는 생산정으로 부터 산출되는 원유와 가스 및 물의 압력 제어, 생산량 조절, 수송 등을 위하여 설치된다.

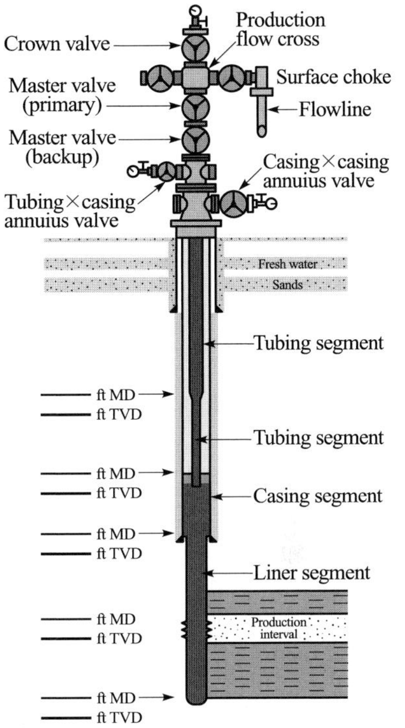

그림 9-13 유정 완결 후 생산정(from World Oil)

(5) 평가 시추(appraisal drilling)

유전의 생명은 탐사정이 양질의 경제성 있는 유층을 만날 때 비로소 부여된다고 할 수 있다. 양질의 경제성이 있는 유층인지 여부를 판단하여 본격 개발 및 생산 단계로 갈 것인가를 결정하기 위하여 다수의 탐사정을 시추하고 목적 지층에 대한 정보를 수집하는 것을 평가 시추라 하며 따라서 평가시추는 탐사와 현장 개발의 중간 단계라 할 수 있다. 이 단계에서 생산 지질학자는 자신의 경험과 지식을 총동원하고 회사의 개발 전략 등을 고려하여 평가 시추를 지휘하고 의사 결정을 하게 된다.

최초 평가 시추는 최고의 유망지(prospect)로 판단되는 지점에서 이뤄지게 된다. 미국과 같이 이미 개발이 상당히 이뤄졌고 주변에 생산 관련 시설이 이미 잘 갖춰진 지역의 경우 경제성을 판단하기가 매우 단순하여 유망지점에 대한 평가 시추공이 탐사정이자 평가정이고 첫 생산정이자 유일한 생산정인 경우도 흔하지만 다른 나라의 경우 대부분 유전을 발견하면 생산 및 판매를 위하여 각종 시설 및 도로 등 기반 시설까지 조성하여야하므로 이를 고려하여 경제성을 판단하여야 하므로 본격 개발 여부를 결정하기 위해서는 다수의 탐사정을 시추하여 정확한 부존 가치를 판단하여야 한다.

그러한 지역에서 투입비는 시추비 외에도 저장 탱크, 생산 원유를 운반하기 위한 파이프라인, 그리고 숙소와 같은 것들이 생산설비를 위해 들어간다. 개발 경비는 더욱 높아지고 그러기 때문에 이러한 경비를 충당키 위해 더 많은 매장량을 확보해야 한다. 해상에서의 개발비는 더욱 커진다. 현재의 기술로서 가장 중요한 경비 항목인 하나 또는 그 이상의 시추/생산 플랫폼을 설치해야 한다. 더욱이 그것은 훨씬 초기 단계에 설치되어야 한다. 그 외에 다음과 같은 높은 경비 항목들이 추가된다. 즉 일일이 개발 경사정을 뚫어야 되는 비싼 경비, 플랫폼이 설치되기 전에 시추한 평가정으로 다시 생산정으로서 사용할 수 없거나 후에 많은 경비를 들여 플랫폼과 연결(tie-back)해야 되는 시추공들, 생산된 석유나 가스를 해저에서 모아 운반하는 파이프라인들과 필요 시 부유 저류 시설(floating storage system) 마련 등이 그것 들이다.

결론적으로는 개발을 시작하기 전에 확인(proved-up) 받을 수 있는 매장량은 모든 경우에 따라 매우 다르다. 전반적으로 한 개나 여러 개의 시추공에 의하여 확인된 매장량은 그 시추공들에 의하여 조사된 지역과 직접적으로 관련되어 있다. 이러한 지역의 크기는 발견된 탐사정으로 부터 평가정 까지의 거리와 함수 관계이다. 이러한 거리를 통상 확보 거리(outstep length)라 부르며(그림 9-14), 흔히 평가 과정에서 최대의 쟁점 요인이 된다.

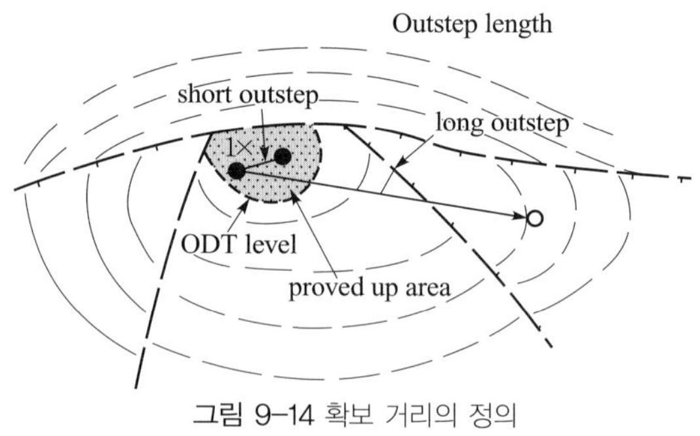

그림 9-14 확보 거리의 정의

확보 거리가 매우 짧을 경우에는 대개 의견이 거의 일치된다. 그림 9-14의 점쳐진 영역에서와 같이 탐사정 1X와 평가정 사이의 확보 거리가 짧은 경우는 두 개의 시추공의 자료를 통해 ODT(oil-down-to 즉, 최하 석유 부존 깊이) 수준을 정할 수 있고 탄성파 탐사 자료와 함께 이 ODT 수준선과 저류층의 최상부면이 만나는 선을 그릴 수 있으며 이 영역이 적어도 원유로 가득 차있는 즉, 원유 부존이 확인(proved-up)된 지역이라 할 수 있다.

이제 이 ODT 수준은 실제로 원유-지층수접촉면(OWC: Oil-water contact)일 가능성이 있으며 그러한 경우에 확인된(proved-up) 지역 안에는 단층 블록 등 다른 부존 가능성을 무시한다면 그 구조에서 발견될 수 있는 모든 석유를 포함하고 있다고 볼 수 있다. 이럴 경우 확보 거리 내에 평가정 시추를 하지 않더라도 꽤 정확한 매장량을 산출할 수도 있다. 그러나 제안된 시추공에서 확인된 양이 매우 적어 최소의 개발비조차도 감당할 수 없다면 그러한 짧은 확보 거리에 시추하는 것은 비상식적일 것이다.

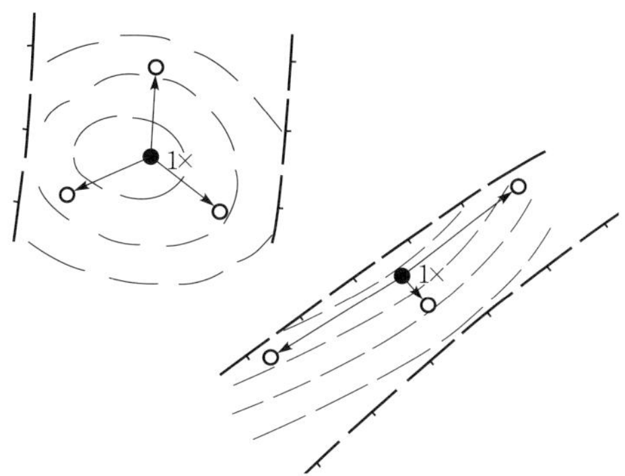

그림 9-15 확보 거리 산정을 위한 평가정 위치

최대로 허용될 수 있는 확보 거리를 찾는 일은 매우 어렵다. 대개 긴 확보 거리를 선택하려는 것이 일반적 경향이다. 제한초과 거리가 길면 확인된 지역이 넓어지므로 확인 매장량도 커지게 되기 때문이다. 매장량이 커지므로 구경이 보다 큰 파이프라인이나 하나보다는 두 개의 플랫폼과 같은 더 큰 시설을 설치할 수 있다. 큰 시설은 경제성을 높여준다. 그러므로 확보 거리가 길면 개발비용이 줄어들게 되므로 추가적으로 돈을 벌게 된다.

그러나 다음에서 설명하겠지만 확보 거리를 무리하게 길게 잡으면 지질에 대한 불확실성이 커지게 되므로 결과적으로 시추공의 불확실성이 높아져 생산을 하지 못하게 될 뿐만 아니라 유용한 정보나 자료 까지도 얻지 못하게 된다.

탐사정과 평가정 사이의 확보 거리와 별도로 그들의 방향도 주의 깊게 살펴보아야 한다. 가장 저렴한 방법은 일직선상에 시추공 사이에 확보 거리를 산정하는 것이지만 이것은 충분한 정보를 주지 못한다. 반대로 극단적인 방법으로 유망구조 주위 여러 방향으로 여러 개의 시추공으로 촘촘하게 뚫는 것으로 많은 정보를 얻을 수 있을 뿐 아니라 결론을 내기도 쉽다. 그러나 이러한 방법은 비경제적이다. 좋은 것은 위의 두 가지 방법 사이에서 적정한 선택을 하는 것이다(그림 9-15).

최종적 선택은 분명히 유망구조에 대한 지질조건에 따라서 이루어져야 한다. 그림처럼 실제로 유망구조가 원형이라면 확보 거리 산정을 위한 방향은 다소 120° 정도 간격을 갖는 3개로 하는 것이 가장 효율적이다. 장방형의 지질 구조에서는 서로 다른 긴 두 개의 방향에 짧게 엇갈리는 한 방향을 추가로 택하는 것이 최선의 전략이다.

앞서 언급하였듯이 발견정에 추가하여 평가정 위치를 잡을 때 확보 거리를 너무 크게 잡을 경우에 대해 좀 더 자세히 알아보자.

다음 그림 9-16과 같이 발견정을 시추한 결과 맨 하부까지 모두 석유층이었다면 평가정은 이 탄화수소층이 외곽으로 어디까지 뻗었는지를 파악하기 위하여 외곽에 평가 시추를 할 것이다. 대개 현장에서는 이 두 공사이의 간격 즉 확보거리를 크게 잡으려는 경향이 있으며 그림 9-16처럼 지층수 부존면 최상부(WUT: Water-Up-To)를 지나쳐 모두 물로 차있는 곳을 시추하게 된다면 두 시추공 사이의 원유-지층수 접촉 지점(OWC)은 확보거리 내의 어느 지점에 있을지 모르므로 이를 기반으로 산출한 매장량의 불확실성이 매우 증가하게 된다.

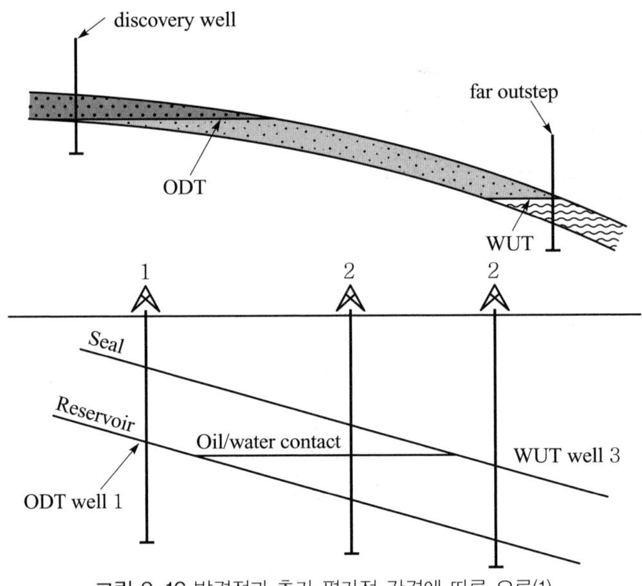

그림 9-16 발견정과 추가 평가정 간격에 따른 오류(1)

이럴 경우 OWC를 알아보기 위하여 두 시추공 사이에 추가로 시추를 하여야 할 때도 있다. 운이 나쁜 경우 또 다른 추가 평가정을 시추하였더니 목적층 전체가 원유로 차있거나 물로 차있을 수도 있다. 이럴 경우 OWC을 찾기 위하여 추가적인 시추비를 들여서 시추를 하여야 한다. 그러나 이런 극단적인 경우는 드물고 대개 그 경계면이 어디에 위치하든 간에 OWC가 있는 목적층을 시추하게 된다.

다음 그림 9-17처럼 여러 단층으로 저류층이 구분되어 있을 경우 확보 거리를 너무 멀게 잡으면 직전 시추공과 동 시추공 사이의 단층 블록 안의 구조나 내용을 알려주지 못한다.

확보 거리가 큰 경우 발생 가능한 또 다른 오류는 실제 다음 그림 9-18처럼 3개의 평행 저류층이 존재하고 있지만 #1과 #3 두 발견정, 평가정 정보로는 이를 파악할 수 없으므로 주의하여야 한다.

정리하면 결국 확보 거리를 너무 멀리 잡지 않는 것이 더 합리적이라는 것이다. 결국 OWC와 더 많은 정보를 찾아 되돌아오게 될 수 있다는 점을 유념해야 한다.

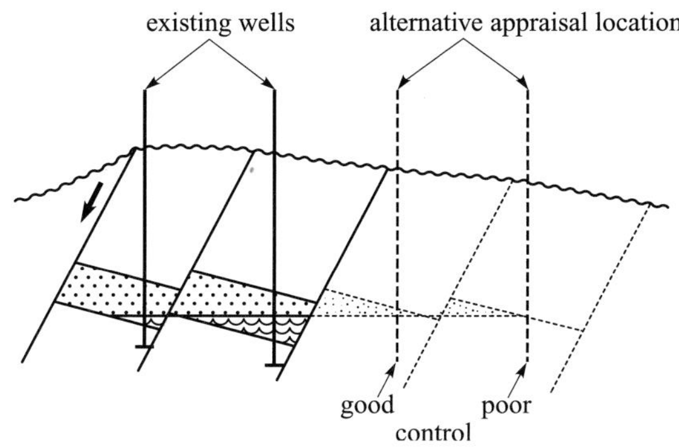

그림 9-17 단층에서 확보 거리에 따른 해석 오류

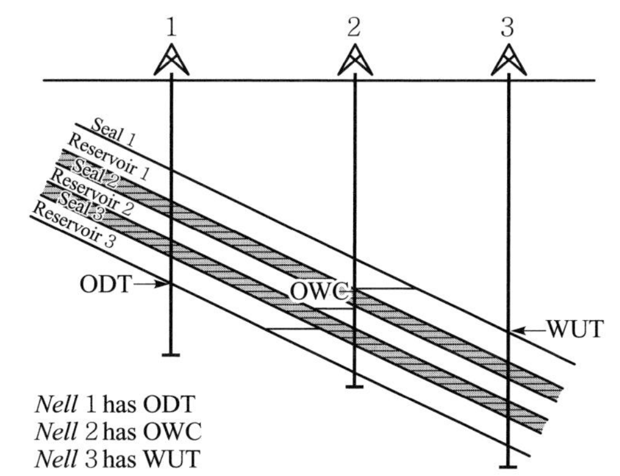

그림 9-18 발견정과 추가 평가정간 위치에 따른 해석 오류(2)

(6) 개발 시추

평가 시추가 본격적인 개발에 대한 의사결정을 위한 정보 수집의 차원이라면 개발 시추는 본격적인 개발 및 상업 생산을 위한 시추를 의미한다. 이 단계에서는 평가 시추를 통해 판단된 매장량을 최적 회수하기 위한 총 시추공수의 산정과 시추공의 위치와 패턴의 결정 등이 진행된다, 물론 시추는 지하 정보를 알 수 있는 가장 직접적인 방법이므로 시추를 진행하면서 새롭게 얻게 된 정보를 활용하여 당초 계획이 언제든지 수정 보완될 수 있다.

개발계획은 저류공학자들에 의하여 여러 정보를 종합한 전산모사를 통해 이뤄지지만 개발 초기에는 일단 어림짐작으로라도 개발계획을 세우게 된다.

이 경우 그림 9-19처럼 일단 개념적인 시추 패턴을 도식화하는데 격자 모양으로 정규화하면 단순하면서도 적용성이 높다. 전체 필드의 궁극 회수량을 R이라하고, 개별 시추공의 감퇴곡선을 고려한 궁극 평균 회수량을 r이라 하면 R/r은 회수를 위한 총 시추공수(N)가 될 것이다. 전체 필드 면적을 A라 하면 A/N은 한개의 시추공이 담당할 회수 면적이 되고 각 시추공당 간격(이를 well spacing이라 함)을 s라 하면 s^2=A/N이므로 s= $\sqrt{A/N}$이 된다.

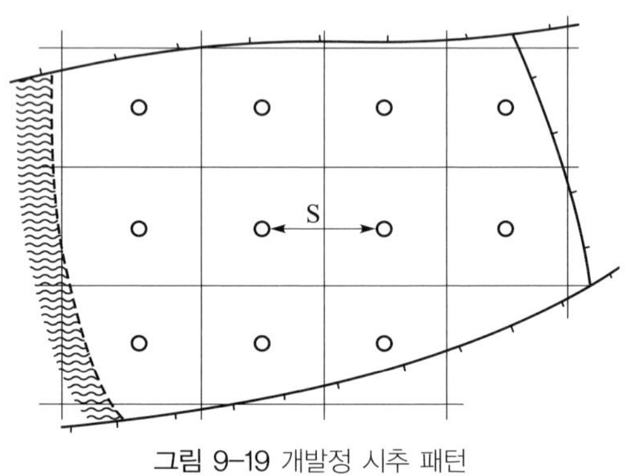

그림 9-19 개발정 시추 패턴

미국의 경우 흔히 실제로 이러한 패턴으로 시추를 진행하며, 1mi x 1mi 단위의 격자를 섹션(section)이라하는데, 섹션에는 40에이커 면적의 16개의 시추 위치가 존재하며 이 시추 위치 당 1개의 시추공을 시추하게 된다(그림 9-20). 흔히 운영자들은 먼저 160에이커 당 1개의 시추를 한 후 80에이커, 40에이커 등 순차적으로 시추를 하여 위험을 줄이고 회수 특성을 파악한 최적의 시추를 추구한다.

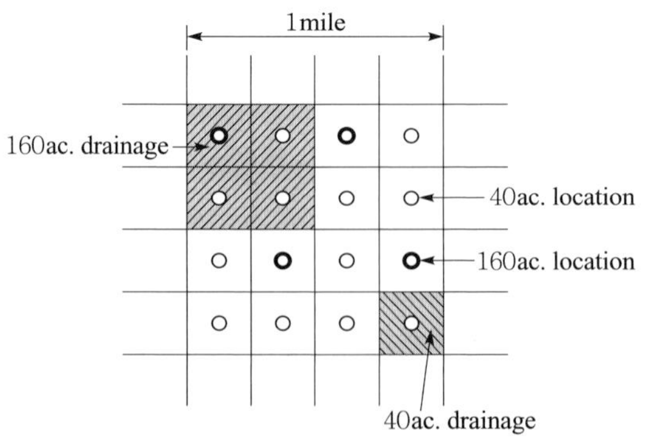

그림 9-20 미국의 시추패턴

9-3 시추 위험

(1) 발견 위험

시추 및 시험을 통하여 상업 생산이 불가할 경우 건공(dry hole)이라 하며, 완결 과정을 거치지 못하고 폐공(P&A: plug and abandon라 함)시키게 된다. 물론 상업 발견이 되면 케이싱 설치, 생산관 연결 등 완결 과정을 거쳐 생산정(producer)이 된다. 한편 어느 개발자가 특정 지역에서 총 시추공중에 완결까지 이른 시추공수의 비를 백분율로 나타낸 것을 시추성공률(drilling success ratio, %)라 하며, 투자 시 중요한 의사 결정 요소가 된다.

(2) 피싱(fishing)

시추 과정에서 시추동이나 이에 연결된 부품이 부러지거나 떨어져서 시추공 바닥으로 떨어지면 더 이상 굴진을 못하고 작업이 중단된다. 이 경우 바닥으로 떨어진 부품을 꺼내는 전문서비스 업체에 의뢰하여 꺼내는 작업을 해야하는데 이 작업을 피싱(fishing)이라 하고, 꺼내는 장비를 피싱장비(fishing tool, 그림 9-21)라 한다. 이 장비들은 전자석을 이용하여 바닥에 떨어진 쇳덩어리를 끌어 올린다거나, 다른 툴에 부착시키기 위해 단면을 깎거나 끊어진 파이프 내로 삽입하여 끌어올리는 등 기능을 수행하며 다음은 그 예이다.

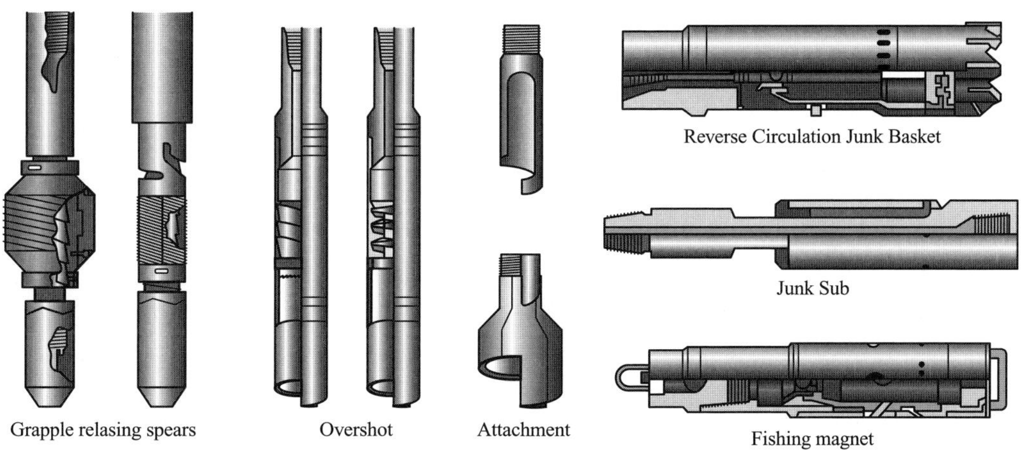

그림 9-21 각종 피싱 장비(from http://cptdc.cnpc.com.cn)

(3) 시추관 고착(pipe sticking)

시추공에서 시추관을 오르내리거나 회전시킬 수 없는 상태를 시추관 고착이라 하며, 크게 압력차 고착(differential sticking, 편향 점착이라고도 함)과 기계적 고착(mechanical sticking)으로 나뉜다.

압력차 고착은 굴착 작업 시 시추관의 일부가 밀리면서 시추공벽 이수막(mud cake)에 고착되어 움직일 수 없게 된 상태를 말한다. 이 경우 심하면 시추관의 일부가 절단될 수 있어 큰 비용이 들게 된다. 이를 방지하기 위하여 밀도가 낮은 이수를 이용하여 이수막의 두께를 얇게 하거나, 유성 이수를 사용하거나 시추공벽과의 접촉 면적을 줄이기 위해 나선형으로 홈이 파진 시추관을 이용하기도 한다. 고착이 발생하면 시추공의 정수압을 낮추고 윤활성이 뛰어난 오일류를 순환시켜 파이프의 회수를 시도하게 된다.

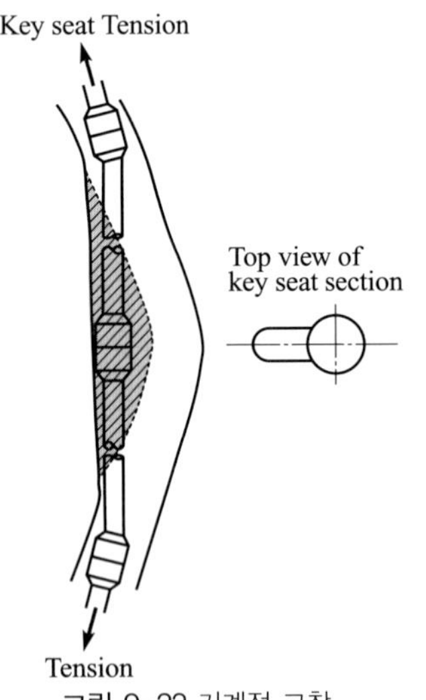

그림 9-22 기계적 고착

기계적 고착은 이수막이나 시추공의 압력과 상관없이 시추공의 형상이나 누적된 암편에 의해 시추관이 고착된 상황을 말한다. 즉 시추공의 크기가 좁아지거나 이수 순환이 정지될 경우 발생하게 된다. 시추공의 형상이 특정 구간에서 굴곡된 경우 시추동은 굴곡면에 접하여 장력을 받게 되면 한쪽만 마찰로 파이게 된다. 이렇게 되면 단면이 그림 9-22와 같이 열쇠 구멍(Key seat)과 비슷한 형태를 띠어 key seat이라 한다. 이렇게 되면 이 부분을 시추동은 통과하지만 시추 비트나 시추칼라는 통과를 못해 문제가 야기된다.

(4) 순환 손실(lost circulation)

굴진 과정에서 공극률이 매우 큰지층, 공동(cavern) 혹은 균열이 매우 잘 발달된 지층을 만날 경우 예상보다 많은 양의 이수가 빠져나가게 되며, 이를 순환 손실이라 한다. 이를 방지하기 위하여 나일론 섬유, 나무껍질 가루, 톱밥, 호두껍질, 셀룰로오드, 운모 박편 등의 충진재를 이수에 첨가하여 밀폐 효과를 높인다. 순환 손실 첨가제만으로 해결이 어려운 심한 경우에는 반고체성 순간 고결 시멘트를 사용하기도 한다.

(5) 저류층 손상(formation damage)

개발정의 경우 상업성이 확인되면 완결하여 생산정으로 사용되므로 시추 과정에서 저류층의 생산 능력을 저하시키지 않아야 한다. 시추는 통상 시추공의 압력이 저류층 압력보다 높은 과압 상태에서 주로 이루어지므로, 이수가 지층으로 침투되며 이 과정에서 공벽은 이수막이 형성되고 계속 침투한 유체는 저류층 유체를 밀어낸다. 통상 생산이 되면 이 유체는 되밀려 나오므로 별 문제가 없지만 이수가 사암층에 부분적으로 존재하는 점토나 셰일과 반응하여 이들이 팽창하면 지층의 공극률과 유체전도도를 감소시킨다. 이러한 지층 손상을 방지하기 위하여는 이수의 물성을 잘 유지해야하며, 손상된 저류층의 유동 능력을 회복시키기 위해서는 산처리(acidizing, 이 작업을 wash job이라 함)나 수압파쇄(hydraulic fracturing)를 시행한다.

만약 저류층 손상이 심각하게 우려된다면 시추공의 압력을 지층압보다 낮게 유지하며 시추하는 저압시추(underbalanced drilling)를 적용할 수 있지만 유정 폭발이 발생할 수 있으므로 이를 제어할 수 있도록 시추공이 폐쇄된 상태에서 회전이 가능한 RCD(Rotating Control Device)를 정두에 설치한다.

(6) 기타 위험

그 밖에 유가스전에 따라 이산화탄소(CO_2)나 황화수소(H_2S)가 시추 과정에서 발생 할 수 있으며, 이는 시추동 등 각종 금속의 부식을 유발한다. 이러한 유전의 경우 특수 재질로 된 장비를 사용하고, 이수에도 특수 첨가제를 첨가한다.

시추 과정에서 매우 높은 압력 지대를 만날 경우 유정 폭발(Blowout)이 일어날 수 있으며 대형 사고로 인명과 물적 피해가 심각할 수도 있다. 이를 미연에 방지하기 위하여 시추 전 과정에서 지층압 변화 모니터링을 세밀하게 하여야 하며, 이상압력대가 예상되는 시추 작업의 경우 방폭장비(BOP: Blow-Out-Preventer)를 갖추고 시추하여야 한다.

9-4 시추 운영(drilling management)

(1) 시추계약

현장에서 시추는 운영권자가 시추 장비를 소유하고 직접 시추하기도 하지만 대부분의 경우 외부의 전문 시추업자 혹은 시추서비스회사와 계약을 하고 진행된다. 계약은 표준 계약 양식을 대개 따르는데 표준 양식은 세계 시추 사업자 협회(IADC, International Association of Drilling Contractors, www.iadc.org)에서 제작되고 활용된다.

시추계약은 작업일기준계약(Day Work Contract), 시추심도기준계약(Footage Contract) 그리고 일괄작업계약(Turnkey Contract)의 세 가지 형태가 있다. 작업일기준계약은 운영권자가 시추기와 현장 인부를 고용하고 운영권자의 통제하에 시추 작업을 시키고 작업일수 기준으로 보수를 지급하는 형태로서 운영권자가 시추 작업에 있어 의사 결정권을 가지게 되므로 만일의 시추 사고 발생 시 대부분의 책임도 운영권자가 지게 된다. 시추업자들은 거의 아무런 리스크가 없으므로 시추 업자들이 가장 선호하는 형태의 시추 계약이다. 시추심도계약은 작업일수와 상관없이 운영권자가 지정한 심도 혹은 목적지층까지 시추 업자에게 시추를 시키고 단위 심도 당 보수($/ft)로 비용을 지급하는 형태의 계약이며 시추가 지연될 경우 그 리스크는 시추 업자가 감수해야 한다. 일괄작업계약은 시추업자가 특정 심도 또는 지층까지 시추하고, 비용이 정해져 있으며, 시추 사고로 시추공을 잃을 위험을 시추업자가 모두 감수하여야 하므로 모든 시추 작업은 시추업자의 통제 하에 진행된다.

(2) 운영권과 신규 시추 제안

신규 시추 위치 선정에서부터 시추업자를 불러 시추를 진행하고, 향후에 상업적 판매에 따른 비용과 수익의 배분은 운영권자(operator)에 의하여 진행된다. 운영권자는 대개 유전에 대해 지분을 가장 많이 소유하고 있으나 그렇지 않은 경우도 많으며 계약운영대행자(Contract Operator)의 경우 지분 없이도 운영을 할 수 있다. 운영권자는 단순 지분 참여자인 비운영권자를 대신하여 공동운영계약(JOA: Joint Operating Agreement)에 의하여 각종 운영 사항 합의하에 각종 개발 활동을 현장에서 직접 진행하게 된다.

신규 시추의 경우 운영권자는 비운영권자에게 신규 시추공 제안서(이를 well proposal이라 함)를 송부하며, 비운영권자는 이에 대해 소정의 기한 내에 참여 여부를 통보해야 한다. 이 제안서에는 시추비에 대한 예상 견적서가 동봉되는데, 이를 비용승인서(AFE: Authorization for Expenditure)라 한다. 이 AFE에는 목적 심도까지의 순시추비(이를 Dryhole Cost 또는 아직 목적심도 도달 전 비용이라 하여 Before Casing Point Cost 약자로 BCP cost라 함, 그림 9-23) 및 발견 후 생산 시설을 위한 완결비(Completion cost 또는 목적 심도 도달 후 상업 생산을 위한 비용이라하여 After Casing Point Cost 약자로 ACP Cost라 함)의 각종 상세 견적이 적혀 있다.

운영권자는 시추가 개시 된 후 매일의 시추작업 진척에 대해 비운영권자가 열람을 할 수 있도록 보고하는데 이를 시추일보(DDR: Daily Drilling Report, 부록 5에 첨부)라 한다. 여기에는 매 시간 당 시추 작업 내역과 비용 등이 기술되어 있다.

WXY Oil and gas operations
cost estimate & authorry for expenditure

■ Original ☐ Supplemental ☐ Revision ☐ Budgeted
■ Non ☐ Non
☐ Non ☐ Non
☐ Non

Lease : Well No. 1 Date : April 24. 2008
Location :
County : ABC State : Texas Prospect : Oil and Gas
Field : Ridge Proposed formation : Austin chalk TD : 3,750
Proposal : Drill vertical well to test the Austin chalk
Daywork contract

ACCT	INTANGIBLES	BCP COST	ACP COST	COMPLETED WELL COST
9106	Leases, Land/Legal, Survey, Plats Row, Permits	2,500		2,500
9108	Water	6,000		6,000
9110	Location & Road, Rathole & Mousehole, Demages	55,000		55,000
9114	Contract drilling-Daywork-15day@$515,500/day	232,500		232,500
9118		50,000		50,000
9120		4,000		4,000
9122	Mud & Chemicals-	35,000		35,000
9124	Mud logging - 6,000' to TD, Coring, DST's	12,500		12,500
9126		13,500		13,500
9123	Open hole logs-Triple combo	55,000		55,000
9130		15,000		15,000
9132	Drill bits, mud motor,	45,000		45,000
9134	Technical supervision	10,000		10,000
9136	Engineering & geological service . Contract	20,000		20,000
9138	Fuel-17days@$300,000/day	51,000		51,000
9142	Restoration of surface, plug & Abdn costs . Ecment, welder & blackhoe	2,500		2,500
9146	Drilling Overbead	7,000		7,000
9148		2,500		2,500
9150	Casing crew, pick up/lay down machine	5,500		5,500
9202	Completion rig - 4days at $4,500/day		18,000	18,000
9204	Cased hole logs, tracer survey & performing		40,000	40,000
9206	Cementing & Cementing services, prod Csg/liner		30,000	30,000
9208	Coiled tubing unit		0	0
9210	Completion fluids		1,000	1,000
9212	Formation simulation		350,000	350,000
9214	Frac water, frac tanks, fast line, water transfer pumps		35,000	35,000
9216	Rentals-frac valves tools, BOPs		10,000	10,000
9218	Casing crew, pick up/lay down machine		15,000	15,000
9220	Trucking/Labor		5,000	5,000
9222	Supervision . Company		15,000	15,000
9224			2,500	2,500
	TOTAL INTANGIBLE COST	$624,00	$521,500	$1,145,500

그림 9-23 AFE 사례

(3) 공동지분 비용 청구서(JIB)

운영권자는 시추제안서에 참여 의사를 통보한 비운영권자들에게 AFE의 순시추비에 해당하는 비용을 통상 선납 받고 나머지는 완결비를 포함하여 매월 발생분에 대해 각 참여자들의 지분비 만큼 계산하여 청구하게 되는데 이를 공동지분 비용 청구서(Joint Interest Billing)라 한다.

또한 생산정의 판매 수입에 대해서는 해당월의 생산량, 판매 가격, 지분, 세금 등을 명기하여 각 지분소유자에게 정보를 제공하게 되는데, 다음은 어느 대규모 사업자의 판매 수입 명세서이다(그림 9-24).

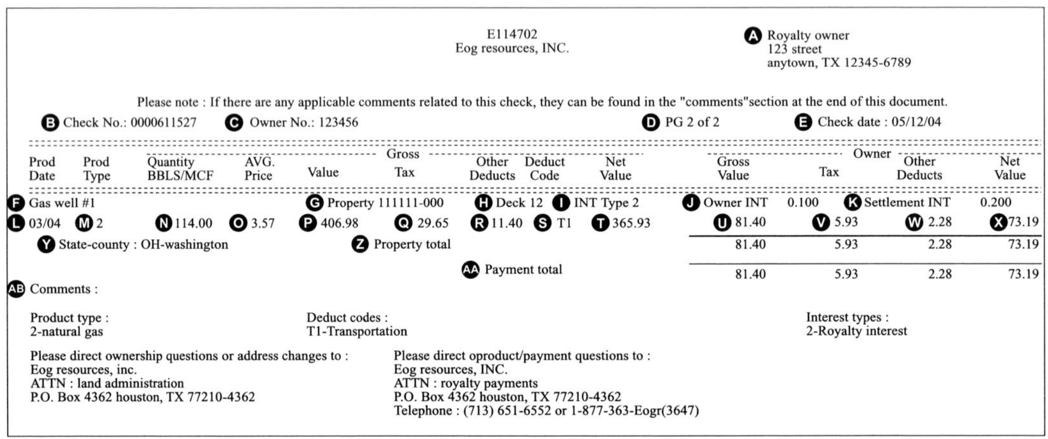

E114702
Eog resources, INC.

(A) Royalty owner
123 street
anytown, TX 12345-6789

Please note : If there are any applicable comments related to this check, they can be found in the "comments"section at the end of this document.

(B) Check No.: 0000611527 (C) Owner No.: 123456 (D) PG 2 of 2 (E) Check date : 05/12/04

Prod Date	Prod Type	Quantity BBLS/MCF	AVG. Price	Gross Value	Gross Tax	Other Deducts	Deduct Code	Net Value	Owner Gross Value	Owner Tax	Owner Other Deducts	Owner Net Value
(F) Gas well #1				(G) Property 111111-000		(H) Deck 12	(I) INT Type 2		(J) Owner INT	0.100	(K) Settlement INT	0.200
(L) 03/04	(M) 2	(N) 114.00	(O) 3.57	(P) 406.98	(Q) 29.65	(R) 11.40	(S) T1	(T) 365.93	(U) 81.40	(V) 5.93	(W) 2.28	(X) 73.19
(Y) State-county : OH-washington				(Z) Property total					81.40	5.93	2.28	73.19
						(AA) Payment total			81.40	5.93	2.28	73.19

(AB) Comments :

Product type :
2-natural gas

Deduct codes :
T1-Transportation

Interest types :
2-Royalty interest

Please direct ownership questions or address changes to :
Eog resources, inc.
ATTN : land administration
P.O. Box 4362 houston, TX 77210-4362

Please direct oproduct/payment questions to :
Eog resources, INC.
ATTN : royalty payments
P.O. Box 4362 houston, TX 77210-4362
Telephone : (713) 651-6552 or 1-877-363-Eogr(3647)

그림 9-24 EOG사의 Revenue Check 양식(from eogresources.com)

제10장 저류층 물성 및 생산특성 (Nature of Reservoir Properties)

10_ 저류층 물성 및 생산특성 (Nature of Reservoir Properties)

10-1 저류층의 주요 물성

저류층의 물성들은 이 책의 앞부분에서 다룬 석유, 천연가스 등 저류층 내의 탄화 수소 조성, 사암 혹은 탄산염암 등 저류층의 타입과 더불어 다음의 것들이 있으며 이것은 매장량 및 회수량에 매우 중요한 영향을 주는 요소이다.

(1) 심도

저류층의 물성은 저류층 심도에 따라 큰 영향을 받게 되는데, 천부저류층(shallow reservoir)의 경우 낮은 심도로 인하여 지층압이 작게 되어 대개 원유와 천연가스층이 잘 분리되어 있으며, 지층 온도가 상대적으로 낮아 용해 가스가 적다. 반면에 심부저류층(deep reservoir)의 경우 심한 습곡 작용에 의해 생성되는 경우가 많은데 고온 고압의 환경이므로 원유의 점도가 낮고 용해 가스가 많고 원유와 가스의 경계가 모호한 경우가 많으며 높은 지층압에 의하여 공극률이나 유체투과율이 감소되는 경우가 흔하다.

(2) 면적과 층후

저류층의 전체 면적과 두께는 저류층의 상업성 판단에 주요 열쇠가 된다. 대개 이 두값이 클수록 많은 탄화수소가 집적되었을 가능성이 크지만 흔히 그리 크지 않은 저류층에서도 상당한 양의 탄화수소가 생산되는 경우도 있다(그림 10-1).

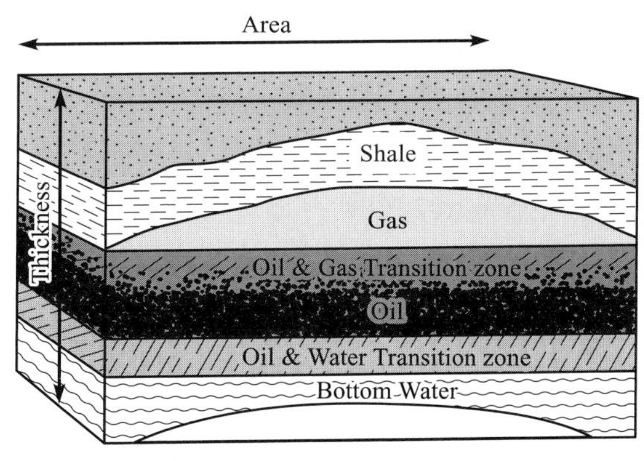

그림 10-1 저류층의 면적과 두께

(3) 공극률(Porosity)

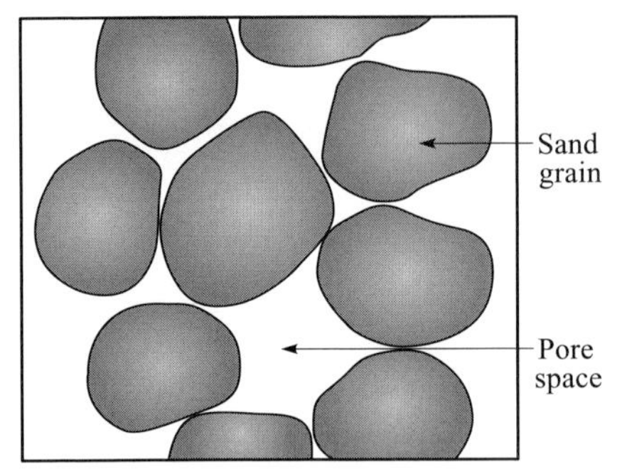

그림 10-2 다공성 사암의 공극

공극률은 암석 전체 부피와 암석을 이루는 알갱이 사이의 빈 공간인 공극(그림 10-2)의 부피의 비율을 말하며 다음과 같이 정의된다.

공극률은 검층 자료에는 통상 백분율(%)로 표시되지만 계산식에서는 흔히 소수점으로 표기되므로 주의하여야 한다.

공극률은 보는 관점에 따라 퇴적 당시 형성된 암석의 공극을 기준으로 할 경우 1차공극률(primary porosity), 지하수에 의한 용해, 균열 등에 의해 변화된 후의 공극률인 2차공극률(secondary porosity)로 나눌 수 있으며, 공극끼리 연결성이 있어야 실제 공극내의 탄화수소가 그 통로를 통해 생산이 되므로 이의 관점에서 연결된 공극만 고려한 공극률은 유효공극률(effective porosity), 모든 공극을 다 고려하면 전체공극률(total porosity)이라 한다(그림 10-3).

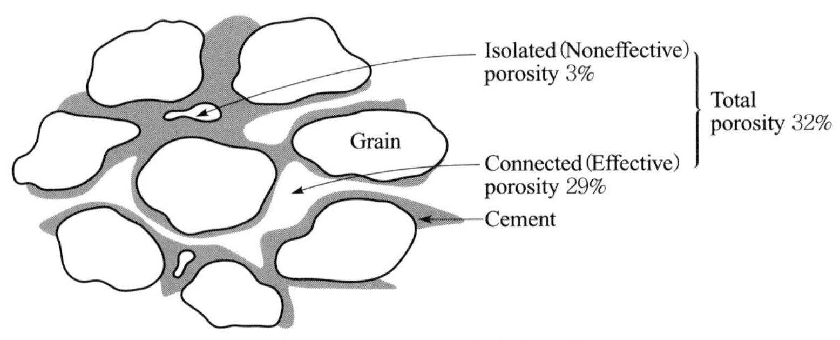

그림 10-3 유효공극률과 전체공극률

저류층 내로 다량의 물을 고압으로 주입하여 유동 성능을 늘리는 수압파쇄(hydraulic fracturing)를 시행할 경우 이를 통해 새롭게 균열이 생겨나며 이때 공극률을 파쇄공극률(fracture porosity)이라 한다.

공극률은 수학적으로 잘 분급된, 즉 비슷한 크기의 알갱이들로 구성된 경우(그림 10-4) 사암에서 최대 47.6% 동일한 크기의 암석 알갱이들 간에 입방체 구조 가정)를 가지지만 현실적으로 지층압에 의한 다짐 및 교결 작용으로 이보다 훨씬 작다. 그러나 탄산염암의 경우 침투된 물에 의해 지층이 용해될 경우 이정도의 큰 공극률을 가질 수도 있다.

현장에서 저류암의 공극률이 10% 미만이면 자체 압력에 의한 생산이 힘들며, 10~15%면 보통, 15~25%가 대부분의 상업 생산 유전의 공극률이며, 25%가 넘으면 매우 뛰어난 유전이라 할 수 있다.

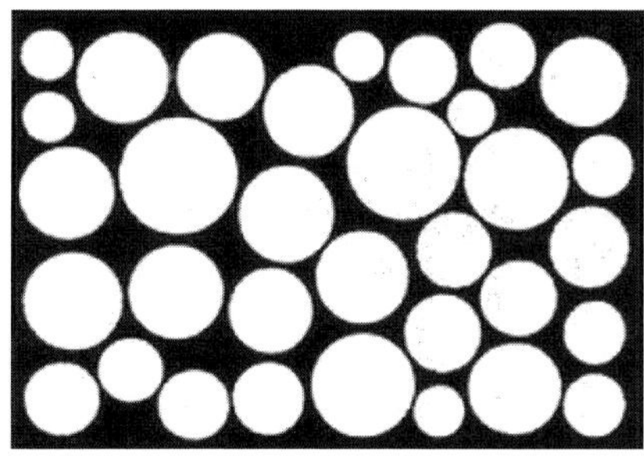
그림 10-4 분급이 잘 된 암석 알갱이

(4) 유체 투과도(Permeability)

공극률이 저류층 내에 얼마나 많은 양의 탄화수소가 배태될 수 있는지를 파악하는 정적(靜的) 물성이라면, 유체투과도는 이 탄화수소가 얼마나 잘 이동하여 저류층에서 생산정까지 이동할 수 있는지를 측정하는 동적(動的) 물성이다. 유체투과도는 지층의 서로 연결된 공극을 통과하며 유체가 지나갈 수 있는 용이도를 나타내는 물성으로 면적([L^2])의 차원을 갖는다.

상식적으로 볼 때 공극이 클 경우 유체 유동이 더 쉬우므로 유체투과도가 클 것이며, 이를 위하여 암석을 이루는 입자의 크기가 클 것이다. 이외에도 공극의 형태, 미립자의 분포 등 여러 물성들이 유체투과도에 영향을 준다. 유체투과도는 암석 시료에 실제로 유체를 유동시켜 다음의 Darcy의 법칙이라는 경험식을 통해 얻어지게 되는데, Darcy의 식에서는 k에 해당된다(그림 10-5).

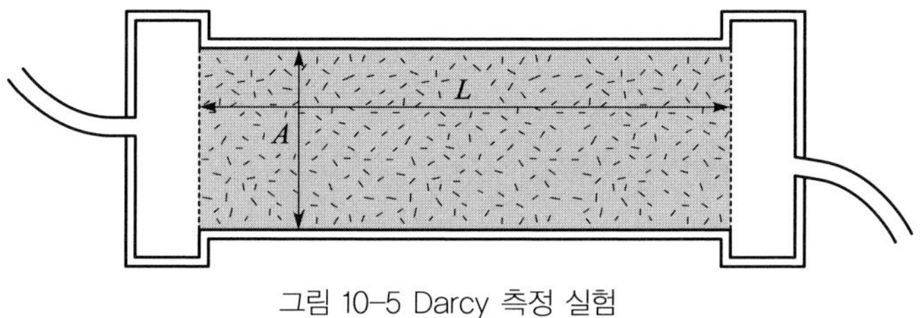

그림 10-5 Darcy 측정 실험

Darcy의 법칙은 다음과 같이 표현된다.

$$Q = k \times \frac{A}{L} \times \frac{\Delta P}{\mu}$$

여기서, Q는 유체 유동률, A는 단면적, L은 길이, ΔP는 압력 구배, μ는 유체 점도, k는 유체전도도이다.

k의 단위는 Darcy로 표시되는데, 실제 유전의 경우 이의 1000분의 1인 milliDarcy(mD로 표기) 수준의 유체투과도가 현실적인 수치이다.

시료를 이용하여 실험실에서 k를 측정하기도 하지만 현장에서는 생산정의 압력 조절을 이용하여 측정하는데 이 경우 이를 체적유체투과율(bulk permeability)이라 한다.

공극률은 입자 알갱이 크기와는 무관하지만 유체투과도는 크기나 형태에 영향을 받는다. 세립질 사암의 경우 공극률은 크지만 개별 입자 공극 크기가 너무 작고 연결 통로(pore throat)가 너무 좁아 유체 흐름이 용이하지 않아 매우 작은 유체투과도를 갖는다. 셰일이나 점토의 경우도 위와 비슷하다. 반면에 석회암의 경우 공극률이 작거나 정동(vug)이 있더라도 상호간 연결이 안된 경우가 많아서 유체투과도가 매우 작다. 그러나 자연 균열 지층이나 수압파쇄에 의한 인공 균열 지층의 경우 자연적인 혹은 인위적인 균열 망에 의하여 연결성이 좋게 되어 상대적으로 큰 유체투과도를 갖는다.

유체투과도는 그림 10-6과 같이 알갱이의 형태에 따라서 방향에 따라 다른 유체투과도를 갖는 이방성이 있으므로 탄화수소의 부존과 생산을 연구할 때 반드시 고려하여야 한다

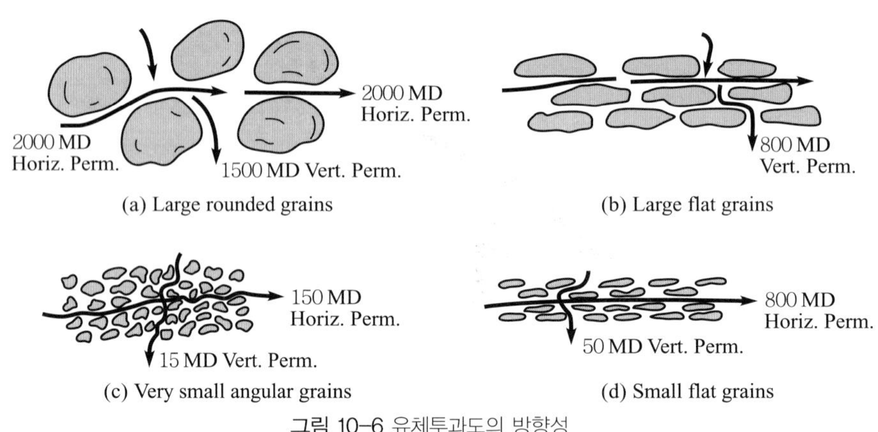

그림 10-6 유체투과도의 방향성

유체투과도는 유정의 생산성과 직결되는 중요한 물성이며 통상 10mD 미만은 치밀하다고 하며 천연가스의 경우에는 생산이 가능하고, 100mD 수준이면 그런대로 좋은 유전이며, 1,000mD(=1D)가 넘는 유전은 매우 좋은 유전이라 할 수 있겠다.

저류층의 공극을 통해서 대개 물과 원유 등이 함께 흐르게 되므로 각 유체에 대한 상대 유체 흐름의 용이도인 상대 유체투과도(relative permeability, 그림 10-7)가 더 중요한데, 다음 그림 10-7은 물과 원유에 대해 공극내에서 각각이 차지하는 비율(이를 유체포화도, fluid saturation이라 함)에 따라 다른 유체가 얼마나 잘 흐르는 지를 보여준다. 당연하겠지만 그림에서 보듯이 원유의 유체포화도가 클수록 원유의 유체투과도가 커지며 이것은 공극내에 원유가 많이 함유될수록 원유의 흐름이 더 용이하다는 것이다. 다음 그림에서 보듯이 예를 들어 당초에 공극에 물이 채워 있다가 원유가 밀려들어와 공간을 차지하더라도 더 이상 교체할 수 없는 잔존수가 존재하게 되는데 저류층의 경우 이를 선천수(connate water)라 하고 그림에서 Swc가 이에 해당된다.

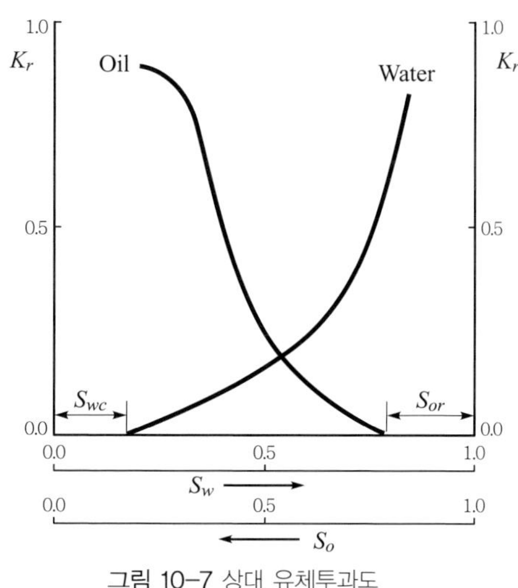

그림 10-7 상대 유체투과도

(5) 저류층압

공극내의 유체는 상부를 차지하는 암반에 의한 고압의 상황에 처해 있는데 저류층 내의 원유-물 경계지대의 일반적인 지층압은 동일 높이의 염수의 정수압과 거의 같다. 물론 정수압은 염수에 녹아 있는 소금의 농도에 의존하며, 만일 일반적인 해수가 차있다면 0.446psi/ft의 압력 구배를 가지며 저류층의 경우 지층압이 클 때는 1psi/ft까지 작용하기도 한다. 대개 저류층의 퇴적 환경이 해성 퇴적이었기 때문에 지층수는 염수이다.

또한 쇄설암층이 끼어 있을 경우 생산을 통해 해당 지역의 국지적 압력 감소로 인해 지층 붕락 등을 유발할 수 있으므로 주의해야 한다.

10-2 저류층 유체 특성

(1) 유체 분포

탄화수소 저류층은 일반적으로 천연 가스, 원유 및 지하수의 세 가지 유체를 함유한다. 이 세 가지 유체는 집적과정에서 수직 분포를 이루게 되는데 이는 유체 간에 상이한 비중 차이에 기인하는데, 가장 가벼운 천연가스가 최상부를 차지하고 지층수가 최하부를 차지하게 된다(그림 10-8). 물론 세 유체층 사이는 인접 유체가 혼재하는 천이 지대가 존재한다.

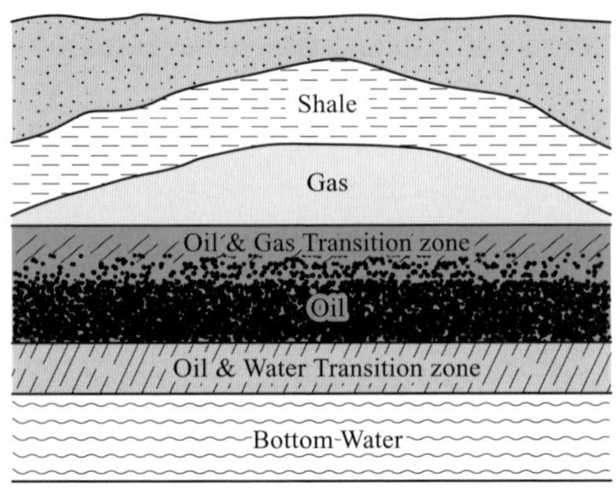

그림 10-8 저류층 구성 유체의 분포

(2) 유체역학

저류층은 암석층, 공극, 그리고 암석 알갱이와 공극사이의 연결 통로(일종의 관으로 단순화 할 수 있으며 다만 관의 굵기가 변한다고 생각하면 될 것이다.)로 이루어져 있다. 이 빈 공간에는 원유나 천연가스 또는 지층수가 채워져 있다. 지층수는 앞서 설명했듯이 퇴적 당시 해성 환경에 영향을 받아 염분이 포함되어 있는 염수가 대부분이지만 지표의 담수가 스며든 후 염수와 교체되어 갇혀 있는 경우도 있다.

1) 표면장력

유전의 생산은 결국 공극의 유체가 공극 통로를 거쳐 지상으로 올라오는 과정인 바 이를 파악하기 위하여 유체 분자 사이의 응집력을 나타내는 표면 장력(surface tension)이 가장 중요한 물성이다.

다음 그림 10-9의 (a)를 보면 물 입자의 사방에 동일한 물 입자가 존재하여 각 입자에 작용하는 응집력(cohesion) 즉, 표면 장력이 고르게 작용 한다. 반면 (b)의 경우 윗부분은 물 분자가 없고 아래에만 있어서 서로 응집하고자 아래 방향으로 당기는 힘이 작용한다. 이는 마치 물을 담아 놓은 그릇의 표면이 하나의 막처럼 작용하는 것과 같은 것으로 작게는 일상에서 물방울 이 구형을 유지하는 이유이기도 한다.

동일 유체 입자(분자) 사이에 당기는 힘이 응집력이라면 다른 종류의 유체입자 혹은 유체와 고체간에도 서로 당겨 붙으려는 부착력(adhesion)이 작용한다. 부착력은 표면장력과 그

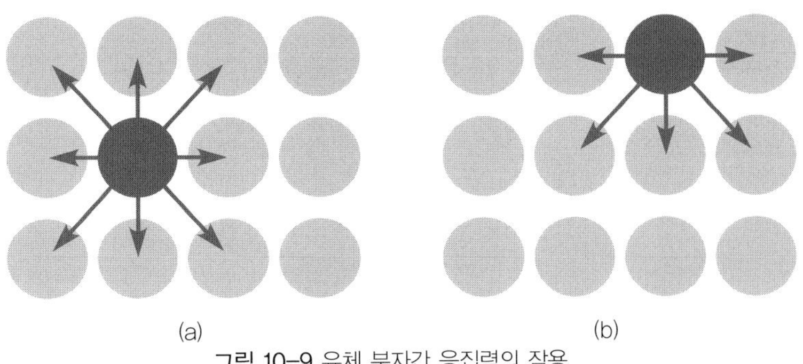
(a) (b)

그림 10-9 유체 분자간 응집력의 작용

원리가 거의 같지만 대개 액체와 고체, 액체와 액체 간에 작용하는 인력을 말하며 계면 장력(interfacial tension)이라 한다. 이 계면에서 작용하는 힘과 같은 종류의 입자간에 응집력은 다른 값을 가지므로 불균형이 생기며 때로는 그 힘이 더 크거나 작을 수 있게 되므로 유리표면 위의 물은 부착력이 물 분자간의 응집력보다 커서 유리 표면에 응집하게 된다.

저류층의 경우 암석 알갱이와 물의 부착력이 물과 원유의 부착력보다 크므로 공극내에 물과 원유가 동시에 있으면 물은 암석 표면에 달라붙어 필름처럼 층을 형성한다. 이러한 저류층을 친수성(water wet) 저류층이라 한다. 대부분의 저류층이 친수성 저류층이며 암석 알갱이가 극성을 띈 물질이 포함되거나 아스팔틴 성분 등을 포함할 경우 드물게 원유가 암석 알갱이에 붙은 친유성(oil wet) 저류층이 존재하기도 한다(그림 10-10).

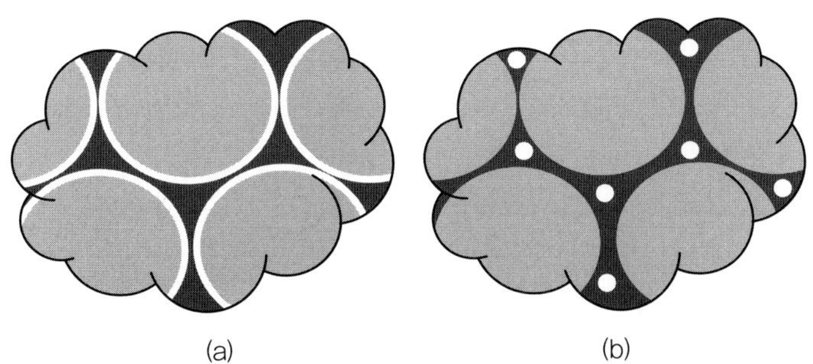
(a) (b)

그림 10-10 친수성 저류층(a), 친유성 저류층(b)

2) 모세관압

저류층 암석 내에는 암석 알갱이 암석 사이의 공간인 공극 및 알갱이 사이의 연결 통로가 존재한다. 공극이나 이 통로의 크기가 작을수록 표면 장력이 커지는데 이에 따라 공간을 차지하고 있는 유체에 작용하는 압력이 다르게 되며 이 작용하는 압력을 모세관압(capillary pressure)이라 한다. 다음 그림 10-11은 동일한 응집력이 작용하는 물을 관의 크기가 다른 수조에 담았을 경우 작용하는 모세관압 차이에 의하여 빨려 올라가는 물기둥 높이의 차이를 보여준다. 저류층에서는 공극 통로가 협소할수록 모세관압이 크게 작용하여 더욱 잘 이동할 것이다.

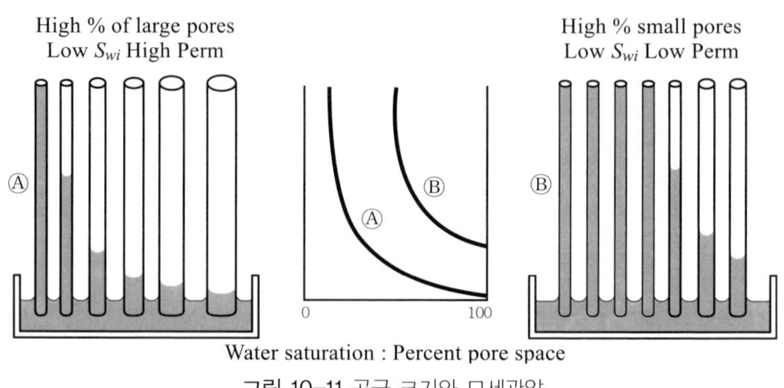

그림 10-11 공극 크기와 모세관압

10-3 생산기능

(1) 유동 추진 에너지

저류층 암반층과 공극내 유체는 고온 고압의 환경 하에 부존한다. 저류층 내 유체는 모두 압축성 유체이지만 가스가 동일 압력하에서 원유나 지하수에 비해 50~100배 정도 압축률이 좋다. 따라서 생산이 시작되면 빠져나간 유체 공간을 천연가스가 바로 채우게 된다.

저류층의 지층압이나 주변 지하수 대의 압력 등 원래 저류층에 작용하는 에너지를 이용하여 탄화수소를 생산하는 생산을 1차 생산(primary production)이라 하고, 유체의 주입 등 인위적인 에너지 보강을 통해 자연압으로는 생산할 수 없는 유체를 생산하는 것을 2차 생산(secondary production)이라 한다.

다음 그림 10-12는 공극내 유체의 일부가 생산된 후 빈 공간을 차지하는 유체의 팽창을 도식화한 것이다.

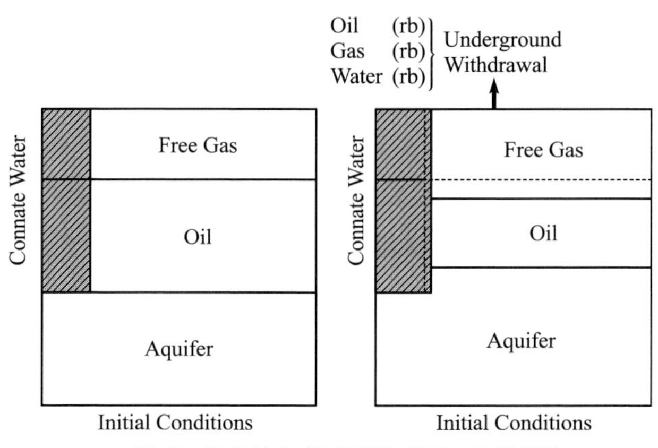

그림 10-12 생산 후 빈 공간을 채우는 유체 팽창

(2) 저류층 내 물질 평형

앞의 그림처럼 저류층으로부터 방출된 원유와 천연가스의 부피는 생산 압력과 온도의 저류층 상태로 환원한다면 원유와 원유속에 있었던 용해가스의 부피, 저류층 내의 가스 팽창, 공극수의 팽창 및 저류층 유체 이탈에 의한 저류층 내 공극 붕락에 따른 공극 부피의 감소의 합과 같을 것이다. 1941년 Schilthuis는 이를 방정식화하여 원시매장량이나 궁극회수량 등을 산정하는 식을 제시하였는데 이를 물질평형방정식(Material Balance Equation)이라 한다. 각각의 항목은 복잡한 수식으로 표현되지만 결국 '생산=저류층 유체의 팽창'이라는 이야기이다. 이 내용은 본서의 범위를 벗어나므로 저류층공학에 관한 시중의 책들을 참고하기 바란다.

(3) 생산 메카니즘

앞서 물질 평형에서 보았듯이 저류층 내에서 용해가스나 자유가스의 팽창, 지층수의 유입 등에 의한 에너지가 각각 합하여 생산이 이뤄진다. 그러나 대부분의 저류층에서는 한 가지 생산 메카니즘이 지배적으로 작용하여 다른 생산 기능의 효과는 무시되는 경우가 대부분이다.

용해가스 생산기능은 저류층 내의 원유 속에 있던 용해가스가 생산에 따른 기포점 이하 압력강하 조건하에서 자유가스로 팽창되어 저류층 내 원유를 밀어내는 생산 메카니즘이다(그림 10-13). 물론 이 생산 메카니즘을 위해서는 상부에 자유가스층이 없고, 천연가스가 대부분 원유 속에 용해되어 있는 저류층 조건에서 생산을 개시할 경우에 해당되며, 다음의 그림처럼 단순화 할 수 있다.

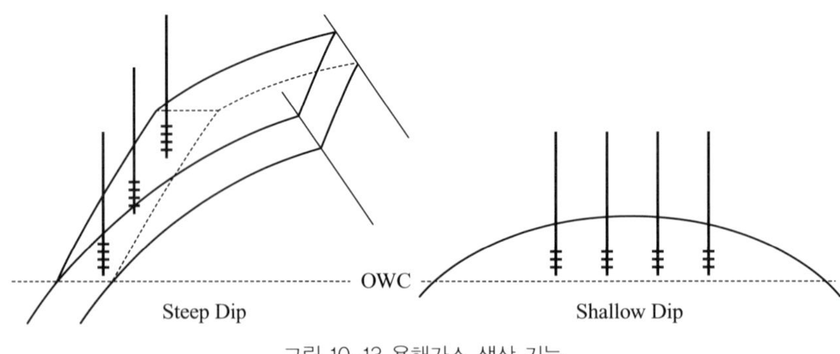

그림 10-13 용해가스 생산 기능

자유가스 생산 기능은 아래 그림 10-14에서 보는 바 처럼 상부에 고압축성의 자유가스층(통상 gas cap이라 함)이 존재하고 생산정은 원유층에 시추할 경우이다.

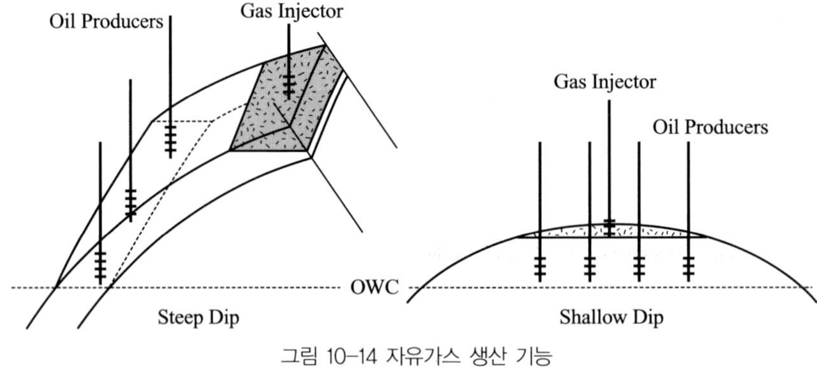

그림 10-14 자유가스 생산 기능

저류층의 주변에 대수층이 크게 발달한 경우 지층수가 가장자리에서부터 탄화수소 지역으로 지층면에 평행하게 석유를 밀거나 상부 방향으로 밀어주어서 생산이 되는 메카니즘을 지층수 생산기능(그림 10-15)이라 한다. 대수층이 발달하여 이의 유입으로 생산이 되기도 하지만 수공법(water flooding)의 경우 인위적으로 물주입정을 관정하여 저류층 주변으로 물을 주입하여 생산을 증가시키기도 한다.

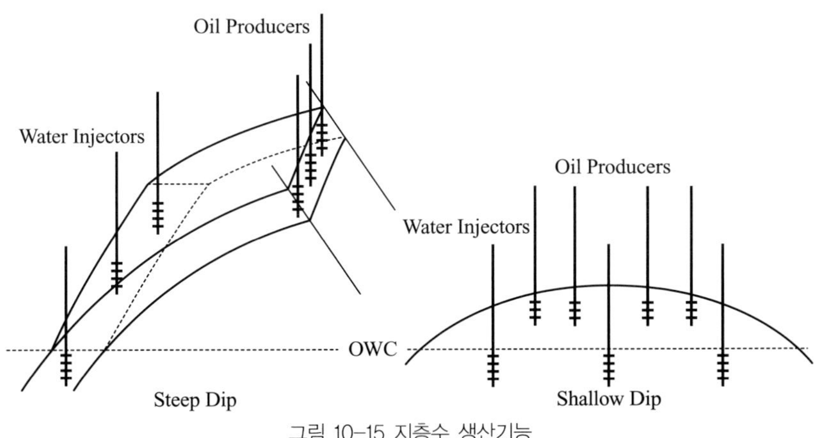

그림 10-15 지층수 생산기능

위에서 언급한 세 가지 주요 생산기능은 동시에 작용하기도 하는데 대표적으로 자유가스 팽창과 대수층 물 유입에 의한 생산기능은 동시에 발생하는 경우가 많다. 물질평형식은 과거의 생산자료를 근거로 각각의 생산기능의 작용여부를 판단, 미래의 생산 거동 예측에 활용될 수 있다.

제11장 신 석유 및 가스 자원 (Unconventional Resources)

11_ 신 석유 및 가스 자원 (Unconventional Resources)

11-1 개요

신 석유 및 가스 자원은 오일샌드(oil sand), 셰일가스(shale gas), 치밀가스(tight gas), 석탄층가스(CBM; coal-bed methane gas), 오일셰일(oil shale), 가스하이드레이트(gas hydrate) 등과 같이 원유자체의 점도가 매우 높거나 저류층이 치밀하여 기존의 석유개발 기술로는 생산이 불가능한 탄화수소자원으로 세계석유공학회(SPE)는 정의하고 있다. 이들 신 석유가스 자원의 특징을 살펴보면다음과 같이 요약할 수 있다.

첫째, 현재 석유가스생산 기술을 적용할 경우 저류층의 자연 압력에 의해 회수되는 석유나 가스량은 경제성에 못미친다.

둘째, 수평시추와 수압파쇄기술 적용과 같은 인위적인 유정자극기술을 가미하였을 경우에만 상업적 생산이 가능하다.

셋째, 높은 원유 점성도, 낮은 저류층 투과도 등으로 인해 현재 기술수준에서 회수가 불가능하거나 회수량이 상업성에 미달된다.

넷째, 석유가 기타 물질과 결합하여 고체, 액체 또는 기체상으로 존재하고 있어 이를 분리 정제해야 함으로 개발비용이 경제성을 충족하지 못한다.

다섯째, 상업적 회수를 위해 각각의 자원별로 독특한 생산기법을 적용해야 한다. 이 기술들은 대부분 현재에도 연구개발 중에 있다.

여섯째, 이들 자원을 생산하기 위해 광물자원의 채굴법을 적용하는 경우에도 추가적인 분리 또는 정제과정을 거쳐야만 석유류로 활용이 가능하다.

따라서 신석유가스자원은 전통석유가스자원에 비해 개발비용이 증가하는 반면 대규모로 분포하여 자원량이 풍부하기 때문에 신기술의 적용과 대규모로 개발해야만 경제적 개발이 가능하다(그림 11-1).

이들 자원의 특징을 요약하면, 오일샌드, 석탄층 가스, 셰일가스, 치밀가스 등과 같이 생산회수법이 기개발되었거나 실용화단계에 근접한 자원과 오일 셰일 및 가스하이드레이트와 같이 상대적으로 생산회수법이 미개발되었거나 회수 효율성이 낮아 현재 비상업적인 자원으로 분류된다.

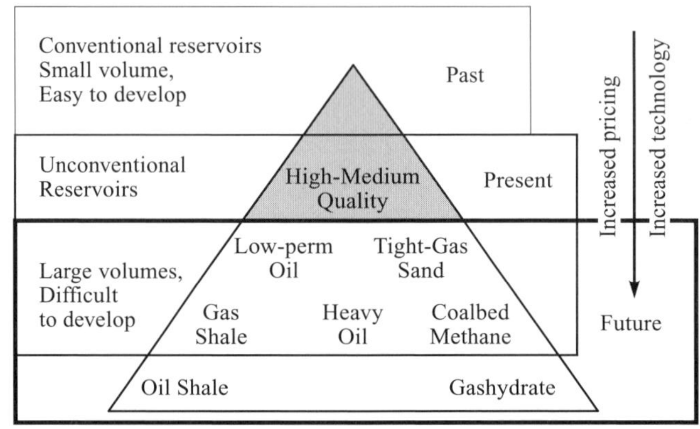

그림 11-1 삼각 다이어그램에 의한 석유자원의 개념도

IEA에 의하면, 이들 자원의 부존량과 단위 배럴당 생산비용은 그림 11-2와 같다. 그림 11-2에서 볼 수 있는 바와 같이, 신석유가스 자원 중 초중질유 및 오일샌드, 셰일가스, 치밀가스, 석탄층가스 등은 배럴당 약 60불 정도이면 개발이 가능하고 오일셰일, GTL(gas to liquid) 및 CTL(coal to liquid) 등은 유가가 110불 이상은 되어야 개발이 가능하다고 볼 수 있다.

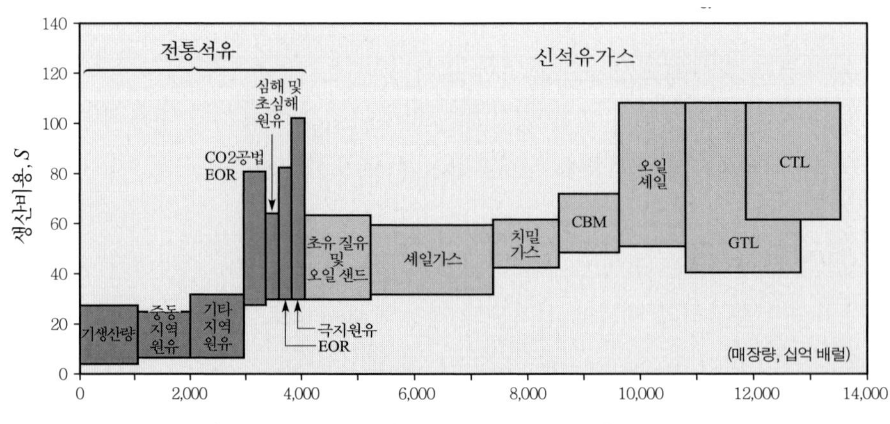

그림 11-2 신석유가스자원의 단위 배럴당 생산비용(IEA, 2008)

앞서 살펴 본 바와 같이 국내기업이 해외 신석유가스자원 개발사업에 진출하기 위해서는 각 자원의 특징을 잘 검토하고, 특징에 적합한 진출 전략을 가져야 한다.

11-2 오일샌드(oil sand)

오일샌드란 미고화상태의 사암이나 고화된 셰일 및 석회암 등이 혼합된 퇴적암에 점도가 높은 고유황 탄화수소인 역청(bitumen)이 함유되어 있는 것으로서 과거에는 타르샌드(tar sand)와 혼용하여 사용된 적도 있었으나, 최근에는 생성기원이 다르다는 이유로 다르게 부른다. 이와 같은 오일샌드에는 반액체, 반고체 및 고체상태의 원유 물질뿐만 아니라 끓는 물에 의해서도 제거되기 어려운 퇴적물이 포함되어 있다(그림 11-3).

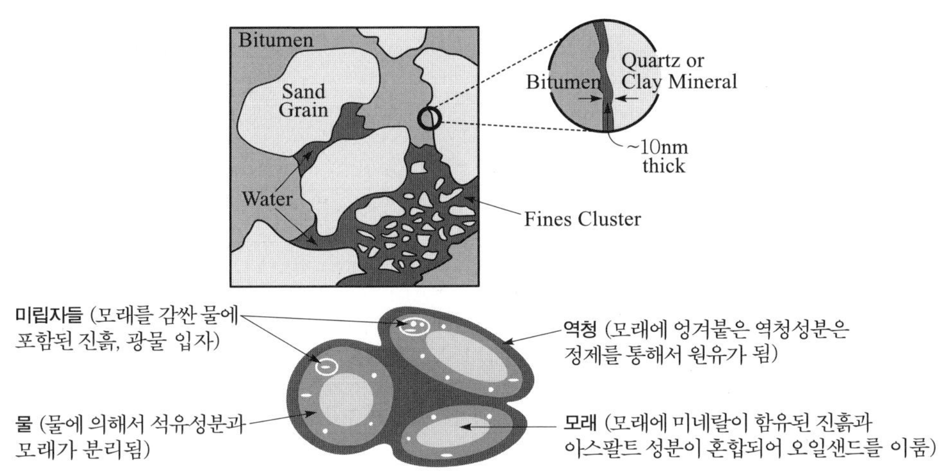

그림 11-3 오일샌드의 성상 및 형태

일반적으로 오일샌드에는 4~10 무게%(wt.%)의 유분(물리적 성질은 일반원유의 아스팔트와 비슷함)이 함유되어 있다. 오일샌드로부터 얻어지는 역청은 점성과 비중이 높아 수송이 어려우며, 많은 종류의 화학물질을 함유하고 있기 때문에 연료로 직접 사용하기 위해서는 열분해(coking), 용매추출 및 수소화처리(hydrotreating) 등과 같은 공정을 통하여 합성원유로 개질(upgrading)해야 한다. 오일샌드에서 역청을 회수하여 합성원유로 개질하는 통합적인 공정과정은 그림 11-4와 같다.

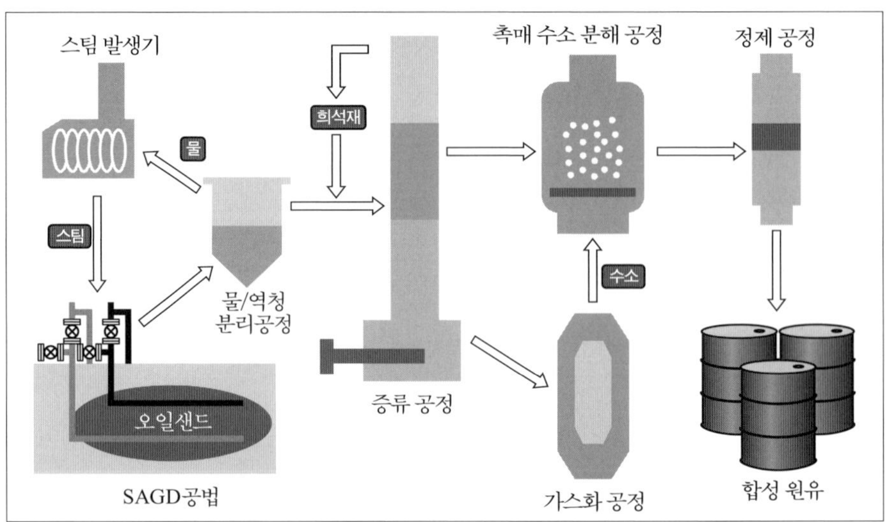

그림 11-4 오일샌드로부터 합성원유 생산 공정도

오일샌드는 캐나다, 베네수엘라, 미국, 러시아 등 다양한 국가에 부존되어 있으나, 캐나다의 부존량이 세계에서 가장 많다. 캐나다에서도 앨버타주의 아사바스카(Athabasca), 콜드레이크(Cold lake) 및 피스리버(Peace river) 지역 등 3개 지역이 주요 부존지역인데, 이중에서 80% 이상이 아사바스카 지역에 부존되어 있다(그림 11-5). 캐나다의 오일샌드 원시 부존량은 1.7조에서 2.5조 배럴에 이르는데, 최근 기술력과 경제성을 고려할 때 생산 가능한 가채 매장량은 약 1,749억 배럴 정도인 것으로 알려져 있다(허대기 외, 2010).

오일샌드로부터 역청을 회수하는 방법에는 노천채굴법(mining method)과 지하회수법(in-situ method)이 있다. 그림 11-6은 이를 도식적으로 표현한 것이다. 그림에서와 같이 노천채굴법은 지상 75m상부에 있는 오일샌드를 석탄을 캐듯이 노천에서 채굴하여 이를 파쇄기에 넣어 분쇄한 뒤, 추출기를 통해 역청을 회수하는 기법이다(그림 11-7).

이 방법은 역청 부존량의 90% 이상을 회수할 수 있다는 장점이 있으나 심도가 75m 이내의 상부 오일샌드에만 적용할 수 있고 수천 헥타르의 땅을 파헤치는 것은 물론 역청생산에 따른 막대한 양의 폐수 및 폐석이 발생하는 등 환경문제가 발생한다. 반면, 지하회수법은 심도가 75m~300m 정도에 부존해 있는 오일샌드를 회수하기에 적합한 방법으로 노천채굴법에 비해 환경문제가 발생하지 않는 등 많은 장점이 있으나 몇몇의 방법을 제외하고 회수율과 경제성 측면에서 아직까지 상업화에는 대부분 도달하지 못하고 있는 실정이다.

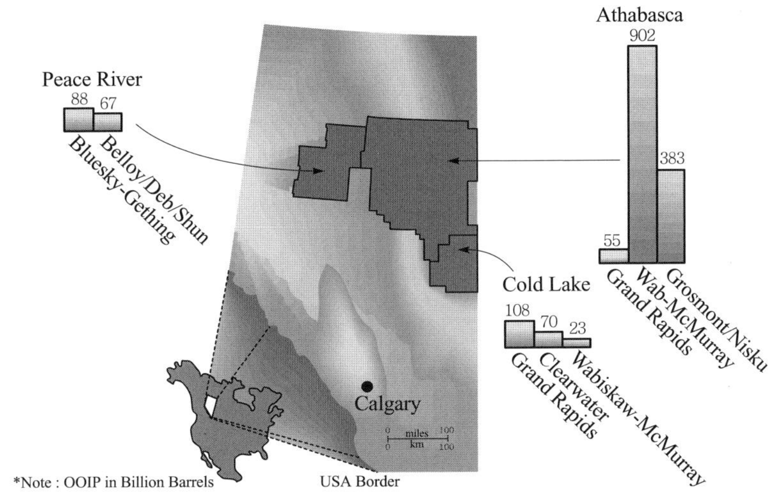

그림 11-5 캐나다 알버타주의 오일샌드 부존지역(Alberta's Energy and Utilities Board, 2007)

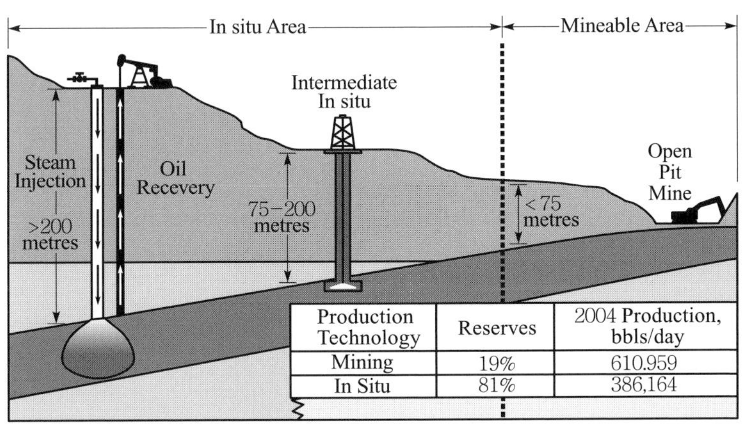

Production Technology	Reserves	2004 Production, bbls/day
Mining	19%	610.959
In Situ	81%	386,164

그림 11-6 심도별 오일샌드의 개발 모식도.

노천채굴법은 그림 11-7과 같은 공정으로 이루어지는 방법으로 1883년 캐나다 지질조사소(geological survey of Canana)의 G. C. Hoffman이 물을 이용한 오일샌드에서 역청분리를 처음 시도한 이후에 1915년에는 Sidney Ells가 분리된 역청을 에드몬튼의 도로 600ft를 포장하는데 사용하면서 본격화 되었다. 1928년에는 Alberta Research Council의 Karl Clark 박사가 실험을 통해 고온수를 이용한 분리법을 고안하여 관련 특허를 소유하게 되었다.

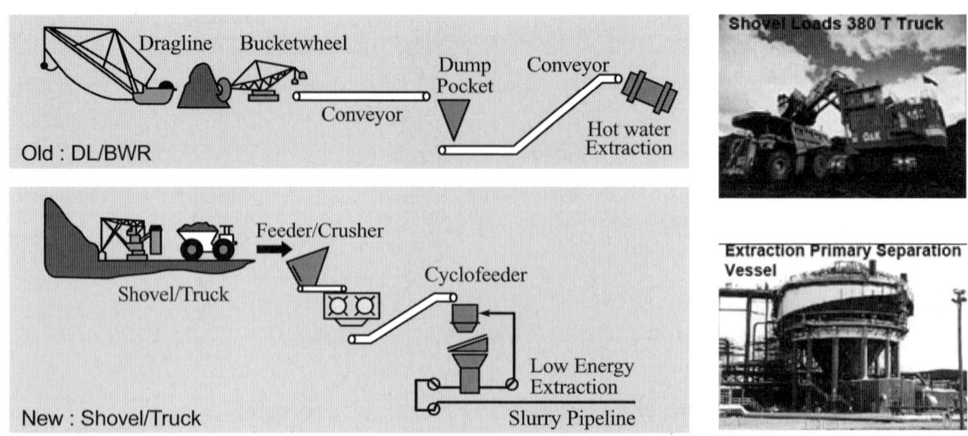

그림 11-7 오일샌드의 노천채굴법 개념도 및 시설장비

지하회수공법에는 일차생산법(cold production), 증기순환자극법(CSS; cyclic steam stimulation), 증기이용중력배유공법(SAGD; steam assisted gravity drainage), 용매제법(VAPEX ; vapour extraction process) 및 연소공법(THAI/CAPRI) 등이 있다.

일차 생산법은 역청 생산시 증기나 열을 저류층에 주입하지 않고 PC(progressive cavity) 펌프를 이용하여 역청과 모래를 동시에 생산하는 방법이다. 생산 매카니즘은 용해가스 추진력에 의해 거품성 오일(foamy oil)의 유동성을 촉진시키는 것으로 인근의 낮은 응집 강도를 가지는 사암층에 웜홀 네트워크(wormhole network)이라 불리는 투과도가 높은 부분이 생성되기 때문에 생산이 가능한 방법이다(그림 11-8).

이 기법의 장점은 생산성이 높고 생산비용이 저렴하나 오일생산과 동시에 생산되는 막대한 양의 모래 처리방안, 물 생산을 막기 위한 플러깅 방지를 비롯하여 역청의 회수율을 높여야 한다는 점이 문제점이다. 이 기법을 적용할 수 있는 역청의 점성도는 일반적인 중질유보다는 높으나 열자극법에 의해 생산하는 역청보다는 낮을 때 가능하며, 생산할 수 있는 총 기간이 10년이라 할 때에 전체 생산량의 60~70%가 생산 초기 3~4년 이내에 달성되는 특징을 지니고 있다. 대표적인 프로젝트는 수직생산정과 PC 펌프로 역청을 생산한 콜드레이크(Cold lake)의 Cold Heavy Oil Production with Sand(CHOPS)가 있다. 이 방법이 성공하기 위한 조건은 미고결 사암층과 충분한 용해가스가 존재해야 하며, 자유롭게 유동하는 지하수가 없어야 하고, PC 펌프를 사용할 수 있는 조건을 갖추어야 한다.

증기 순환 자극법은 하나의 수직정이나 수평정에 고압의 증기를 주입하여 지층을 가열시켜

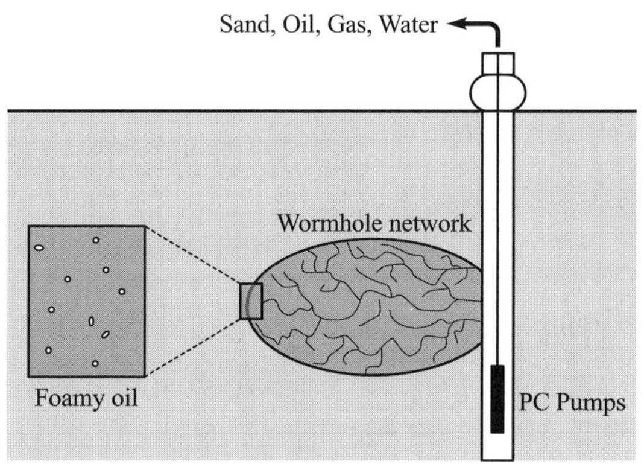

그림 11-8 1차생산법(Cold Production)

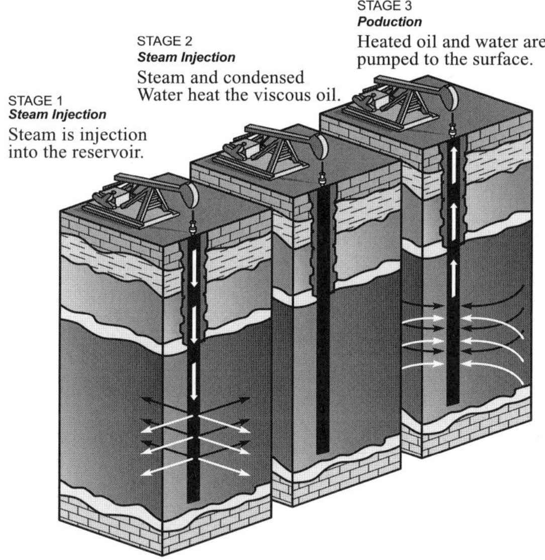

그림 11-9 증기순환자극법(http://www.oilsandsdevelopers.ca/index.php/oil-sands-information/)

역청의 점도를 낮추어 역청을 저류층의 모래입자로부터 분리시켜 생산하는 기술을 말한다. 이때 고압의 증기에 의해 힘이 가해진 지층에는 채널과 균열(channels and cracks)이 생성되며, 이들은 역청이 이동하는 통로가 되어 역청회수에 도움이 된다. 이 기법의 주요 생산 매카니즘은 초기에는 재압밀, 용해가스, 액체 팽창률 등이 작용하며, 후기에는 중력효과가 작용하는 것으로 알려져 있다. 이 기법은 3단계 과정으로 이루어지는데, 첫째, 증기를 주입하는 단계이고, 둘째, 주입된 증기에 의해 지층이 가열되는 단계이며, 셋째, 지층으로부터 분리된 역청을 생산하는 단계이다(그림 11-9). 이 과정을 역청이 최대한 회수될 때까지 여러 번 반복하게 되는데, 이 방법에서 가장 중요한 점은 각 단계마다 역청을 경제적으로 최대한 회수하는 것이다. 따라서 이 기법의 성패는 각 순환 단계마다 증기생산비용이나 증기오일비(SOR; steam oil ratio)를 줄여 경제성을 확보하는 것에 달려있다. 이 기법을 적용하기에 적합한 지질조건은 오일샌드 부존 깊이가 1,000m 이하이고 두께가 10m 이상일 때이며, 캐나다 콜드 레이크 지역이 이와 같은 조건에 부합하는 것으로 알려졌다.

증기이용중력배유공법(SAGD)은 오일샌드층 상하 약 5m 간격으로 한 쌍의 수평 시추공을 굴착한 다음 상부에 있는 시추공에 증기를 계속 주입하면, 주입된 증기가 오일샌드층에 열을 가하여 지층에 부존되어 있는 역청의 점성도가 낮아지면서 지층으로부터 역청이 분리되어 중력에 의해 하부의 시추공으로 흘러 모이게 되고, 시추공 하부에 설치된 펌프에 의해 지표로 생산된다(그림 11-10). 이 방법은 역청의 포화도가 높고, 저류층의 두께가 두꺼우며 공극율이 큰 저류층에 적합하며, 아직까지 알려진 바에 의하면, 역청 회수율은 약 50% 정도인 것으로 알려졌다. 최근에는 역청의 회수율을 높이기 위한 방안으로 증기에 솔벤트를 첨가하는 다양한 방법이 제안되고 있다.

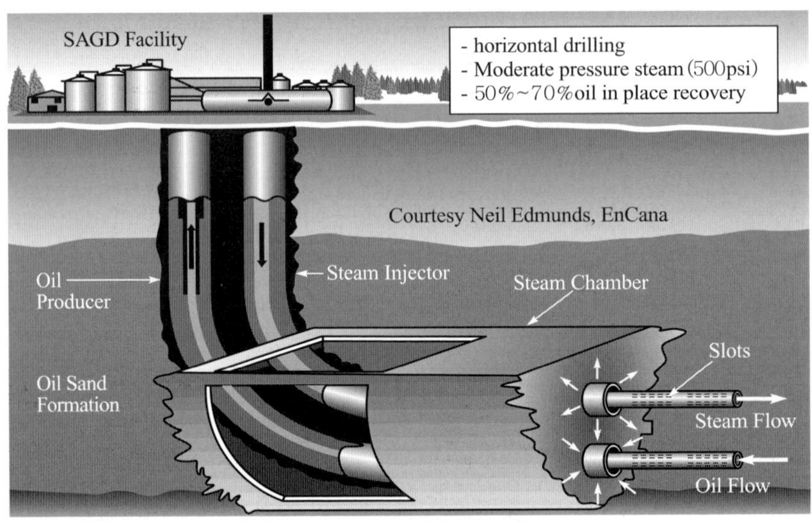

그림 11-10 SAGD 기술에 의한 역청의 생산 원리(슐럼버저, http://www.heavyoilinfo.com/keys-to-heavy-oil-1/)

용매제법은 SAGD 방법과 유사하나 증기 대신 에탄, 프로판, 부탄 등과 같은 용매제 같은 솔벤트를 저류층에 주입하여 역청의 유동성을 개선시켜 생산하는 방법이다. 이 방법은 증기 생산에 필요한 장비나 연료가 필요치 않기 때문에 비용적인 측면에서 유리하며, 폐수처리 및 증기순환시 필요한 이산화탄소 발생을 낮추는 기술이 필요치 않고, 저류층 온도상태로 열손실 없이 적용이 가능하기 때문에 생산자금은 SAGD법의 75% 정도가 되며, 운영경비도 50%면 충분한 것으로 알려져 있다. 이 외에 다른 장점은 용매제에 의해 역청의 점도를 낮추기 때문에 추가적으로 유동성을 낮추지 않아도 된다는 점이며, 단점으로는 다른 기법과 유사한 회수율을 얻기 위해서는 많은 시추공이 필요하게 된다는 것이다. 이 방법은 공극율이 높고 수직균열이 발달되어 물 포화도가 높아 열공법을 적용할 수 없는 저류층에 적용하기에 적합한 기법이다.

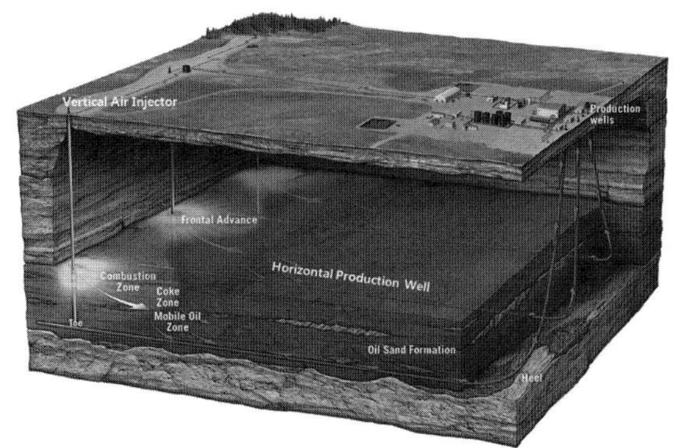

그림 11-11 THAI 공정(http://www.petrobank.com/)

연소공법은 공기를 주입하는 수직공과 역청을 생산하는 수평정의 조합으로 점성도가 높은 역청을 회수하기 위하여 제안된 방법이다. 이 공정은 저류층에 있는 오일을 직접 태우는 기법으로 수직공으로부터 발화가 진행되는 동안 전방의 오일은 개질되어 수평정로 유동하게 된다(그림 11-11). 현장에서 가열되기 때문에 THAI 공정에서는 지상에서 증기를 별도로 주입할 필요가 없다. 변형된 THAI의 방법이 CAPRI인데 이 방법은 수평정의 촉매제가 아스팔틴의 침전을 촉진시켜 역청을 현장에서 개질하는 방법이다.

오일샌드 회수기법 중 캐나다 현지에서 지하의 오일샌드를 개발하는데 가장 일반적으로 적용되는 기법은 일차생산법, 증기순환자극법과 증기이용중력배유공법이다. 표 11-1은 저류층 특성에 따라 이들 기법을 적용할 수 있는 오일샌드 지층의 특성을 정리한 것이다. 이 표에서 볼 수 있는 바와 같이, 역청 지하회수법은 오일샌드의 지질학적 부존여건에 따라 적용할 수 있는 방법이 한정되어 오일샌드 개발사업 투자시 이와 같은 특징을 꼼꼼히 살펴야만 실패를 줄일 수 있다. 이때 오일샌드의 경제성은 현재 부존하는 자원의 매장량보다는 회수기술에 의해 회수할 수 있는 회수량을 근거로 하여 평가하게 된다.

오일샌드 개발사업은 규모에 따라 약간씩 다를 수 있지만 대체로 한번 진출하게 되면 보통 25년에서 30여년이 소요되고, 초기 투자비가 막대하며, 자금 회수기간이 긴 장기사업으로 기본적인 기술력이나 자본력 없이는 진출하기 쉽지 않은 사업이다. 따라서 일반 민간사업자들은 단독으로 진출하는 것보다 기술력이나 자금력을 충분히 갖춘 메이저급 석유회사나 국영석유회사 등과 컨소시엄을 이루어 투자하는 전략을 가지고 접근할 필요성이 있다.

표 11-1 대표적인 지하회수법의 비교(Bathcky, 1997)

	CCS	SAGD	Cold Production
투과도(D)	>1	>5	>2
저류층 두께(m)	10	20	9
역청 포화율(wt%)	9	12	9
점성도(cp)	역청(>100,000)	역청(>100,000)	중질유(>10,000)
저류층 심도	중간	천부	중간
GOR	높음	낮음	높음
생산량(m3/d/well)	10	100	10
CSOR	4	3~4	-
최종 회수율(%)	20~25	40~50	5~15
회수기법 적용지역	Cold Lake Peace River	Athabasca Cold Lake	Cold Lake Peace River Athabasca

11-3 셰일가스(shale gas)

셰일가스는 셰일층에서 생성된 가스가 치밀한 셰일층에 갇혀 이동하지 못한 신가스자원을 말한다. 따라서 셰일가스전의 셰일층은 근원암인 동시에 저류암이다. 이러한 가스전의 저류층은 공극율이 10% 이하이며 투과도가 1md 이하로 매우 치밀하여 유동성이 좋지 않아 전통적인 가스 생산기법으로는 경제적회수가 어렵다는 특징을 지니고 있다. 그러나 이 자원의 부존은 담요형태(blanket type)의 연속체적인 저류층으로 이루어졌기 때문에 탐사위험은 거의 없는 반면, 수평정 시추나 수압파쇄 기법과 같은 특수한 회수기법을 써야만 생산할 수 있다. 즉, 이를 경제적으로 개발하기 위해서는 회수효율이 높일 수 있는 특수 기술을 갖추어야 한다.

전 세계 셰일가스 부존량은 그림 11-12와 같이 약 15,000tcf 정도인 것으로 추정된다. 이 중 부존량이 많으며 가장 활발히 생산이 진행되고 있는 곳은 북미로 미국의 바넷셰일, 바켄 및 마르셀러스 지역이 대표적이다. 2009년 기준 미국의 천연가스 생산량 중 약 14%가 셰일 플레이에서 생산되고 있으며, 2035년 약 45%를 셰일가스가 차지할 것으로 예상 된다(그림 11-13).

전술한 바와 같이 신가스전은 유동 능력이 일반 저류층에 비해 현격히 떨어지므로 상업적인 회수를 하기 위해서는 회수 향상기법을 사용해야 된다. 대표적인 것이 수평정 시추(horizontal drilling)와 수압파쇄(hydraulic fracturing) 기술이다. 수평정 시추는 시추관을 수직이 아닌 일정각을 유지하며 수평방향으로 시추하는 것으로 저류층의 접촉 면적을 높여 가스의 회수율을 높이기 위하여 수행하는 작업이고, 수압파쇄는 저류층 내로 시추관을 통해 고압의 물이나 화학물질을 주입하여 저류층에 강제 균열을 발생시켜 유체투과율을 인위적으로 상승시키는 기법이다(그림 11-14).

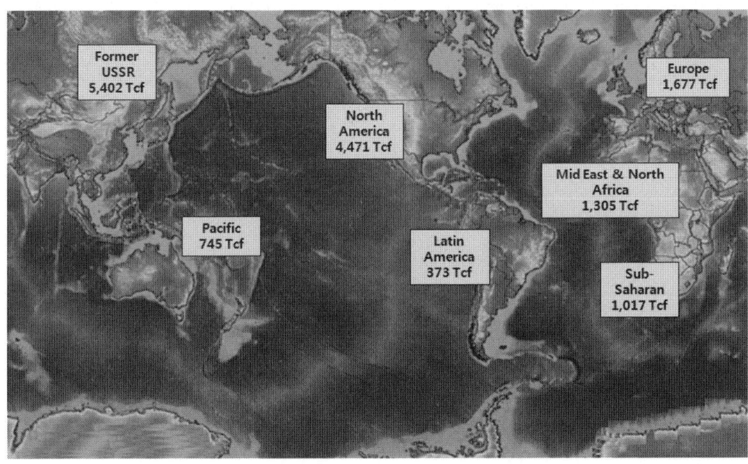

그림 11-12 전 세계 셰일가스 추정 부존량(USGS, 2008)

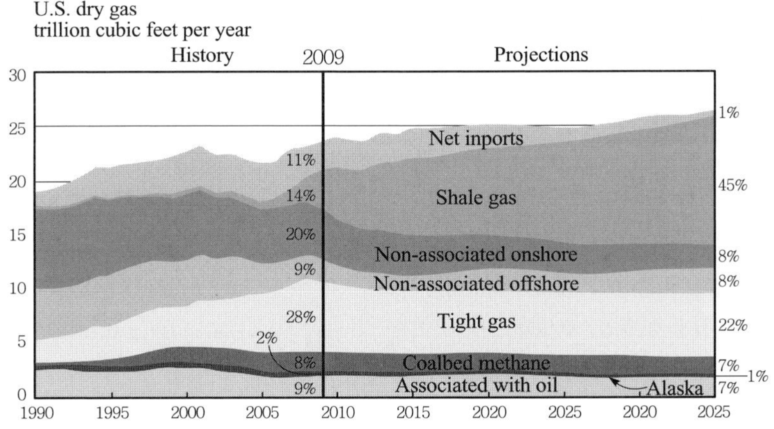

그림 11-13 미국 내 총 천연가스 소비에서 신가스가 차지하는 비율(EIA, 2011)

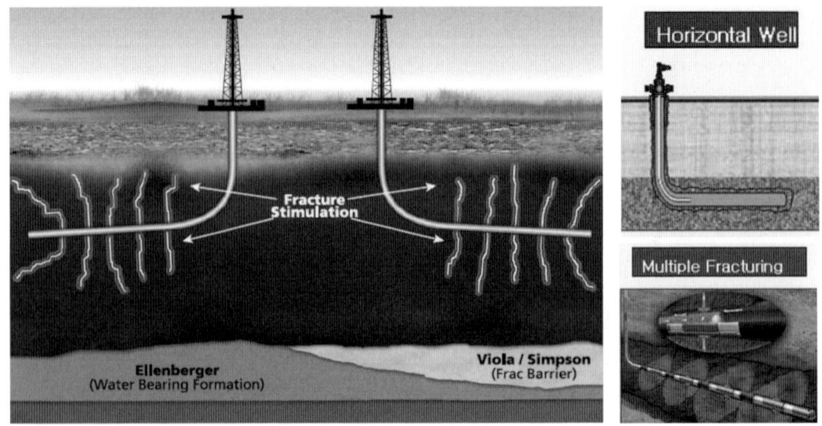

그림 11-14 수평정 시추 및 수압파쇄 개념도(http://www.horizontaldrilling.org/)

최근에는 수평정 시추 길이와 수압파쇄 구간을 증가시키는 기술이 발전되면서 수평정 시추는 최대 12km까지 시추할 수 있게 되었으며, 수압파쇄 기법도 하나의 수평정에 여러개의 수압 파쇄작업을 시행하는 다단계 수압파쇄(multi-stage fracturing) 기법이 개발되어 실용화 단계에 이르고 있다. 따라서 공당 시추 경제성이 점점 개선되고, 시추간격은 점차 줄어들고 있어 회수율이 계속 증가되고 있다. 특히, 미국 텍사스 바넷셰일 지역에서 활발히 활동하고 있는 EOG, Pioneer Natural Resources 등은 유정간 수압파쇄에 의한 균열의 연결성을 증가시키는 Combo Play 기술을 보유하기에 이르고 있다.

11-4 치밀가스(tight gas)

치밀가스전은 앞서 언급한 저류층이 치밀하다는 점에서는 셰일가스전과 유사하나 근본적인 차이점은 셰일가스전의 저류층이 근원암이면서 저류층인 반면 치밀가스전은 가스를 생성시킨 근원암과 가스를 저장하고 있는 저류암이 다르다는 점이다. 일반적으로 치밀 가스 저류층은 가스를 배태하고 있는 저류암으로서, 저류층의 투수율이 0.1md 미만인 저류층을 말한다. 이때 균열에 의한 투수율은 제외된다. 치밀 저류층을 이루는 암석은 사암, 실트암, 셰일, 사질탄산염암, 석회암, 돌로마이트, 쵸크 등 다양하다.

그림 11-15는 대표적인 치밀가스전의 한 사례인 분지중심타입(basin centered type) 가스전을 나타내고 있다. 그림에서 볼 수 있는 바와 같이 치밀가스 저류층은 구조트랩이나 층서트랩과 무관하게 두께가 두껍고 지역적으로 광범위하게 분포하는 담요형태의 저류층으로 존

재한다. 따라서 이 가스전 역시 경제성 있는 개발을 위해서는 세일가스전과 같이 수평시추 및 수압파쇄 기술 등과 같이 가스회수 증진기술의 확보가 중요하다.

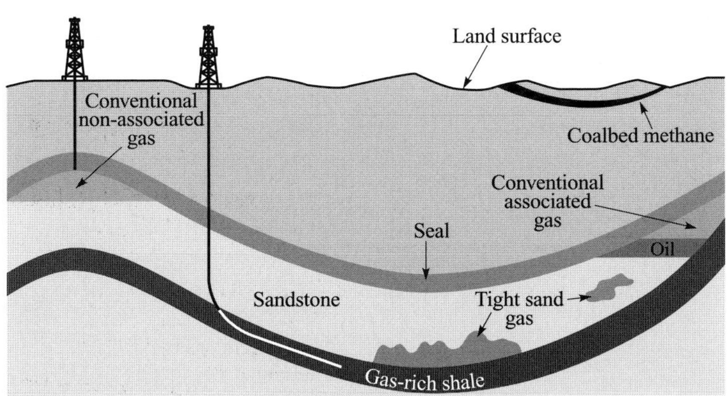

그림 11-15 분지중심 타입의 치밀가스 저류층(http://www.eia.doe.gov/naturalgas/)

전 세계적으로 치밀가스의 매장량은 약 7,406 TCF(US National Petroleum Council, 2007)으로 알려져 있다. 치밀가스의 회수율은 전통적인 천연가스 회수율인 60~90%에 비하여 상당히 낮은 편으로 25~50%에 머무르고 있다. 그러나 그 매장량이 막대하기 때문에 이에 대한 회수기술의 연구가 활발한 편이다. 천연가스의 사용은 오일에 비해 CO_2 발생이 30%정도 낮기 때문에 이에 대한 수요는 점차 더욱 증가될 전망이다. 따라서 이와 같은 신가스의 경제적이며 효율적 회수를 위한 기술개발이 현격히 발전될 전망이다. 그림 11-16은 전 세계에 분포하는 치밀가스 분지를 보여주고 있다.

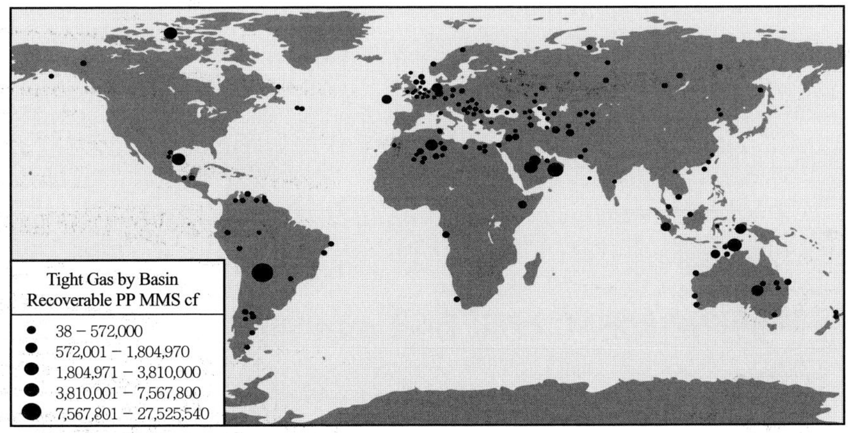

그림 11-16 전세계의 치밀가스 분지 분포도(http://energy.ihs.com/source/international/oct10/searching.htm)

치밀가스전에서 경제적으로 천연가스를 회수하기 위해서는 자연적으로 존재하는 자연균열을 우선 이해하는 것이 중요하다. 자연균열상태를 우선 이해하고 저류층의 형태를 이해하게 되면 자연균열을 가로지르는 방향으로 경사시추나 수평시추를 굴착하여 치밀가스의 회수를 촉진할 수 있다. 이때 경사시추는 렌즈상으로 발달해 있는 저류층의 개발에 수평시추는 담요형태 저류층 개발에 효율적인 기술이다(그림 11-17).

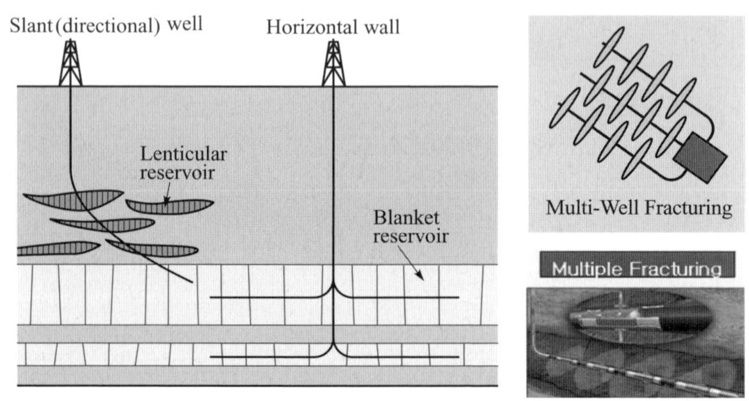

그림 11-17 자연균열상태를 고려한 경사/수평시추 및 다단계 수압파쇄 기술(http://www.horizontaldrilling.org/)

또한 투수율이 매우 낮은 치밀가스전에서 상업적으로 가스를 생산하기 위해서는 수압파쇄법과 같은 인공 자극(artificial stimulation)도 필요하다. 이때 심도가 깊은 지층에서의 수압파쇄를 실시할 경우는 수압으로 형성된 균열이 지층 자체의 높은 압력으로 인해 수압을 유발했던 유체가 제거되면서 동시에 균열이 함께 닫히기 때문에 이를 방지하기 위해 유체에 모래입자와 같은 물질을 함께 넣는데 이를 프로판트라 한다. 이 프로판트는 유체가 제거될 때 균열에 남아 균열이 닫히는 것을 방지하는 쐐기역할을 한다. 수압파쇄의 효과를 극대화하기 위해서는 프로판트의 품질이 중요하며 현재 시추 서비스 회사들은 고온 고압하에서도 변하거나 깨지지 않으면서 균열의 깊은 부분까지 유체에 의해 잘 이동할 수 있는 프로판트 개술개발에 힘쓰고 있다.

11-5 석탄층메탄가스(CBM; coal bed methane)

석탄층메탄가스는 석탄화작용(coalification)에 의해 생성되어 석탄층에 흡착되어 있게 된다. 여기서 석탄층은 셰일가스전의 저류층과 같이 석탄층이 근원암이며 저류암이다. 석탄층은 석탄입자의 표면적이 매우 크기 때문에 기존 가스 저류층에 비해 6~7배의 가스 저장능력을 지닌다. 석탄층에 저장되어 있는 메탄가스는 자연균열에 부존하는 자유가스(free gas), 석탄층 대수층에 용해되어 있는 용해가스(dissolved gas), 석탄층에 흡착되어 있는 흡착가스(absorbed gas)로 존재한다.

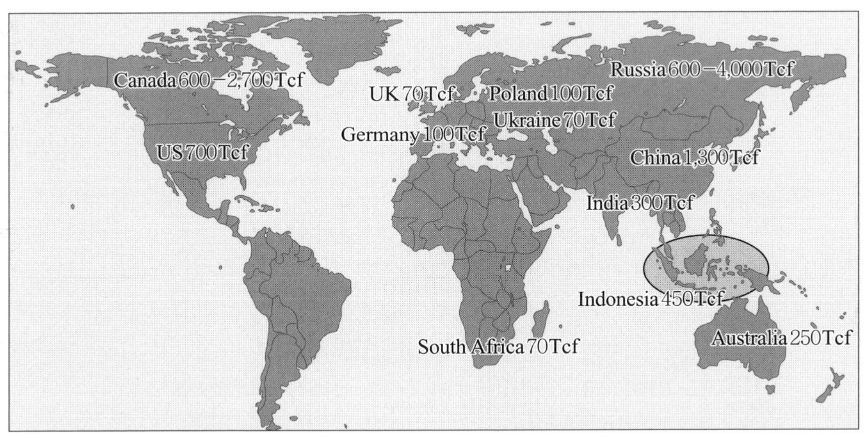

그림 11-18 전 세계 CBM 자원량(http://www.scribd.com/doc/132206117/Materi-Dart-ENERGI/)

과거 석탄층메탄가스는 석탄의 채탄과정에서 폭발을 유발하는 유해 요소로 인식되어 왔으나, 미국 가스연구소(GTI)가 석탄층에 존재하는 메탄가스가 경제성 있는 친환경적 에너지원으로 실용화 할 수 있다고 입증한 이후 각광을 받게 되었다. 전 세계적으로 석탄자원은 그림 11-18에서 볼 수 있는 바와 같이 약 60여개 국에 약 25조 톤이 부존되어 있는데, 이에 포함된 메탄가스 양은 LNG로 환산하면 약 800~1,400억 톤에 이르는 것으로 추정하고 있다(허대기 외, 2010).

그림 11-19는 석탄층메탄가스의 생산 모식도 이다. 메탄가스를 생산하기 위해서는 먼저 메탄가스가 석탄입자에서 분리되어 생산정내로 유입되어야 한다. 생산초기 석탄층을 포함하고 있는 물을 생산하여 석탄층의 압력을 감소시키면 임계이탈압력(critical desorption pressure)에 달했을 때 메탄가스가 석탄층으로부터 유리되기 시작한다. 감압을 계속 하게 되면 가스가 석탄층으로부터 탈착(11-20(a))된다. 석탄층으로부터 유리된 메탄가스는 석탄층 내 공극을 통해 확산유동(11-20(b))을 하게 되고 궁극적으로는 균열을 통해 유동(11-20(c))하여 생산정으로 이동하게 된다. 균열내에서는 메탄가스가 최소잔류가스포화도(irreducible gas saturation)를 넘을 때까지는 물만이 흐르다가, 최소잔류가스포화도를 넘게 되면 가스

가 물과 함께 흐르게 된다. 그림 11-21은 생산단계별 물과 메탄가스의 생산량 추이를 나타내고 있다. 그림에서 볼 수 있는 바와 같이 생산초기에는 물만 생산 되다가 중간단계에 들어서게 되면 가스의 생산이 증가되기 시작한 후, 종국에는 메탄가스의 생산도 점차 감소하게 된다.

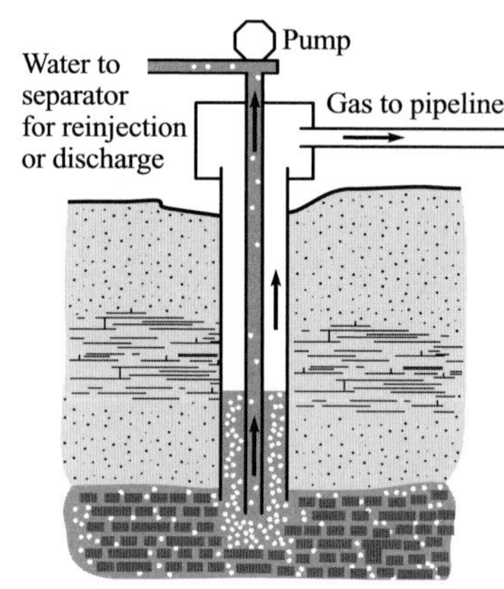

그림 11-19 전형적인 석탄층가스의 생산 모식도(USGS, 2000)

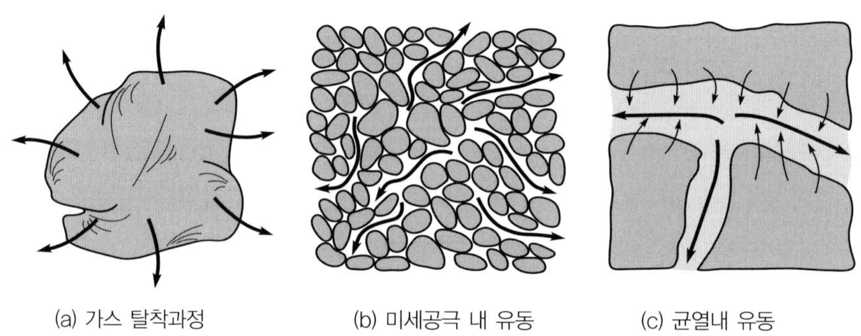

(a) 가스 탈착과정 (b) 미세공극 내 유동 (c) 균열내 유동

그림 11-20 석탄층 내 메탄가스 유동 메카니즘

석탄층메탄가스의 매장량은 기존의 전통적인 가스전 매장량 산출법과 다르게 탈착시험 및 흡착이론을 이용하여 계산한다. 탈착시험은 석탄층으로부터 샘플시료를 채취하여 압력을 감압하면서 생산되는 가스의 양을 통해 석탄층메탄가스의 매장량을 추론하는 방법이고, 흡착실험은 그와 반대로 현장에서 채취된 시료를 이용하여 메탄가스 흡착실험을 통해 구하게 된다.

석탄층메탄가스는 주로 역청탄을 대상으로 하나 최근 중국 및 호주 등에서는 무연탄에서도 석탄층메탄가스를 생산하고 있다. 현재까지 알려진 석탄층메탄가스의 상업적 생산의 전제조건은 석탄 1톤당 약 7m^3 정도의 가스가 생산되어야 한다고 한다(허대기 외, 2010).

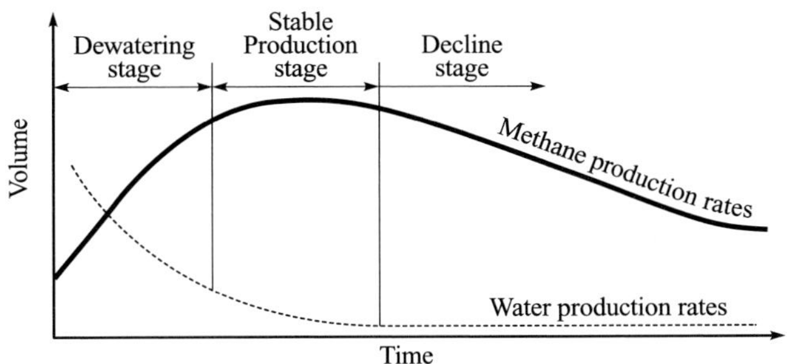

그림 11-21 전형적인 석탄층에서 물과 메탄가스가 생산되는 추이커브

11-6 오일셰일(oil shale)

오일셰일이란 고체유기화합물인 케로젠(kerogen)을 적어도 20~40%정도 함유하고 있는 이질 퇴적암으로서 흑색 또는 흑갈색을 띤다(그림 11-22). 오일셰일이 오일샌드나 셰일가스와 가장 큰 차이점은 퇴적암내에 있는 고체상태의 케로젠이 열분해 되었는가의 여부이다. 즉, 오일샌드는 원유 형성 후 휘발성 물질이 날아가 점도가 높은 오일이 부존된 것임에 반해 오일셰일은 원유형성 전단계의 케로젠을 포함하고 있는 퇴적암이다. 따라서 오일셰일로부터 합성원유를 추출하기 위해서는 케로젠을 열분해 하여 오일을 만드는 공정을 하나 더 추가시켜야 한다. 왜냐하면 케로젠은 고온으로 가열해야만 열분해되어 원유나 가스로 변환되기 때문이다.

그림 11-22 불 붙은 오일셰일
(http://www.scoopweb.com/oil_shale_in_china)

오일셰일에서 합성원유를 추출하는 과정에서 케로젠의 열분해 공정은 많은 에너지와 물이 소비된다. 잔류물과 환경유해물질이 또한 많이 발생한다. 따라서 관련기술 개발은 이러한 문제점을 해결하는 방향으로 발전되고 있다. 현재에도 끊임없는 기술개발이 이루어짐에도 불구하고 현재까지 알려진 바에 의하면, 오일샌드나 셰일가스 개발보다는 개발비가 더 비싼 것으로 알려지고 있다. 그러나 전 세계적으로 부존량이 풍부하다는 점을 감안할 때, 언젠가는 전통원유의 대체원이 될 수 있기 때문에 자원부국에서는 관련기술개발을 위해 많은 노력을 기울이고 있다. 특히, 중국에서는 현재에도 오일셰일을 개발하고 있으며, 미국에서도 2020년부터 본격적으로 상업적인 생산을 시작하려고 한다.

2005년 USGS의 조사에 따르면 전 세계 오일셰일 부존국가는 37개국에 이르며 그 부존량은 약 2.8조 배럴인 것으로 보고되고 있다. 이 중 가채량은 회수율을 37.5%로 가정할 때 약 1조 배럴로 인류가 생산할 수 있는 전통 원유의 가채 매장량 1.2조 배럴과 비슷한 규모인 것으로 보고되고 있다. 이중 미국이 가장 큰 부존국가로 총 부존량은 2.1조 배럴이고 가채량으로 환산하면 약 8천만 배럴에 이르는 것으로 알려지고 있다. 이 중에서 그린리버 지층에는 약 1.5조 배럴 정도의 부존량이 있는 것으로 추산되고 있다. 그린리버 지층은 콜로라도, 유타, 와이오밍에 걸쳐 위치해 있다. 즉, 콜로라도에는 Piceance 분지, 유타에는 Uinta 분지, 와이오밍에는 Green River 및 Washakie 분지가 위치해 있다(그림 11-23). Green River 지층에 존재하는 오일셰일의 약 72%는 연방정부에서 소유하고 있다. 특히 품질이 가장 우수한 매장지는 대부분 정부 소유이므로 연방정부가 직접적으로 개발하고 관리할 수 있다. 이 외에도 켄터키, 오하이오, 인디에나 등 미국 동부 지역에도 규모는 작지만 오일셰일이 부존되어 있다.

중국은 1920년대 이후로 오일셰일에서 합성원유를 회수한 바 있다. 중국의 대표적인 오일셰일 매장지는 푸슌(Fushun)광구로서 석탄층과 함께 존재하여 석탄의 노천채굴시 부산물로 생산된다(표 11-2). 오일셰일의 품질은 좋지 않아 1톤의 오일을 회수하기 위해서는 33톤의 오일셰일이 필요하지만, 채굴 비용은 톤당 1.3불에 불과해 배럴당 생산비가 적게 드는 장점이 있다. 이 지역에서는 오일셰일 플랜트의 생산량을 두 배 증산할 계획을 수립하고 대형 건류에 적합한 최신 기술을 찾으려고 노력하고 있다.

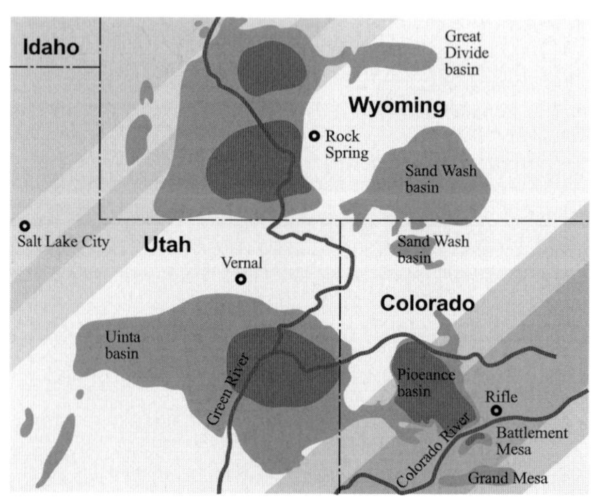

그림 11-23 미국의 오일셰일 부존지역(DOE, 2004)

표 11-2 중국 오일셰일 매장지 및 특징

	오일셰일				
	Fushun	Huadian	longkow	Tilan	Songyasan
매장 특성	노천광, 석탄층과 함께 매장	지하광	지하광, 석탄층과 함께 매장	노천광, 석탄층과 함께 매장	석탄층과 함께 매장
가채매장량 (백만 배럴)	14,660	1,466	293	73	146

오일셰일로부터 합성원유를 회수하는 방법에는 크게 지상건류(Surface retorting) 및 지중전환(In-situ Conversion Process) 방법이 있다. 지상건류법의 공정은 셰일을 채굴하여 파쇄한 후, 케로젠을 약 450℃ 정도의 열로 열분해하는 건류과정을 거쳐 합성원유를 회수한 후 정제를 위해 보내고 잔류 폐기물을 현장에 처리한다(그림 11-24). 이 방법은 고효율 조업이 가능하나 추가 업그레이드나 환경문제가 대두되는 등 많은 문제점을 내포하고 있다. 반면, 지중전환 건류방식은 시추공을 굴착한 후 시추공에 전기봉을 넣고 약 350℃ 정도로 3~4년 동안 가열하여 케로젠을 열분해하여 액체탄화수소로 변환시킨 후, 변환된 합성원유를 생산하여 정제를 위해 수송하게 된다. 현장은 환경문제가 발생하지 않게 깨끗이 정리된다(그림 11-25). 이 방법은 환경영향이 최소화되고 심부 지층의 오일셰일까지 회수할 수 있으나 막대한 초기 자본과 에너지 비용이 든다는 점이 단점이다.

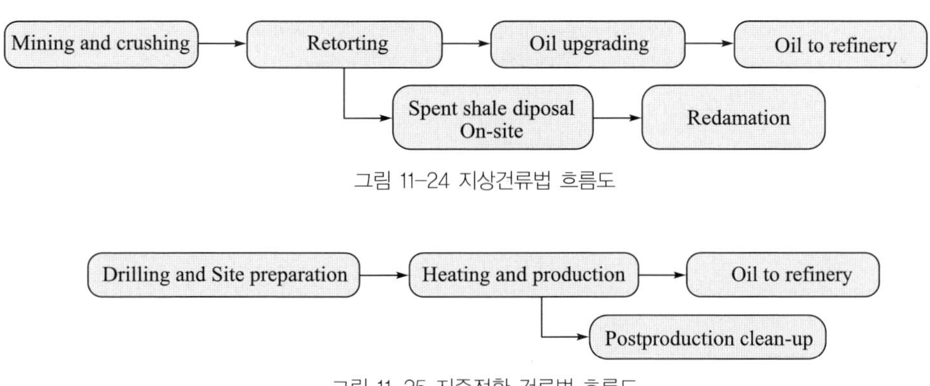

그림 11-24 지상건류법 흐름도

그림 11-25 지중전환 건류법 흐름도

지상 건류법은 개발회사에 따라 다양한 방법이 있겠으나 가장 진보된 공정은 ATP 방법이다(그림 11-26). 이 방법은 Bill Taciuk에 의해서 발명되었고, 앨버타 정부와 UMATAC사에서 캐나다 오일샌드에 적용하기 위해서 개발되었다. 이 방법은 기본적으로 로타리킬른 형태의 반응기 내에서 가스 재순환과 가열매체 순환에 의해서 직·간접적으로 열을 전달하는 게 핵심이다. 이 장비는 오일회수 및 에너지효율이 우수하여 호주, 미국, 중국 및 에스토니아 오일셰일 개발에 이용되었다. 한편 지중전환 건류법 또한 다양한 기법이 있으나 그중 가장 대표적인 방식이 1981년대에 Sell 사가 실험실규모로 개발하여 1996년대에 현장에 적용한 ICP(In-Situ Conversion) 방식이다(그림 11-27).

이 방식은 지중에서 케로젠을 열분해하는 공정임으로 매립이 불가능한 잔류물의 처분이 필요치 않으며 대용량의 물이 필요치 않아 지하수 오염을 방지할 수 있으며 다이옥신, 퓨란 등 공해물질 생성을 원천적으로 방지하는 등 환경문제가 최소화 되고 고품질 오일을 회수할 수 있어 추가적인 업그레이딩이 불필요하다는 장점이 있다. 반면 아직까지 기술적으로 완벽한 검증이 되지 않았다는 점과 막대한 초기 인프라 구축비용이 든다는 게 단점이다.

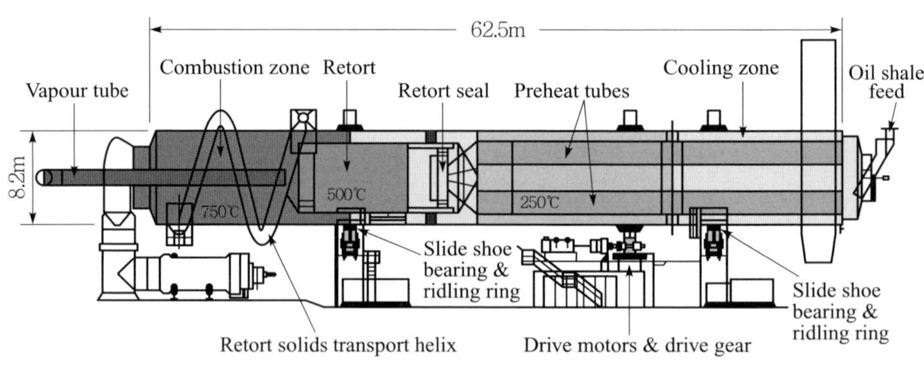

그림 11-26 ATP 건류 공정도(미국에너지부)

오일 셰일 부존 현황 및 기술개발 동향에 대해 살펴본 결과 다음과 같이 요약할 수 있다. 첫째, 전 세계 오일셰일 부존량은 약 2.8조 배럴 정도로, 유가 및 개발기술력이 뒷받침 된다면, 미래에는 전통원유를 대체할 만큼 그 부존량이 충분하다는 것을 알 수 있었다. 둘째, 현재까지 개발된 오일셰일 회수기술이나 환경문제를 감안할 때, 오일셰일은 오일샌드나 셰일가스보다는 개발 우선순위에서 뒤지는 것은 사실이지만 머지않은 시기에 개발해야할 중요한 자원임을 알 수 있었다. 셋째, 현재 유가 및 환경문제 등을 고려할 때 오일셰일은 국지적인 에너지 공급원이 될 수는 있으나 아직까지는 전 지구적인 대체 에너지가 되기 어렵다는 것을 알 수 있었다. 결론적으로 현재단계에서는 오일셰일 개발사업에 직접 참여보다는 선진국들의 동향을 살펴가며 간접적으로 관련기술 확보를 위해 기술개발에 초점을 맞추며 미래를 준비하는 것이 바람직할 것 같다.

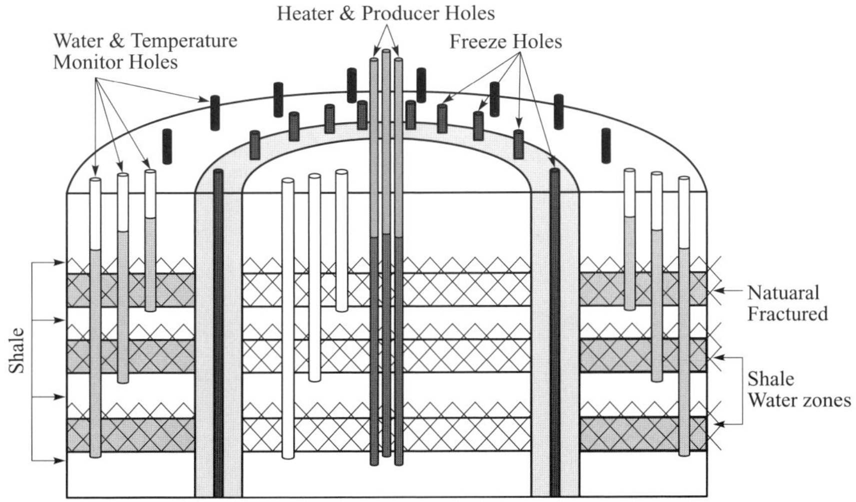

그림 11-27 ICP 건류 공정도(쉘, http://nextbigfuture.com/2007_11_04_archive.html)

11-7 가스하이드레이트(gas-hydrate)

가스하이드레이란 그림 11-28의(a)와 같이 메탄가스가 물 분자 사이의 공극에 포획되어 얼음과 같은 고체 모양으로 나타나는 물질로 1930년에 처음 시베리아 가스 수송파이프라인에서 처음 발견되었다. 이는 그림 11-28의(b)와 같이 지층에서 저온 고압하에서 안정화되어 고체상태가 되었다가 온도가 높아지거나 압력의 낮아지게 되면 그림 11-28의(c)와 같이 상온에서 가스화 되어 불이 붙게 된다. 그림 11-29는 온도와 압력조건에 따라 가스하이드레이트가 생성되는 영역을 온도압력 좌표계로 표현한 그림이다.

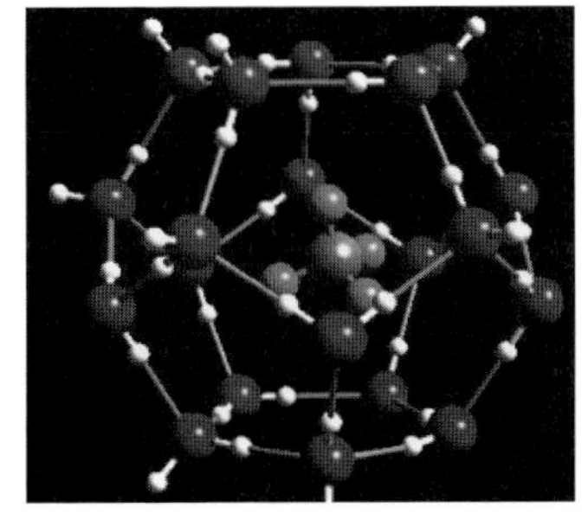
(a) 가스하이드레이트 구조도

(b) 퇴적층에 부존된 가스하이드레이트

(c) 상온에서 불 붙은 가스하이드레이트

그림 11-28 가스하이드레이트 개념에 관한 그림

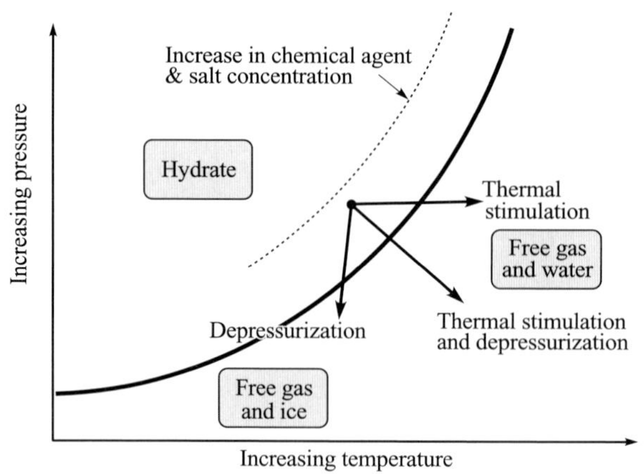

그림 11-29 온도압력에 따라 가스하이드레이트가 생성되는 상변화도

가스하이드레이트를 개발생산하기 위해서는 이상과 같은 특징의 반대 개념이 적용된다. 그림 11-30은 대표적인 가스하이드레이트 생산방법으로 압력감소법, 열수주입법 및 억제재 주입법등이 있다. 최근에는 아직까지 실험단계이지만 이산화탄소와 메탄가스를 치환하는 치환법 등이 있다. 이 그림에서 볼 수 있는 바와 같이, 감압법은 가스하이드레이트가 부존된 지층의 압력을 감소시킴으로서 메탄가스를 해리시켜 생산하는 기법이고, 열수주입법은 지층에 열을 주입함으로써 메탄가스의 해리를 유도하여 생산하는 기법이다. 억제제 주입법은 가스하이드레이트의 형성을 억제하는 물질을 지층에 주입함으로서 메탄가스를 해리하여 생산하는 기법이다. 이때 대표적인 억제재로는 에탄올이 주로 사용된다. 그러나 이상과 같은 생산기법은 일부 육상 파일럿 실험단계의 연구를 거쳐 일부 기술은 경제성이 있는 것이 검증된 바도 있으나, 아직까지 대부분 기술은 연구단계에 머물러 있으며 상업화단계에는 이르지 못하고 있는 실정이다.

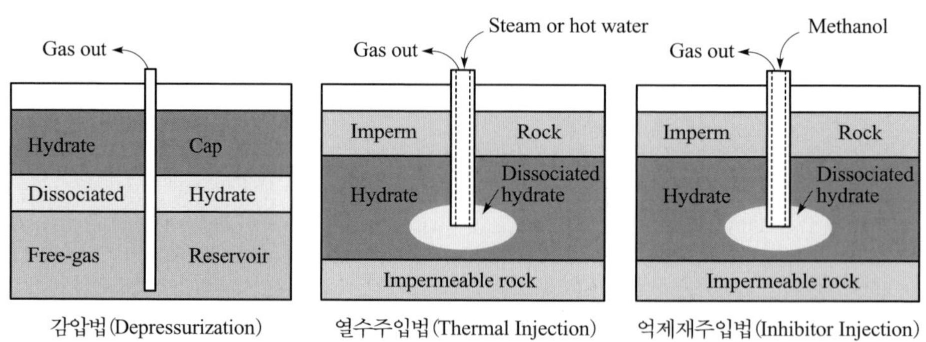

그림 11-30 가스하이드레이트 생산기법

그림 11-31은 전 세계적으로 가스하이드레이트가 부존되어 있는 분포도이다. 그림에서 볼 수 있는 바와 같이, 지역적으로 편협되어 있지 않고 전 세계적으로 고루 넓게 분포되어 있다. 현재까지 알려진 바에 의하면, 전 세계 추정 부존량이 약 10조톤 정도인 것으로 알려졌다. 그럼에도 불구하고 아직까지 상업적 개발기술이 개발되지 않은 이유로는 가스하이드레이트의 부존특성에서 찾아 볼 수 있다. 즉, 심해에 있는 대부분 가스하이드레이트는 천부의 미고결지층에 부존되어 있어 개발에 따른 미고결지층이 붕괴 염려 뿐 아니라 부존량 또한 경제성을 충족할 만큼 충분하지 못하기 때문에 현재까지 개발된 기술로는 상업적인 생산이 불가능하다.

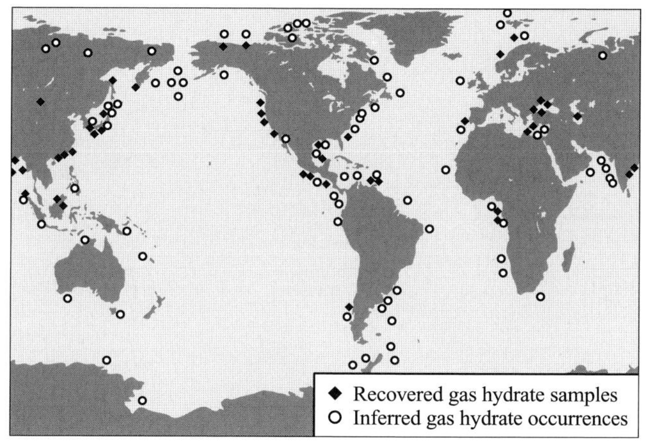

그림 11-31 가스하이드레이트 부존지역(Pohlman et al., 2009)

결과적으로 가스하이드레이트를 상업적으로 개발하기 위해서는 아직까지 풀어야할 많은 난제가 많다. 이러한 문제를 해결하기 위해 국제적으로 많은 연구가 수행되고 있는데, 대표적인 국가들은 미국, 일본, 캐나다, 중국, 인도, 러시아 등이 있다. 대부분 연구는 탐사와 관련된 연구이고 생산기술과 관련하여서는 실험실 규모나 파일럿 실험단계에 머물고 있다. 다만 몇몇의 국가가 의욕적으로 상업적인 생산기술개발에 심혈을 기울이고 있는데, 대표적인 국가가 미국과 일본이다. 즉, 미국은 정부 주도하에 연구개발 로드맵(2006)을 작성하여 영구동토지역은 2015년, 심해지역은 2025년부터 상업생산을 목표로 연구하고 수행하고 있으며, 일본은 MH21(2001~2018년) 프로그램으로 2018년 상업생산을 목표로 생산기술의 연구개발 중이다(허대기 외, 2010).

우리나라에서도 2005년부터 동해에서 가스하이드레이트 부존가능성과 탐사개발 연구가 진행되어, 2007년 현장시추를 통해 가스하이드레이트 실물채취에 성공하였으나 아직까지 상업적 생산기술력은 확보하지 못하고 있는 실정이다.

상기와 같이 각국의 노력에도 불구하고 아직까지 인류는 가스하이드레이트를 상업적으로 개발할 수 있는 생산기술을 확보하지 못한 상태이다.

제12장 경제성 분석 (Economic Analysis of E&P Business)

12-1 개요
12-2 매장량 평가 및 생산량 예측
12-3 석유개발 세무시스템
12-4 Concessionary(royaltry-tax) 시스템의 현금흐름 모델
12-5 생산물 분배(production sharing) 시스템의 현금흐름 모델
12-6 매장량 카테고리에 따른 리스크의 반영
12-7 매각가치의 산정

12_ 경제성 분석 (Economic Analysis of E&P Business)

12-1 개요

석유의 탐사, 개발 및 생산 중 어떤 단계에서든지 사업의 참여 여부를 결정하기 위한 대상 석유자산의 경제성 분석을 수행할 수 있다. 경제성 분석은 각 유정, 필드(광구) 혹은 어떠한 회사가 보유하고 있는 전체 자산 레벨에서 가능하며, 크게 결정론적 모델(Deterministic Model)과 확률론적 모델(Probabilistic Model)로 나뉜다. 본문에서는 석유개발사업의 사업성 평가 시 가장 많이 사용되고 있는 결정론적 경제성 분석방법에 대해 다루고자 한다.

석유개발사업의 경제성 분석 및 현금흐름표를 작성하기 위해 반드시 필요한 자료들은 아래와 같다.

1) 유정별 혹은 필드별 참여지분, 수익지분, 로열티 등
2) 지분매입금액, 지불시기, 시추비 대납(Carry) 등 계약상 참여 조건
3) 운영사가 제시한 혹은 합의된 유가스전 개발계획
4)과거의 각 유정별/저류층별 생산량 자료 혹은 이를 토대로 한 미래 생산량 예 측
5) 운영비 산정을 위한 과거의 Lease Operating Statement(LOE)
7) 개발비 적정성을 판단하기 위한 과거 시추 견적서(Authorization For Expenditure, AFE)
8) 원유 및 가스 판매 계약서
9) 국가별, 주별로 부과하는 세금 관련 정보

우리가 일반적으로 접하게 되는 제3자 매장량 평가보고서는 위의 자료들을 바탕으로 만들어진 것으로 그 결과물은 전체 자산 혹은 필드 레벨에서의 세전 현금흐름이다. 그러나, 사업 참여자가 사업에 대한 참여의사 결정을 하기 위해서는 여러 가지 민감도 분석이나, 참여 조건, 각 회사의 투자구조에 따른 세금 이슈 등을 고려해야 하므로 이를 위한 자신만의 경제성 모델이 필요하다.

12-2 매장량 평가 및 생산량 예측

경제성 모델 작성 시 가장 기본이 되는 자료는 유가스전으로부터 발생하는 미래의 예상 생산량이다. 아무리 잘 만들어진 경제성 모델이라 할지라도, 가장 앞단의 입력 자료인 생산량 예측이 잘못되었다면 쓸모없는 모델이 되고 말 것이다. 이러한 생산량 예측은 제 3자 매장량 평가기관으로부터 받을 수도 있지만, 사업의 진정한 가치를 판단하기 위해서는 사업참여자 자신도 생산량 예측값이 나오게 되는 과정에 대해 반드시 숙지하여야 할 필요성이 있다.

유가스전의 매장량을 계산하는 방법으로는 체적법(Volumetric Calculation), 유추법(Analogy), 감퇴곡선법(Decline Curve Analysis), 물질수지평형법(Material Balance Method), 저류층 시뮬레이션법(Reservoir Simulation) 등이 있으나, 여기서는 석유개발사업의 현금흐름 작성 시 가장 널리 사용되고 있는 체적법, 유추법, 감퇴곡선법을 이용한 매장량 계산 및 미래 생산량 추정에 대해 알아보고자 한다.

(1) 체적법(Volumetric Calculation)

체적법은 유가스전의 탐사 혹은 개발단계에 많이 사용되는 방법으로 저류층내에 존재하는 원유가 지상으로 산출되었을 때의 총량을 계산하기 위함이다. 체적법을 통한 원시매장량(Original Oil In Place, OOIP) 계산을 위해서는 1) 저류층 두께(h, feet), 2) 배유면적(Drainage Area, A, acres), 3) 공극률(φ, fraction), 4) 수포화도(Water Saturation, Sw, fraction) 5) 용적계수(Formation Volume Factor, Bo, RB/STB 혹은 Bg, SCF/CF) 등의 자료가 필요하며, 이 들 자료를 입력값으로 한 원시 매장량은 아래와 같이 계산된다.

$$N = \frac{7{,}758\,\varnothing\,(1-S_w)hA}{B_o} \qquad \text{for Oil(in STB)}$$

$$G = 43{,}560\,\varnothing\,(1-S_w)hAB_g \qquad \text{for Gas(in SCF)}$$

공극률과 수포화도는 보통 물리검층(Well Log)이나 코어분석에서, 용적계수는 유체샘플 분석에서, 저류층 두께는 탄성파 해석자료를 통한 등층후선도(Isopach map)로부터, 배유면적은 경험적 수치를 통해 얻어진다. 이렇게 얻어진 원시매장량에 경험적인 수치로 적용되는 회수율(Recovery Factor, RF)을 곱하면 해당 저류층에서 생산 가능한 총 매장량을 계산할 수 있으며, 이는 미래 생산량 곡선 예측을 위한 기본 정보가 된다. 일반적으로 원유 저류층의 회수율은 1차 생산(Primary Recovery)의 경우 12%~30% 수준이며, 가스 저류층의 경우 70~90% 수준이나, 이는 저류층의 특성에 따라 다르다.

예제 12-1

원유 생산정이 시추되어 완결되었다. 생산층은 심도 7,800ft~7,850ft였고, 물리검층자료의 분석 결과 공극률은 17%, 평균 수포화도가 30%였다. 유체 샘플의 실험실 분석결과 원유용적계수는 1.2RB/STB 였으며, 인근 동일 지층에서 얻은 경험적 수치로서 배유면적 80acre당 회수율은 15%였다. 위와 같은 경우의 원시매장량과 예상회수량(Estimated Ultimate Recovery, EUR)을 구하시오.

답 $OOIP = \dfrac{7{,}758\,\phi\,(1-S_w)hA}{B_o} = \dfrac{7{,}758\times0.17(1-0.3)\times50\times80}{1.2} = 3{,}077{,}340\text{STB}$

$EUR = OOIP \times RF = 3{,}077{,}340\times15\% = 461{,}601\text{STB}$

(2) 감퇴곡선법(Decline Curve Analysis)

감퇴곡선법의 목적은 이미 생산하고 있는 유정의 과거 생산특성을 분석하여 미래의 생산곡선을 예측하는 것으로 아래의 두 가지 가정을 기반으로 한다.

1) 미래 생산량을 예측하기 위한 충분한 생산이력을 가지고 있을 것(최소 1년 이 상)
2) 과거 생산정이 일정한 생산운영 조건하에서 생산이 지속되어 왔을 것(Artificial Lift, Stimulation 작업 등에 의한 생산조건의 변화가 없을 것)

하나의 감퇴곡선을 정의하기 위해서는 1) 초기 생산량(Q_i), 2) Nominal Decline Rate(a_i), 3) Hyperbolic exponent(b) 이 세 가지 변수가 결정되어야 하며, 이를 대표하는 산식은 아래와 같다.

$Q_t = Q_i(1+ba_it)^{-1/b}$

b= 0 : Exponential Decline

0<b<1 : Hyperbolic Decline

b = 1 : Harmonic Decline

여기서 Hyperbolic exponent, b가 0인 경우는 매년 생산량 감소율이 일정할 경우를 의미하며 반로그(Semi-log) 그래프상에서 직선이 된다. b가 0보다 커지면 커질수록 매년 감소율이 줄어듦을 의미하며, 일반적인 유가스전의 경우에는 그림 12-1과 같이 b는 0에서 1사이의 값을 가지는 경우가 대부분이다. 그러나 치밀 가스전(Tight Gas Reservoir) 이나, 균열 저류층(Fractured Reservoir), 혹은 최근 들어 개발이 활발히 진행되고 있는 셰일 플레이에서 수압 파쇄법으로 완결된 수평정의 경우에는 b가 1을 넘어가는 생산양상을 보이기도 한다. 감퇴곡선식은 이론적인 배경이 없는 단순 추세분석을 위한 경험적 산식이지만, 개발 및 생산단계 유가스전의 미래 생산량 예측 시 유추법과 병행하여 가장 많이 사용되는 방법이다.

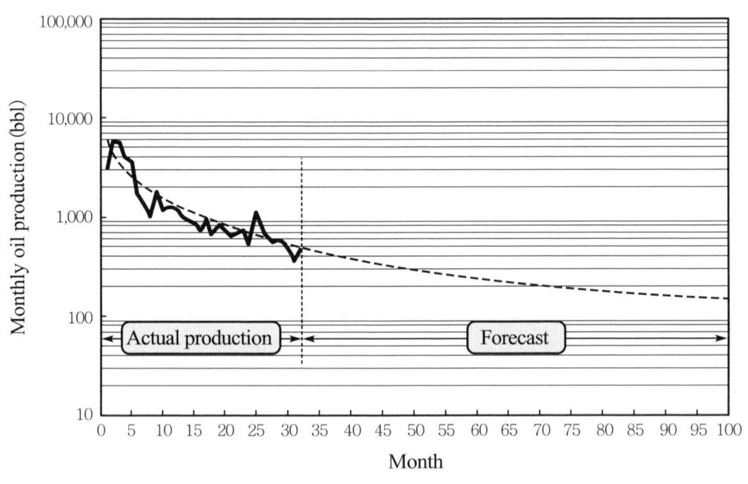

그림 12-1 전형적인 Hyperbolic 감퇴곡선

(3) 유추법(Analogy)

유추법은 말 그대로 아직 시추되지 않은 유정이나 저류층에 대한 정보가 없는 경우 인근의 동일한 혹은 유사한 저류층의 정보나 생산정의 정보를 그대로 사용하는 방법이다. 이 방법은 체적법 계산 시 사용되는 모든 입력값, 예를 들면, 공극률, 수포화도, 저류층 두께, 용적계수, 회수율 등에 적용될 수 있다. 또한, 미시추된 유정의 미래 생산량 예측도 결국은 유추법의 한 부분이라고 볼 수 있다. 일반적인 경우 유추법은 체적법이나 감퇴곡선법과 함께 사용되어, 아직 시추되지 않은 유정의 미래 생산량 예측시 사용된다.

예제 12-2

그림 12-2와 같이 6개 Section(1 Section = 640 acre)에 4공의 생산정이 존재하며, Section 13에 신규 시추를 할 경우 신규 시추공의 회수가능 매장량을 구하시오. 4개 생산정의 7년간 생산자료는 표 12-1과 같고, 생산정의 경제적 한계(Economic Limit) 생산량은 500Mcfd이다.

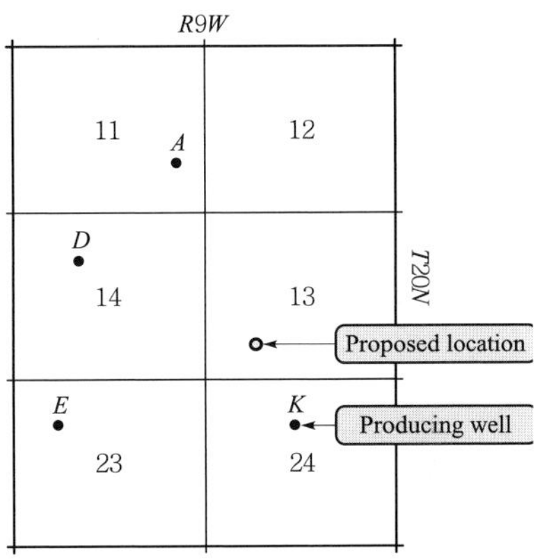

그림 12-2 예제 12-2의 리스/유정 위치도

표 12-1 예제 12-2의 생산량 자료

Year	Sec. 11A	Sec. 14D	Sec. 23E	Sec. 24K	Average	Monthly Data	Annual Decline Rate
1	68,971	51,339	115,794	78,164	78,567	6,547	
2	41,000	29,546	78,461	40,194	47,300	3,942	39.8%
3	41,005	27,465	38,190	33,164	34,956	2,913	26.1%
4	35,222	21,051	31,059	30,150	29,371	2,448	16.0%
5	31,649	17,680	24,164	27,890	25,346	2,112	13.7%
6	28,160	16,578	23,168	22,649	22,639	1,887	10.7%
7	24,908	14,501	21,649	19,987	20,261	1,688	10.5%

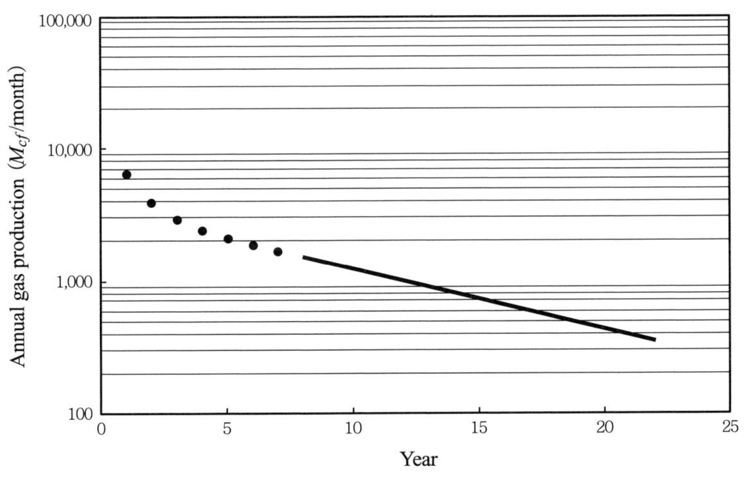

그림 12-3 예제 12-2의 Decline Curve

표 12-1에서 인근 4개 생산정의 평균 생산량을 구한 후, 그림 12-3과 같이 7년 이후부터 연간 10% 감소율로 Exponential Decline됨을 가정하면, 신규 시추공에 대한 7년까지의 누적 생산량과 이후의 예상 생산량을 아래와 같이 추정할 수 있다.

7년 동안의 평균 누적생산량 : 258,440 MSCF(표 12-1 Monthly Data의 합)

$$\textit{Remaining Reserves} = \frac{(1{,}688-500)\times 12}{-\ln(1-0.10)} = 135{,}357\text{MSCF}$$

$$\textit{Ultimate Recovery} = 258{,}440+135{,}357=393{,}796\text{MSCF}$$

12-3 석유개발 세무시스템(Petroleum Fiscal System)

석유개발사업의 경제성 모델 작성 시 생산량이나, 개발비(Capital Expenditure, CAPEX), 운영비(Operating Expenditure, OPEX) 등 기본적인 입력값을 제외하면, 각국마다 다양한 세제시스템(Fiscal System)을 이해하고 있어야 하며, 이에 따른 자금의 흐름을 이해하고 있어야 한다. 석유세제시스템은 크게 Concessionary System(혹은 Royalty-Tax System)과 Contractual System으로 나뉜다. Concessionary System은 미국과 같이 자원의 소유가 개인에게 있는 국가에 적용되는 시스템인 반면 Contractual System은 자원이 국가나 정부 소유인 경우에 적용된다. Contractual System은 생산물 분배계약(Production Sharing Contracts, PSC)과 서비스 계약(Service Contract, SC)으로 나뉘며, 이 두 시스템의 차이는 석유개발업자가 사업에 따른 이윤을 현금(SC) 으로 또는 생산물(PSC)로 가져가는데 그 차이가 있다. 세계의 석유개발을 위한 계약의 분류는 그림 12-4와 같으며, 각 계약 형태에 따라 사업자와 정부(혹은 국영석유회사)가 부담하는 리스크와 보상은 표 12-2와 같다.

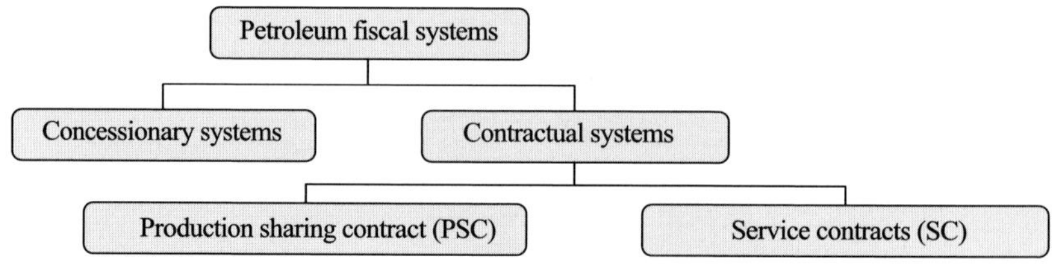

그림 12-4 석유개발 계약의 종류

표 12-2 계약형태에 따른 사업자와 정부의 리스크와 보상

	석유개발업자(사업자)	국가(국영석유회사)
Concessionary System	모든 리스크를 부담하고, 수익을 보상	생산량과 유가스가에 따른 세금 수취
PSC	탐사 리스크를 부담하고, 수익은 정부와 배분	탐사 리스크 없이 사업자와 수익만을 배분
Joint Venture	리스크와 수익 모두 정부와 분담	리스크와 수익 모두 사업자와 분담
Pure Service Contract	리스크 없이 용역 수수료 수취	모든 리스크 부담

출처: Project Economics and Decision Analysis, Volume I, M.A. Mian

그림 12-5는 각 계약시스템 현금흐름의 총 매출액으로부터 과세대상이 계산되는 과정을 나타낸 것이며, 그림 12-6, 그림 12-7은 각각 대표적인 Concessionary System(Royalty 20%, Federal Income Tax 40% 가정 시)과 Production Sharing Contract System(Cost Recovery 30%, Profit Oil 25%, Income Tax 30% 가정 시)하에서의 현금 흐름도를 나타낸 것이다. 또한, 표 12-3과 표 12-4에는 세계 주요 개발도상국가의 석유개발 세무 제도를 요약하였다.

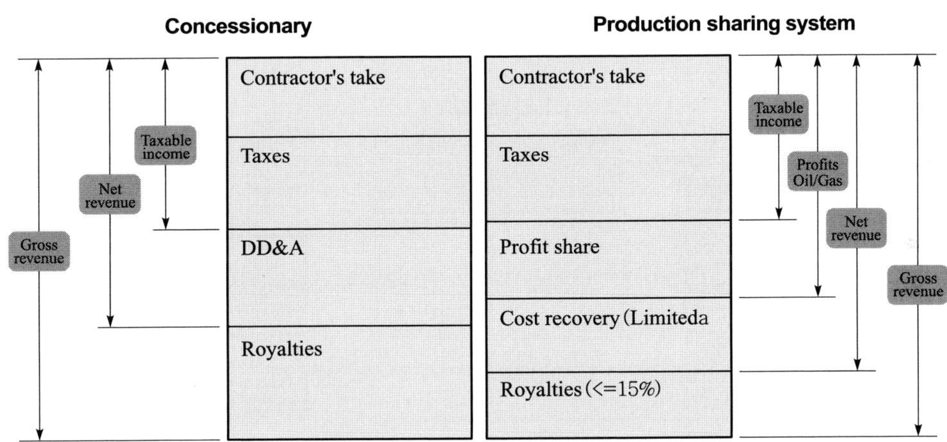

그림 12-5 Concessionary와 PSC 시스템에서의 현금흐름 구조

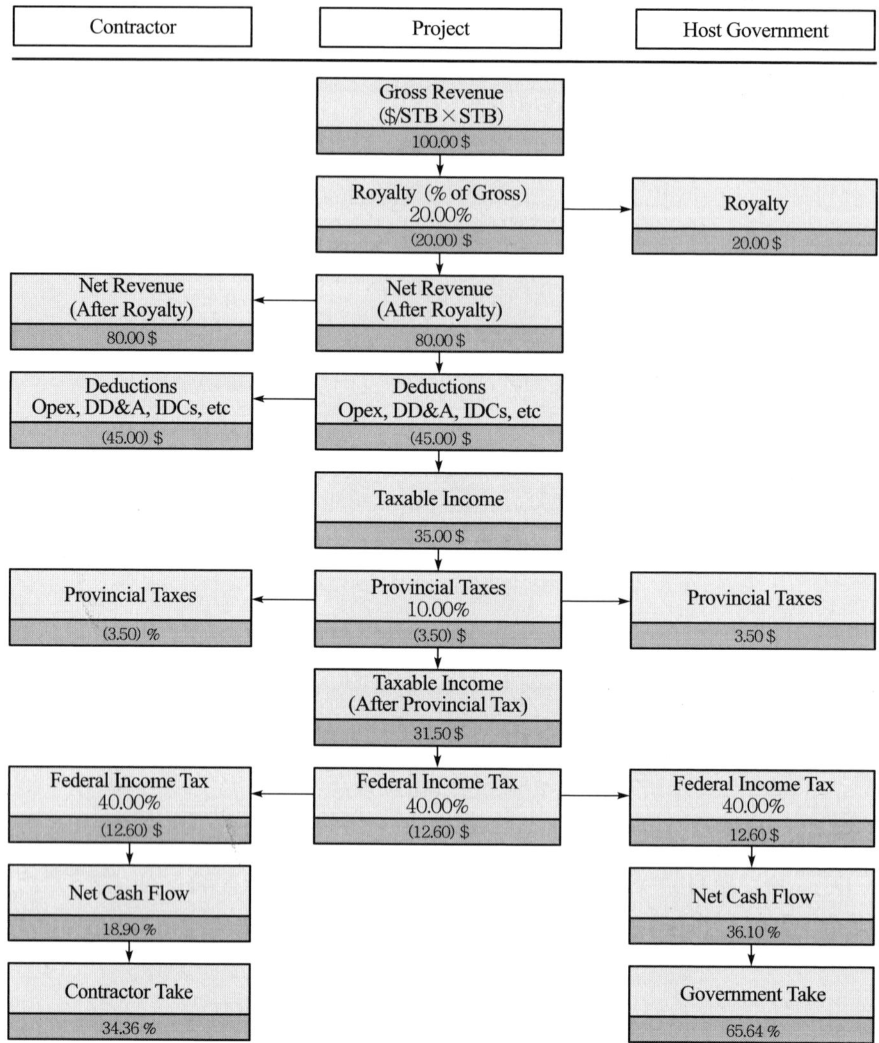

그림 12-6 Sample Flow Diagram of Concessionary System

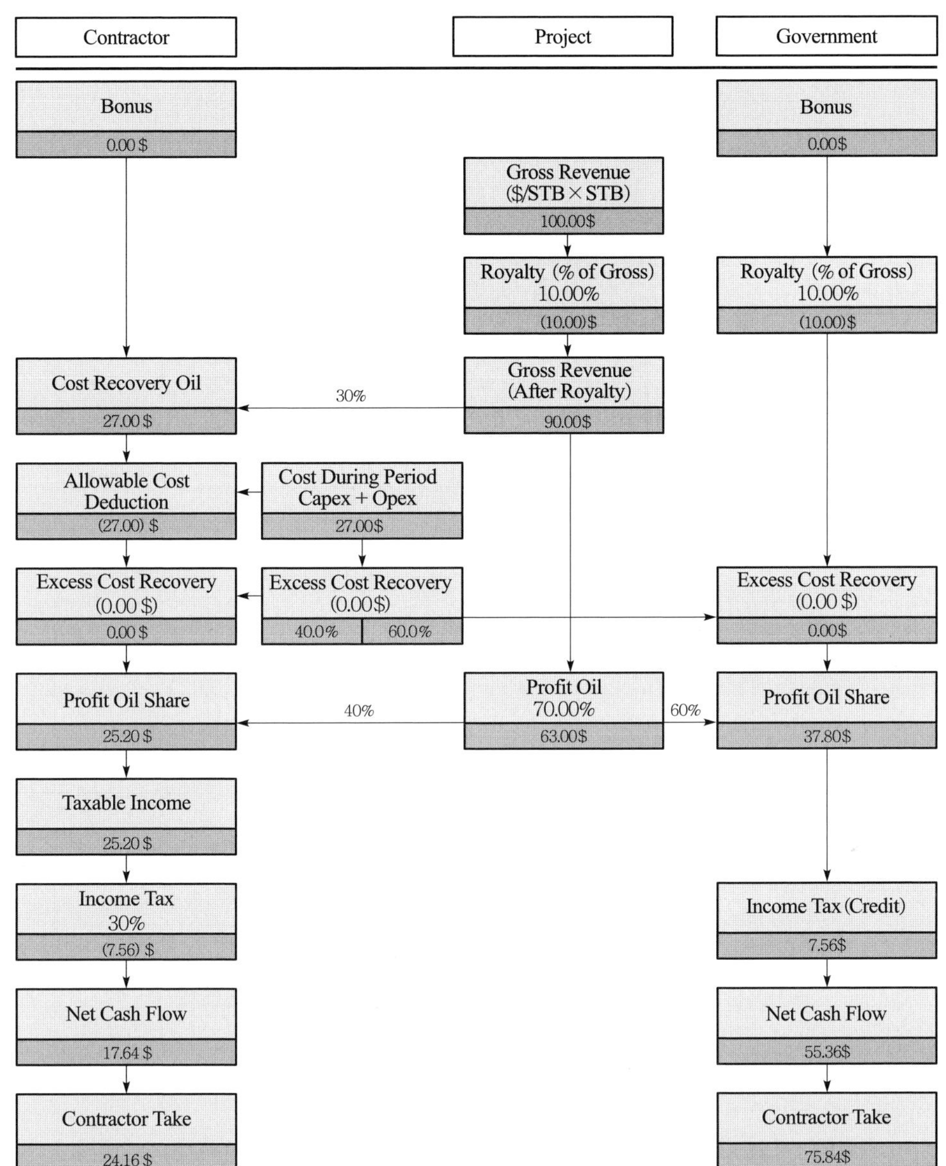

그림 12-7 Sample Flow Diagram of PSC System

표 12-3 세계 주요국들의 석유개발 세무 제도

Country	Royalties	Prod. Sharing (1)	Income Tax Rate	Resource Rent Tax	Dividend Withholding Tax	Invest. Incentives (2)	State Equity (3)
Africa:							
Angola	16%~20%	50~90%(V)	50%	None	...	Yes(E)	25%
Benin	12.5%	55%	None	None	...	Yes(E,U)	15%(C)
Cameroon	Negotiable	None	57.5%	None	25%	Yes(O)	50%(C)
C.A.R.	12.5%	None	50%	None	40%	None	None
Chad	12.5%	None	50%	None	20%	None	10%
Cote d' voire	None	60~90%(V)	None	None	12%	Yes(O)	10~20%
Ethiopia	None	15~75%(V)	50%	None	10%	Yes(E)	10%
Gabon	10%	65~85%(V)	None	None	...	YEs(E)	15%(C)
Ghana	12.5%	None	50%	12~28%	10%	...	25%
Mozambique	15%	10~50%	None	None	...	Yes(E)	None
Namibia	12.5%	None	42%	Formula	None	Yes(E,U,I)	None
Niger	12.5%	None	50%	None	18%	Yes(E)	...
Nigeria	0~20%	20~65%	85%	None	10%	Yes(E,Cr)	Varioable
Senegal	5~12.5%(V)	0~50%(ror)	35%	Yes	10%	...	5~20%
South Africa	2~5%	None	30%	40%	...	Yes(O,U,I)	20%(C)
Sudan	...	60~80%	None	None	None	...	None
Tanzania	20%	45~72.5%	None	25~35% rr	10%	...	15%(C)
Uganda	None	None	30%	0~80% ror	15%	Yes(E,U)	25%
Zambia	10%	0~25%(ror)	Contract	Yes	15%	Yes(E,I,U)	10%
Asia and Pacific:							
Bangladesh	None	60~70%(V)	None	None	...	Yes(I)	None
Brunei	...	None	55%	None	None	Yes(A)	50%
Cambodia	5~12.5%	40~65%(V)	30%	None	None	Yes(E)	None
Indonesia	...	80~90%(V)	35%	None	13%	Yes(I,A,Cr)	10%
Malaysia	10%	50~70%	38%	70%(Pr)	None	Yes(A,E,U)	25%
Mongolia	12.5%	35~60%	40%	None	20%	Yes(I)	None
P.N.G.	2%	None	45%	20~25% rr	None	Yes(I,Cr)	22.5%(C)
Philippines	None	60%	32%	None	15~32%	Yes(E)	None
Thailand	12.5%	None	50%	None	10%	Yes(E)	None
Vietnam	6~25%	65~70%(V)	50%	Formula	15%	Yes(H)	15%
Europe:							
Bulgaria	12.5~17.5%	50%	40%	none	15%	Yes(H)	None
Turkey	12.5%	None	25%	none	20%	Yes(E)	None
Middle East:							
Abu Dhabi	12.5~20%	None	55~85%	Product.	...	None	60%(C)
Algeria	10~20%	50~85%(P)	None	None	20%	None	51%

표 12-3 세계 주요국들의 석유개발 세무 제도(계속)

Country	Royalties	Prod. Sharing (1)	Income Tax Rate	Resource Rent Tax	Dividend Withholding Tax	Invest. Incentives (2)	State Equity (3)
Bahrain	None	70%	50%	None	...	None	None
Dubai	12.5~20%	None	55~85%	None	...	None	None
Egypt	10%	70~87%(V)	40.55%	None	None	Yes((I)	None
Libya	16.67%	Yes(P)	65%	None	...	...	...
Morocco	...	None	39.6%	Yes(ror)	20%	Yes(A,I)	35%
Oman	None	80%	55%	None	None	None	None
Qatar	...	80~90%	None	None	None	None	None
Tunisai	...	None	50~75%	Yes(ror)	None	Yes((E,U,I)	Negotiable
Yemen	3~10%	70~80%	None	None	None	YEs(E,U)	None
Latin America:							
Antiqua	5%	30~50%(T)	None	None	...	None	None
Argentina	12%	None	30%	None	35%	None	None
Aruba	None	79~89.5%(V)	39%	None	None	Yes(E,U)	None
Barbados	12.5%	50~70%(V)	None	None	15%	Yes(E,U)	None
Belize	7.5%	5~15%(V)	25%	None	15%	Yes(U)	5%
Bolivia	31%	None	25%	25%	12.5%	Yes(E,U)	None
Chile	Formula	None	15%	None	35%	Yes(A)	35%
Colombia	20%	None	12.5%	None	7%	None	50%(C)
Costa Rica	1~15%	None	30%	None	15%	None	None
Dominican Rep.	17~30%	None	25%	None	25%	Yes(I)	None
Ecuador	12.5~18.5%	None	25~44.4%	Formula	25%	...	None
Guatemala	20%	30~70%(V)	31%	None	None	Yes(E,U,I)	None
Guyana	none	50~70%(V)	35%	None	10%	Yes(E)	None
Honduras	1~15%	None	25%	None	10~15%	None	None
Mexico	None	None	35%	None	7.7%	Yes(E,I)	None
Peru	Negotiable	None	20%	None	None	Yes(E,A,I)	None
Trin. & Tob.	...	Variable	50%	0~45% Pr	...	Yes(A,H,I)	None
Venezuela	16.7%	None	67.7%	None	None	Yes(E,Cr)	0~35%
Transition Econ.:							
Azerbaijan	None	45~65%(P)	30%	None	15%	Yes(E,O,U)	7.5~20%
Kyrgyz Rep.	None	60~80%(V)	None	None	15%	Yes(H)	None
Turkmenistan	12%	40%	25%	None	15%	...	None
Uzbekistan	Yes	Yes	33%	None	15%	...	50%(C)

(1) Production Sharing linked to physical vlume of production(V), years of production(T), realized profitability(P)

(2) Investment incentives : tax holiday(H), accelerated depreciation(A), tax credit(Cr), current expensing of exploration and/or development cost(E), exemption of imports of equipment and capital goods(I), unlimited loss-carry forward(U) and other(O)

(3) The maximum equity share that the state can select to take, often on a carried basis(C)

출처 : Barrows(1997), Coopers & Lybrand(1998), PricewaterhouseCoopers(1999), and International Burea of Fiscal Documentation(various

12-4 Concessionary(Royalty-Tax) System의 현금흐름 모델

이 절에서는 Concessionary System하의 석유개발사업 현금흐름을 구성하는 각 요소들과 현금흐름의 작성방법에 대해서 알아보기로 한다.

(1) 세전 현금흐름(Before Tax Cashflow)

1) 리스소유시스템

대표적인 Concessionary System의 미국 육상 유가스전의 경우, 원유 및 가스 매장량의 소유권은 개인에게 있으며, 지상 대지의 소유주와 석유개발업자 간에 리스(Lease) 계약을 체결한다. 리스 계약이 체결되면 석유개발업자는 석유개발을 위한 작업을 수행할 수 있으며, 원유 및 가스의 생산 시 대지 소유주에게 리스계약 시 합의된 로열티를 지급하게 된다. 석유개발권 리스에 대한 지분의 종류에는 작업지분(Working Interest), 수익지분(Net Revenue Interest), 로열티 등이 있으며, 그 구체적인 내용은 아래와 같다.

① WI : 작업지분, 석유개발업자가 원유/가스를 채굴하기 위한 비용에 대한 지 분

② NRI : 수익지분, 일반적으로 WI에서 로열티를 차감한 것으로 원유/가스 생산 시 석유개발업자가 가져오게 되는 생산물 지분

③ Royalty(Overriding Royalty, ORRI 포함) : 대지 소유주, 리스소개업자(Landman) 등이 가져가는 것으로 그 합은 통상적으로 15%~25% 수준

일반적으로 최초의 탐사리스는 보통 3년이며, 1년 혹은 2년 단위로 갱신이 가능한데, 탐사리스 기간 중에 유정을 시추하여 생산이 이루어지면 자동적으로 생산리스로 전환된다. 생산리스의 기간은 생산 종료시까지이며, 이를 보통 HBP(Held By Production)이라고 한다.

2) 생산물 판매가격

전 세계적으로 원유의 가격은 60°F, 대기압에서의 원유 1배럴당 미화로 거래되며, 원유는 지역에 따라 그 물성이 다르다. 원유의 가격을 결정짓는 주요소는 API 비중과 황 함유량 두 가지 요소이다. API 비중은 경질유의 경우 35°~45°, 중질유의 경우 25°~35°, 중유의 경우 25° 이하이며, 일반적으로 가벼운 원유(높은 API 비중) 일수록 가솔린 등 경제적인 가

치가 큰 상품의 함유량이 높기 때문에 높은 가격에 거래된다. 한편, 황 함유량이 1% 미만일 경우를 Sweet 원유, 1%~2.5%일 경우를 Sour 원유라고 하는데, 황 함유량이 높은 원유는 정제시 황 처리설비가 구비되어야 하기 때문에 황 함유량이 높을수록 상대적으로 낮은 가격에 거래된다. 세계적으로 거래되는 대표적 유종은 아래와 같다.

① West Texas Intermediate(WTI) : 38° ~40° API, 0.3% 황 함유율, Sour 원유의 경우 33° API, 1.6% 황 함유율

② Saudi Arabian(Arab light) : 33.4° API, 1.8% 황 함유율

③ Brent crude from the North Sea : 38.3° API(Ekofisk 원유의 경우 42.8°)

④ Dubai Fateh field' s crude

⑤ Ural-Mediterranean for the Russian production entering the western markets

⑥ Singapore quotations

천연가스의 가격은 MMBTU(Million British Thermal Unit) 당 미화로 계산되며, 산출되는 가스마다 열량이 조금씩 다르기 때문에, 산출 부피를 열량으로 환산해서 계산한다. 예를 들어 산출되는 가스의 열량이 1,200BTU/Scf이고, 가스의 가격이 $4.0/MMBTU라면, 1Mcf 당 가스의 판매 가격은 $4.8/Mcf가 된다. 원유와 달리 가스의 경우 수송의 제한 때문에 지역적 수요와 공급에 의해 가격이 결정되며, 대부분의 경우 개별 판매계약에 따라 가격이 책정된다. 단, 내수시장이 발달된 북미 등 일부지역의 Henry Hub Price와 같은 지역별 기준 가스가가 참조된다.

경제성 분석시 유가스가의 적용은 유가스 물성에 따라 기준 유가스가격 대비 플러스 혹은 마이너스로 표시되는 Price Differential에 따라 다르며, 이는 보통 판매계약에 명시되어 있다. 현금흐름 분석시에는 이 Price Differential에 Trucking Cost, 파이프라인 Fee 등의 운송비를 감안하여 분석한다.

3) 개발비(Capital Expenditure)

개발비는 주로 지질 및 지구물리(Geology & Geophysical, G&G) 비용, 시추비, 지상설비비 등으로 분류할 수 있다. 또한, 생산 도중에도 기존 생산정에 대한 다른층으로의 재완결비용(Recompletion) 이나, 사이드트래킹(Sidetracking) 작업, Artificial Lift 설비의 설

치, 수공법(Waterflooding), 원유증진회수법(Enhanced Oil Recovery, EOR) 등과 같은 작업이 진행될 경우에는 프로젝트 기간 중 언제나 발생할 수 있다.

G&G 비용은 시추이전에 발생하는 탄성파 자료취득, 처리, 해석 등의 탐사 비용으로 지분 취득이전과 이후에 모두 발생할 수 있다. 이 비용은 세금 계산 목적상 당해년도 비용으로 처리된다.

시추비는 시추목적(탐사정, 개발정, 생산정, 주입정 등)과 유정의 형태(수직정, 수평정, Multilateral, 사이드트래킹 등), 시추리그의 타입과 계약조건, 시추심도, 완결 종류 등에 따라 다양할 수 있다. 시추 이전에 광구의 운영사는 공학적, 회계적 처리 목적으로 이러한 비용 항목을 세부화(Dryhole Cost & Completion Cost, Tangible Cost & Intangible Cost) 하여 지분 참여사들에게 제시한다. 표 12-5는 대표적인 시추비용 예산을 나타내는 시추 견적서(Authorization For Expenditure, AFE) 양식이다.

육상의 경우 일반적인 지상설비는 원유/가스/물 분리를 위한 유체분리기(Separator), 생산유체의 저장을 위한 저장탱크(Storage Tank), Artificial Lift나 주입을 위한 펌프 혹은 압축기(Compressor), 각 부분의 연결 라인 등으로 구성된다. 해상의 경우 육상보다 복잡하고 비싼 설비시설이 필요한데, 플랫폼, Wellhead jackets, Flowline, 육상 저장시설까지의 파이프라인 혹은 FPSO(Floating Production Storage and Offloading) 등이며, 플랫폼 내에는 열 교환기, 압축기, 탈염 유닛(Desalination Unit), 해수펌프, 발전기 등이 필요하다.

표 12-5 일반적인 시추견적서(AFE) 양식

Well Name: Date: County/State:	AFE No.: Location: Operator			
ITEMS AND DESCRIPTION	Quantity	Unit Price	Total Cost	
			Dry Hole	Comp.
INTANGIBLE COST				
Administate Overhead			x	x
Fuel, Water, Power, and Lubricants			x	x
Hauling			x	
Permit, Location, and Contract			x	
Contract Drilling			x	x
Day Work			x	
Drilling Bits			x	
Compressor and Tool Rentals			x	
Pulling Unit or Cable Tools			x	

표 12-5 일반적인 시추견적서(AFE) 양식(계속)

Well Name: Date: County/State:	AFE No.: Location: Operator			
ITEMS AND DESCRIPTION	Quantity	Unit Price	Total Cost	
			Dry Hole	Comp.
Mud and Chemicals			X	
Mud Logger			X	
Cement and Cementing			X	X
Coring			X	
Well Surveys(Deviation)			X	
Well Surveys(Logging)			X	
Drill Stem Test			X	
Perforating			X	
Acidizing, Fracturing, and Gravel Pack			X	X
Supplies and Miscellaneous			X	
TOTAL INTANGIBLE COSTS			X	X
TANGIBLE COST				
Casing(Conductor)			X	
Casing(Surface)			X	
Casing(Intermediate)			X	
Casing(Production)				X
Tubing				X
Packer(s)				X
Rods, Sucker				X
Pumping Unit				X
Electric Motor				X
Engine				X
Subsurface Pump				X
Christmas Tree				X
Miscellaneous Completion Equipment				X
Tanks, Storage				X
Treater				X
Heater				X
Meter Run				X
Separator				X
Line Pipe				X
Miscellaneous Connections				X
Trucking and Labor				X
TOTAL TANGIBLE COST			X	X
TOTAL AFE COST			X	X

4) 운영비(Operating Expense)

석유개발사업의 운영비는 유가스전의 생산 현장에서 일상적으로 발생하는 정기적 비용이다. 현금흐름의 운영비 가정은 $/Month 혹은 $/bbl(or $/Mcf)로 유정별 혹은 필드별로 적용된다. 운영비는 크게 고정비(Fixed Cost), 변동비(Variable Cost, 생산량에 따른 함수), 설비유지비, 유정유지비, 오버헤드(Overhead) 등으로 분류할 수 있다. 이러한 운영비의 산정을 위해서는 과거에 발생하였던 리스 운영 현황(Lease Operating Statement, LOS) 자료가 필요하며, 통상적으로 일정기간(1년 혹은 2년) 동안의 평균값을 적용한다. 표 12-6은 리스 운영 현황 자료상에 분류되는 운영비의 세부항목이다.

표 12-6 운영비 구성요소

Direct Operating Expense	
Onshore Operations	Offshore Operations
Pumper wages, Benefits	Supply boats, marine
Pumper transportation	Helicopters
Purchased power, fuel, and water	Standby vessels
Field power, fuel, water	Docking charges
Treating chemicals	Shore base expence
small tools, supplies	Underwater inspectors
Teaming trucking, heavy equipment	Platforms and pipelines
Gas gathering, compression	Communications and data transmission
Salt water disposal	Personnel
Roads, bridges, docks	Process maintenance
Flowlines, tank batteries	Process operators
Wells – Pulling, clean-out	Warehouse
Tubing and casing repair	Pipeline tariffs
Plug back in zone	Fuel
Stimulation zone	Equipment standby
Gas shut-off	Cementing pumps
Outside labor and equipment	Wireline services
Service company personnel equipment	Food and lodging for personnel
Service company deliveries	
Contractor services	
Pipeline gauging	
Allocated Operating Expense	
Office expenses, including rent and utilities	
Lease supervision wages, benefits	
Engineering salaries, benefits	
Clerical, accounting wages, benefits	
Toolroom, warehouse, shop wages, benefits	
Motor pool expense, not recovered as direct charge on mileage basis	

5) Severance and Ad Valorem Taxes

미국의 경우 회사(Corporate) 단계에서 내는 주세(State Tax)와 연방세(Federal Income Tax)와는 별도로 각 주에서 생산물에 대해 일종의 부가세와 같은 Advalorem Tax와 Severance Tax를 부과하며, 이 둘을 합쳐서 보통 생산세(Production Tax)라고도 한다. 생산세는 생산매출이나, 생산량 단위 배럴당 퍼센트로 정의되나, 주마다 차이가 있다. 다음은 미국 주요 주별 Severance Tax와 Ad Valorem Tax를 나타낸 것이다.

표 12-7 미국 각 주별 Severance, Ad valorem Tax Rate

State	국가(국영석유회사)		Ad Val. Tax
	Oil	Gas	
Alabama(onshore)	10%	10%	None
Alabama(offshore)	None	None	None
Alaska(onshore)	15%	10%	0.2%
Alaska(offshore)	None	None	None
Arizona	3.125%	3.125%	5%
Arkansas	$0.068/bbl+ 5%	$0.012/Mcf	4%
California(onshore)	$0.044/bbl	$0.004/Mcf	9%
California(offshore)	None	None	None
Colorado	5.13%	5.13%	3%
Florida(onshore)	8%	$0.191/Mcf	2%
Florida(offshore)	None	None	None
Indaho	2%	2%	5%
Indiana	1%	1%	7%
Kansas	4.33%	4.33%	8%
Kentucky	4.5%	4.5%	6%
Oklahoma	7.095%	7.095%	None
Oregon	6%	6%	None
S. Dakota	4.74%	4.74%	2%
Tennessee	3%	3%	None
Texas(onshore)	4.6%	7.5%	2.5%
Texas(offshore)	None	None	None
Louisiana(onshore)	12.5%	$0.208/Mcf	None
Louisiana(offshore)	None	None	None
Michigan(onshore)	7.6%	6%	2%
Michigan(offshore)	None	None	None
Mississippi(onshore)	$0.044/bbl+ 6%	$0.005/Mcf+ 6%	2%
Mississippi(offshore)	None	None	None

표 12-7 미국 각 주별 Severance, Ad valorem Tax Rate(계속)

State	국가(국영석유회사)		Ad Val. Tax
	Oil	Gas	
Montana	12.5%	14.8%	9%
Nebraska	4%	4%	6%
New Mexico	7.09%	8.19%	5%
New York	7.2%	7.2%	10%
N. Dakota	11.5%	$0.062/Mcf	None
Ohio(onshore)	$0.1/bbl	$0.025/Mcf	7%
Ohio(offshore)	None	None	None
Utah	5.2%	5.2%	5%
Virginia	1.5%	3%	None
W. Virginia	5%	5%	None
Wyoming	6.06%	6.06%	7%

[출처 : US Tax Model in the PHDWin Software, TRC Consultants]

6) 현금흐름표의 작성

매장량 평가보고서의 결과물인 세전 현금 흐름표는 유정별, 리스별, 매장량 카테고리별로 나뉘며, 각 현금흐름표마다 유정이름, 리스이름, 매장량 카테고리 등이 별도로 표기된다. 그림 12-8은 Concessionary System에서의 일반적인 세전 현금흐름표이며, 각 칼럼의 계산방법은 다음과 같다.

① 현금흐름의 가장 기초가 되는 자료는 유정 혹은 필드의 연도별(칼럼 A) 총 생산량(Gross Production) (Column B와 Column C)이며, 여기에 이익 지분(NRI)을 곱하게 되면 사업자분 생산량(Net Production) (Column D와 Column E)을 구할 수 있다.

② Column F와 Column G는 유가 및 가스가를 나타낸 것으로 경제성 분석 시 기준유가(그림 12-8에서는 WTI 유가와 Henry Hub 가스가를 기준으로 함)와 생산물 물성에 따른 판매 계약상의 Price Differential, 가스의 경우 열량/부피 환산이 적용되어야 한다. 아래에서는 기준유가인 WTI가 $85/bbl일 경우 Price Differential −$5/bbl을 고려하여 실제 판매되는 가격은 $80/bbl이 적용되었고, 가스가의 경우 기준유가인 Henry Hub 가 $3.8/MMbtu일 경우 Price Differential 95%를 곱한 후, 열량 계수 1,100 MMbtu/Mcf를 곱한 부피당 가격 $3.97/Mcf가 적용되었다.

	A	B	C	D	E	F	G	H	I	J	K	L	M	N	O	P	Q	R
1	Before Tax Cash Flow (As of January 1, 2011)																	
2	Sample well (Sec. xx-TxN-RxxW), XXX county, Texas																	
3	Year	Gross Production		Net Production		Price		Net Revenue (M$)			Net Expenditure (M$)			Capex(M$)		Bonus (M$)	NCF (M$)	Cum. NCF (M$)
4		Oil(Mbbl)	Gas(MMcf)	Oil(Mbbl)	Gas(MMcf)	Oil($/bbl)	Gas($/Mcf)	Oil	Gas	Total	Sev. Tax	Adval. Tax	OPEX	Tangible	Intangible			
5	Jan-11													750	1,750	$5,000	-7,500	-7,500
6	Dec-11	115	101	46	40	80.0	4.0	3,680	161	3,841	181	96	120				3,443	-4,057
7	Dec-12	92	81	37	32	80.0	4.0	2,944	129	3,073	145	77	120				2,731	-1,326
8	Dec-13	74	65	29	26	80.0	4.0	2,355	103	2,458	116	61	120				2,161	835
9	Dec-14	59	52	24	21	80.0	4.0	1,884	82	1,966	93	49	120				1,704	2,539
10	Dec-15	47	41	19	17	80.0	4.0	1,507	66	1,573	74	39	120				1,340	3,879
11	Dec-16	38	33	15	13	80.0	4.0	1,206	53	1,259	59	31	120				1,048	4,926
12	Dec-17	30	27	12	11	80.0	4.0	965	42	1,007	48	25	120				814	5,740
13	Dec-18	24	21	10	8	80.0	4.0	772	34	805	38	20	120				627	6,368
14	Dec-19	19	17	8	7	80.0	4.0	617	27	644	30	16	120				478	6,846
15	Dec-20	15	14	6	5	80.0	4.0	494	22	515	24	13	120		200		158	7,004
16																		
17																		
18	Total	513	452	205	181			16,424	717	17,142	809	429	1,200	750	1,950	5,000	7,004	
19																		
20	Working Interest			50%		OPEX (M$/Month)			$20		Severance Tax	Oil	4.60%					
21	Net Revenue Interest			40%		Capex (M$)		Tangible	$1,500			Gas	7.50%					
22								Intangible	$3,500		Ad. Valorem Tax		2.50%					
23	Production GOR (MMcf/Mbbl)			0.88		Bonus (M$)			$5,000									
24						Production Start Date			01/01/2011		Rate of Reteurn		24.2%					
25	Oil Price (WTI, $/bbl))			$85		Abandonment Cost (M$)			$400									
26	Gas Price(Henry Hub, $/MMbtu)			$3.80														
27	Price Differential		Oil ($/bbl)	$ -5.00														
28			Gas (% HH)	95%														
29	Gas BTU factor (mmbtu/mcf)			1,100														

그림 12-8 Concessionary System의 세전 현금흐름표

③ Column H와 Column I는 사업자분 매출액(Net Revenue) 항목으로 원유와 가스의 사업자분 생산량(Net Production)과 유가, 가스가를 각각 곱한 결과이며, 모든 매출액의 총합을 Column J에 표시하였다.

④ Column K와 L은 생산세 관련 항목으로, 이 현금흐름에는 텍사스주 생산세율을 적용하여 원유와 가스 매출액의 각각 4.6%, 7.5%인 Severance Tax와 총 매출액의 2.5%인 Ad Valorem Tax가 적용되었다.

⑤ 그림 12-8에서 운영비(OPEX)는 월 $20,000로 전액 고정비로 가정하였는데, 사업자의 참여지분(WI) 이 50%이므로 현금흐름상 Column M에 표시된 연간 운영비는 $20,000 ×12개월×50% = $120,000이 된다.

⑥ 개발비(CAPEX) 인 초기 시추비와 생산종료 시 P&A(Plug & Abandonment) 비용은 각각 $5.0백만, $0.4백만이며, 사업자의 참여지분 50%가 적용되었다. Column N과 O의 Tangible Cost와 Intangible Cost로 구분한 이유는 세후 현금흐름 계산을 위해서이며, 추후에 다루도록 하겠다.

⑦ Column P는 지분매입비 항목으로 50%에 대한 매입비 $5백만이 반영되었다.

⑧ 세전 현금흐름(Column Q)는 Column J-(Column K+Cloumn L+Column M+Column N+Column O+Column P)로 계산되며, Column R은 누적 세전 현금흐름을 나타낸다.

⑨ 세전 현금흐름으로부터 내부수익률(IRR)을 누적 세전 현금흐름으로부터 원금회수기간등을 계산해 볼 수 있다.

(2) 세후 현금흐름(After Tax Cashflow)

연방세(Federal Income Tax)나 주세(State Tax) 등은 부과대상이 법인이므로, 개별 자산만 평가 시에는 세전 현금흐름으로 사업성을 검토하는 경우가 많으나, 석유회사의 M&A나 법인 전체의 사업성 등을 분석하기 위해서는 세후 현금흐름이 필요하다. 미국의 경우에는 시추비 중 무형 비용(Intangible Cost)을 비용처리 할 수 있다는 점과 지역에 따라 Ring Fence가 없다는 점에서 절세를 위한 개발계획 수립이 매우 중요하다. 국가별로 세법과 세율에 차이가 있으며, 경우에 따라 복잡한 예외조항 등이 적용되기는 하지만, 이 절에서는 미국의 세제를 기준으로 세후 현금흐름표를 작성하는 방법을 알아보도록 하겠다.

일반적인 경우, 세후 현금흐름을 계산하는 방법은 과세대상소득(Taxable Income)에 세율을 곱한 세금을 세전 현금흐름에서 차감하면 된다. 세후 경제성 모델의 기본적인 흐름은 표 12-8과 같다.

표 12-8 세후 경제성 모델의 흐름

		Year 1	Year 2	Year 3	Year 4
	Cash Received	$	$	$	$
Less	Cash Expanded	$	$	$	$
	Depreciation	$	$	$	$
	IDC's	$	$	$	$
	Interest	$	$	$	$
Equals	Taxable Before Depletion	$	$	$	$
Less	Depletion Allowance	$	$	$	$
Equals	Taxable Income	$	$	$	$
Less	Tax at Tax rate	$	$	$	$
Equal	Net After Tax Income	$	$	$	$
Plus	Depreciation	$	$	$	$
	Depletion Allowance	$	$	$	$
	Interest	$	$	$	$
	IDC's	$	$	$	$
Equals	Net After Tax Cash Flow	$	$	$	$

1) 감가상각(Depreciation)

감가상각은 세금공제가 가능한 비현금성 비용으로 실제 현금 유출은 일어나지 않으나, 과세대상소득을 계산하기 위한 비용이다. 감가상각은 시간에 따른 자산 가치의 감소분으로 유형자산(Tangible Property)과 무형자산(Intangible Property) 모두가 해당된다. 해당 회사별로 선택할 수 있는 감가상각의 방법에는 여러 가지가 있는데, 각 내용을 살펴보면 아래와 같다.

① 정액법(Straight-Line Depreciation)

자산의 상각기간동안 일정한 금액으로 상각하는 방법으로 가장 간단하면서, 오래전부터 사용된 방법이다. 감가상각액(D)은 아래와 같이 결정된다.

$$D = \frac{Original\ Cost - Salvage\ Value}{Useful\ Life\ of\ Asset(years)}$$

② 정률상각법(Declining Balance Method)

자산의 기초 장부금액에서 일정 비율을 감가상각비로 산출하는 방법이다. 감가상각 첫 해에 가장 많은 상각비가 계상되지만, 점차 상각비가 감소하여 감가상각 마지막 해에는 가장 적은 감가상각비가 계상되는 특징이 있다.

미국의 경우에는 총 자산 상각률을 200%, 175%, 150%, 125% 등으로 하고, 이를 회수기간으로 나누어 매년 상각률을 결정하는 방법을 사용한다. 또한, 정률법을 우선 적용하다가 정률 감가상각액이 정액 감가상각액보다 작아지는 시점부터 정액법을 적용하는 방법도 널리 사용된다.

$$D = \textit{Book Value of Asset at Beginning of Year} \times \textit{Depreciation Rate}$$

③ 생산량 비례법(Unit of Production Depreciation)

자산의 이용정도를 고려하여 예상조업도나 예상생산량에 근거한 비율로 감가상각비를 계산하는 방법이다. 생산량 비례법은 일반적인 유형자산보다 자연자원(광산, 유전 등)의 감모상각 방법에 적절하다.

$$D = (\textit{Original Cost-Salvage Value}) \times \frac{\textit{Units of Produced During the Year}}{\textit{Total Units of Production}}$$

④ 연수 합계법(Sum-of-Years' Digits Method)

취득원가에서 잔존가치를 뺀 금액을 해당 자산의 내용연수의 합계로 나눈 후 남은 내용연수로 곱하여 감가상각비를 산출하는 방식이다. 급수법이라고도 한다. 기간이 지날수록 감가상각비가 감소하는 특징이 있다. 을 잔존내용연수, 을 내용연수라고 하였을 때, 연수합계 감가상각액(D)은 아래와 같이 계산된다.

$$D = (\textit{Original Cost-Salvage Value}) \times \frac{n}{1+2+\cdots+N}$$

⑤ 수정 가속원가 회수법(Modified Accelerated Cost Recovery System)

1986년 이후부터 유형자산의 감가상각을 계산하기 위한 기법으로 줄여서 MACRS라고도 한다. 1980년부터 1986년까지 사용되던 Accelerated Cost Recovery System이 수정된 것으로, 자산이 속한 추정 내용연수(3년, 5년, 7년, 10년, 15년, 20년 추정 내용연수 분류계층이 있음.)에 기초하여 상각하는 것이다. GDS(General Depreciation System)와 ADS(Alternative Depreciation System) 방법 중 선택이 가능하며, ADS법은 GDS법에 비해 더 긴 회수기간과 정액법을 사용한다는 차이가 있다. 유가스전 개발 사업의 경우 자산 종류에 따른 추정 내용연수와 회수기간은 표 12-9와 같다.

표 12-9 MACRS의 자산종류항목별 계층분류

	Descriptions of Assets	Class Life(yr)	Recovery Periods(yr)	
			GDS MACRS	ADS
1	Office Furniture, Fixtures, and Equipment	10	7	10
2	Information Systems(Computers etc.)	6	5	5
3	Data handling Equipment(Except Computers)	6	5	6
4	Light General Purpose Trucks	4	5	5
5	Heavy General Purpose Trucks	6	5	6
6	Offshore Drilling	7.5	5	7.5
7	Drilling of Oil and Gas Wells (not include integrated petroleum and natural gas producers)	6	5	6
8	Exploration for and Production of Petroleum and Gas Deposits	14	7	7
9	Petroleum Refining	16	10	16
10	Pipeline Transportation	22	15	22
11	Natural Gas Production Plant	14	7	14
12	Liquefied nautral Gas Plant	22	15	22

출처 : Project Economics and Decision Analysis, Volume I, M.A. Mian

MACRS에 사용되는 다섯까지 상각법은 아래와 같다.

① 3, 5, 7, 10년 내용연수계층 자산의 경우 GDS 회수기간을 적용한 200% 정률법 단, 정액감가상각이 더 커지는 시점부터 정액법 적용함

② 15, 20년 내용연수 자산의 경우 GDS 회수기간을 적용한 150% 정률법. 단, 정액감가상각이 더 커지는 시점부터 정액법 적용함

③ 비거주 실물자산이나 거주형 임대자산에 대해 GDS 회수기간을 적용한 정액법

④ 고정 ADS 회수기간을 적용한 150% 정률법 단, 정액감가상각이 더 커지는 시점부터 정액법을 적용

⑤ 고정 ADS 회수기간을 적용한 정액법

예제 12-3

$35,000에 구입한 펌핑유닛의 내용연수가 5년일 경우 상각방법에 따른 연도별 감가상각 계산

Year	정액법		정률법(200%)			연수합계법			200% 정률법 (with 정액법)	
	Book Value	상각액	Book Value	Rate	상각액	Book Value	Frac.	상각액	Book Value	상각액
1	$35,000	$7,000	$35,000	40%	$14,000	$35,000	5/15	$11,667	$35,000	$14,000
2	$28,000	$7,000	$21,000	40%	$8,400	$23,333	4/15	$6,222	$21,000	$8,400
3	$21,000	$7,000	$12,600	40%	$5,040	$14,000	3/15	$7,000	$12,600	$5,040
4	$14,000	$7,000	$7,560	40%	$3,024	$7,000	2/15	$4,667	$7,560	$3,780
5	$7,000	$7,000	$4,536	40%	$1,814	$2,333	1/15	$2,333	$3,780	$3,780

2) 아모타이제이션과 감모상각(Amortization and Depletion)

아모타이제이션(Amortization)의 일반적인 의미는 유형자산의 감가상각(Depreciation)과 구별하여, 영업권 등과 같은 무형자산에 대한 상각을 의미하나, 유전개발사업의 경우, 사업시작 이전에 소요된 자본적 지출 성향의 사업준비비용가 대상이 된다. 주로 사업시작을 위한 시장 조사비, 컨설팅비, 회계/법률 서비스비 사업준비를 위한 회의비 등이 아모타이제이션의 대상이 되며, 상각 방법은 60개월 혹은 그 이상 기간 동안 월별로 균등 공제한다.

감모상각(Depletion) 이란 천연자원과 같은 고갈성 또는 소모성 자산에 대한 상각을 의미하며, 크게 Cost Depletion과 Percentage Depletion으로 나뉜다. 석유개발사업에서 주로 사용되는 Cost Depletion 방법은 감가상각의 생산량 비례법과 유사하며, 아래와 같이 계산된다.

$$Depletion = \frac{\text{당해년도채굴량}}{\text{예정채굴총량}} \times (\text{취득가액}-\text{잔존가액})$$

이때 한 기업의 예상 총 매장량은 매년 변하기 때문에 원칙적으로는 매년 업데이트 되어야 하나, 세후 현금흐름을 만드는 시점에서는 편의상 기간 동안 회수 가능한 총 매장량을

입력한다. 단, 일산 1,000배럴 미만의 소규모 사업자나 로열티 소유자에 한해 당해년도 자산수입의 15%씩 상각받는 Percentage Depletion을 적용받을 수 있으나, 그 상각액이 과세대상소득의 50%를 넘을 수는 없다.

3) Intangible Drilling Cost(IDC' s)

미국의 경우 사업자가 미국 내에서 시추시 무형 시추비용(Intangible Drilling Cost)에 한해 당해년도 비용으로 인정받을 수 있다. 중소 석유개발업자의 경우 미국내에서 소비된 IDC의 100%를 비용으로 인정받을 수 있고, 메이저 석유개발업자의 경우에는 IDC의 70%는 비용으로, 나머지 30%는 60개월 동안 정액법에 의해 상각받을 수 있다. 미국 내 기업의 해외 시추에 사용된 IDC에 대해서는 10년 동안 정액상각을 받거나, 감모상각 대상에 추가할 수 있도록 하고 있다.

4) 세후 현금흐름표 작성

이 장에서는 위에서 언급하였듯이 과세대상소득 계산을 위한 공제대상의 상각방법을 종합하여 그림 12-8의 세전 현금흐름표로부터 그림 12-9와 같이 세후 현금흐름표를 작성해 보고자 한다. 단, 현금흐름의 작성 시 미국의 세법상 여러 가지 예외규정이나 항목별로 복잡하게 적용될 수 있는 부분은 고려하지 않았다.

사업자분 매출액으로부터 과세대상소득을 산정하기 위해 상각대상이 되는 부분은 아래와 같다.

① 운영비(OPEX), 생산세(Production Tax, Advalorem Tax)
② 자산매입비(Bonus) : Cost Depletion(생산량 비례하여 생산기간동안 상각)
③ 개발비(CAPEX) 중 무형 비용(Intangible Cost) : 70% - 비용, 30% - 60개월 정액상각(메이저 석유개발회사 가정)
④ 개발비(CAPEX) 중 유형 비용(Tangible Cost) : MACRS상 7년 정액상각 가정

그림 12-9의 각 Column들은 아래와 같이 계산된다.

① Column B는 사업자분 생산량을 원유 환산배럴로 바꾼 것이며, 감모상각을 위해 생산 전기간 동안의 생산총합을 매장량으로 가정하였다.

After Tax Cash Flow (As of January 1, 2011)

Sample well (Sec. xx-TxN-RxxW), XXX county, Texas

Year	Production (BOE)	Cost Depl. (M$)	Depreciation (M$)	Expensed IDC (M$)	Cap. IDC (M$)	Loss Forward (M$)	Taxable Income (M$)	Income Tax (M$)	After Tax CF (M$)	Cum. AT CF (M$)
Jan-11									- 7,500	- 7,500
Dec-11	53	1,120	107	1,225	105	-	886	310	3,133	- 4,367
Dec-12	42	896	107	-	105	-	1,622	568	2,163	- 2,204
Dec-13	34	717	107	-	105	-	1,231	431	1,730	- 474
Dec-14	27	574	107	-	105	-	919	322	1,383	909
Dec-15	22	459	107	-	105	-	669	234	1,106	2,014
Dec-16	17	367	107	-	-	-	573	201	847	2,861
Dec-17	14	294	107	-	-	-	413	145	669	3,531
Dec-18	11	235	-	-	-	-	392	137	490	4,021
Dec-19	9	188	-	-	-	-	290	101	376	4,397
Dec-20	7	150	-	-	-	-	8	3	156	4,553
Total	235	5,000	750	1,225	525	-	7,004	2,451	4,553	

Bonus (M$)		5,000
Capex (M$)	Tangible	$1,500
	Intangible	$3,500
Corporate Tax Rate		35%
Delpletion	Cost Depletion	
Depreciation	MACRS - Straight-Line (7yrs)	
Capitalized IDC	60 months straight line	
Expensed IDC (%)	70%	

Rate of Reteurn (After Tax)	16.4%

그림 12-9 Concessionary System의 세후 현금흐름 모델

② Column C는 자산매입비(Bonus) $5백만불에 대해 각 해마다 연도별 생산량/ 총 매장량으로 Cost Depletion 감모상각을 계산한 것이다.

③ Column D는 개발비중 유형 비용에 대해 감가상각한 것인데, 표 12-9에서 유가스전의 경우 7년이 적용되므로 정액법에 의한 상각을 계산한 것이다.

④ Column E와 F는 개발비중 무형비용 IDC를 처리한 것으로 메이저 석유회사의 경우 IDC는 70%를 당해년도 비용(Column E)으로 처리하고, 나머지 30%에 대해 60개월동안 정액상각(Column F)한 결과이다.

⑤ 과세대상소득(Column H)은 그림 12-8 세전 현금흐름 모델의 운영이익(= 총매 출액 - 운영비-생산세)에서 Column C, D, E, F를 차감하여 계산하며, 과세대 상소득이 음수일 경우에는 다음해로 이연되어 그만큼의 세금 공제 해택을 받 게 된다.

⑥ 법인세(Column I)는 과세대상소득에 연방 법인세율(텍사스주의 경우 35%, 주세는 없음)을 곱한 것으로 과세대상소득이 음수인 해에는 세금을 납부하지 않는다.

⑦ 세후 현금흐름(Column J)는 세전 현금흐름에서 법인세(Column I)를 차감한 값이다.

⑧ Column K는 누적 세후 현금흐름이다.

12-5 생산물 분배시스템(Production Sharing System)의 현금흐름 모델

최초의 생산물 분배계약(Production Sharing Agreement, PSA)은 1966년 인도네시아 국영석유회사와 IIAPCO간에 체결되었고, 이 계약 시스템은 최근들어 많은 국가에서 체택되고 있는 제도이다. 대부분 국가의 경우 PSA상에 결정될 국가 혹은 국영석유회사와 석유개발업자간의 참여 및 분배 조건들에 대한 협상이 가능하나, 일부 국가의 경우 법으로 고정되어 있는 경우도 있다. 석유개발업자들은 이러한 PSA의 각 조건들을 가지고 정부가 실시하는 석유개발광권 입찰에 참여한다. PSA의 계약기간은 통상적으로 25년에서 30년 정도이며, 최근에는 탐사뿐만 아니라 개발 유전의 경우에도 PSA 계약을 체결하기도 한다.

이 절에서는 PSC 계약을 이루고 있는 주요 조건들과 예제를 통해 PSC 계약시스템의 현금흐름 작성방법을 알아보고자 한다

(1) 계약의 주요 조건

1) 운영(Management)

석유개발업자가 운영을 하더라도 정부와 개발업자의 대표자로 구성된 별도의 운영위원회(Management Committee)와 기술위원회(Technical Committee)를 두어 정부가 유전의 운영상태를 모니터링 한다.

2) 연간 작업계획(Annual Work Program)

석유개발업자는 연간 작업계획과 예산을 제출하며, 운영/기술위원회로부터 승인 받아야 한다.

3) 의무 작업량(Work Commitment)

탐사단계의 의무 작업량은 보통 취득될 탄성파 탐사자료량(00 킬로미터 단위)과 의무 탐사공의 숫자 등으로 결정된다. 초기 탐사기간에는 통상적으로 3년~6년의 탐사권을 가지며, 이 탐사기간은 다시 2~3개의 세부기간으로 나뉘어 각 기간별 의무 작업량을 정의한다. 단일 계약이 여러 개의 탐사블럭을 포함하는 경우에는 블록별 의무 작업량을 정하게 된다. 계약된 탐사기간 동안 상업적 발견을 하지 못한 경우에는 탐사 계약은 자동적으로 파기되며, 수행되지 못한 작업량에 대해서 개발업자가 패널티를 받게 된다.

4) 탐사 및 개발

탐사 및 개발기간은 보통 20년~25년 기간이며, 연장되거나 시장 상황에 따라 제한될 수 있다.

5) 계약 보너스(Signature Bonus Payment)

대부분의 경우 PSC 계약의 체결과 동시에 석유개발업자는 정부에게 계약 서명 보너스를 지급하여야 하며, 이때 보너스 액수는 해당지역의 유망성과 직결된다. 한편, 일반적으로 탐사단계에서 상업적 발견이 되어 생산단계로 진입할 시, 생산 보너스를 지급하며, 보통 일생산량 당 혹은 누적 생산량 당 얼마로 정의된다.

6) 로열티(Royalties)

일부 PSA에는 정부가 로열티를 요구하기도 하는데, 로열티는 총 매출액에서 차감하며, 일반적으로 6%~15% 수준이다.

7) 비용 회수(Cost Recovery)

Concessionary System에서 공제대상에 해당하며, 로열티 차감 후 총 매출액은 비용회수 원유(Cost Recovery Oil)와 이익 원유(Profit Oil) 부분으로 나뉜다. 석유개발업자가 투자한 총 금액(개발비와 운영비)은 비용회수 원유 부분에서 회수되며, 당해 회수되지 못한 비용은 이듬해로 넘어간다. 실제로 소요된 비용을 초과하여 비용회수 원유가 발생할 경우에는 석유개발업자와 정부가 다시 초과분을 분배한다. 비용회수 원유의 제한은 보통 30%~60% 정도이며, 정부와 석유개발업자간의 분배 비율은 각각의 PSA에 규정된다.

비용회수 원유에서 회수가능한 비용들은 아래와 같다.

- 이전해에 회수되지 못한 비용
- 운영비(G&A 포함)
- 개발비
- 당해년도 DD&A
- 파이낸싱에 따른 이자비용
- Investment Credits and Uplift(Incentives)
- 폐공비용(Abandonment Cost)

8) 이익 원유(Profit Oil)

로열티 차감과 비용회수 원유 이후를 이익원유라 정의하며, 이익원유는 정부와 석유개발업자간 PSA에 규정된 비율대로 배분된다. 배분비율은 대부분 국가에서 석유개발업자가 10%에서 최대 55%까지 가져갈 수 있도록 되어있으나, 이러한 비율은 계약 초기의 PSA 협상조건이다.

9) 정부는 석유개발업자의 유치를 원활하게 하기 위해 로열티 혹은 세금 감면기간(Tax Holiday) 조건을 걸기도 한다. 이는 생산 초기의 일정 기간 동안 석유개발업자에게 로열티나 세금을 부과하지 않는 조건이다.

10) 슬라이딩 스케일(Sliding Scale)

PSC의 대부분의 경우 생산량에 따라 로열티, 세금, 비용회수원유분배, 이익회수 원유분배 등을 차등 적용하는 슬라이딩 스케일 방식을 체택하고 있으며, 이는 석유개발업자가 한계 유전(Marginal Field) 를 발견했을 경우에 상업성이 없어 개발을 포기하는 경우를 방지하기 위한 제도이다.

11) R-Factor

대부분 계약에서 로열티, 세금, 비용회수원유, 이익원유 분배를 슬라이딩 스케일로 정의할 때, 이 개념을 추가한다. R-Factor는 석유개발업자의 세금과 로열티 차감 후 누적 매출과 계약 이후 소요된 총 비용의 비율로 R이 1일 경우 석유개발업자는 손익분기점(Breakeven Point)이 된다. 이 R-Factor는 매년 혹은 분기별로 재계산되어 적용된다.

12) Resource Rent Tax(RRT)

몇몇 국가(예를 들면, 호주, 파푸아뉴기니 등)에서는 자원개발사업에 대해 소득세와는 다른 개념인 Resource Rent Tax를 석유개발업자에게 부과한다. 이것은 사업자의 자금회수를 빠르게 하기 위해 프로젝트의 누적 현금흐름이 양(+)으로 돌아서는 경우에 부과되는 세금으로 일반적으로 사업자의 요구수익률(Hurdle Rate of Return)을 충족시킨 후에 적용된다. 정부나 국가입장에서는 수익이 사업자보다 후순위로 들어오기 때문에 일정의 로열티나 수익세(Profit Tax) 제도와 병행하는 경우가 많다.

13) 정부의 지분참여(State Equity)

일정시점에 정부가 석유개발 프로젝트 지분에 직접 참여하는 경우가 있는데, 1) 정부가 사업자로부터 시장가격에 지분을 인수하거나, 2) 상업적 발견 이후에 정부가 시장 가격보나 낮은 가격에 지분을 인수하는 경우, 3) Carried Interest, 정부가 프로젝트의 생산물로 지분 매입비를 대체하는 경우, 4) 정부가 사업자에게 인프라 시설 등을 제공하는 조건으로 지분과 교환, 5) 어떠한 대가 없이 정부가 지분을 취득하게 되는 경우 등이 있다.

표 12-11 PSA 계약의 Sliding Scale Factor의 예

Profit Oil Split(Contractor's Share), %					Cost Recovery Limit, %				
	R-Factor					R-Factor			
STB/d	1.00	1.25	1.50	2.00	$/STB	1.00	1.25	1.50	2.00
≤10,000	25	23	21	19	≤50	50	48	46	44
10,001~15,000	20	18	16	14	60	48	46	44	42
15,001~20,000	15	13	12	10	70	46	44	42	40
>20,000	10	10	10	10	80	44	42	40	38
					90	42	40	38	36

표 12-12 전형적인 PSC 계약조건의 예

Area	개발 및 EOR 프로젝트의 경우 블록크기는 매우 작으며, 탐사 블록의 경우 매우 넓음. 전형적인 탐사블록의 크기는 250,000 에이커(1,000km²)부터 백만 에이커 이상(/4,000km²)까지 다양함
Duration	탐사 – 보통 3기로 구분되며, 6년에서 8년 생산 – 20년에서 30년(통상적으로 25년)
Relinquishment	탐사 – 1기 이후 25%, 2기 이후 25%(초기 계약면적 대비)가 일반적이나 계약에 따라 다양함
Exploration Obligations	탄성파 자료 취득과 시추를 보함. 블록에 따라 상이하며, 시장 상황에 따라 요구조건이 매우 까다로울 수도 있음
Royalty	세계 평균은 약 7% 정도이며, 대부분비용 회수 한도에 따라 Effective Royalty Rate(ERR)을 적용하고 있음
Profit oil Split	PSC와 서비스계약에 따라 차이가 있으나, 생산량 기준 Sliding Scale로 약 55~60% 이며, R factor나 ROR 시스템에 따라 20~25%
Cost Recovery Limit	PSC와 서비스계약에 따라 차이가 있으나, 평균 65% 정도임. 전형적인 PSC 계약은 총 매출액에 기준하여 제한을 두고 있으며, 사업자몫 생산량이나 매출액에 기준하는 경우 약 20% 정도임. 전세계 PSC의 50% 이상이 비용회수 목적으로 감가상각 하지 않음
Taxation	법인세의 경우 세계 평균은 약 30~35% 이며, 대부분 PSC의 경우 사업자를 위해 정부(국영석유회사)의 이익원유에서 대납
Depreciation	사업자의 자본적 지출에 대해 일반적으로 5년 균등상각함. 감가상각은 서비스 시작일 혹은 생산 시작일 중 나중에 발생하는 날 기준
Ring Fencing	약 55% 이상의 국가는 세금 계산시 한 블록에 사용된 비용을 다른 블록에 적용하지 않는 Ring Fence를 적용하고 있음.
Government	전형적인 국영석유회사의 경우 탐사비용 대납 방식을 체택.
Participation	약 절반 정도의 국가는 과거 사용된 비용의 보상없이 참여할 수 있는 옵션을 가짐
Effective Royalty Rate	주어진 회계 기간동안 최소 정부 참여
Crypto Taxes	Crypto Taxes는 사업자가 세금 계산시 공제받을 수 없는 비용이며, 의무로 규정하고 있음.

출처 : International Petroleum Fiscal Systems, PennWell Books, 2001, Daniel Johnston

(2) 현금흐름표 작성

그림 12-10은 PSC 계약시스템 하에서의 현금흐름표의 예시로, 각 Column에 대한 설명은 아래와 같다.

1) Column A, B : 계약기간 년수 및 년도
2) Column C : 원유 일 생산량으로 매장량 평가기관이나 엔지니어가 제공
3) Column D : 총 매출액 = 생산량(Column C)×조업일수(365일)×유가(Column K)
4) Column E : 탐사비용
5) Column F : 개발 및 생산시추비, 생산시설비 등
6) Column G : 운영비
7) Column H : G&A, Insurance 등 기타비용
8) Column I : 총 비용 = Column E, F, G, H의 합
9) Column J : 광구 매입보너스 혹은 생산보너스
10) Column K : 유가
11) Column L~N : 사업자의 비용회수원유(CR), 이익원유(PO), 초과비용회수원유(ECR)의 분배비율로 40행부터 46행의 슬라이딩 스케일 표에서 생산량, 유가구 간과 R-Factor(Column W)에 의해 결정
12) Column O : 회수되어야 할 잔존 비용회수금액 = 전년도 Column O+Column P : 비용회수액 = Column D×Column L
13) Column Q : 총 이익원유 = Column D−Column P
14) Column R : 초과 비용회수원유 = Column P−전년도 Column O−Column I
14) Column S : 사업자분 수익 =(Column P−Column R)+(Column Q×Column M)+(Column R×Column N)−Column I−Column J
15) Column T : 정부분 수익 = (Column Q×(1−Column M))+(Column R×(1−Column N))+ Column J
16) Column U, V : 사업자와 정부의 누적수익
17) Column W : R-Factor = 사업자의 누적매출액(누적 Column I+누적 Colume J+누적 Column S)/누적비용(누적 Column I+누적 Column J)

Production Sharing Economics (As of January 1, 2011)

	Year	Oil Prod.	Gross Revenue	Expln. Capex	Capex	Opex	Other Cost	Total Cost	Bonus	Oil Price	Contractor's Share			Cost To Recover	Revenue Sharing (MM$)			Net Revenue(MM$)		Cum. Net Revenue(MM$)		R factor
		(MB/D)	(MM$)	(MM$)	(MM$)	(MM$)	(MM$)	(MM$)	(MM$)	($/bbl)	CR	PO	ECR	(MM$)	CR	PO	ECR	CONT.	GOVT.	CONT.	GOVT.	
1	2011	-	-	6.2				6.2	50.0	80.0	35%	40%	40%	6.2	-	-	-	- 56.2	50.0	- 56.2	50.0	-
2	2012	-	-	6.4				6.4		81.6	30%	40%	40%	12.6	-	-	-	- 6.4	-	- 62.6	50.0	-
3	2013	-	-		23.5			23.5		83.2	30%	40%	40%	36.0	-	-	-	- 23.5	-	- 86.0	50.0	-
4	2014	-	-		37.3			37.3		84.9	30%	40%	40%	73.4	-	-	-	- 37.3	-	- 123.4	50.0	-
5	2015	-	-		60.3			60.3		86.6	30%	40%	40%	133.6	-	-	-	- 60.3	-	- 183.6	50.0	-
6	2016	7.0	225.2			6.1	4.6	10.6		88.3	30%	40%	40%	76.7	67.6	157.7	-	120.0	94.6	- 63.6	144.6	0.7
7	2017	14.0	459.5			6.2	9.2	15.4		90.1	20%	30%	30%	0.2	91.9	367.6	-	186.8	257.3	123.1	401.9	1.6
8	2018	14.0	468.7			6.4	9.2	15.6		91.9	20%	25%	25%	-	93.7	374.9	77.9	113.4	339.6	236.6	741.6	2.1
9	2019	14.0	478.1			6.6	9.2	15.8		93.7	20%	25%	25%	-	95.6	382.4	79.8	115.6	346.7	352.1	1,088.2	2.5
10	2020	14.0	487.6			6.8	9.2	16.0		95.6	20%	25%	25%	-	97.5	390.1	81.5	117.9	353.7	470.0	1,442.0	2.8
11	2021	12.3	437.8			7.0	8.1	15.1		97.5	20%	25%	25%	-	87.6	350.3	72.5	105.7	317.1	575.7	1,759.0	3.1
12	2022	10.8	392.9			7.2	7.1	14.3		99.5	20%	25%	25%	-	78.6	314.3	64.3	94.6	283.9	670.4	2,043.0	3.3
13	2023	9.5	353.1			7.4	6.3	13.7		101.5	20%	25%	25%	-	70.6	282.5	56.9	84.8	254.5	755.2	2,297.5	3.5
14	2024	8.4	316.7			7.7	5.5	13.2		103.5	20%	25%	25%	-	63.3	253.4	50.2	75.9	227.6	831.1	2,525.1	3.7
15	2025	7.4	285.0			7.9	4.9	12.8		105.6	20%	25%	25%	-	57.0	228.0	44.2	68.1	204.2	899.1	2,729.3	3.8
16	2026	6.5	255.2			8.1	4.3	12.4		107.7	20%	25%	25%	-	51.0	204.1	38.6	60.7	182.1	959.8	2,911.4	3.8
17	2027	5.7	229.5			8.4	3.8	12.1		109.8	20%	25%	25%	-	45.9	183.6	33.8	54.4	163.1	1,014.2	3,074.5	3.9
18	2028	5.0	206.1			8.6	3.3	11.9		112.0	20%	25%	25%	-	41.2	164.9	29.3	48.5	145.6	1,062.7	3,220.1	3.9
19	2029	4.4	185.1			8.9	2.9	11.8		114.3	20%	25%	25%	-	37.0	148.1	25.2	43.3	130.0	1,106.1	3,350.1	4.0
20	2030	3.9	166.7			9.2	2.6	11.7		116.5	20%	25%	25%	-	33.3	133.3	21.6	38.7	116.2	1,144.8	3,466.3	4.0
21	2031																					
22	2032																					
23	2033																					
24	2034																					
25	2035																					
Total		137	4,947	13	121	113	90	336	50	1,944	5	6	6	339	1,012	3,935	676	1,145	3,466	9,626	31,445	

Profit Oil Split (or Excess Cost Recovery) (Contractor)						
MBO/D	R-Factor					
	1	1.25	1.5	2	2.5	>2.5
0	40%	35%	30%	25%	25%	25%
15	35%	30%	25%	20%	20%	20%
25	30%	25%	20%	15%	15%	15%
35	25%	20%	15%	10%	10%	10%

Cost Recovery (Contrator)				
Oil Price	R-Factor			
	1	1.25	1.5	2
0	35%	25%	25%	25%
70	35%	25%	25%	25%
80	30%	20%	20%	20%
90	30%	20%	20%	20%

Bonus			
Year	Bonus	Cum. Prod.	Bonus
	(MM$)	(MMBO)	(MM$)
2011	50	5	-
		10	-
		30	-

	NPV 10% (MM$)	IRR (%)	Take (%)
CONT.	348	35%	22.6%
GOVT.	1,194		77.4%
Total	1,541		94.0%

그림 12-10 PSC 계약의 현금흐름

(3) 기타 계약형태

1) 서비스 계약(Service Contract)

정부에 자금은 많으나, 기술적인 노하우가 없는 경우 외국의 사업자를 통해 자신의 국가의 지하자원을 개발하게 하고, 그 대가로 보수(Fee) 를 지급하는 순수 서비스 계약(Pure Service Contract)과 사업자가 탐사부터 개발까지의 모든 비용과 리스크를 부담하고, 발견될 경우 비용과 이익을 발생되는 매출액의 몇 %만큼 보수의 형태로 지급받는 리스크 서비스 계약(Risk Service Contract) 등이 있으며, 이 경우의 계약을 기술 서비스 계약(Technical Service Agreement)이라 한다. 기본적으로 서비스 계약의 구조는 PSC와 유사하나, 사업자가 생산물로 이익을 받아가는 것이 아니라, 보수의 형태로 받아간다는 점에 차이가 있다.

2) Rate of Return(ROR) Contracts

PSC 계약의 또 다른 형태로 R-Factor에 의거한 슬라이딩 스케일 분배방식이 아닌 프로젝트의 ROR에 의거한 슬라이딩 스케일 분배방식을 채택하고 있다는 점에서 PSC와 다르다.

12-6 매장량 카테고리에 따른 리스크의 반영

(1) 매장량 카테고리의 분류

매장량(북미를 포함한 대부분의 경우)은 생산될 또는 매장 확도에 따라 확인(Proved), 추정(Probable), 가능(Possible)의 3단계로 나뉘며 각각의 매장량은 개발 여부에 따라 개발 생산(Developed Producing), 개발 미생산(Developed Non-producing), 미개발(Undeveloped)로 나뉘게 된다.

이때, 개발 생산(Developed Producing)이란 현재 생산되고 있는 유정에서 향후 생산될 매장량을 의미하며, 개발 미생산(Developed Non-producing)은 유정에서 현재 생산되고 있는 생산층 이외 부존층에 매장된 매장량이나(다른 말로 Behind Pipe라고도 함.) 시추는 되었으나 아직 완결(Completion)이 되어 있지 않은 상태의 매장량을 의미한다. 마지막으로 미개발(Undeveloped)는 아직 시추되지 않았음을 뜻한다. 따라서 매장량 카테고리는 다음과 같이 세부적으로 나뉠 수가 있다.

1) Proved(P1)

- Proved Developed Producing(PDP)
- Proved Developed Nonproducing(PDNP)
- Proved Undeveloped(PUD)

2) Probable(P2)

- Probable Developed Producing(P2DP)
- Probable Developed Nonproducing(P2DNP)
- Probable Undeveloped(P2UD)

3) Possible(P3)

- Possible Developed Producing(P3DP)
- Possible Developed Nonproducing(P3DNP)
- Possible Undeveloped(P3UD)

이 중 확인 매장량을 1P 매장량, 확인+추정 매장량을 2P 매장량, 확인+추정+가능 매장량을 3P 매장량이라고도 한다. 이러한 매장량 카테고리는 매장량 평가기관에서 평가기준(SEC(미증권협회) 또는 SPE(Society of Petroleum Engineers) 기준)에 맞추어 정해주지만, 이를 현금흐름에 어떻게 적용해서 사업성을 평가할 지는 사업자의 판단에 따른다.

(2) 생산 및 비용에 대한 위험률(Risk Factor) 적용

그러나 매장량 카테고리에 따른 위험률의 반영은 투자자 혹은 사업성을 분석하는 사람의 주관이 반영될 수밖에 없으며, 적용 방법도 다양해서 일반적으로 정해져 있는 기준은 없다. 이 장에는 사업성 평가 시 가장 널리 사용되고 있는 매장량 카테고리별 생산량, 운영비, 개발비에 대해 위험률을 반영하는 방법에 대해 소개해 보고자 한다.

매장량 평가보고서에는 각 매장량 카테고리별로 현금흐름이 주어지는데, 이는 매장량 확도에 따른 위험률이 반영되지 않은 현금흐름이다. 이에 대한 사업 위험도를 반영하기 위해서는 매장량 평가기관에서 예측한 생산량, 운영비, 개발비 항목에 대해 위험률을 고려해야 한다.

생산량의 경우 각 매장량 카테고리별 위험률은 해당 지역별, 유가스전의 개발 플레이별로 큰 차이를 보인다. 따라서 생산량에 대한 위험률의 반영은 과거 동일 지역의 각 매장량 카테고리별 시추 성공률 등을 고려하여, 투자자 혹은 사업자가 주관적으로 판단하여야 한다. 통상적으로, PDP는 80~100%, PDNP나 PUD는 70~90%, Probable은 30~70%, Possible은 10~50% 수준만을 인정하는 위험률을 적용하는 경우가 많다.

운영비의 경우 미국의 육상유전과 같은 경우에는 고정비의 비율이 낮고 변동비(생산량에 따른)의 비율이 높기 때문에 생산량의 위험률을 그대로 적용하는 경우가 많다. 반면, 해상의 경우에는 생산량에 관계없이 고정비의 비율이 높은 편이므로, 이를 고려하여 전체 운영비중 고정비 부분은 그대로 두고, 나머지 부분에 대해 생산량에 적용하였던 위험률을 적용한다.

마지막으로 개발비의 경우, 개발비의 대부분이 시추비용이라면, 시추 시 위험투자비용(Risk Money)이라 할 수 있는 시추비용(Dryhole Cost) 부분은 그대로 두고, 완결비용(Completion Cost) 부분에 대해서 생산량에 적용한 위험률을 적용해 볼 수 있을 것이다. 단, PDNP 항목의 개발비의 경우에는 신규 시추비용이 아닌 완결 비용이 대부분이기 때문에 생산량에 적용한 위험률과 상관없이 100%를 적용한다.

이렇게 각 매장량 카테고리별 현금흐름에 생산량, 운영비, 개발비 부분에 대해 위험률을 적용한 후(단, 생산세 항목의 경우 생산량 또는 매출액에 자동으로 연동되므로 위험률을 별도로 고려할 필요가 없다.) 모든 현금흐름을 합치면, 전체 매장량 카테고리의 위험률을 반영한 현금흐름을 얻을 수 있다.

예제 12-4

자산 평가시 각 매장량 카테고리별 생산량의 위험률을 PDP 100%, PDNP 90%, PUD 70%, PROB 50%, POSS 30%로 적용하고자 할 경우 운영비와 개발비에 대한 위험률을 적용해 보시오. 단, 운영비의 경우 고정비와 변동비의 비율은 2:8이며, 개발비는 100% 시추비이며, 시추비 중 Dryhole Cost는 70%, Compleiton Cost는 30%이다.

Risk Factor(OPEX) = 20%+80% ×생산량 위험률

Risk Factor(CAPEX) = 70%+30%×생산량 위험률

생산량, 운영비, 개발비에 대해 적용된 위험률은 표 12-13과 같다.

표 12-13 매장량 카테고리별 리스크 Factor의 반영

	PDP	PDNP	PUD	Probable	Possible
Volume	100%	90%	70%	50%	30%
OPEX	100%	92%	76%	60%	44%
CAPEX	100%	100%	91%	85%	79%

12-7 매각가치의 산정(Exit Value Calculation)

일반적인 유가스전 개발 사업은 10년 이상의 비교적 긴 사업기간을 갖는 경우가 많으며, 지금까지 알아본 현금흐름은 사업 전 기간에 걸친 경우에 대한 것이다. 그러나, 최근 활발히 설정되고 있는 자원개발펀드나 일정 기간 이후 자산매각을 고려해야만 하는 사업자일 경우에는 매각을 고려한 Exit 현금흐름을 작성해야 하는 경우가 있다.

기본적으로 Exit 모델과 On-going 모델의 구조는 동일하나, Exit 모델의 경우 자산 매각 시점의 잔존 가치(Terminal Value)에 대한 예측이 필요하다. 현재 시점에서 몇년 후의 자산 매각금액을 예측하는 일은 매우 힘든 일이며, 그 값에 대한 불확실성이 크다고 할 수 있으나, 현재의 주어진 자료를 바탕으로 향후 일정 시점의 자산 매각 예상금액을 추정하는 방법을 소개해 보고자 한다.

(1) 현금흐름할인법(Discounted Cash Flow)

On-going 모델 현금흐름표에서 자산을 Exit하는 시점 이후의 현금흐름에 할인율을 적용하여 순현가가치를 매각 예상금액으로 산정하는 방법이다. 이때 할인율의 적용은 투자자의 목표 수익률, 시장상황, 유가스전의 특성에 따라 다를 것이나 미국의 경우 보통 세전 현금흐름의 8%~15% 수준이다. 이 매각 금액이 회사의 장부상 자산가치보다 클 경우 큰 금액에 대해 별도로 법인세를 적용하면, 세후 현금흐름이 된다.

매각 금액 산정 시 적용되는 할인율의 적정성을 판단하기 위해서는 다음에 소개할 자산 거래 시세법을 통한 자산 매각가치와 비교해 보는 것이 필요하다.

(2) 거래시세배수(Transaction Multiple)를 이용한 방법

유가스 자산 거래시 매입/매각단가는 미래 개발계획이 반영된 현금흐름상 순현가가치(Net Present Value)에 의해 산정되는 것이 보통이나, 미국의 경우에는 유가스 자산 거래가 매우 활발하여, 매입/매각 단가의 산정 시 참고할 수 있는 시세 파악이 용이하다. 보통 우리가 접할 수 있는 유가스전 거래의 시세지표에는 생산량 단가법(Production Multiple), 확정매장량 단가법(Reserve Multiple), EBIDTA 배수법(EBITDA Multiple), 에이커리지 단가법(Acreage Multiple) 등이 있다.

1) Production Multiple : 현재 일생산량에 대한 단가로 최근에는 $50,000~$150,000/BOED 수준임.
2) Reserve Multiple : 현재 기준 1P 매장량에 대한 단가로 최근에는 : $17~$30/BOE 수준임.
3) EBITDA Multiple : Corporate Transaction시 사용되며, 통상적으로 연 EBIDTA의 5배~10배(편차 심함)
4) Acreage Multiple : 셰일 플레이와 같은 Resource Play의 거래 시 사용되며, 지역, 개발정도에 따라 편차가 심하나, 개발이 진행될수록 상승함. 보통 $4,000~$15,000/acre

Resource Play의 경우 매장량이라는 것이 큰 의미가 없기 때문에, 생산량 단가법과 에이커리지 단가법을 혼용하여 참고하는 경우가 일반적이다. 그러나 이러한 단가법은 특정자산에 대한 운영효율이나, 업사이드 포텐셜(P2, P3 Category) 등의 양에 따라 그 편차가 심하기 때문에 자산 거래 시 참고로만 사용하거나, 리스크가 반영된 할인 현금흐름법 평가결과에 대한 검증 시 사용한다.

부록

부록 1 지질연대표(미국지질학회)

부록 2 석유매장량과 자원량 정의 및 분류

부록 3 물리검층 장비코드 목록

부록 4 석유개발 관련기호

부록 5 각종 기록지(암편검층기록지, 일일지질일보, 일일시추일보, 일일경비일보) 샘플

부록 1 지질연대표(미국지질학회)

2009 GEOLOGIC TIME SCALE

CENOZOIC

PERIOD	EPOCH		AGE	PICKS (Ma)
QUATERNARY	HOLOCENE			0.01
	PLEISTOCENE		CALABRIAN	1.8
			GELASIAN	2.6
NEOGENE (TERTIARY)	PLIOCENE		PIACENZIAN	3.6
			ZANCLEAN	5.3
	MIOCENE	L	MESSINIAN	7.2
			TORTONIAN	11.6
		M	SERRAVALLIAN	13.8
			LANGHIAN	16.0
		E	BURDIGALIAN	20.4
			AQUITANIAN	23.0
PALEOGENE (TERTIARY)	OLIGOCENE	L	CHATTIAN	28.4
		E	RUPELIAN	33.9
	EOCENE	L	PRIABONIAN	37.2
		M	BARTONIAN	40.4
			LUTETIAN	48.6
		E	YPRESIAN	55.8
	PALEOCENE	L	THANETIAN	58.7
		M	SELANDIAN	61.7
		E	DANIAN	65.5

MESOZOIC

PERIOD	EPOCH	AGE	PICKS (Ma)
CRETACEOUS	LATE		65.5
		MAASTRICHTIAN	70.6
		CAMPANIAN	83.5
		SANTONIAN	85.8
		CONIACIAN	89.3
		TURONIAN	93.5
		CENOMANIAN	99.6
	EARLY	ALBIAN	112
		APTIAN	125
		BARREMIAN	130
		HAUTERIVIAN	136
		VALANGINIAN	140
		BERRIASIAN	145.5
JURASSIC	LATE	TITHONIAN	151
		KIMMERIDGIAN	156
		OXFORDIAN	161
	MIDDLE	CALLOVIAN	165
		BATHONIAN	168
		BAJOCIAN	172
		AALENIAN	176
	EARLY	TOARCIAN	183
		PLIENSBACHIAN	190
		SINEMURIAN	197
		HETTANGIAN	201.6
TRIASSIC	LATE	RHAETIAN	204
		NORIAN	228
		CARNIAN	235
	MIDDLE	LADINIAN	241
		ANISIAN	245
	EARLY	OLENEKIAN	250
		INDUAN	251.0

RAPID POLARITY CHANGES

PALEOZOIC

PERIOD	EPOCH	AGE	PICKS (Ma)
PERMIAN	L		251
		CHANGHSINGIAN	254
		WUCHIAPINGIAN	260
	M	CAPITANIAN	266
		WORDIAN	268
		ROADIAN	271
	E	KUNGURIAN	276
		ARTINSKIAN	284
		SAKMARIAN	297
		ASSELIAN	299.0
CARBONIFEROUS	PENNSYLVANIAN	GZELIAN	304
		KASIMOVIAN	306
		MOSCOVIAN	312
		BASHKIRIAN	318
	MISSISSIPPIAN	SERPUKHOVIAN	326
		VISEAN	345
		TOURNAISIAN	359
DEVONIAN	L	FAMENNIAN	374
		FRASNIAN	385
	M	GIVETIAN	392
		EIFELIAN	398
	E	EMSIAN	407
		PRAGHIAN	411
		LOCKHOVIAN	416
SILURIAN	L	PRIDOLIAN	419
		LUDFORDIAN	421
		GORSTIAN	423
	M	HOMERIAN	426
		SHEINWOODIAN	428
	E	TELYCHIAN	436
		AERONIAN	439
		RHUDDANIAN	444
ORDOVICIAN	L	HIRNANTIAN	446
		KATIAN	455
		SANDBIAN	461
	M	DARRIWILIAN	468
		DAPINGIAN	472
	E	FLOIAN	479
		TREMADOCIAN	488
CAMBRIAN*	Furongian	STAGE 10	492
		STAGE 9	496
		PAIBIAN	501
	Series 3	GUZHANGIAN	503
		DRUMIAN	507
		STAGE 5	510
	Series 2	STAGE 4	517
		STAGE 3	521
	Terreneuvian	STAGE 2	535
		FORTUNIAN	542

PRECAMBRIAN

EON	ERA	PERIOD	BDY. AGES (Ma)
PROTEROZOIC	NEOPROTEROZOIC		542
		EDIACARAN	630
		CRYOGENIAN	850
		TONIAN	1000
	MESOPROTEROZOIC	STENIAN	1200
		ECTASIAN	1400
		CALYMMIAN	1600
	PALEOPROTEROZOIC	STATHERIAN	1800
		OROSIRIAN	2050
		RHYACIAN	2300
		SIDERIAN	2500
ARCHEAN	NEOARCHEAN		2800
	MESOARCHEAN		3200
	PALEOARCHEAN		3600
	EOARCHEAN		3850
HADEAN			

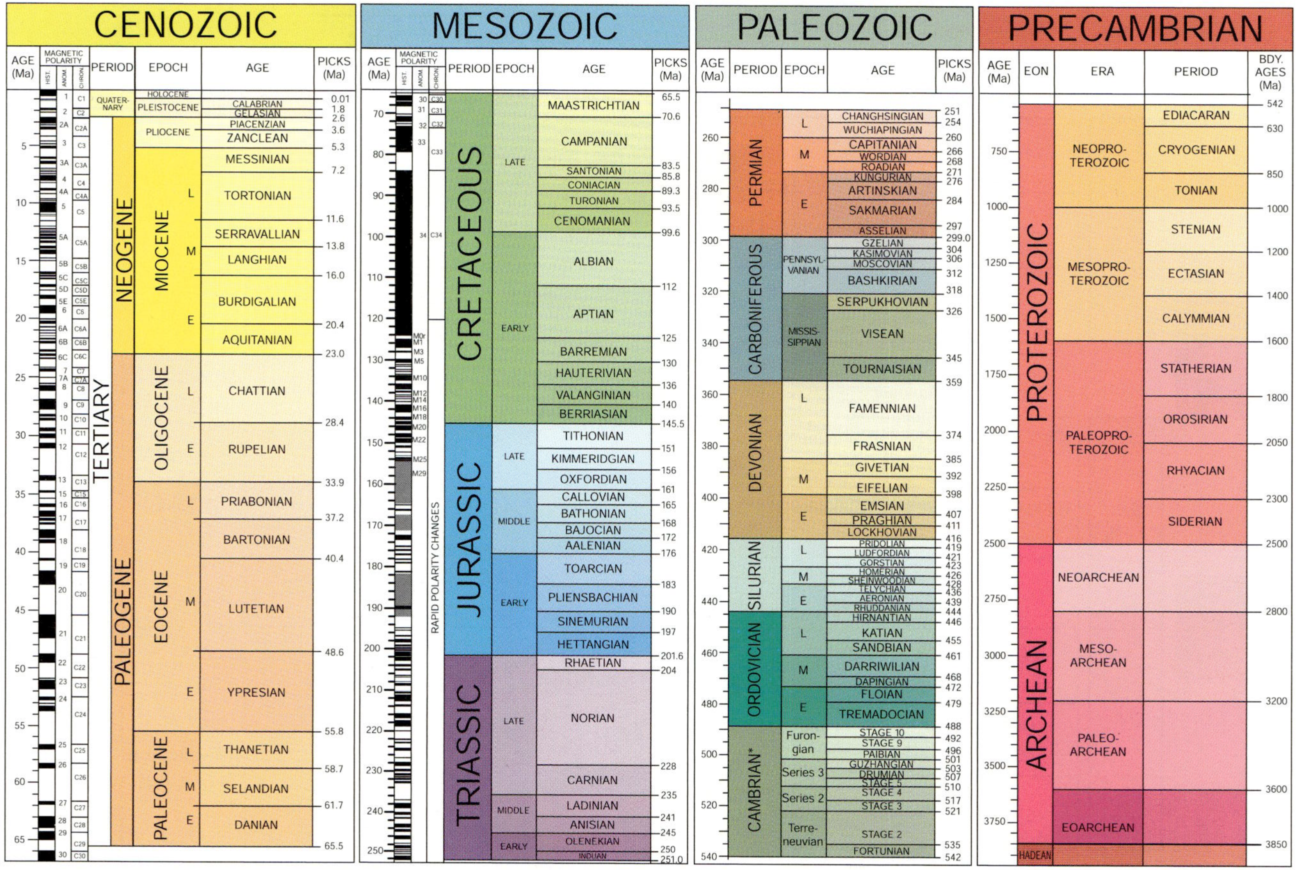

*International ages have not been fully established. These are current names as reported by the International Commission on Stratigraphy.

Walker, J.D., and Geissman, J.W., compilers, 2009, Geologic Time Scale: Geological Society of America, doi: 10.1130/2009.CTS004R2BW.

Sources for nomenclature and ages are primarily from Gradstein, F., Ogg, J., Smith, A., et al., 2004, A Geologic Time Scale 2004: Cambridge University Press, 589 p. Modifications to the Triassic after: Furin, S., Preto, N., Rigo, M., Roghi, G., Gianolla, P., Crowley, J.L., and Bowring, S.A., 2006, High-precision U-Pb zircon age from the Triassic of Italy: Implications for the Triassic time scale and the Carnian origin of calcareous nannoplankton and dinosaurs: Geology, v. 34, p. 1009–1012, doi: 10.1130/G22967A.1; and Kent, D.V., and Olsen, P.E., 2008, Early Jurassic magnetostratigraphy and paleolatitudes from the Hartford continental rift basin (eastern North America): Testing for polarity bias and abrupt polar wander in association with the central Atlantic magmatic province: Journal of Geophysical Research, v. 113, B06105, doi: 10.1029/2007JB005407.

THE GEOLOGICAL SOCIETY OF AMERICA®

부록 2 석유매장량과 자원량 정의 및 분류 (성원모 외, 2009)

← 상업성 증대(Increasing chance of commerciality)

<table>
<tr><td rowspan="12">원시 부존량 (PIIP)</td><td rowspan="8">발견 원시 부존량</td><td></td><td colspan="3">생산량(Production)</td><td>사업성숙도 분류</td><td>사업 단계</td><td></td></tr>
<tr><td rowspan="3">상업성 확보 (Commercial)</td><td colspan="3">매장량(Reserves)</td><td>생산중 (On production)</td><td>생산 사업</td><td rowspan="3">상업성 경계</td></tr>
<tr><td>확인(Proved)</td><td>추정(Probable)</td><td>가능(Possible)</td><td>개발승인 (Approved for development)</td><td rowspan="2">개발 사업</td></tr>
<tr><td>(1P)</td><td>(2P)</td><td>(3P)</td><td>개발타당 (Justified for development)</td></tr>
<tr><td rowspan="4">상업성 미확보 (Sub Commercial)</td><td colspan="3">발견잠재 자원량 (Contingent resources)</td><td>개발대기/개발미결 (Development pending)</td><td rowspan="3">탐사 사업</td><td></td></tr>
<tr><td rowspan="2">(1C)</td><td rowspan="2">(2C)</td><td rowspan="2">(3C)</td><td>개발보류 (Development unclarified or on hold)</td><td></td></tr>
<tr><td>개발불가/개발난망 (Development unclarified or on hold)</td><td></td></tr>
<tr><td colspan="3">회수불능 미발견부존량(Unrecoverable)</td><td></td><td></td><td rowspan="2">시추에 의한 발견여부</td></tr>
<tr><td rowspan="4"></td><td rowspan="4">미발견 원시 부존량</td><td colspan="3">탐사 자원량 (Prospective resources)</td><td>유망구조(Prospect)</td><td rowspan="3">탐사 사업</td></tr>
<tr><td rowspan="2">최소 (Low estimate)</td><td rowspan="2">최적 (Best estimate)</td><td rowspan="2">최대 (High estimate)</td><td>잠재구조(Lead)</td><td></td></tr>
<tr><td>플레이(Play)</td><td></td></tr>
<tr><td colspan="3">회수불능 미발견부존량(Unrecoverable)</td><td></td><td></td><td></td></tr>
</table>

↔ 불확실성 정도(Range of uncertainty)

부록 3 물리검층 장비코드 목록

장비 코드		장비 내역	
BAKER ATLAS WIRELINE		RCOR	Rotary Sidewall Coring Tool
3DEX	3D Induction Logging Service	RPM	Reservoir Performance Monitor
AC	BHC Acoustilog	SBT	Segmented Bond Tool
CAL	Caliper	SL	Spectralog
CBIL	Circumferential Borehole Imaging Log	SP	Spontaneous Potential
CDL	Compensated Density Log	STAR	Simultaneous Acoustic and Resistivity Imager
CN	Compensated Neutron Log	SWC	Sidewall Coregun
DAC	Digital Array Acoustilog	SYST	Surface System
DAL	Digital Acoustilog	TBRT	Thin-Bed Resistivity
DEL2	Dielectric Log - 200 Mhz	TTRM	Temperature/Tension/Mud Resistivity Sub
DEL4	Dielectric Log - 47 Mhz	VS	Velocity Survey
DIFL	Dual Induction Focused Log	VSP	Vertical Seismic Profile
DIP	High Resolution 4-Arm Diplog	WTS	ECLIPS WTS Downhole Common Remote
DLL	Dual Laterolog	XMAC	Cross-Multipole Array Acoustilog
DPIL	Dual Phase Induction Log	XMAC-E	XMAC Elite (Next generation XMAC)
EI	Earth Imager	ZDL	Compensated Z-Densilog
FMT	Formation Multi-Tester	**BAKER INTEQ**	
GR	Gamma Ray	AP	Annular Pressure
HDIL_	High-Definition Induction Log	APX	Accoustic Porosity Explorer
HDIP	Hexagonol Diplog	CCN	Caliper Corrected Neutron
HDLL	High-Definition Lateral Log	DIR	Directional
ICAL	Imaging Caliper	DPR	T Deep Propagation Resistivity
IEL	Induction Electrolog	FMT	Formation Multi-Tester
ISSB	Isolation Sub - Spontaneous Potential	GR	Gamma Ray
MAC	Multipole Array Acoustilog	MPR	Multiple Propogation Resistivity
MAC2	Multipole Array Acoustilog	MRT	Magnetic Resonance
MFC	Multi-Finger Caliper	RD	Compensated Bulk Density
ML	Minilog	RIT	Resistivity Imaging
MLL	Micro Laterolog	VSS	Vibration and Stick Slip
MREX	Magnetic Resonance Explorer Imaging Log	**COMPUTALOG**	
MRIL	Magnetic Resonance Imaging Log	AZD	Azimuthal Density
MSL	Micro Spherical Laterolog	BCS	Borehole Compensated Sonic
ORIT	Directional Survey	CAL	Caliper
PDK	PDK-100	CDT	Compensated Density
PROX	Proximity Log	CNT	Compensated Neutron
RCI	Reservoir Characterization Instrument	DAR	Digital Acoustic Tool

장비 코드		장비 내역	
DLL	Dual Laterolog	EMI	Electrical Micro Imaging
DTD	Tension Compression	FIAC	Four Independent Arm Caliper
FED	Four Electrode Dipmeter	FWS	Full Wave Sonic
GR	Gamma Ray	GR	Gamma Ray
GRN	Gamma Ray Neutron	HDIL_HAL	Hostile Dual Induction
HADR	High Temperature Azimuthal Gamma Ray	HDTD	Hostile Downhole Tension
HBC	High Resolution Borehole Sonic	HFDT	High Frequency Dielectric
HMI	High Resolution Micro Imager	HRI	High Resolution Induction(includes HRAI)
IEL	Induction Electric Log	HSN	Hostile Short Normal
MAN	Multi Array Neutron	LL3	Laterolog 3
MDA	Monopole Dipole Acoustic	LSS	Long Spaced Sonic
MEL	Micro Eletric Log	MACT	Multi-Arm Caliper Tool
MFR	Multi Frequency Resistivity	MICLOG	Microlog
MRT400	Micro Resistivity Tool	MRIL	Magnetic Resonance Imaging Log
MSC	Multi Sensor Caliper	MSFL	Micro-Spherically Focused Log
MSFL	Micro Spherically Focused Log	NGRT	Gamma Ray Tool
NMRT	Nuclear Magnetic Resonance Tool	RDT	Reservoir Description Tool
NTT	Single Detector Neutron	RSCT	Rotary Sidewall Coring
PND	Pulsed Neutron Decay	SDL	Spectral Density Log
RSCT	Rotary Sidewall Coring Tool	SED	Six Arm Dipmeter
SAGR	Spectral Azimuthal Gamma Ray	SFT	Sequential Formation Tester
SED	Six Electrode Dipmeter	SGR	Spectral Gamma Ray
SFT	Selective Formation Tester	SP	Spontaneous Potential
SGR	Spectral Gamma Ray	TMD-L	Thermal Multigate Decay-Lithology
SP	Spontaneous Potential	WSD	WaveSonic Dipole
SPeD	Spectral Pe Density	XYC	XY Caliper Log
STI	Simultaneous Triple Induction	**HALLIBURTON SPERRY SUN**	
TEN	Tension	ABG™	At-Bit Gamma Ray
TNP	Thermal Neutron Porosity	ACAL	AcoustiCaliper
HALLIBURTON		ADR™	Azimuthal Deep Resistivity
BCS	Borehole Compensated Sonic	AFR™	Azimuthal Focused Resistivity
BHPT	Borehole Properties Tool	AGR	Azimuthal Gamma Ray
CAST	Circumferential Acoustic Scanning	ALD	Azimuthal Litho Density
CDL	Compensated Density Log	ASLD	Azimuthal Stabilized Litho Density
CSNG	Compensated Spectral Natural Gamma Ray	BAT	Bi-Modal Acoustic Tool
DIL	Dual Induction Log	CNP	Compensated Neutron Porosity
DLLT	Dual Laterolog	CTN	Compensated Thermal Neutron
DSN	Dual Spaced Neutron	DDS	Drilling Dynamics Sensor

장비 코드		장비 내역	
DGR	Dual Gamma Ray	DNSCM	Density Neutron Standoff Caliper MultiLink
DIR	Directional	DPM	Dynamic Pressure Module
DrillDOC™	Drilling Downhole Optimisation Collar	GAM	Gamma Ray Sonde
EWP4	EWR – Phase 4	GyroHDS1	Gyro High-Speed Directional Survey
EWR-M5	EWR-M5 Resistivity	HDS1L	High-Speed Directional Survey
EWR-P4	EWR-Phase 4 Resisitivity	HDS1R	High-Speed Directional Survey Retrievable
EWR-P4D	EWR-Phase 4D Resistivity	HDSM	High-Speed Directional Survey MultiLink
EWRS	Electromagnetic Wave Resistivity(Shielded)	PWD	Pressure While Drilling
GABI™	Gamma Ray and At-Bit Inclination	PZIG	At-Bit Inclination and Gamma Ray
GeoTap	GeoTap Formation Tester	QPM	Survivor Dynamic Pressure Module
GEOTAPID	GeoTap IDS	SAWR	Slim Array Wave Resistivity/Gamma Ray
GM	Gamma Module	SCLSS	Slim Compensated Long Spaced Sonic
GPGR	Geo-Pilot Azimuthal Gamma Ray	SCWR	Slim Compensated Wave Resistivity
IVSS	Insert Vibration Severity Sensor	SDNSC	Slim Density Neutron Standoff Caliper
MRIL-WD	Magnetic Resonance Image Logging	**PRECISION ENERGY**	
NGP	Natural Gamma Probe	AZD	Azimuthal Density
NUCP	Smoothed Neutron Porosity	BAP	Bore/Annular Pressure
PCAL	Pinger Caliper(Mounted on ALD)	BCS	Borehole Compensated Sonic
PCD	Pressure Case Directional	CALI	General Caliper
PCG	Pressure Case Gamma	CNS	Compensated Neutron Service
PM	Position Monitor	CNT	Compensated Neutron Tool
PPFG	Pore Pressure/Fracture Gradient	DLL	Dual Laterolog
PWD	Pressure While Drilling	ESM	Environmental Severity Measurement
S175	Solar 175	FCAL	Single Axis Caliper
SFD	Simultaneous Formation Density	FRT	Flow Rate Tester
SLD	Stabilized Litho Density	GR	Gamma Ray
SP4™	Slim Electromagnetic Wave Resistivity-Phase 4	HAGR	High Temperature Azimuthal Gamma Ray
SSEWR-P4	SuperSlim EWR-Phase 4	HBC	High Resolution Borehole Sonic
SSP4™	Super Slim Electromagnetic Wave Resistivity-Phase 4	HMI	High Resolution Micro Imager
SVSS	Sonde Vibration Severty Sensor	IDS	Integrated Directional Sonde
UHT	Prometheus™ (Ultra High Temperature)	MCG	Compact Gamma
XHT	XHT 200 Hot Hole	MDA	Monopole Dipole Array
PATHFINDER LOGGING		MDN	Compact Dual Neutron Sonde
AWR	Array Wave Resistivity/Gamma Ray	MFR	Multi-Frequency Resistivity
CLSSM	Compensated Long Spaced Sonic MultiLink	MFT	Compact Repeat Formation Pressure Tester
CWRGM	Compensated Wave Resistivity Gamma MultiLink	MGS	Auxiliary Gamma Sub
DFT	Dynamic Formation Tester	MPD	Compact PhotoDensity Sonde
DIR	Directional	MRT	Micro Resistivity Tool

장비 코드		장비 내역	
MSFL	Micro Spherically Focused Log	BHTV	Borehole Televiewer
NMRT	Nuclear Magnetic Resonance Tool	BSP	Bridle Spontaneous Potential
RSCT	Rotary Sidewall Coring Tool	CALI	Generalized Caliper
SED	Six Electrode Dipmeter	CBTT	Combinable Borehole Televiewer Tool
SFT	Selective Formation Tester	CDN	Compensated Density Neutron
SGR	Spectral Gamma Ray	CDR	Compensated Dual Resistivity
SGS-C	Spectral Gamma Sonde	CHFR	Cased Hole Formation Resistivity
SPeD	Spectral Pe Density	CHFT	Cased Hole Dynamics Tester
STI	Simultaneous Triple Induction	CMR	Combinable Magnetic Resonance
SWC	Sidewall Coring Gun	CNL	Compensated Neutron Log
TNP	Thermal Neutron Porosity	CNT	Compensated Neutron Tool
UGR	Universal Gamma Ray	CNTS	Slim Compensated Neutron Tool
VSP	Vertical Seismic Profile	CST	Core Sample Taker; Chronological Sample Taker
REEVES WIRELINE		DGR	Dual Gamma Ray
MAI	Compact Array Induction	DIR	Directional
MBN	Compact Borehole Navigator	DIT	Dual Induction
MDL_R	Compact Dual Laterolog Sonde	DLT	Dual Laterolog
MDN	Compact Dual Neutron	DPT	Deep Propagation Tool
MFE	High Resolution Shallow Focused Electric	DSI	Dipole Shear Sonic Imager
MFT	Compact Repeat Formation Pressure Tester	DSLT	Digitizing Sonic Logging
MGS	Auxilary Gamma Sub	DSST	Dipole Shear Sonic Imager
MML	Compact Microlog	DST	Dual Laterolog with SRT
MMR	Compact Microlaterolog	DWST	Digital Waterform Sonic
MPD	Compact PhotoDensity	ECO	Ecoscope
MSS	Compact Sonic Sonde	ECS	Elemental Capture Spectroscopy Sonde
MTC	Compact Two Arm Caliper	EDTC	Telemetry Cartridge
MCG	Compact Gamma	EPT	Electromagnetic Propagation (ADEPT)
SCHLUMBERGER		ES	Electrical Survey Tool
AACT	Aluminium Activation Clay Tool	FBST	Fullbore Formation Micro Imager
ACT	Geochemical Logging Tool	FGT	Formation Gamma Gamma
ADN	Azimuthal Density Neutron	FMI	Fullbore Formation Micro Imager
AGS	Aluminium Gamma Ray Spectroscopy Sonde	FMS	Formation Micro Scanner
AIT	Array Induction Imager	FPWD	Formation Pressure While Drilling
ALAT	Azimuthal Laterolog	GFA	Formation Tester Gamma Ray Detector
AMS	Auxiliary Measurement Sonde	GFT	Formation Tester Gamma Ray
APS	Accelerator Porosity Sonde	GNT	Gamma Neutron Tool
APWD	Annular Pressure While Drilling	GPIT	General Purpose Inclinometry Tool
ARC	Array Compensated Resistivity	GR	Gamma Ray

장비 코드		장비 내역	
GRA	Geochemical Reservoir Analyzer	MWD	Measurement While Drilling
GRST	Gamma Ray Spectrometry Tool	NGS	Natural Gamma Ray Sonde
GRT	Gamma Ray Tool	NGT	Natural Gamma Ray Spectrometry
GST	Geo-Steering Tool	NMT	Nuclear Magnetism
HALS	High Resolution Azimuthal Laterlog Sonde	NPLC	Nuclear Porosity Lithology
HAPS	HPHT Accelator Porosity Sonde (aka XAPS)	NPLT	Nuclear Porosity Lithology
HDT	High Resolution Dipmeter	OBDT	Oil Base Mud Dipmeter
HGNS	HILT Gamma Ray Neutron Sonde	OBMI	Oil Base Micro Imager
HILT	High Integrated Logging Tool	OBMT	Oil Base Mud Formation Imager
HIT	Hostile Array Induction Tool (aka XAIT)	PERI	Periscope
HLDS	Hostile Litho-Density Sonde	PGT	Compensated Density
HLDT	Hostile Environment Litho-Density	PMIT	PS Platform Multifinger Imaging Tool
HNGS	Hostile Gamma Ray Neutron Sonde	PNT	Sidewall Neutron Tool
HNGT	Hostile Natural Gamma Ray Spectrometry	QAIT	Slim Hostile Array Inducation Tool
HRCC	High Resolution Control Cartridge	QCNT	Slim Hot Compensated Neutron Tool
HRDD	HILT High Resolution Density Device	QLDT	Slim Xtreme Litho-Density Tool
HRGD	HILT High Resolution Resitivity Gamma Ray Density Device	QSCS	Slimhole Power Caliper Sonde
HRLT	High-Resolution Laterolog Array Tool	QSLT	Slim Xtreme Sonic Logging Tool
HRMS	High Resolution Measurement Sonde	QTGC	SlimXtreme Telemetry and Gamma Ray
HSGT	Hostile Environment Gamma Ray	RAB	Resisitivity at Bit:Azimuthal Laterolog-Gamma Ray(aka GVR)
HSLT	HPHT Digial Sonic Logging Tool (aka XSLT)	RFT	Repeat Formation Tester
IMPA	IMPulse Array Compensated Resistivity	RST	Reservoir Saturation Tool
IPL	Integrated Porosity Lithology	SAIT	Slimhole Array Induction
IRT	Induction Resistivity Tool	SDT	Sonic Digital
ISONIC	LWD Sonic	SGT	Scintillation Gamma Ray
LDS	Litho Density Sonde	SHARP	Slim Hole Retrievable MWD Tool
LDT	Litho Density	SHDT	Stratigraphic High Resolution Dipmeter Tool
LSS	Long Spaced Sonic	SLDT	Slimhole Litho-Density
MCFL	Micro-Cylindrically Focused Log	SLIM1	Slim Hole Retrievable MWD Tool
MCR_VIS	mcr VISION Resistivity	SLT	Borehole Compensated Sonic Logging Tool
MDLT	Medium Dual Laterolog	SMRT	Slim Micro Resistivity Tool
MDT	Modular Formation Dynamics Tester	SNPD	Sidewall Neutron Tool
MLT	Microlog	SONVIS	SonicVISION
MRPS	Modular Formation Dynamics Tester Single-Probe	SP	Spontaneous Potential
MRSC	Modular Formation Dynamics Tester Sample Chamber	SPESP	Extender
MRWD	Magnetic Resonanace While Drilling	SPULSE	Slim Pulse MWD Directional
MSCT	Mechanical Sidewall Coring Tool	SRT	Microspherically Focused Resistivity
MSIP	Modular Sonic Imaging Platform	SSLT	Slim Array Sonic Logging Tool

장비 코드		장비 내역	
STETHO	Stethoscope	MAN	Multi Array Neutron
SVWD	Seismic Vision While Drilling	MBN	Compact Borehole Navigation
TDT	Thermal Decay Time	MCG	Compact Gamma
TELE	Telescope	MDA	Monopole Dipole Acoustic
TLD	Three-Detector Lithology Density	MDL_R	Compact Dual Laterolog Sonde
UBI	Ultrasonic Borehole Imager	MDN	Compact Dual Neutron
USIT	Ultrasonic Imager Tool	MEL	Micro Electric Log
VIPER	VIPER Slimhole Coiled Tubing MWD Tool	MFE	High Resolution Shallow Focused Electric
VISP	Vertical Incident Seismic Profile	MFR	Multi Frequency Resistivity
VSI	Borehole Seismic Acquisition Tool	MFT	Compact Repeat Formation Pressure Tester
VSP	Vertical Seismic Profile	MGS	Auxilary Gamma Sub
WAVSP	Walk Away Vertical Seismic Profile	MMR	Compact Microlaterolog
XPT	Pressure Express	MPD	Compact PhotoDensity
WEATHERFORD		MRT400	Micro Resistivity Tool
AZD	Azimuthal Density	MRT-P	Micro Resistivity Tool
BAP	Bore/Annular Pressure	MSFL	Micro-Spherically Focused Log
BCS	Borehole Compensated Sonic	MSS	Compact Sonic Sonde
CAL	Caliper	MTC	Compact Two Arm Caliper
CALI	Generalized Caliper	NMRT	Nuclear Magnetic Resonance Tool
CDT	Compensated Density	NTT	Single Detector Neutron
CNS	Compensated Neutron Service	RSCT	Rotary Sidewall Coring (HRSCT)
CNT	Compensated Neutron Tool	SAGR	Spectral Azimuthal Gamma Ray
DAR	Digital Acoustic Tool	SED	Six Arm Dipmeter Survey
DIR	Directional Survey	SFT	Sequential Formation Tester
DLL	Dual Laterolog Log	SGR	Spectral Gamma Ray
DTD	Tension Compression	SGS-C	Spectral Gamma Sonde
ESM	Environmental Severity Measurement	SP	Spontaneous Potential
FCAL	Single Axis Caliper	SPED	Spectral Pe Density
FED	Four Electrode Dipmeter	SST	Shock Wave Sonic Tool
FRT	Flow Rate Tool	STI	Simultaneous Triple Induction
GR	Gamma Ray	SWC	Sidewall Coregun
GRN	Gamma Ray Neutron	TEN	Tension
HAGR	High Temperature Azimuthal Gamma Ray	TNP	Thermal Neutron Porosity
HBC	High Resolution Borehole Compensated Sonic Log	UGR	Universal Gamma Ray
HMI	High Resolution Micro Imager	VSP	Vertical Seismic Profile
IDS	Integrated Directional Sonde		
IEL	Induction Electrolog		
MAI	Compact Array Induction		

부록 4 석유 개발관련 기호

A. WELL SYMBOLS

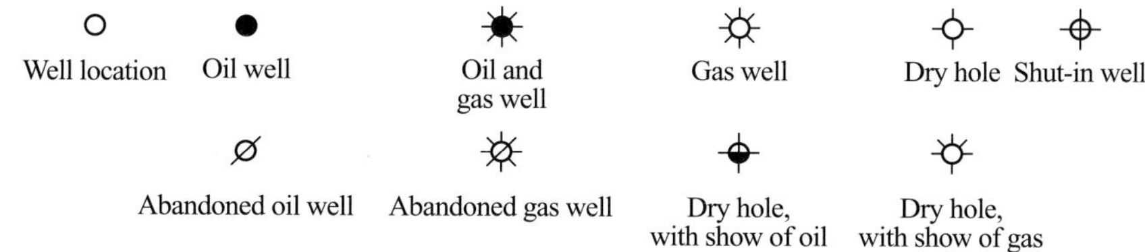

B. STRUCTURE SYMBOLS

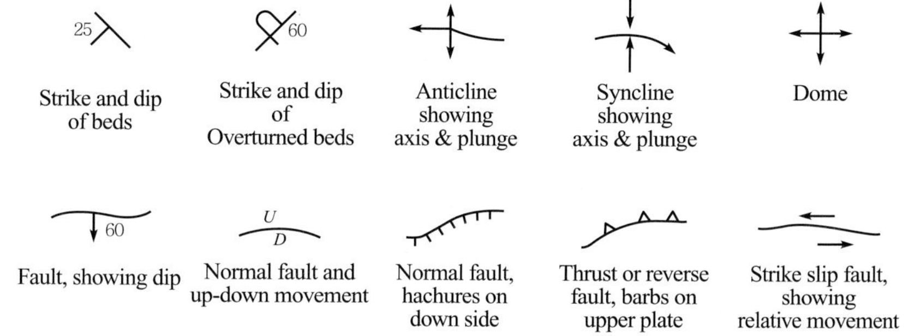

C. ROCK SYMBOLS

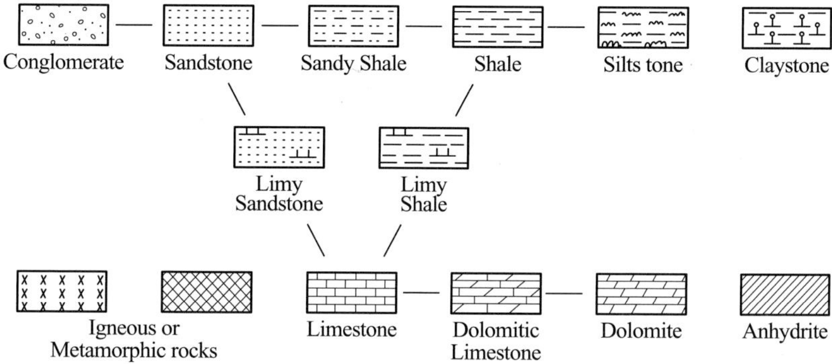

Note : Intermediate rock compositions are represented by combining symbols.

부록 5 각종 기록지(암편검층기록지, 일일지질일보, 일일시추일보, 일일경비일보) 샘플

(1) 암편검층기록지

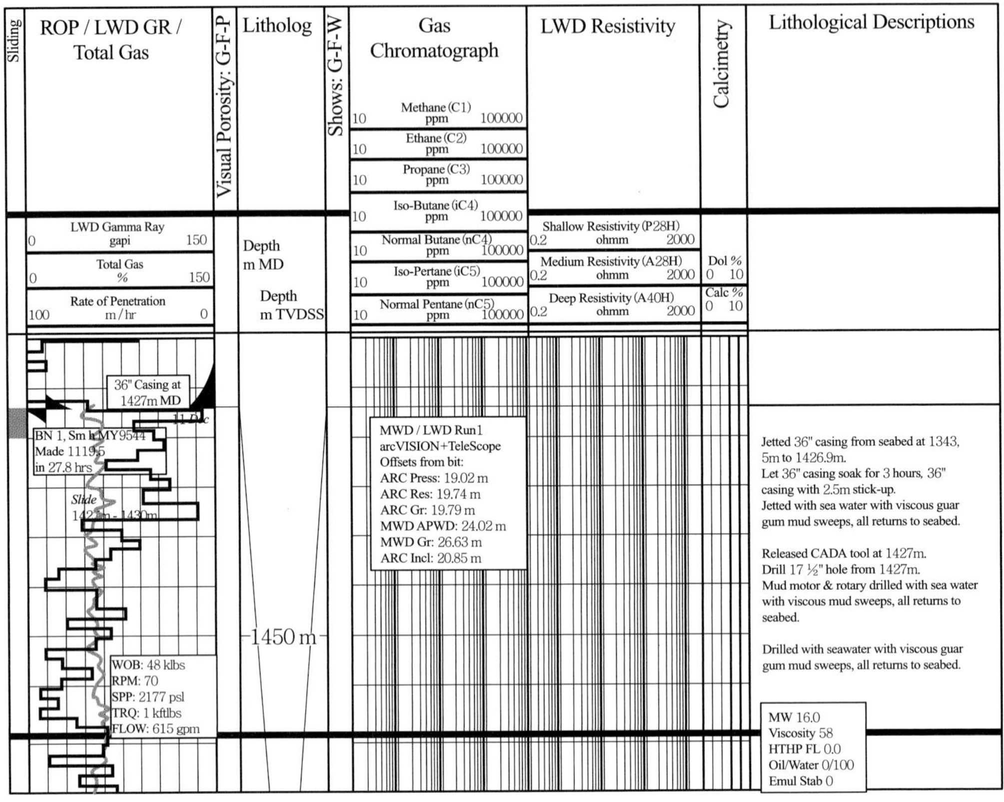

(2) 일일지질일보

KNOC
Korea National Oil Corporation

DAILY GEOLOGICAL REPORT

Well Name:	HAEMA-1	**Present Depth:**	1213	mRT	**Time:**	0600 hours
Formation:	Miocene, Tertiary	**24 hr Progress: 1184 – 1213 m**	29	M	**Date:**	9 May 1991
Present Operation:	Drilling 17 ½" hole				**Report No.:**	4
Geologists:	R.Bertoch, Kooksun Shin				**Page:**	1

SIGNIFICANT OIL SHOWS, DRILLING BREAKS:

Depth Interval mRT	Event	Evaluation	Show No.
None			

BACKGROUND GAS

Depth Interval mRT	Total Gas %	C1 ppm	C2 ppm	C3 ppm	iC4 ppm	nC4 ppm	iC5 ppm	nC5 ppm
1184-1213	0	0	0	0	0	0	0	0

MUD DATA	Type	Weight ppg	Water Loss cc/30min	pH	Viscosity sec/qt	KCl ppb	Cl mg/l
PROPERTIES	KCL/PHPA	9.2	6.0	8.5	36	0.6	1600

Depth Interval mRT	Average Drilling Rate	Bit No., Type	Hole Size	Lag Time
1184-1213	5 m/hr	#3, Sec-DBS XT4GSC	17 ½"	52 Mins

SIGNIFICANT GAS SHOWS (GAS PEAKS)

Depth Interval mRT	Total Gas %	C1 ppm	C2 ppm	C3 ppm	iC4 ppm	nC4 ppm	iC5 ppm	nC5 ppm
No gas peaks								

CONNECTION GAS:

Depth Interval mRT	Total Gas %	C1 ppm	C2 ppm	C3 ppm	iC4 ppm	nC4 ppm	iC5 ppm	nC5 ppm
None								

GENERALIZED LITHOLOGY:

Interval mRT	Lithologic Column	Cuttings Description
1180m – 1213m	Miocene, mostly claystone	**Predominantly Claystone** CLAYSTONE (100%) : lt medium grey, brn, grey brn, blocky, soft, earthy, dolomitic in part, trace calcareous specks. Circulated bottoms up dropped survey and pulled out of hole to rig up Schlumberger to conduct E-logs Run 1 DLL-GR on bottom at 10:30pm completed at 11:30pm Run 2 SLS-GR . on bottom at 1:30am completed at 4:00am Run 3 LDL-CNL-NGS-AMS having tool problems

STRATIGRAPHIC CORRELATION: Deviation survey at 1213m 1 1/2 deg.

REMARKS/24 HOUR OPERATIONS:
Continued E-logging 17 ½" hole

Attachments:
1. Wellsite Geologist lithology log (pdf)
2. Master log from mud logging (pdf)
3. Mud logging Daily Report (xls)
4. Drill data (ASCII)
5. Gas data (ASCII)

(3) 일일시추일보

Daily Drilling Report

Well : Area : AFE # :

API# : Formation :

24hr. Summary : DRILL, SURVEY, DRILL F/ 9176-9895

Am Ops : DRILLING @ 9895

Ops Forecast : DRILL, SURVEY, DRILL

Ops. Date :	09/09/2008
Report # :	17
Surf.Sec.Spud:	08/26/2008
Days f.S.Spud :	14
Resumed Drill :	08/28/2008
Days f.Resume:	12
Total Drilling Days :	0
Rig On Loc. :	17
Est. TD :	12705
MD at 6AM :	9895
TVD at 6AM :	8483
Progress :	719
Day :	$62,400
To Date :	$1,212,310
AFE :	$1,589,000

Mud Record

Depth	MW	VIS	PV	YP	Gels 10 Sec	Gels 10 Min	WL	pH	Solids	Liquid	Sand	CL	Ca	Pf	Mf
9515	9.6	63	30	25	13	32	7.4	9.5	8	92		850	46	0.3	0.9

Mud Additives

Mud Item	Used	Rec.
PAC-L	3	
AQUAGEL GO	90	
BARO-TROL	5	
GRAPHITE	4	
CAUSTIC	4	
WAL NUT	4	
CARBONOX	2	

Daily Mud Cost ($): $2,200

Deviation Record

Depth	Angle	Dir.
9726.00	92.08	309.5
9630.00	89.34	309.4
9535.00	92.08	309.7
9440.00	91.74	309.6
9344.00	90.31	309.4
9249.00	90.37	308.9
9148.00	90.66	307.6
9055.00	92.26	305.5
8995.00	88.49	302.0
8959.00	86.60	301.9

BHA BHA Length : 6076.77

# Of	Item	O.D.	Length
1	BIT	8.750	1.00
1	ERT 1.83 MTF	6.750	26.38
1	FLOAT SUB	6.500	2.69
1	X/O SUB	6.750	2.88
1	GVR	6.750	10.12
1	X/O SUB	7.000	2.95
1	UBHO	6.750	3.62
1	MWD MONEL	6.750	29.71
1	FLEX NMDC	6.500	30.67
1	X/O SUB	6.500	1.88
150	DP	4.500	4766.30
39	HWDP	4.500	1198.57

DC OD : 6.500 Total BHA Hours : 197.5

DP OD : 4.500 Drill Jar Hours :

Hook Loads

Up :	235
Down :	195
Rotating :	210

Torque(ft lbs) :

Torque(Amps) :

Bit Record

#	Size	Manufacturer	Model	Serial #	Daily Made	Daily Hours	Daily ROP	Cumulative Made	Cumulative Hours	Cumulative ROP	Depth Out	WOB	Condition
5	8.750	HUGHES	HC506ZX	7120909	719	19.50	36.9	1126	35.00	32.2		30	-------

Mud Motor

#	Mud Motor	RPM Motor	RPM Table	Manufacturer	Serial Num
5	6/7 ERT 1.83	138	80	WEATHERFORD	6752272

Hydraulics

#	Nozzles	Pump#1 Model	Pump#1 Stroke	Pump#1 Liner	Pump#1 Spm	Pump #2 Model	Pump #2 Stroke	Pump #2 Liner	Pump #2 Spm	Flow Press.	Flow Rate	AV (DC)	AV (DP)	Mud Density	HSI
5	18,18,18,18,18,18	H & H	12.0	6.00	58	H & H	12.0	6.00	58	3100	486	347	211	9.6	0.6

Last Casing Section : Surface Hole Depth : 875 Casing Size : 9.625 Casing Set At : 836

Time Breakdown Start Time : 6:00 AM Total Hours : 24.00 Rotating Hours : 19.50 Total Rotating Hours 196.50

Start Time	End	Code	Description	Activity	Sub Code	Trouble	Sub Code
6:00 AM	6:30 AM	02	ROTATE F/ 9176-9228, 52' @ 104' HR, WOB 20-25, RPM 218, GPM 486, DIFF 450				
6:30 AM	7:00 AM	02	SLIDE F/ 9228-9239, 11' @ 22' HR, WOB 35, RPM 138, GPM 486, DIFF 200, TF 70				
7:00 AM	7:30 AM	20	RELOG - BACKREAM				
7:30 AM	8:30 AM	02	ROTATE F/ 9239-9322, 83' @ 83' HR, WOB 20-25, RPM 218, GPM 486, DIFF 400				
8:30 AM	9:00 AM	10	SURVEY				
9:00 AM	10:00 AM	02	ROTATE F/ 9322-9418, 96' @ 96' HR, WOB 20-25, RPM 218, GPM 486, DIFF 450				
10:00 AM	10:30 AM	02	SLIDE F/ 9418-9432, 14' @ 28' HR, WOB 40, RPM 138, GPM 486, DIFF 200, TF 26R				
10:30 AM	11:30 AM	02	ROTATE F/ 9432-9514, 82' @ 82' HR, WOB 25, RPM 218, GPM 486, DIFF 400				
11:30 AM	12:00 PM	10	SURVEY				
12:00 PM	3:00 PM	02	ROTATE F/ 9514-9609, 95' @ 32' HR, WOB 25-30, RPM 218, GPM 486, DIFF 200-300				
3:00 PM	3:30 PM	10	SURVEY				
3:30 PM	4:00 PM	07	SERVICE RIG				
4:00 PM	4:30 PM	02	SLIDE F/ 9609-9619, 10' @ 20' HR, WOB 40, RPM 138, GPM 486, DIFF 125, TF 154				
4:30 PM	5:00 PM	20	RELOG				
5:00 PM	10:00 PM	02	ROTATE F/ 9619-9723, 104' @ 21' HR, WOB 25-30, RPM 218, GPM 486, DIFF 300				
10:00 PM	11:00 PM	02	SLIDE F/ 9723-9736, 13' @ 13' HR, WOB 40, RPM 138, GPM 486, DIFF 150, TF 24R				
11:00 PM	11:30 PM	20	RELOG				

Daily Drilling Report (cont'd)

Well : Area : AFE # :

Start Time	End	Code	Description	Activity	Sub Code	Trouble	Sub Code
11:30 PM	1:00 AM	02	ROTATE F/ 9736-9800, 64' @ 43' HR, WOB 25-30, RPM 218, GPM 486, DIFF 300				
1:00 AM	1:30 AM	10	SURVEY				
1:30 AM	2:30 AM	02	SLIDE F/ 9800-9815, 15' @ 15' HR, WOB 40, RPM 138, GPM 486, DIFF 150, TF 153				
2:30 AM	3:00 AM	20	RELOG				
3:00 AM	6:00 AM	02	ROTATE F/ 9815-9895, 80' @ 27' HR, WOB 25, RPM 218, GPM 486, DIFF 300				

Comments

1) ACCIDENTS: 0
2) LAST RECORDABLE: 4/6/08, 111 DAYS
3) SAFETY MEETING TOPIC: 1ST DAY BACK
4) LAST HAZARD ID: 9/9
5) RESERVE PIT FREEBOARD: CLOSED LOOP
6) SPR #1: 30/275
7) SPR #2: 30/276
8) SPILLS: 0
9) LAST BOP DRILL: 9/8/08
10) LAST BOP TEST: 8/25
11) CREWS: FULL
12) FUEL: USED 2220, ON HAND 5851
13) MUD STORAGE: 0
14) LITHOLOGY: SHALE 100%
15) NO HOLE PROBLEMS, SWEEPS EVERY 90'. PENETRATION RATE RESTRICTED TO 120 FT/HR DUE TO GVR TOOL

Mud Log Formation : SHALE Background : 900 Connection : 5354 Trip : F lare Length :

Rig(s) for today : Nabors M 27 Superintendent : STEVEN ERNST Phone # : 214-723-7417

Supervisor : Sergio Marin Phone # : 214-500-4723

(4) 일일경비일보

Daily Cost Sheet

Well : AFE # : Area :

Ops. Date : Report # : Day Cost : Cost To Date :

Category	Code	Cost	Carryover	Vendor	Ticket	Description	Trouble Code	Trouble Sub Code
Consulting/Evaluation/Supervision	8715.322	$1,700	Yes			NEW TECH & EPI		
Location/Road Maint/Prep	8715.330		Partial	Express		HAUL MUD TO MUD FARM		
Water Access & Hauling	8715.335	$1,100	Partial	Gilbow Tank Truck Servi		WATER HAULING		
Water Access & Hauling	8715.335		Partial			WATER FOR TRAILERS		
Daywork Drilling	8715.346	$18,800	Yes	Nabors Drilling		DAYWORK @ $18,800 DAY		
Power/Fuel	8715.352		Partial	Simons		DIESEL 7000 GAL @ $3.29		
Mud/Fluids/Lubrication/Chemicals	8715.354	$2,200	Partial	Baroid		DRILLING MUD		
Surface Equipment Rental	8715.369	$800	Yes	TCB		TRAILERS, SEWER,WATER T		
Surface Equipment Rental	8715.369	$200	Yes	Nabors Drilling		FORK LIFT		
Surface Equipment Rental	8715.369	$100	Yes	Epoch				
Surface Equipment Rental	8715.369	$100	Yes	G		EO INTERCOM RENTAL		
Surface Equipment Rental	8715.369	$300	Yes	Express Energy Services		Frac tank Rental		
Surface Equipment Rental	8715.369	$400	Yes	Pason Systems (PVT)				
Surface Equipment Rental	8715.369	$200	Yes	C		AN-OK SUPER VAC		
Surface Equipment Rental	8715.369	$300	Yes	L		IGHT TOWER, GENERATOR		
Surface Equipment Rental	8715.369	$5,200	No	Express Energy Services	monthly	trackhoe rental f/ closed loop		
Communication	8715.380	$100	Yes	R		IG PHONE		
Overhead	8715.396	$400	Yes					
Directional Equip/Services	8715.628	$13,500	Partial	Weatherford		+ERT & INS		
Directional Equip/Services	8715.628	$13,400	Partial	Schlumberger		GVR		
Fishing/Downhole Equipment Rental	8715.632	$700	Yes	Thomas Tools		DP RENTAL		
Solids Control	8715.644	$2,100	Yes	Halliburton		CLOSED LOOP		
Mud Logging Equip/Service	8715.660	$800	Yes	Pason		MUD LOGGER		

참고문헌

- Ablewhite K. & G.E. Higgins, 1968, A Review of Trinidad,West Indies, oil development and the accumulations at Soldado, Brighton Marine, Grande Ravine, Barrackpore-Penal and Guayaguayare, Trans 4th Carribean Geology Conference, p.41-57.
- Alberta Energy and Uilities Board(AEUB), 2007, Alberta' s energy reserves 2006 and supply/demand outlook 2007~2016, ST98-2007
- Allen, J.R.L. 1965. A review of the origin and characteristics of recent alluvial sediments. Sedimentology, 5, p.98-191.
- Allen, J.R.L. 1970. A quantitive model of grain size and sedimentary structures in lateral deposits. Geol. J., 7, p.129-146
- Asquith, G., and Krygowski, D., 2004. Basic Well Log Analysis. AAPG Methods in exploration Series, No. 16, 244 pp.
- Bacon, M., Simm, R, and Redshaw, T., 2007. 3-D Seismic Interpretation. Cambridge, 225 pp.
- Bally, A.W. and Snelson, S., 1980, Realms of subsidence. In: Miall, A.D., ed., Facts and Principles of World Petroleum Occurrence: Canadian Society of Petroleum Geologists Memoir 6, p.9-75.
- Barker & Horsfeld, 1982, 세일내 이상고압대 성인에 대한 기계적 및 열적 원인에 대한 토의, 미석유지질학회지 66권 1호, 99-100쪽
- Barnes, A.E., 2007. Redundant and useless seismic attributes. Geophysics 72, p.33-P38.
- Barrows, co., 1997, World Fiscal Systems for Oil.
- Barss D.L. et al., 1970, Geology of Middle Devonian Reefs, Rainbow Area, Alberta, Canada, AAPG Spe. Pub. Memoir 14, p.19-49
- Batcky, J., 1997, An assessment of in situ oil sands recovery processes, J. of Can, Pet. Tech., V. 36, No. 9, p. 15-19
- Bazeley W., 1972, San Emidio Nose Oil Field, California; Case Histories, AAPG Spec. Pub. Memoir 16, p.297-312
- Bitterli, P., 1958, Herrera Subsurface Structures of Penal Field, Trinidad, B.W.I., AAPG Bull.,v.45, no.1, p.145-148
- Borger H.D. and E.F. Lenert, 1959, 5th World Petroleum Congress.
- Bower T.H., 1968, 4th Carribean Geology Conference(1965)
- Boyd, R. and Penland, S. 1989. A geomorphic model for Mississippi delta evolution : Gulf Coast Association of Geological Societies, Transaction, V. 39, p.331-340
- Brown, A. 2004. Interpretation of Three-Dimensional Seismic Data. AAPG Memoir 42, 541 p.
- Cant, D., 1992. Subsurface facies analysis. In: Walker, R.G., James, N.P.(Eds.), Facies Models: Response to Sea Level Change. Geological Association of Canada, p.27-45.
- Cassan J.P. et al., 1981, Bull Centres Rech. Explor. Prod. Elf-Aquitaine.

- Castagna, J.P., Swan, H.W. and Foster, D.J., 1998. Framework for AVO gradient interpretation. Geophysics 63, p.948-956.
- Catuneanu, O., 2006. Princples of Sequence Stratigraphy. Elsevier, 375 p.
- Catuneanu, O. et al., 2009, Towards the standardization of sequence stratigraphy. Earth-Science Reviews 92, p.1-33.
- Chadwick, A., 2010, Effective underground CO2 storage: dealing with uncertainty and satisfying the regulations. Carbon Capture & Storage Webinar Serie #2. British Geological Survey, Natural Environmental Research Council.
- Chopra, S. and Marfurt, K.J., 2006, Seismic attributes - promising aid for geologic prediction; CSEG Recorder 2006 Special Edition, p.110-121.
- Chopra, S. and Marfurt, K.J., 2007, Seismic Attributes for Prospect Identification and Reservoir Characterization. SEG Geophysical Development No. 11. 464 p.
- Cooper C.G. and Ferris B.J., 1957, University of Texas Publication 5716,
- Coopers and Lybrand, 1998, International Tax Summaries, John Wiley & Sons Inc.,
- Dalrymple, R.W., Knight, R.J., Zaltin, B.A. and Middleton, G.V. 1990, Dynamics and facies model of a macrotidal sand-bar complex, Cobequid Bay-Salmon River estuary(Bay of Fundy). Sedimentology, 37, p.577-612.
- Dalrymple, R.W., Zaltin, B.A. and Boyd, R. 1992, Estuarine facies models; conceptual basis and stratigraphic implications. J. Sed. Petrol., 62, p.1130-1146.
- Dickas A.B. and Payne J.L., 1967, Upper Paleocene Buried Channel in Sacramento Valley, California, AAPG Bull, v.51, no.6, p.873-882
- Dickey P.A. and Hunt J.M, 1972, Geochemical and Hydrogeologic Methods of Prospecting for Stratigraphic Traps; Geologic Exploration Methods, AAPG Spe.Pub. Memoir 16, p.136-167
- Dicky et al, 1968, 남부 루이지애나 심부시추공에서의 이상압력대, 사이언스, 160 권 609-615쪽
- Department of Energy(DOE), 2004, Strategic significance of America' s oil shale resource; Volume Ⅱ oil shale resources technology and economics.
- Evamy B.D. et al, 1978, Hydrocarbon habitat of Tertiary Niger delta, AAPG Bull, v.62, p.1-39
- Evenick, J., 2008, Introduction to Well Logs & Subsurface Maps. PennWell, 236 p.
- Fletcher C.D., 1929, Structure of Caddo Field, Caddo Parish, Louisiana in Structure of typical American oil fields, v.2, AAPG, Spec. Pub. v.4, p.183-195
- Fox F.G., 1959, Structure and Accumulation of Hydrocarbon in Southern Foothills, Alberta, Canada, AAPG Bull.,v.43, no.5, p.992-1025
- Galloway, W.E. 1975, Process framework for describing the morphologic and stratigraphic evolution of deltaic depositional systems. In : M.L. Broussard(ed.), Deltas, Models for Exploration. Houston Geol. Soc., Houston, p.99-149
- Galloway . 1985, Meandering streams - modern and ancient. In :Flores, R.M., Ethridge, F.G., Miall, A.D., Galloway, W.E., and Fouch, T.D.(eds.), Recognition of fluvial systems and their

resouce potential. SEPM shot course. 19, p.145–166

- Gatewood L.E.,1970, Oklahoma City Field – Anatomy of a Giant, AAPG Spec. Pub. Memoir 14, p.223–254
- Ghignone J.I. and G. D. Andrade, 1970, General Geology and Major Oil Fields of Reconcavo Basin, Brazil, AAPG Spec. Pub.(Memoir) 14, p.337–358
- Gregg, M.E. and Bukowski, C.T., 2000, Developing an exploration tool in a mature trend: A 3-D AVO case study in south Texas. The Leading Edge 19, p.1174–1183.
- Harding T.P., 1974, Petroleum traps associated with wrench faults. AAPG Bull., v.58, p.1290–1304
- Harding T.P. and Lowell J.D., 1979, Structural styles, their plate- tectonic habitat, and hydrocarbon traps in petroleum provinces. AAPG Bull., 63, p.1016–58
- Heroy W.B., 1941, Petrleum geology. In Geology 1888–1938; Geol. Soc. Am. 50th Anniversary vol., p.512–48
- Horozal, S., Lee, G.H., Yi, B.Y., Yoo, D.G., Park, K.P., Lee, H.Y., Kim, W., Kim, H.J. and Lee, K., 2009, Seismic indicators of gas hydrate and associated gas in the Ulleung Basin, East Sea(Japan Sea) and implications for heat flows derived from depths of the bottom-simulating reflector. Marine Geology 258, p.126–138.
- Houbolt, J.J.H.C. 1968, Recent sediments in the southern bightofthe North Sea. Geol. Minbouw, 47, p.245–273.
- Hoyt, J.H. and Henry, V.J.Jr. 1965, Significance of inlet sedimentation in the recognition of ancient barrier island. Wyong Geol. Assoc., 19th Field Conf. Guidebook, p.190–194
- Hubbert, M.K. 1953, Entrapment of petroleum under hydrodynamic conditions, AAPG Bull. v.37, p.1954–2026
- Hunt, D. and Tucker, M.E., 1992, Stranded parasequences and the forced regressive wedge systems tract: deposition during base-level fall. Sedimentary Geology 81, p.1–9.
- Hwang, I.G. 1993, Fan-delta Systems in the Pohang basin(Miocene), SE Korea. PhD. Thesis. Seoul National Univ
- Hwang, I.G. and Chough, S.K. 1990 The Miocene Chunbuk Formation, southeastern Korea: marine Gilbert-type fand-delta system. In : Colella and Prior(eds.), coarse grained deltas. IAS Spec. Publ 10, p.235–254
- IEA, 2008, World energy outlook 2008
- IEA, 2011, World energy outlook 2011
- Ingersoll, R.V., 1988, Tectonics of sedimentary basins: Geological Society of Amreica Bulletin, v. 100, p. 1704–1719
- Ingle, J.C. 1966, The Movement of Beach Sand. Developments in Sedimentology No.5, Elsevier, Amsterdam. 221 p.
- International Bureau of Fiscal Documentation(various editions), Africal Tax Systems/Taxation and Investment in Asia and the Pacific/Central and East European Countries/Caribbean/Middle

East/Latin America, Amsterdam
- Jamison H.C, et al.,1981, Prudhoe Bay – A 10-year Perspecticve, AAPG Spe. Pub. Memoir 30, p.289-314
- Jervey, M.T., 1988, Quantitative geological modeling of siliciclastic rock sequences and their seismic expression. In Wilgus, C.K., Posamentier, H.W., Ross, C.A. and Kendall, C.G.St.C.(Eds.) Sea-level changes: an integrated approach. Society of Economic Paleontologists and Mineralogists Special Publication 42, p. 47-69.
- Johnston, Daniel, 1994, Global petroelum Fiscal Systems compared by contractor take, The Oil & Gas Journal, Dec. p. 47-50
- Johnston, Daniel, 2001, International Petroleum Fiscal Systems, PennWell Books
- Jones P.B., 1971, Folded Faults and Sequence of Thrusting in Alberta Foothills, AAPG Bull., v.55, no.2, p.292-306
- Kauffman, E.G., 1984, Paleobiogeography and evolutionary dynamic response in the Cretaceous Western Seaway of North America. In: Westermann, G.E.G., ed., Jurassic-Cretaceous biochronology and biogeography of North America: Geological Association of Canada Special Paper 27, p.273-306.
- King, R.L. and Lee W.J., 1976, Jour. Petrolm. Technol.
- Kingston, D.R., Dishroon, C.P. and Williams, P.A., 1983, Global basin classification: AAPG Bull., v. 67, p.2175-2193.
- Kirk R.H., 1981, Stratfjord Field – A North Sea Giant, AAPG Spec. Pub. Memoir 30, p.95-116
- Lee, G.H., Kim, D.C., Kim, H.J., Jou, H.T. and Lee, Y.J., 2005, Shallow gas in the central part of the Korea Strait shelf mud off the southeastern coast of Korea. Continental Shelf Research 25, p.2036-2052.
- Lees G.M., 1953, Persia; The science of petroleum, vol 6, Oxford University Press, p.73-82
- Liner, C.L., 2004. Elements of 3D Seismology. PennWell, 608 p.
- Magoon, B.M. and Dow, 1994, The petroleum system – From source to trap. AAPG Memoir 60, The American Association of Petroleum Geologists, Tulsa, Oklahoma, USA, 655p.
- Magoon, L.B. and Beaumont, E.A., 1999, Petroleum systems. In: Magoon, L.B. and Foster, N.H.(Ed.) Exploring for oil and gas traps. The American Association of Petroleum Geologists, Tulsa, Oklahoma, USA, 879p.
- Martin R., 1966, Paleogeomorphology and its application to exploration for oil and gas(with examples from western Canada), AAPG Bull, v.50, p.2277-2311
- Masters, J.A., 1979, Deep basin gas trap, western Canada, AAPG Bulletin, Vol. 63, p.152-181
- Maugeri, Lenardo, 2007, The Age of Oil, The Lyons Press.
- Meissner, F.F. 1978, Patterns of source-rock maturity in non-marine source rocks of some typical western interior basins.
- Mian, M.A., 2002, Project Economics and Decision Analysis, Vol. I, PennWell Books, p.83-250

- Mitchum, Jr., R.M., Vail, P.R. and Sangree, J.B., 1977a. Seismic stratigraphy and global changes of sea level part 6: Stratigraphic interpretation of seismic reflection patterns in depositional sequences. In: Payton, C.E.(Ed.), Seismic Stratigrpahy – applications to hydrocarbon exploration. AAPG Memoir 26, p.117–133.
- Mitchum, Jr., R.M., Vail, P.R. and Thompson, III, S., 1977b, Seismic stratigraphy and global changes of sea level, part 2: The depositional sequence as a basic unit for stratigraphic analysis. In: Payton, C.E.(Ed.), Seismic Stratigrpahy – applications to hydrocarbon exploration. AAPG Memoir 26, p.53–62,
- Momper, J.A. 1978, Oil migration limitations suggested by geological and geochemical considerations. In Physical and chemical constraints on petroleum migration. Vol. 1. Notes for AAPG short course, April 9, 1978, AAPG National Meeting, Oklahoma City, 60p.
- Nalivkin D.V., 1973, Geology of the USSR(1962); Edinburgh: Oliver & Boyd.
- North, F.K. 1985, Petroleum geology, Chapman & Hall, 631p.
- Oil & gas journal v.13, Jan. 1944
- Onu, Egbogah E. and Lambert–Aikhionbare D.O., Oil Gas J., 14 April 1980; after Weber K.J. and Daukoru E., 1975
- Payton, C., 1977, Seismic Stratigraphy–application to hydrocarbon exploration, AAPG Memoir 26, 516 p.
- Pomar, J.W., Bauer, J.E., Canuel, E.A., Grabowski, K.S., Knies, D.L., Mitchell, C.S., Whitican M.Jox and Coffin, R.B., 2009, Methane sources in gas hydrate–bearing cold seeps ; evidence from radiocarbon and stable iscotropes, Marine chemistry, 115, p.102–109
- Pomar, L., Brandano, M., and Westphal, H., 2003. Environmental factors influencing skelital grain sediment associations: a critical review of Miocene examples from the western Mediterranean. Sedimentology, 51, p.627–651
- Posamentier, H., and Walker, R.G. 2006, Deep–water turbidites and submarine fans. In : Posamentier, H., and Walker, R.G(eds.), Facies Models Revisited, SEPM, Special Publication 85, p.397–520
- Posamentier, H.W., Davies, R.J., Cartwright, J.A. and Wood, L., 2007. Seismic geomorphology – an overview. In: Davies, R.J., Posamentier, H.W., Wood, L.J., Cartwright, J. (Eds.), Seismic Geomorphology: Applications to Hydrocarbon Exploration and Production. Geological Society Special Publication 277, p.1–14.
- Pricewaterhouse Coopers, Corporate Taxes 1999–2000, John Wiley & Sons
- Read, F.J. 1982, Geometry, facies, and development of Middle Ordovician carbonate buildups, Virginia Appalachians, Bull. Am. Assoc. Pet. Geol, 66, p.189–201
- Reineck, H.E. and Singh, I.B. 1980, Depositional Sedimentary Environments–with Reference to terrigenous Clastics. Springer–Verlag, Berlin, 439 p.
- Reynolds, J.M., 1997, An Introduction to Applied and Environmental Geophysics. Wiley, 796 p.

- Reyre D., Rev., 1975, Assoc. Francaise des Techniciens du Petrole; Paris
- Rocky Mountain Association of Geologists(RMAG) Continuing Education Lecture Series, 16-18, 1978, Denver Colorads, Tertiary and Upper Cretaceous source rocks and the occurrence of oil and gas in west central U.S., p. 1-43.
- Sangree, J.B. and Widmier, J.M., 1977, Seismic stratigraphy and global changes of sea level part 9: Seismic interpretation of clastic depositional facies. In: Payton, C.E.(Ed.), Seismic Stratigrpahy-applications to hydrocarbon exploration. AAPG Memoir 26, p.165-184.
- Schumm, S.A. 1977, The Fluvial System. JohnWiley & Sons, Inc., NewYork, 338p.
- Scruton, P.C. 1960, Delta building and the deltaic sequence. In : F.B. Phelger & T.H. van Andel(eds.), Recent Sediments, Northwest Gulf Mexico. AAPG, Tulsa, p.82-102
- Schlumberger, 1986, Dipmeter Interpretation: Fundamentals. Schlumberger Limited. 76p.
- Sheffield, T.M. and Payne, B.A., 2008, Geovolume visualization and interpretation: What makes a useful visualization seismic attribute?: 77th Annual International Meeting of the SEG, Expanded Abstracts, p.849-853.
- Shepard, F.P. and Inman, D.L. 1950, Nearshore water circulation related to bottom topography and wave refraction. Trans. Am. Geophysics. Union, 31, p.196-212
- Smith, G.A. and Smith, N.D. 1980. Sedimentation in anastomosed river systems : examples from alluvial valleys near Banff, Alberta. J. Sed. Petrol., 50, p.157-164
- Snarskii, A.N. 1964. Relationship between primary migration and compaction of rocks, Petro. Geol., 5(7), p.362-364
- Stewart, H.B. and Jordan,G.F., 1964, Underwater sand ridges on Geoges Shoal, In:Miller, R.L. (eds.), papers in marine geology : Shepard commemorative volume. McMillan, NewYork, p.102-116
- Sturm, M. and Matter, A. 1978, Turbidites and varves in Lake Brienz(Switzerland) : deposition of clastic detritus by density currents. In : A. Matter & M.E. Tucker(eds.), Modern and Ancient Lake ediments. IAS Sepc Publ., 2, p.147-168
- Sunley, E.M. et al, 2002, Revenue from the Oil and Gas Sector: Issues and Country Experience, IMF Working Paper, June
- Swesnik, R.M. and Green, T.H., 1950, Geolgy of Eola Area, Garvin County, Oklahoma, AAPG Bull., v.34, no.11, p.2176-2199
- Taner, M.T., 2001, Seismic attributes. CSEG Recorder(September), p.49-56
- Thomas A.N.. et al., 1974, Forties Fields, North Sea, AAPG Bull.,58, p.396-406
- Tingdahl, K.M., Bril, A.H. and de Groot, P.F., 2001, Improving seismic chimney detection using directional attributes. Journal of Petroleum Science and Engineering 29, p.205-211.
- Tissot, B.P, and Welte, D.H., 1984, Petroleum Formation and Occurrence, Springer-Verlag, Berlin Heidelberg, New York 699p
- USGS, 2000, Coal-bed methane; potential and concerns

- Visser, M.J., 1980, Neap-spring cycles reflected in Holocene subtidal large-scale bedform deposition : a preliminary note, Geology, 8, p.543-546
- Walker, R.G. 1978, Deep-Water sandstones facies and ancient submarine fans : models for exploration stratigraphic traps. AAPG Bull., 62, p.932-966
- Waker, R.G. and Cant, D.J. 1984, Sandy fluvial systems, In : R.G. Waker(ed.), Facies Models, 2nd edn. Geoscience Canada Reprint Ser 1, p.71-90
- Waker, R.G. and Plint, A.G. 1992, Wave-and storm-dominated shallow marine systems. In : R.G. Walker and N.P. James(eds.), Facies Models : response to sea level change. Geol. Assoc. Canada, p.219-238
- Waples, D.W., 1985, Geochemistry in petroleum exploration, International Resources Development Corporation, Boston, USA. 232p
- Ware, P., 1999, Mother nature's a sly operator. Explorer(October), p. 30-33.
- Wilhelm, Otto, 1945, Classification of pegoleum reservoirs, Am. Assoc. Petroleum Geol. Bull., 29, p.1537-80
- World Energy Council(WEC), 2010, Survey of energy resources; focus on shale gas
- Wyoming Geological Association, 1957
- 성원모, 김세준, 이근상, 임종세, 2009, 국내 석유자원량 분류체계의 표준화, 한국지구시스템공학회지. Vol.46, No.4, p.498~508
- 이상유, 황인걸. 2012. 시추코어에서 확인되는 경상분지 북서지역 신동층군 하부 의 퇴적상 및 퇴적환경 변화. 지질학회지. in press.
- 허대기, 이재형, 2010, 차세대 에너지시대 진입을 위한 비재래 에너지원, 한국석유공학회지, Vol.47, No.6, p.975-984

찾아보기

바

사

아

자

차

카

타

파

하